普通高等教育“十二五”规划教材

工程图学与CAD教程

主　编　张学昌

副主编　吴红兵　李继强　徐美娟

参　编　张　雷　胡红艳　刘永刚　章少剑

主　审　施岳定

机 械 工 业 出 版 社

本书依据教育部高等学校工程图学教学指导委员会2010年制定的“普通高等学校工程图学课程教学基本要求”，立足于工程应用型人才培养的需要，在总结作者多年教学成果并借鉴国内外工程图学教学体系的基础之上编写而成。

本书在编写过程中坚持“宽口径、重实践”的指导思想，内容包括：现代制图技术与应用、投影理论、徒手制图基础与规范、组合型体造型与图样表达、尺寸与标注规范、机件常用的表达方法、零件图表达规则与要求、常用标准件及表达、零件装配与技术表达、焊接图表达、AutoCAD基础。课件、习题集与教材紧密配合，注重学生绘图能力、读图能力和计算机制图能力的培养。

本书采用最新的国家标准，并配有习题集、多媒体课件，以方便学生学习。

本书可供高等学校工科本科各专业学生使用，适用于36～80学时各专业的教学要求。

图书在版编目（CIP）数据

工程图学与CAD教程/张学昌主编.—北京：机械工业出版社，2014.5
普通高等教育“十二五”规划教材
ISBN 978-7-111-46385-6

Ⅰ.①工… Ⅱ.①张… Ⅲ.①工程制图－AutoCAD软件－高等学校－教材 Ⅳ.①TB237

中国版本图书馆CIP数据核字（2014）第067321号

机械工业出版社（北京市百万庄大街22号 邮政编码100037）
策划编辑：刘小慧 责任编辑：刘小慧 陈建平
版式设计：赵颖喆 责任校对：潘 蕊
封面设计：张 静 责任印制：李 洋
三河市国英印务有限公司印刷
2014年8月第1版第1次印刷
184mm×260mm·19印张·471千字
0001—3000册
标准书号：ISBN 978-7-111-46385-6
定价：35.00元

凡购本书，如有缺页、倒页、脱页，由本社发行部调换

电话服务
社服务中心：(010)88361066
销售一部：(010)68326294
销售二部：(010)88379649
读者购书热线：(010)88379203

网络服务
教材网：http：//www.cmpedu.com
机工官网：http：//www.cmpbook.com
机工官博：http：//weibo.com/cmp1952
封面无防伪标均为盗版

前　言

工程制图作为普通高等学校工科专业的基础课程，重点在于培养学生的空间思维能力与图样表达能力。与工程类其他基础课程相比较，本门课程是一门实践性很强的工程设计课程。因此在本书编写过程中，广泛吸收国内、外优秀工程制图教材的优点，遵循“注重素质教育，传授基础知识，培养基本能力，树立创新意识，注重培养图示能力，淡化图解能力”的基本指导思想，力图为大学生、工程技术人员提供一套实用、有效、快捷的学习教材。

本书具有如下特点：

1）根据普通高等工科院校各类专业应用型人才培养的要求，对工程制图的基本理论进行优化，对知识体系结构进行重新编排，使内容更加符合学习规律。

2）精选实例，加强学生空间思维能力的培养。本套教材吸收了国外教材注重实践的特色，通过增加大量例题以培养学生的绘图能力。

3）根据知识的相关原则，将尺寸标注设成独立的一章，便于学生集中掌握知识点。

4）注重理论联系实际，加强对学生徒手绘图能力、读图能力、尺规作图能力和计算机二维绘图能力的培养。

5）本书采用最新的国家标准。

本书由张学昌任主编，吴红兵、李继强、徐美娟任副主编。参加编写工作的有张雷、胡红艳、刘永刚、章少剑等。

浙江大学施岳定教授仔细审阅了本书全文，提出了许多建设性的修改意见和具体的修改建议。唐艳梅、史玉龙、王营营等研究生承担了部分内容的整理及校对工作，王义强教授对本书的编写思路提出了有益的建议。在此，谨向支持、帮助、关心本书的领导、同事和朋友表示衷心的感谢。

在本书编写过程中参考了施岳定等许多国内著名教师的经典教材，并参考了一些国外最新的同类教材，特向前辈及有关编著者表示由衷的感谢。

由于编者阅历、水平及经验有限，加之时间紧迫，书中难免存在不足之处，敬请广大同仁和读者不吝指正。

编　者

目　录

第 1 章　现代制图技术与应用

教学目标

设计与制造是人类一项重要的智力活动，其表现形式就是工程图。工程图作为构思、设计与制造中产品信息的定义、表达和传递的主要媒介，对于推动人类文明的进步，促进生产、技术的发展，起到重要的作用。在本章的学习过程中，应重点了解工程图的应用范围，了解工程制图的学习方法。

教学要求

能力目标	知识要点	权　重	自测分数
了解产品产生的流程	设计环节的工程图	20%	
了解工程图的作用	工程交流的四个层次	25%	
了解本课程的内容	掌握图学体系特征	35%	
了解本课程的学习特点	掌握正确的学习方法	20%	

1.1 产品设计思想的诞生与工程图样的表达

在人类文明的长河中，图形一直是人们认识自然、表达、交流思想的主要形式之一，从象形文字的诞生到埃及人丈量尼罗河两岸的土地，从航天飞机的问世到火星探测器对火星形貌的探测，始终与图形有密切的联系。和语言、文字相比，图形对事物的表达具有形象直观、准确性好、信息量大等特点。

工程图样是图形的一种，主要是针对工程设计而言的。一个产品的诞生，从规划到投入市场，通常需要经过若干环节，由很多工程技术人员共同创造性的劳动，并需要精心组织，协同工作，才能完成。传统的工业产品开发均是按照严谨的研究开发流程，从市场调研开始，确定产品功能与产品规格的预期指标，构思产品的最佳方案，对零部件功能进行分解，然后进行零部件的设计、制造以及检验，再经过组装、整机检验、性能测试等程序来完成。每个零件都有原始的设计图样，每个零部件的加工也都有自己的工序图表，每个组件的尺寸合格与否有产品检验报告记录。从产品设计、制造及销售的整个产品生命周期中，产品技术图样可以说是无处不在。产品全生命周期的一般进程如图 1-1所示。从图中可以看到，零件图和装配图是设计的最后一个环节，它们直接与试制、生产联系在一起，其作用重大。很显然，零件图、装配图的生成必须基于设计的各个步骤。本门课程的主要任务是学习和掌握工程图样的表达方法，即如何在图样上正确、规范地表达零件及装配关系。

传统的设计过程是在图板上完成的，即设计者利用铅笔、直尺等工具将设计思想绘制在图纸上。由于设计工具的限制，导致人的劳动强度大、设计周期长、设计质量不高、管理难度大等弊端。同时由于产品表示方式的局限，也限制了人们对先进设计方法的使用。自 20 世纪 90 年代以来，随着计算机硬件技术、软件技术、图像处理和数据库技术的飞速发展，大大推动了 CAD 技术的进步。CAD 系统在功能、性能、用户界面、开放性、标准化等方面都得到了极大提高，同时推动了 CAD 技术的普及和应用水平的提高。CAD 是利用计算机协助人进行设计的一种方法和技术。它用计算机代替传统的图板，充分借助计算机的高速计算、大容量存储和强大的图像处理功能分担人的部分劳动，以使设计者更多地将主要精力集中于创造性工作上。尽管现代 CAD 系统趋于智能化，能对设计起到一定的参谋作用，但毕竟产品类型千变万化，要用计算机完全代替人而独立从事设计是不可能的。因此在 CAD 中，人仍然是设计的主体，而计算机仅是一种设计工具，其作用是帮助人更好、更快地完成设计任务。

最典型的绘图系统是 Autodesk 公司的 AutoCAD。该系统于 1983 年年底推出，后经多次版本更新，其功能、性能已相当完善，在全球拥有巨大的用户群。除二维绘图外，三维建模也得到应用。三维模型技术包括曲面造型技术、实体造型技术、参数化技术、变量化技术和超变量化技术，其应用范围得到拓宽，如用于有限元网格自动生成、装配设计、NC 编程等。目前 CAD 市场上比较流行的高端三维 CAD 软件有西门子公司的 UGNX、PTC 公司的 Pro/E、达索公司的 CATIA。

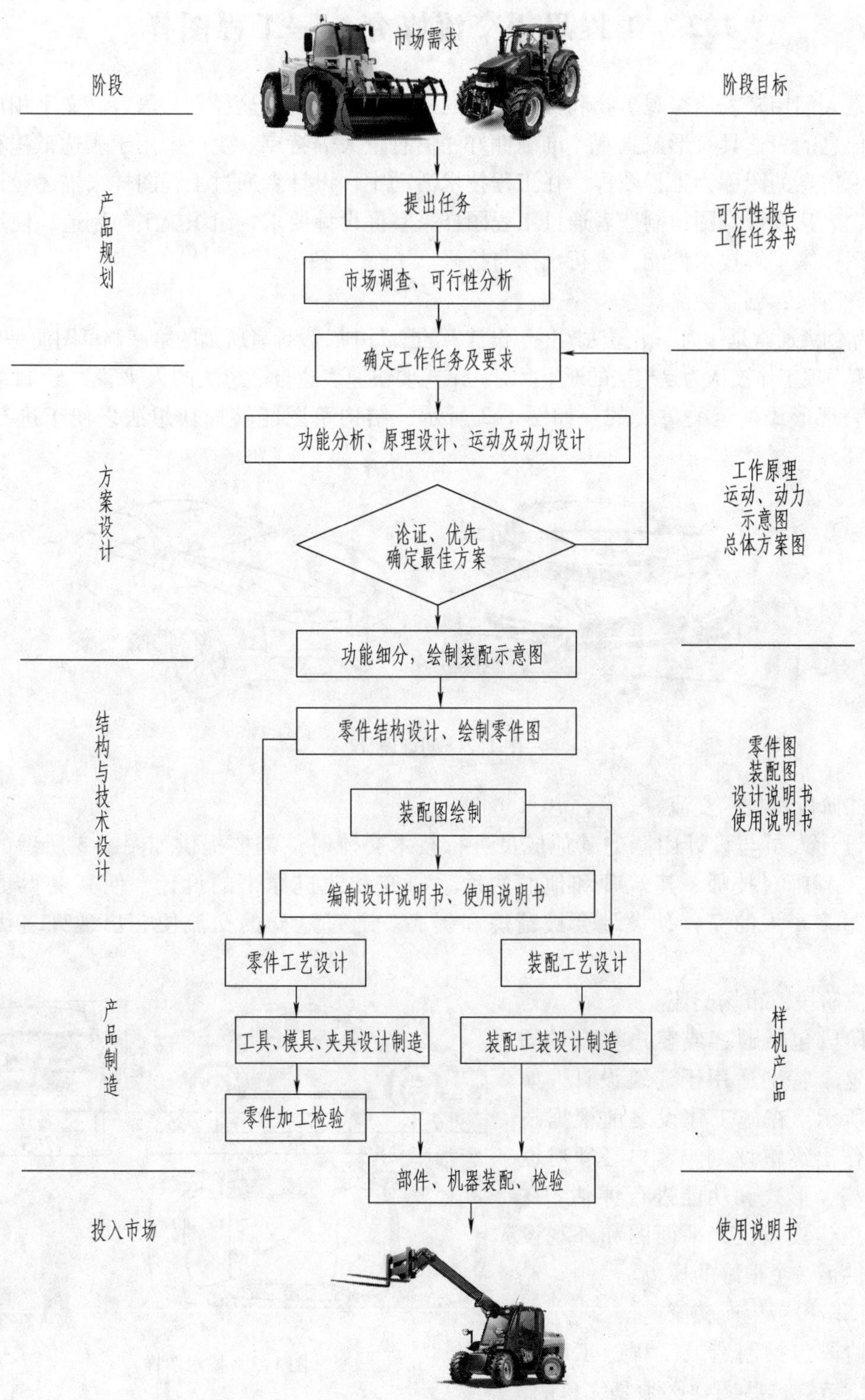
市场需求
阶段
阶段目标
产品规划
提出任务
可行性报告
工作任务书
市场调查、可行性分析
确定工作任务及要求
功能分析、原理设计、运动及动力设计
方案设计
论证、优先
确定最佳方案
工作原理
运动、动力
示意图
总体方案图
功能细分，绘制装配示意图
零件结构设计、绘制零件图
结构与技术设计
零件图
装配图
设计说明书
使用说明书
装配图绘制
编制设计说明书、使用说明书
零件工艺设计
装配工艺设计
产品制造
工具、模具、夹具设计制造
装配工装设计制造
样机产品
零件加工检验
部件、机器装配、检验
投入市场
使用说明书

图 1-1　产品诞生流程

1.2 工程思想交流媒介——工程图样

图是人们用来表达客观事物和交流思想的一种重要方式和途径。与语言、文字相比，图对事物信息的表达具有形象直观、准确性好、信息量大等特点。生产中用于表达工程和产品对象技术信息的图称为工程图样。在工程技术活动中，设计者通过工程图样来描述设计对象的情况，表达设计意图；制造者通过工程图样来掌握设计要求，组织施工与制造；使用者通过工程图样来了解技术性能，进行维修与检修。

第一阶段：创意交流。

产品创意通常是作为一个想法产生于设计者的脑海中，设计者所画的第一幅草图便是生产的开端。第一项工作被认为是想法的诞生。对一个想要快速表达自己想法的人来说，绘制结构草图这种表现形式是至关重要的。如图 1-2 所示，结构草图能够捕获想法以便于进行更长远的研究。

图 1-2　创意设计

第二阶段：技术交流。

当设计人员与设计团队的其他成员进行技术交流时，需要提供如图 1-3 所示的技术图样。工程师、技师、建筑师和他们的助手研究和改进原来的设计，使其变得更加可行。通过多个人的完善，设计会被精炼和提高。通过这样的交流便会出现许多优秀的设计。

第三阶段：市场交流。

此阶段包括顾客或客户对设计的评价。这个特别适用于建筑设计，如图 1-4 所示。在施工建设之前根据技术图样作出终审评判。客户必须对设计的风格、形式和功能进行评估。在实施真正建设以前，平面图和外观设计图提供了一个很好的模板。

第四阶段：生产交流。

此阶段包括制造或工程施工所需的所有细节。这些图样必须是完整的，如图 1-5 所示，这样就可以评估、计算出项目的确切成本，企业管理者就可以了解一个产品是如何生产出来的。那些使用设计方案的人员不需要猜测细节或者询问设计者的意图。

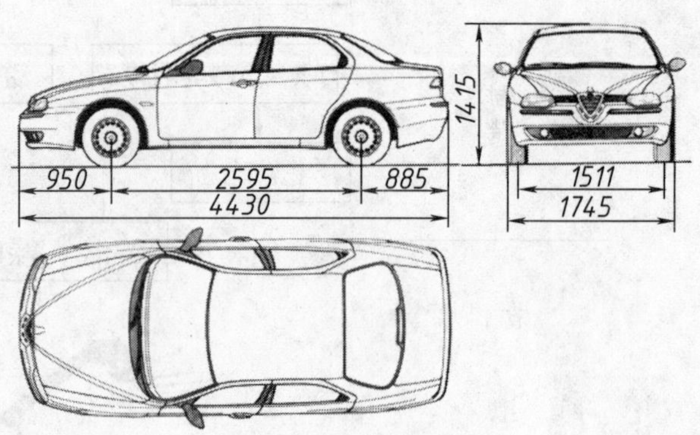

图 1-3　技术图样

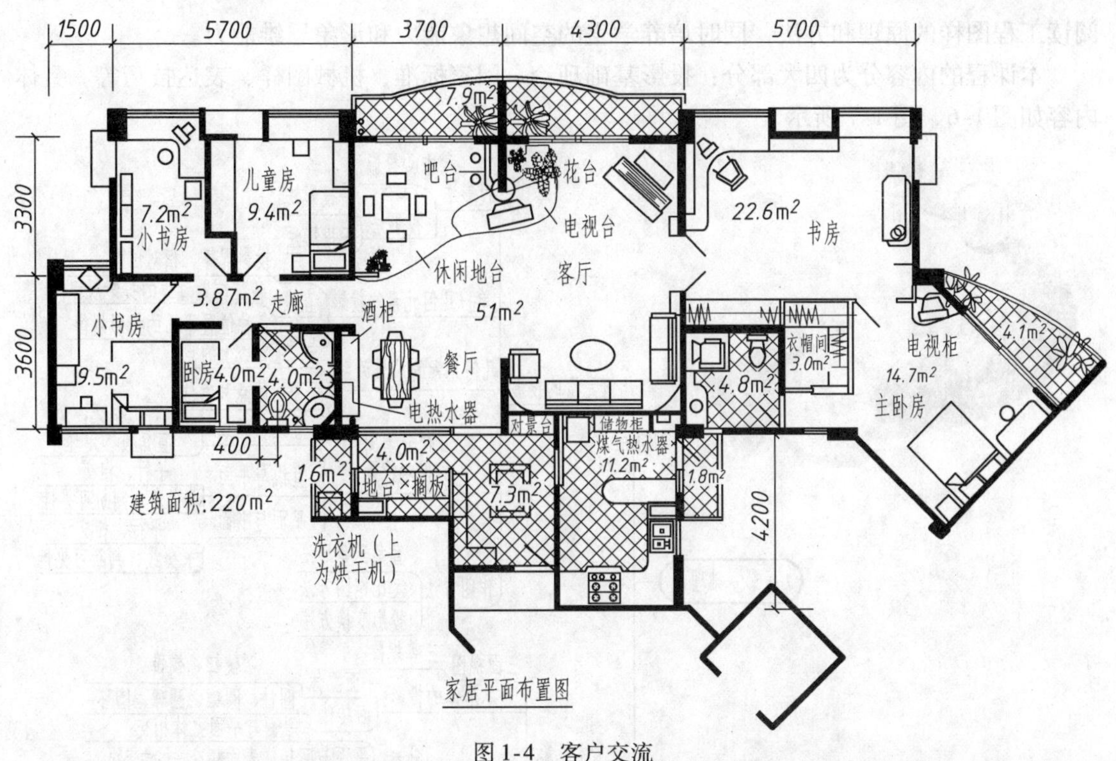

图 1-4　客户交流

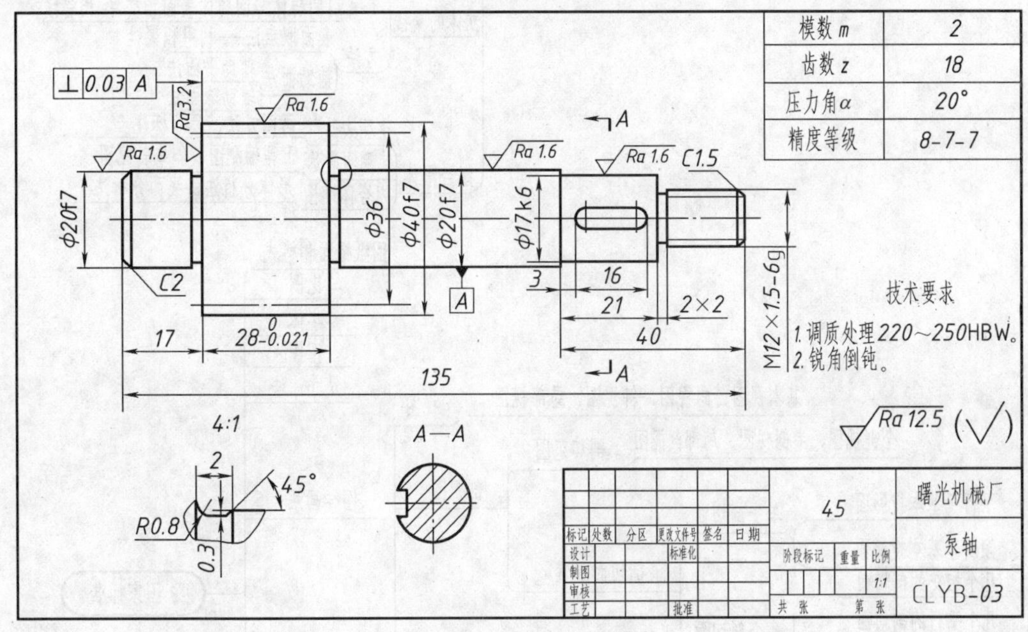

图 1-5　生产图样

1.3　本课程的主要内容

本课程是一门理论严谨、实践性强、与工程实践有着密切联系的基础课；对于机械工程学科的学生来说，它是后续机械设计、专业课程设计及毕业设计的基础，它研究的是绘制和阅读工程图样的原理和方法，同时培养学生的空间想象能力和形象思维能力。

本课程的内容分为四大部分：投影基础理论、国家标准、机械图样、表达技巧等。具体内容如图1-6、图1-7所示。

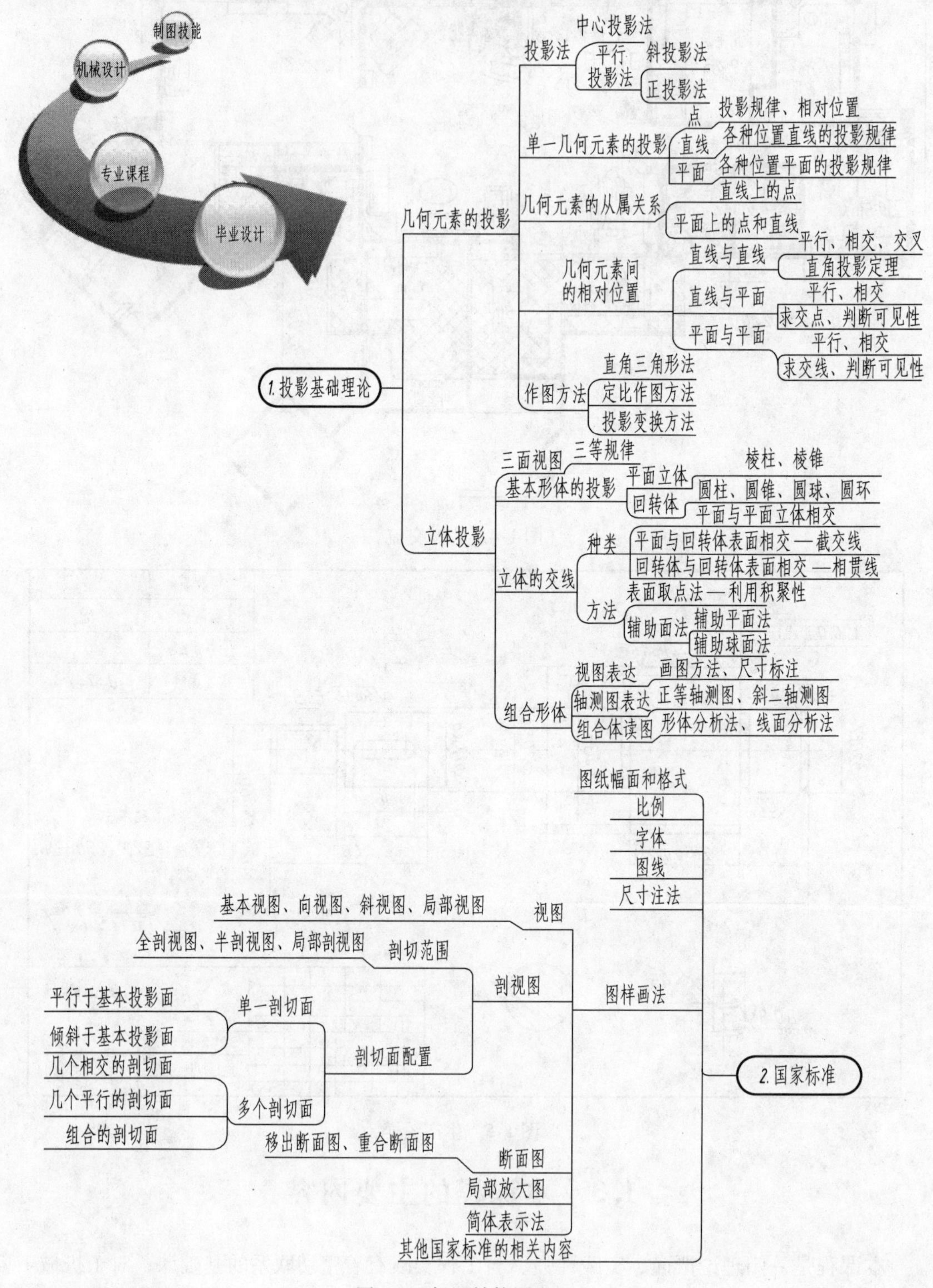

图1-6 知识结构图之一

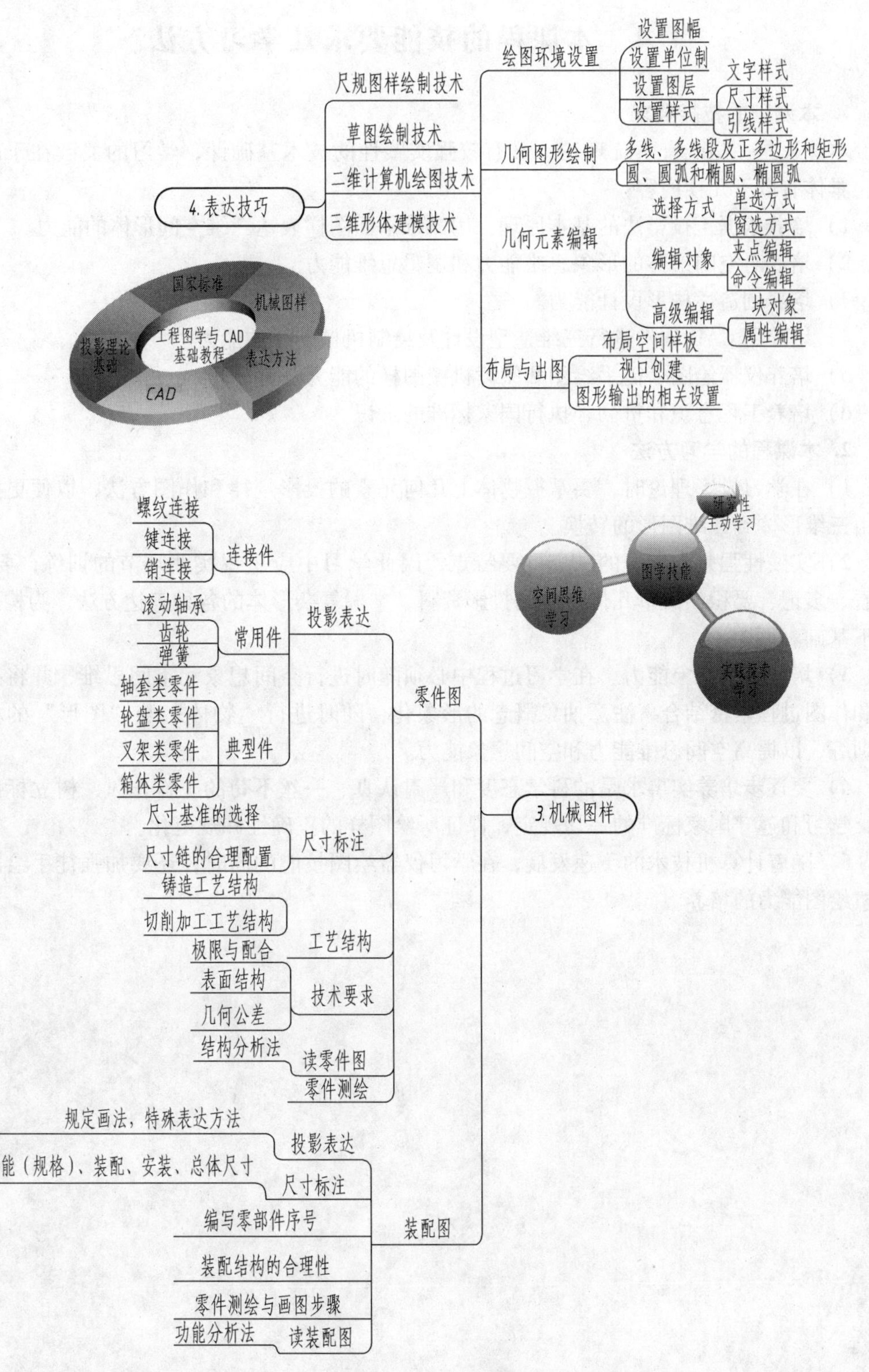
4. 表达技巧
尺规图样绘制技术
草图绘制技术
二维计算机绘图技术
三维形体建模技术
绘图环境设置
设置图幅
设置单位制
设置图层
设置样式
文字样式
尺寸样式
引线样式
几何图形绘制
多线、多线段及正多边形和矩形
圆、圆弧和椭圆、椭圆弧
几何元素编辑
选择方式
单选方式
窗选方式
编辑对象
夹点编辑
命令编辑
高级编辑
块对象
属性编辑
布局与出图
布局空间样板
视口创建
图形输出的相关设置
国家标准
机械图样
工程图学与 CAD
基础教程
投影理论基础
表达方法
CAD
研究性主动学习
空间思维学习
图学技能
实践探索学习
3. 机械图样
零件图
投影表达
连接件
螺纹连接
键连接
销连接
常用件
滚动轴承
齿轮
弹簧
典型件
轴套类零件
轮盘类零件
叉架类零件
箱体类零件
尺寸标注
尺寸基准的选择
尺寸链的合理配置
工艺结构
铸造工艺结构
切削加工工艺结构
技术要求
极限与配合
表面结构
几何公差
读零件图
结构分析法
零件测绘
装配图
投影表达
规定画法，特殊表达方法
尺寸标注
性能（规格）、装配、安装、总体尺寸
编写零部件序号
装配结构的合理性
零件测绘与画图步骤
读装配图
功能分析法

图 1-7　知识结构图之二

1.4　本课程的技能要求及学习方法

1. 本课程的技能要求

本课程是一门既有系统理论，又有较强实践性的技术基础课，学习的关键在于能力培养，具体有以下几项内容：

1）培养依据正投影法的基本原理，用二维平面图样表达三维空间形体的能力。

2）培养对空间形体的形象思维能力和逻辑思维能力。

3）培养创造性构形设计能力。

4）培养用 CAD 软件进行三维造型设计及绘制机械图样的能力。

5）培养仪器绘图、徒手绘图和阅读机械图样的能力。

6）培养工程意识和贯彻、执行国家标准的意识。

2. 本课程的学习方法

1）在学习投影理论时，要掌握物体上几何元素的投影规律和作图方法，以便更好地掌握由三维形体到二维图形的转换。

2）实践性强是本课程的一个重要特点，因此学习中应重视实践环节的训练，要多画、多看、多记，要积累简单几何形体的投影资料，掌握复杂形体的各种表达方法，为构形设计打下基础。

3）培养空间想象能力。在学习过程中必须随时进行空间想象和空间思维，并将投影分析和作图过程紧密结合，注意抽象概念的形象化，随时进行“物体”与“图形”的相互转化训练，以提高空间思维能力和空间想象能力。

4）要逐步培养实事求是的科学态度和严肃认真、一丝不苟的工作作风，树立标准化意识，学习和遵守国家标准的一切规定，保证所绘图样的正确性和规范化。

5）随着计算机技术的飞速发展，在学习仪器绘图技能的同时，还要加强徒手绘图和计算机绘图能力的培养。

第2章 投影理论

教学目标

投影法是在平面上表示空间形体的基本方法。正投影法能正确地表达物体的形状，而且度量性好，作图方便，在机械工程中被广泛应用。因此，正投影理论是学习机械图样的理论基础。本章主要介绍点、直线和平面的投影以及点、直线和平面间的从属关系和相对位置的投影特性，为绘制立体的投影奠定基础。

教学要求

能力目标	知识要点	权　重	自测分数
掌握投影的基本知识	正投影投影性质＋投影规律	5%	
掌握点的投影	点的投影规律、重影点	20%	
掌握线的投影	线的投影特性；点在线上、线与线的投影关系	25%	
掌握面的投影	面的投影特性；点、线在平面内的投影关系，面与面的关系	25%	
掌握基本立体的投影	基本立体上点的求法	25%	

2.1 投影体系的建立

2.1.1 投影法

人们将手放在灯光下，会在某一个面上，例如墙、桌面上，产生手影。物体在太阳光照射下，在地面上会产生影子。这都是日常生活中的投影现象，其具有一个共同的特性就是在特定光源下将三维形体转化为二维的平面图。

人们根据投影现象的共同特性，提出了形成物体二维图形的方法——投影法。投影法是用一束光线照射物体，在设定的平面上产生图像的方法。

在投影法中，所有投射线的起源点，称为投射中心；源自投射中心，并经过物体上各点的直线称为投射线；投影法中，设定的平面，称为投影面。在投影面上得到的图形称为投影（或投影图）。各投影概念之间的关系如图 2-1 所示。

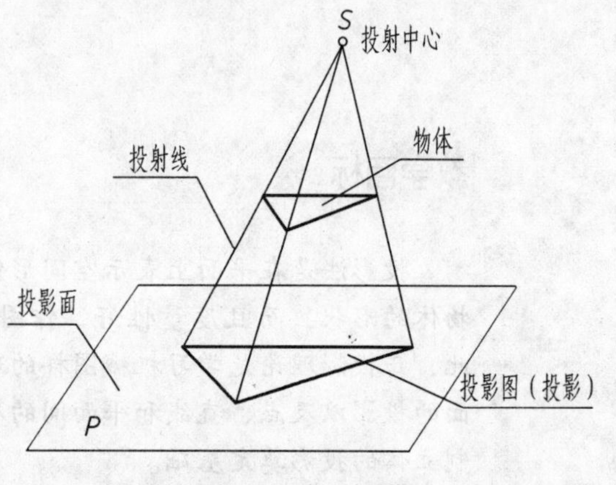

图 2-1　中心投影

1. 投影法分类

根据投射线类型，投影法有中心投影法和平行投影法两大类。中心投影法指投射线汇聚于一点的投影法，如图 2-1 所示。中心投影法所得投影不能反映物体原来的真实大小。用中心投影法绘制的图形立体感强，度量性差，透视图、照相等多采用中心投影法。平行投影法指投射线相互平行的投影法，如图 2-2 所示。根据投射线与投影面之间的关系，平行投影法又可分为正投影法和斜投影法。由图 2-2a 可见，投射线相互平行且垂直于投影面，这种方法称为正投影法。在实际绘图时，可用平行的视线当作投射线，把图纸看作是投影面，画在纸上的图形就是物体的投影——视图。图 2-2b 所示为斜投影法，与正投影法不同的是，斜投影法中投射线与投影面的关系是倾斜的，因此，斜投影法具有较强的立体感，常应用在轴测图的绘制上。

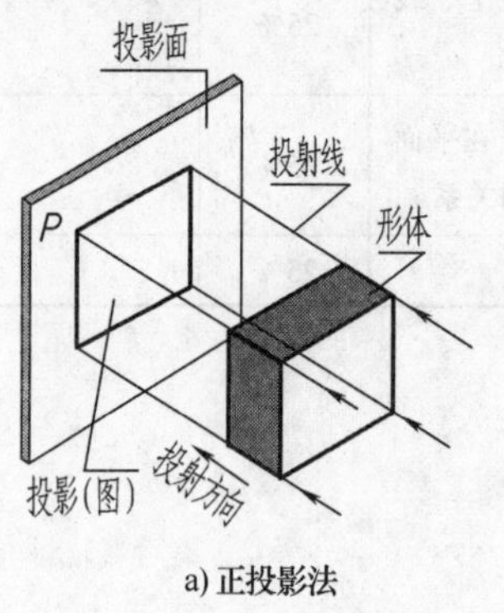

a) 正投影法

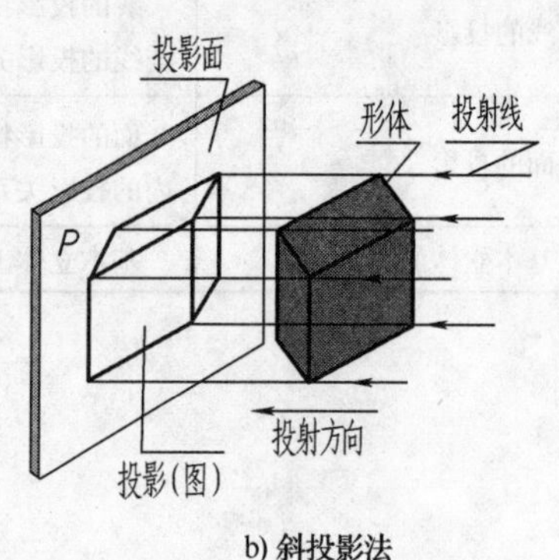

b) 斜投影法

图 2-2　平行投影法

2. 正投影的投影特性

工程上空间立体的表达通常是用立体轮廓线的投影来表示，由于正投影方法容易表达立体的真实形状和大小，便于度量，作图简便，因此在工程制图中应用最广。如无特别说明，本书工程图的绘制主要采用正投影方法。正投影法的性质见表 2-1。

表 2-1　正投影法的基本性质

性质	实形性	积聚性	类似性
图例			
投影性质	直线、平面平行于投影面，其投影反映实际大小	直线、面垂直于投影面，其投影分别积聚为点、线	直线、面倾斜于投影面时，一般情况下，直线的投影仍为直线，面的投影与之相似
性质	平行性	从属性	定比性
图例			
投影性质	空间中两相互平行的直线，其投影一定平行	直线或曲线上点的投影必在该直线或曲线的投影上，平面或曲面上的点与投影也具有这种性质	点分线段的比值，其投影后仍具有相同的比值。空间两平行线段长度的比，投影后保持不变

2.1.2　三面投影体系

1. 三面投影体系的建立

立体在一个投影面上的投影，并不能确定其在空间的位置和形状，如图 2-3 所示。为确切表示立体的总体形状和空间位置，必须获得立体在其他方向的投影。在工程制图中，通常用三面投影体系来解决这一问题。所谓三面投影体系是利用三维坐标轴，由两两垂直的三坐标轴 OX、OY、OZ 分别构成两两垂直的 XOY、XOZ、YOZ 投影面体系，如图 2-4a 所示。

在三面投影体系中，三坐标轴 OX、OY、OZ 称为投影轴，分别用 X 轴、Y 轴、Z 轴表示，中心原点仍用 O 表示。投影轴的作用之一是代表投射方向。X 轴代表左右关系的投射方向；Y 轴代表前后关系的投射方向；Z 轴代表上下关系的投射方向。

正立投影面：由 X 轴和 Z 轴构成的 XOZ 投影面，用大写字母 V 表示。投射线从前往后进行投射，立体在正立投影面上得到的投影称为主视图，也可称为正面投影。

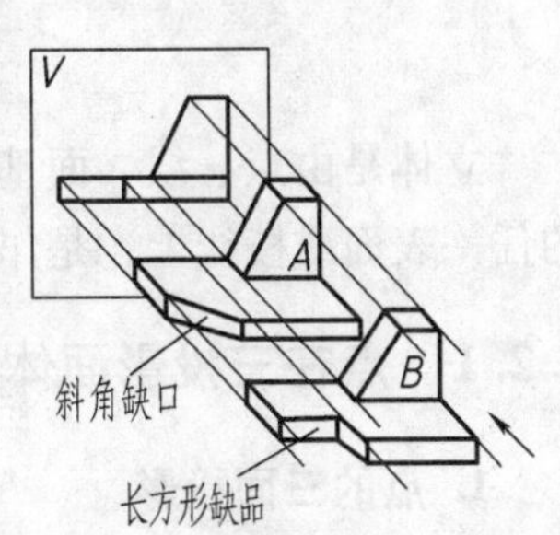

图 2-3　两立体在同一投影面上的投影

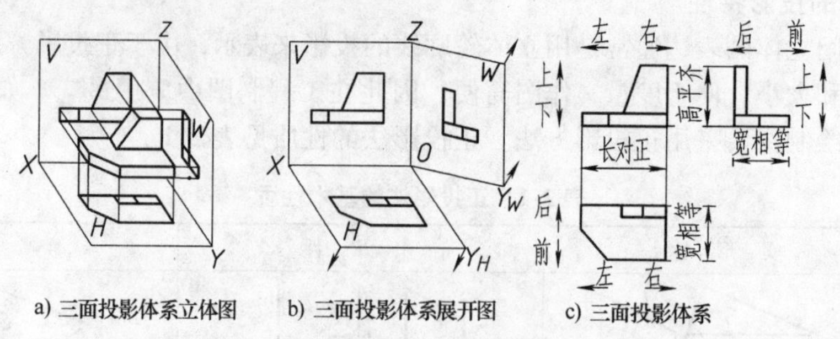

a) 三面投影体系立体图　b) 三面投影体系展开图　c) 三面投影体系

图 2-4　三面投影体系的建立

侧立投影面：由 Y 轴和 Z 轴构成的 YOZ 投影面，用大写字母 W 表示。投射线从左往右进行投射，立体在侧立投影面上得到的投影称为左视图，也可称为侧面投影。

水平投影面：由 X 轴和 Y 轴构成的 XOY 投影面，用大写字母 H 表示。投射线从上往下进行投射，立体在水平投影面上得到的投影称为俯视图，也可称为水平投影。

三个投影图称为立体的三视图。为了在同一平面上画出立体的三视图，国家标准规定：V 面保持不变，将 H 面和 W 面分别绕 OX 轴和 OZ 轴向下、向右旋转 90°与 V 面重合（Y 轴被一分为二，在 H 面上的被记为 Y_H，在 W 面上的被记为 Y_W），并去掉投影面的边框，如图 2-4c所示。

2. 投影规律

从立体三视图的形成过程中，可发现立体的三个视图不是互相孤立的，视图中的线存在尺寸上的联系。从图 2-4b 中可见，主视图和俯视图共同反映立体的长度；主视图和左视图共同反映立体的高度，俯视图和左视图共同反映立体的宽度。由此得出立体的三视图之间存在以下投影规律（简称“三等”规律）：

主视图与俯视图共同反映立体的长（即具有相同的 X 坐标），称为**长对正**；

主视图与左视图共同反映立体的高（即具有相同的 Z 坐标），称为**高平齐**；

俯视图与左视图共同反映立体的宽（即具有相同的 Y 坐标），称为**宽相等**。

投影规律是工程制图绘制三视图的主要依据，不仅应用到整个立体的三视图绘制，也用于立体上每个局部的三个投影的绘制，还用于三视图的读图上。

2.2　点的投影

立体是由点、线、面基本体素组成的。点是构成一切立体的最基本体素，它存在于形体的任一表面或棱线上，是作图的最小单位，掌握其投影特性非常必要。

2.2.1　点在三投影面体系中的投影与规律

1. 点的三面投影

空间一点的位置，可用 A（x，y，z）三个坐标确定。A 点在 H、V、W 投影面上的投影如图 2-5 表示。点的投影绘制可用**小圆圈**或**小黑点**表示。投影连线用**细实线**来表示。

2. 点的投影规律

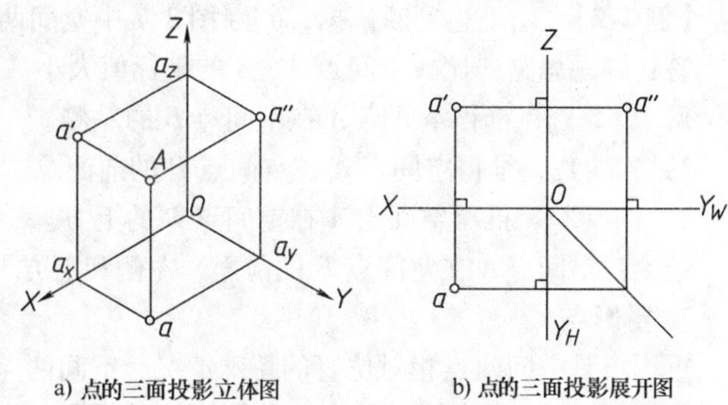

a) 点的三面投影立体图　　b) 点的三面投影展开图

图 2-5　点的三面投影

由图 2-5 可知，点 A 的正面投影 a'与水平投影 a 的连线垂直于 OX 轴，即 $aa' \perp OX$，即 "长对正"；点 A 的正面投影 a'与侧面投影 a''的连线垂直于 OZ 轴，即 $a'a'' \perp OZ$，即 "高平齐"。分别从点 A 的水平投影 a 与侧立投影 a''作线垂直于 Y 轴，两线在 Y_HOY_W角平分线处相交于一点，即 "宽相等"。由此可见，空间点的投影和空间立体一样，满足 **"长对正、高平齐、宽相等"** 的投影规律。

点的投影到投影轴的距离，等于空间点到相应投影面的距离。如图 2-5a 所示，点 A 的水平投影 a 到 OX 轴的距离 aa_x，等于点 A 的侧面投影 a''到 OZ 轴的距离 $a''a_z$，它们均反映空间点 A 到 V 面的距离，即 $aa_x = a''a_z = Aa'$。

由点的投影规律可看出，空间一点的任意两个投影都必包含该点的三个坐标，即可确定该点的空间位置和它的第三个投影。

【例 2-1】　已知点 A 的水平投影和侧面投影，如图 2-6a 所示，求作点 A 的正面投影。

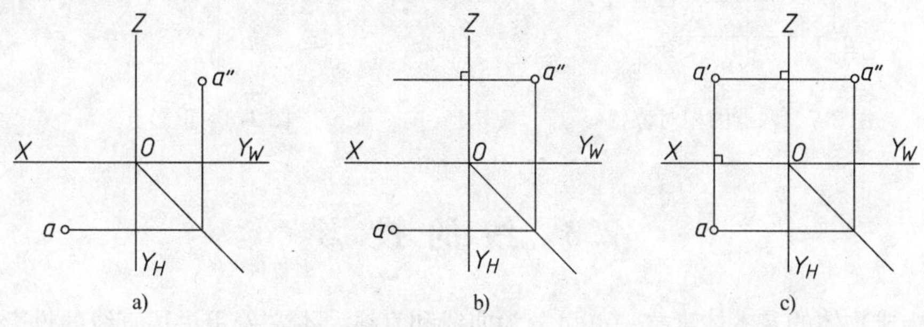

图 2-6　点的三面投影的画法

解：解题思路：空间点的投影规律。

1）从 a''向 OZ 轴作垂线，如图 2-6b 所示。

2）从 a 向 OX 轴作垂线，如图 2-6c 所示，并与步骤 1）中所作的直线相交于一点，这一点就是所要求作的点 a'，即空间点 A 的正面投影。

2.2.2　空间两点位置关系

1. 两点的相对位置

空间中不重合两点的位置，可通过这两点的三面投影的位置进行判断。判断的主要依据是空间两点的坐标值。根据前述，OX 投影轴代表左右方向，空间两点中 X 坐标值大的说明这点在左面；OY 投影轴代表前后方向，空间两点中 Y 坐标值大的说明这点在前面；OZ 投影轴代表上下方向，空间两点中 Z 坐标值大的说明这点在上面。

【例2-2】 由上述判断依据，判断图2-7中空间两点A、B的位置。

答：解题思路：比较空间点A、B的坐标值大小。从图2-7可知，

1）$X_A > X_B$，推得空间点A在空间点B的左侧。

2）$Y_A > Y_B$，推得空间点A在空间点B的前面。

3）$Z_A > Z_B$，推得空间点A在空间点B的上方。

结论：空间点A在空间点B的前面、左侧和上方。

2. 重影点

重影点是空间两点相对位置的特殊情况。空间两点的三坐标值中有两坐标值相同，剩下的一坐标值不同，空间两点在某一投影面上的投影就会重合为一点，此两投影点称为对该投影面的重影点。图2-8中空间点A、B的Y、Z坐标值一样，则在W面空间点A、B的投影重合为一点。点A在点B的左面，从左往右投射时，点A的侧面投影可见，点B的侧面投影不可见，需在原表示方法上加上括号，即（b''）。由此可得，该重影点的表示方法为a''（b''）。其余投影面的重影点表示方法相同。

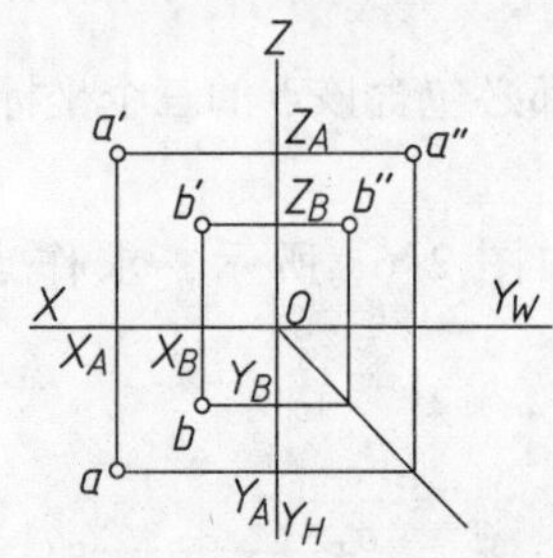

图2-7 两点的相对位置

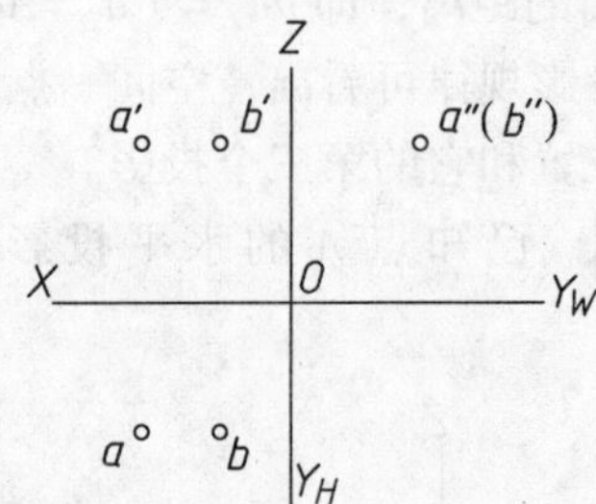

图2-8 重影点

2.3 线的投影

线是构成物体的基本体素之一，可分为曲线和直线。本文着重讲述直线的投影。

2.3.1 直线的三面投影

直线是由空间上不重合的两点确定的，因此分析直线的投影可将之转化为点的投影。直线的投影一般仍为直线。在直线垂直于投影面的特殊情况下，直线的投影为一点。

直线的投影作图：

1）作图步骤：如图2-9所示，求作空间直线AB的三面投影。首先作出A、B两点的三面投影，如图2-9a所示，然后连接同面投影a'、b'，即可得到空间直线AB的正面投影$a'b'$；同理可以求得空间直线AB的水平投影ab、正面投影$a''b''$，如图2-9b所示。

2）作图要求：直线的投影用粗实线绘制，以区别投影连线和辅助线。

2.3.2 各种位置直线及其投影特性

在三投影面体系中，空间直线与投影面的关系可分为三种：一般位置直线、投影面平行线、投影面垂直线。

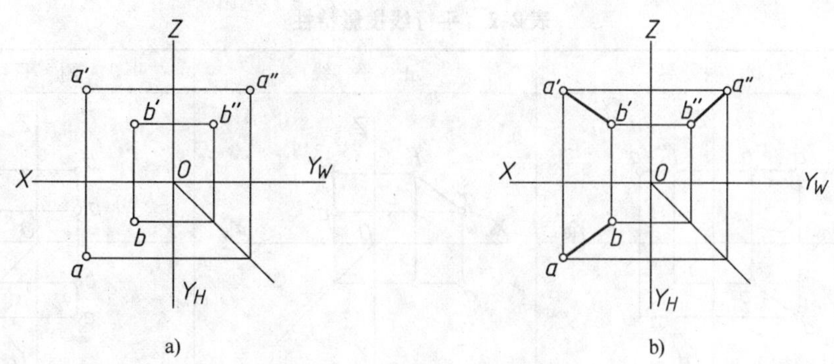

图 2-9　直线的三面投影

1. 一般位置直线

一般位置直线是指既不平行于投影面、又不垂直于投影面的空间直线。一般用倾角描述空间直线与投影面的关系。直线与投影面间的夹角称为直线的倾角，用 α、β、γ 分别表示直线与 H、V、W 投影面间的倾角，取 $0° \leqslant \alpha$、β、$\gamma \leqslant 90°$，如图 2-10 所示。

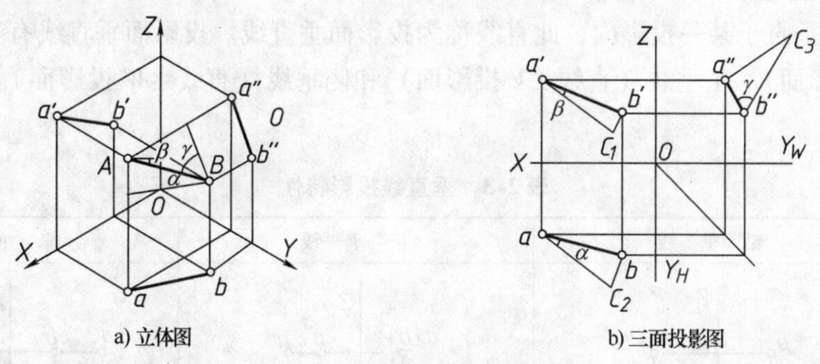

图 2-10　一般位置直线的三面投影

一般位置直线的投影特性：投影既不反映直线的实长也不反映直线对投影面的倾角，投影均小于直线段实长，且投影与投影轴的夹角不反映直线对投影面的倾角。

由一般位置直线的投影求作一般位置直线的实长和倾角，通常采用直角三角形法。

图 2-10 所示为一般位置直线 AB 的三面投影。如图 2-10b 所示，在水平投影面内自投影点 b（或 a）作直线 bc_2 垂直于 ab，使 $bc_2 = Z_A - Z_B$，连接 ac_2，直角三角形 abc_2 即为所求。在该三角形中，ac_2 为直线实长，$\angle bac_2$ 为直线与 H 面的倾角 α。同理可在正立投影面和侧立投影面用上述方法求作一般位置直线的实长和倾角。应注意，求 β 角应以 AB 的 V 面投影 $a'b'$ 为一直角边，以 A、B 两点的 Y 坐标差为另一直角边作直角三角形；求 γ 角应以 AB 的 W 面投影 $a''b''$ 为一直角边，以 A、B 两点的 X 坐标差为另一直角边作直角三角形。

2. 投影面平行线

当直线仅平行于某一投影面，与其余投影面不垂直，此直线称为投影面平行线。投影面平行线有三种：水平线（直线 // H 投影面）、正平线（直线 // V 投影面）和侧平线（直线 // W 投影面）。其投影特性见表 2-2。

表 2-2　平行线投影特性

	水平线	正平线	侧平线
投影图	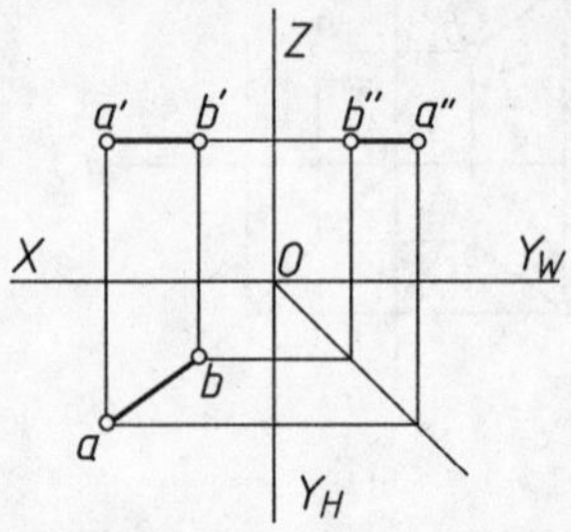	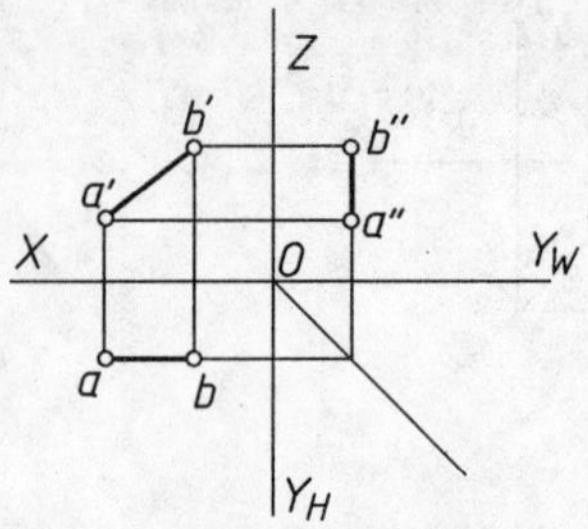	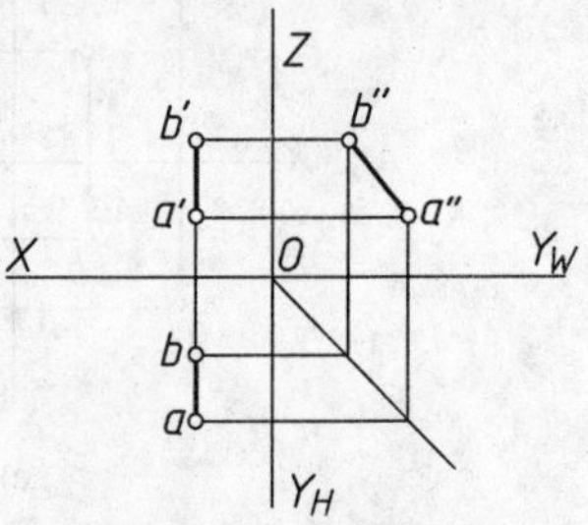
投影特性	1）$a'b'$∥X 投影轴，长度缩短 2）$a''b''$∥Y 投影轴，长度缩短 3）ab 倾斜于投影轴，长度不变	1）ab∥X 投影轴，长度缩短 2）$a''b''$∥Z 投影轴，长度缩短 3）$a'b'$ 倾斜于投影轴，长度不变	1）$a'b'$∥Z 投影轴，长度缩短 2）ab∥Y 投影轴，长度缩短 3）$a''b''$ 倾斜于投影轴，长度不变

3. 投影面垂直线

当直线仅垂直于某一投影面，此直线称为投影面垂直线。投影面垂直线有三种：铅垂线（直线⊥H 投影面）、正垂线（直线⊥V 投影面）和侧垂线（直线⊥W 投影面）。其投影特性见表 2-3。

表 2-3　垂直线投影特性

	铅垂线	正垂线	侧垂线
投影图	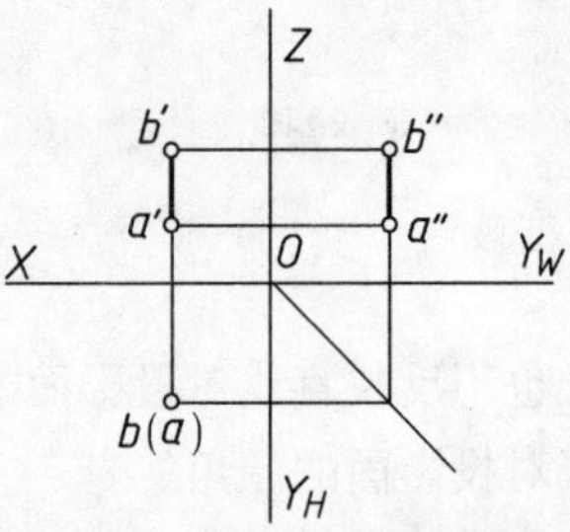	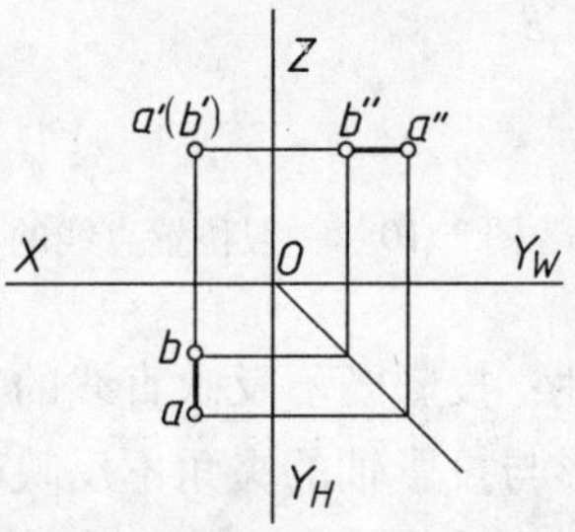	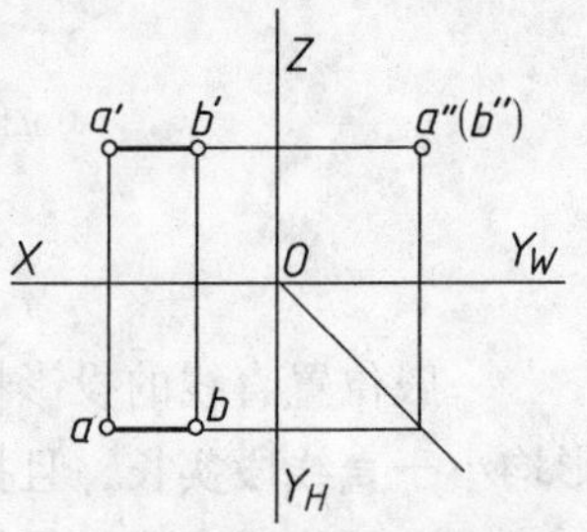
投影特性	1）$a'b'$、$a''b''$ 同时平行于 Z 投影轴，长度不变 2）ab 积聚于一点	1）ab、$a''b''$ 同时平行于 Y 投影轴，长度不变 2）$a'b'$ 积聚于一点	1）ab、$a'b'$ 同时平行于 X 投影轴，长度不变 2）$a''b''$ 积聚于一点

2.3.3　直线上的点

空间直线与空间点之间的关系，可分为点在直线上、点在直线外。直线与直线上点的关系应满足以下两点：

1）从属性：点在直线上，点的投影必在直线的同面投影上，反之亦然。如果点的投影不都在直线的同面投影上，则点一定不在直线上。

2）定比性：直线上的点分线段之比等于其投影之比，反之亦然。

【例 2-3】　已知直线 AB 的投影图，空间点 C 属于直线 AB 上一点，其 V 面投影如

图 2-11a所示，求其余两面投影。

解：空间点 C 的投影作图步骤如图 2-11b 所示。

1）从点 c'向 OX 轴作垂线，与 ab 的交点即为点 C 在 H 面的投影 c。

2）从点 c'向 OZ 轴作垂线，与 $a''b''$的交点即为点 C 在 W 面的投影 c''。

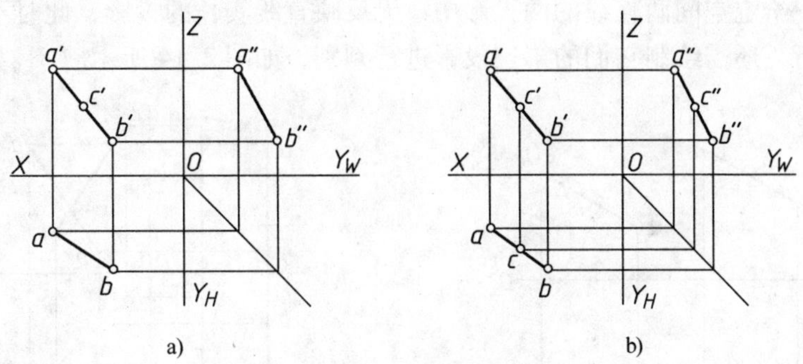

图 2-11　求作直线上点的投影

【例 2-4】　如图 2-12 所示，已知直线 AB 及点 E 的投影，试判别点 E 是否在直线 AB 上。

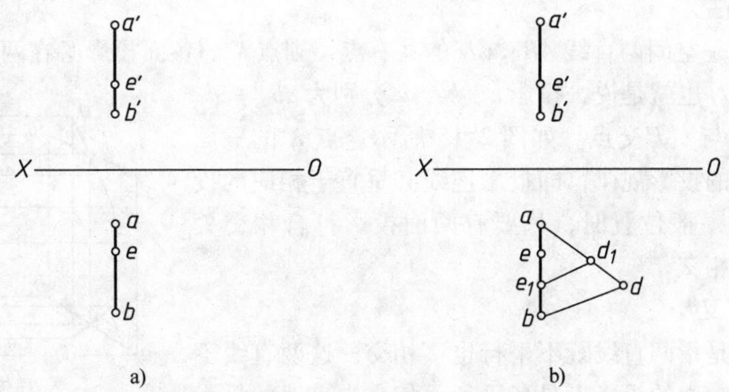

图 2-12　判别点是否在直线上

解：从直线 AB 和点 E 的投影判断点 E 是否在直线 AB 上主要有两种方法。

方法一：利用投影的从属性和定比性质。在 H 面过 a（或 b）任作一直线 ad，使 ad 长度等于 $a'b'$的长度。在 ad 上取点 d_1，使得 dd_1的长度等于 $e'b'$的长度。连 bd，作 $d_1e_1//bd$ 与 ab 交于 e_1。由于 e_1与已知的 e 不重合，所以点 E 不在直线 AB 上，如图 2-12b 所示。

方法二：可作出空间直线 AB 和点 E 的侧面投影，进行判别。如果 e''在 $a''b''$上，则点 E 在直线 AB 上。反之，则点 E 在直线 AB 外。此法的作图请在课外完成。

2.3.4　两直线的相对位置

空间两直线的相对位置有三种情况：平行、相交、交叉。其中平行、相交为共面情况，交叉为异面情况。下面分别讨论它们的投影特性。

1. 两直线平行

根据正投影法的投影性质之一——平行性（若空间两直线平行，则其同面投影必平行），可从两空间直线的投影判断这两直线是否平行。

两直线为一般位置直线时，只要有两面投影符合平行关系，即可判断两直线是平行的，如图2-13所示。当两直线为投影面平行线，且有两对同面投影分别平行时，会存在两种情况：第一，给定空间两直线的两投影中其中有一个投影反映直线的实长，则可判定空间两直线平行；第二，给定空间两直线的两投影中，无反映直线实长的投影，此时不能确定该空间两直线是否平行，还需绘制它们的第三投影进行判别，如图2-14所示。

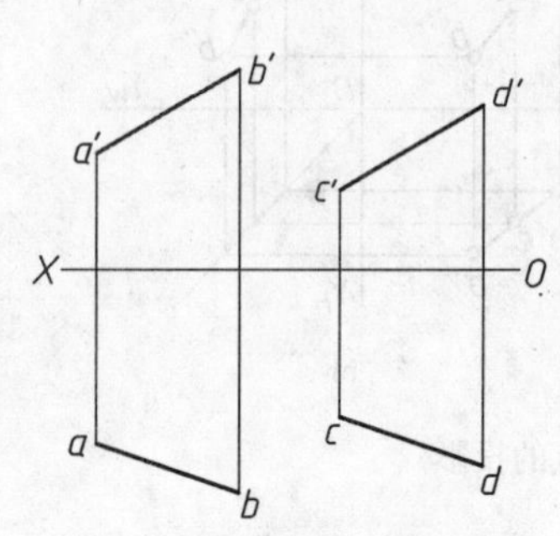

图2-13　两直线平行

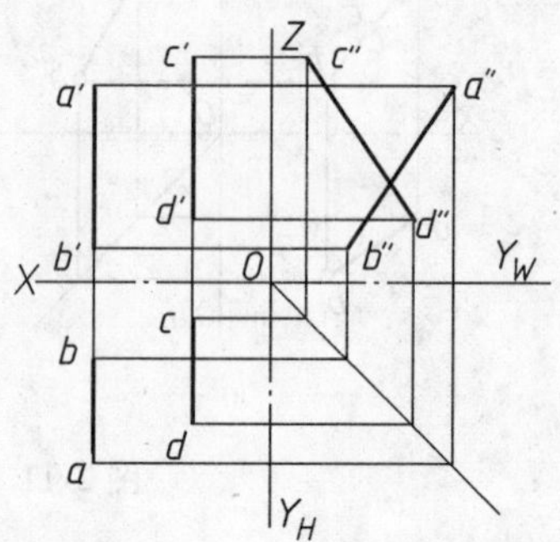

图2-14　两直线不平行

2. 两直线相交

如果交点K是空间两直线AB、CD的共有点，则点K的各面投影必在两直线AB、CD同面投影的交点处。也就是说，投影k、k'、k''分别为ab与cd、$a'b'$与$c'd'$、$a''b''$与$c''d''$交点。如图2-15所示。点K的三面投影必然符合点的投影规律，即投影连线必垂直于相应的投影轴。两直线为一般位置时，只要有两面投影符合相交关系，即可判断为相交。

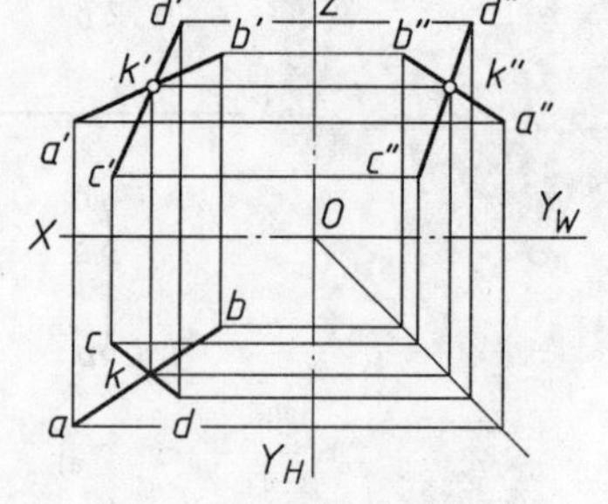

图2-15　相交两直线

3. 两直线交叉

两直线交叉是指两直线既不平行也不相交，这两直线不在同一平面上。它们的投影不具备平行、相交二直线的投影特性。常见的情况有：交叉两直线的二面投影中可能出现一对或两对同面投影相互平行，或有两个或三个同面投影相交，但这些交点均不符合点的投影规律。交叉两直线同面投影的交点是交叉两直线上两点的重影。

通过分析重影现象可以判断空间两直线的相对位置。现举例说明交叉两直线上重影点可见性的判别方法。

【例2-5】 试判别图2-16a所示的交叉两直线AB、CD的水平投影面上重影点的可见性。

解： 图2-16所示两直线的水平投影相交于一点，该点是两直线投影的重影，实际上是两个点的投影。设这两点为1点和2点，其中1点可见，2点不可见。根据1点、2点的Z轴坐标大小，可推得1点在直线AB上，2点直线CD上。从1点和2点的水平投影向OX轴作垂线，分别交$a'b'$与$c'd'$于点$1'$、$2'$。

同理，若正面投影有重影点需要判别其可见性，只要比较两重影点的Y坐标，Y坐标大的在前面，小的在后面。若侧面投影有重影点需要判别其可见性，只要比较两重影点的X坐标，X坐标大的在左面，小的在右面。

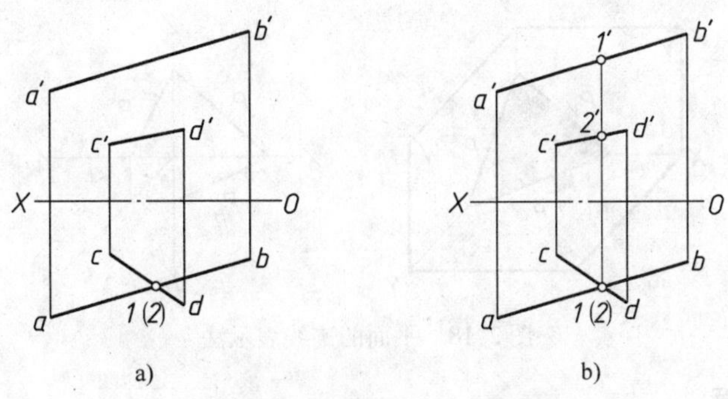

图2-16 交叉两直线重影点判断

2.4 面的投影

面是构成立体的要素之一。面有平面和曲面之分。

2.4.1 平面的表示法

由几何学可知，不在同一直线上的三点可确定一个平面。因此，在投影图上可以用下列任何一组几何元素的投影来表示平面的投影。平面的各种表示法可以互相转换。确定平面的一组几何元素的投影即是平面的投影。

1）不在同一直线上的三点，如图2-17a所示。

2）一直线与直线外一点，如图2-17b所示。

3）相交两直线，如图2-17c所示。

4）平行两直线，如图2-17d所示。

5）任意平面图形（如三角形、圆或其他图形），如图2-17e所示。

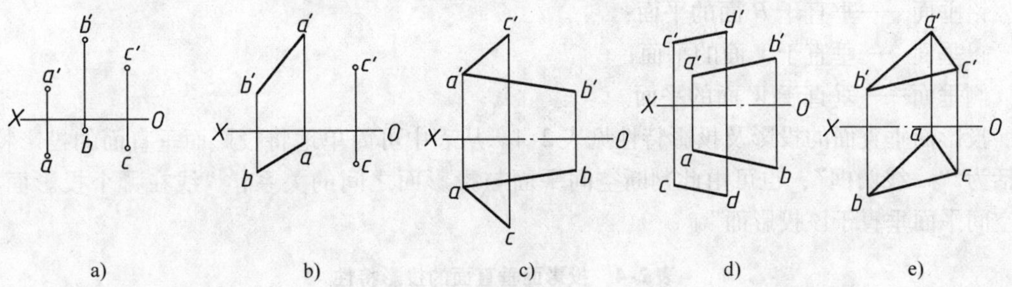

图2-17 用几何元素表示平面

6）用迹线表示平面。如图2-18所示，空间平面与投影面的交线称为平面的迹线。平面P与三个投影面V、H、W相交于三条直线P_V、P_H、P_W，分别称为平面P的正面迹线、水平迹线和侧面迹线。迹线既在平面上又在投影面上。鉴于这点，用迹线表示特殊位置平面，简便、易画，故常用于解题。

2.4.2 各种位置平面及投影特性

空间平面与投影面之间的关系有三种：一般位置平面、投影面平行面、投影面垂直面。

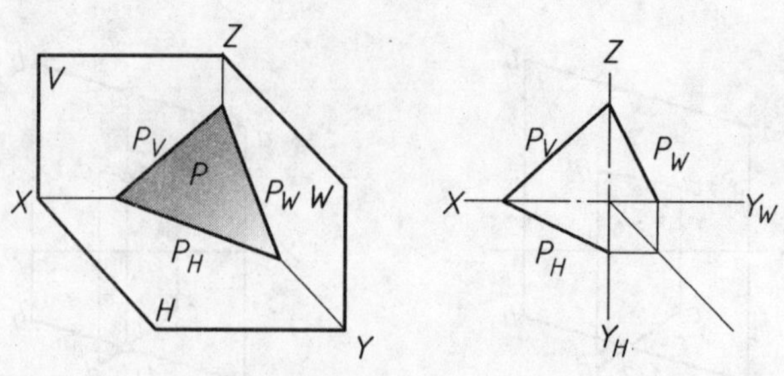

图 2-18　平面的迹线表示法

1. 一般位置平面

与三个投影面均处于倾斜位置的空间平面称为一般位置平面。一般位置平面的投影特性为：三个投影均为小于实形的类似形，投影中不反映平面对投影面的倾角（图 2-19）。

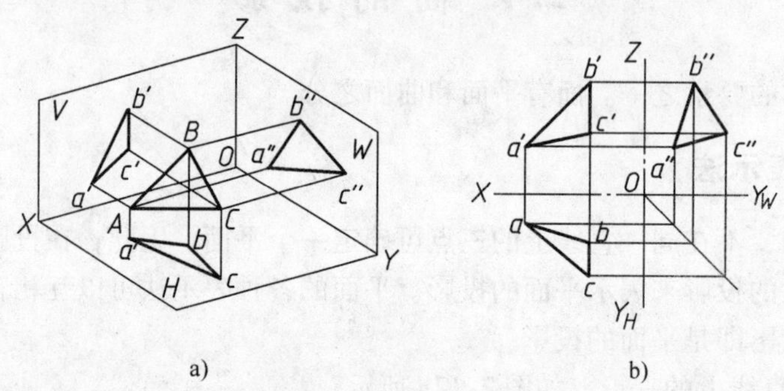

a)　　　　　　　　　　　　　b)

图 2-19　一般位置平面的投影

2. 投影面垂直面

投影面垂直面指仅垂直于某一投影面，同时与其他两投影面倾斜的平面。投影面垂直面也可分为三种：

铅垂面——垂直于 *H* 面的平面；

正垂面——垂直于 *V* 面的平面；

侧垂面——垂直于 *W* 面的平面。

投影面垂直面的投影及投影特性见表 2-4。从表中可简单地将投影面垂直面的投影特性概括为"一线两框"，也可由此判断空间平面与投影面之间的关系，"线在哪个投影面上，即空间平面垂直于该投影面"。

表 2-4　投影面垂直面的投影特性

名称	实 例 图	三面投影体系	三 面 投 影	投 影 特 性
正垂面				正面投影积聚成直线，其他两投影为原形的类似形

（续）

名称	实例图	三面投影体系	三面投影	投影特性
铅垂面	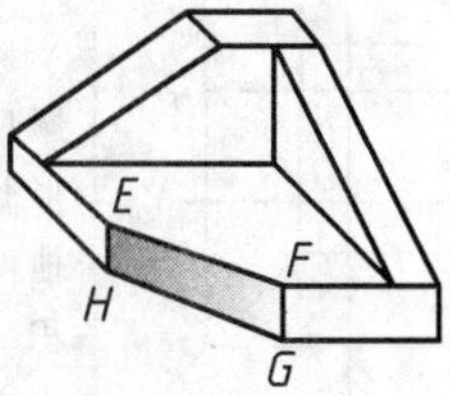	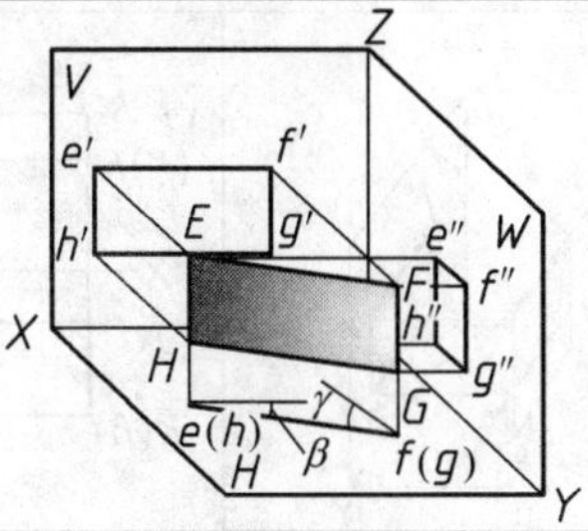	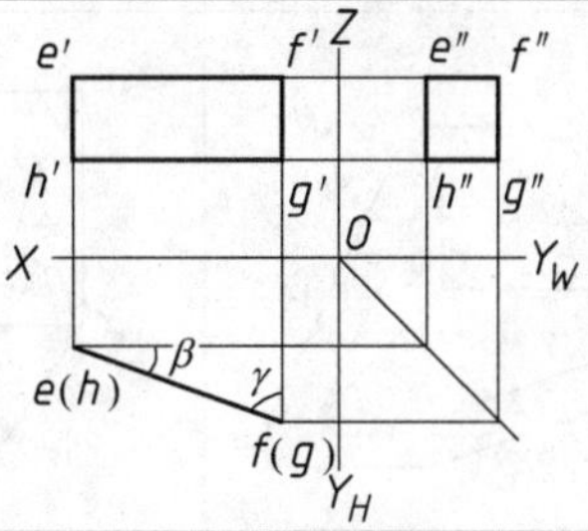	水平投影积聚成直线，其他两投影为原形的类似形
侧垂面	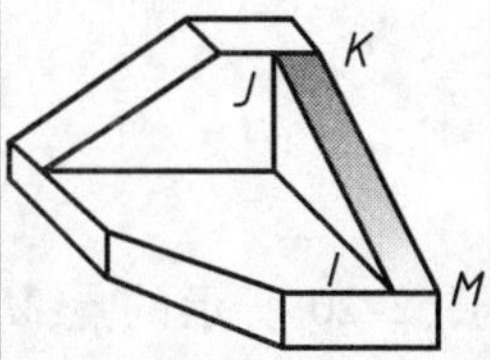	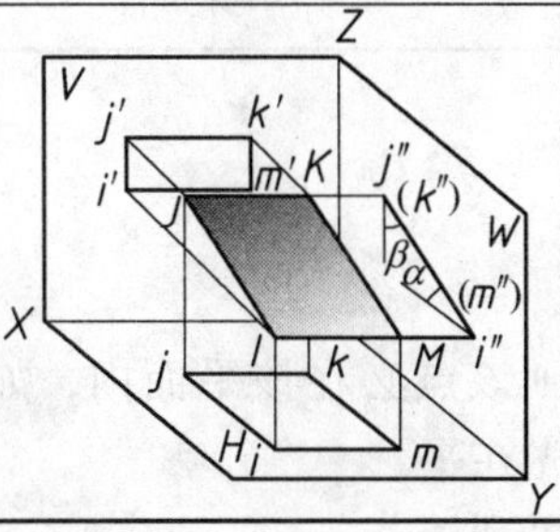	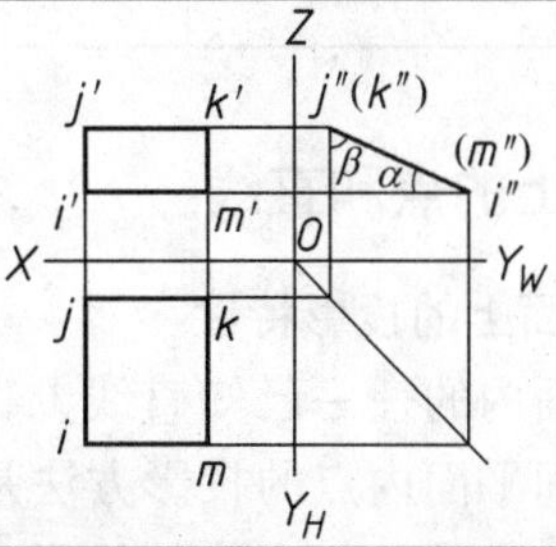	侧面投影积聚成直线，其他两投影为原形的类似形

3. 投影面平行面

投影面平行面是仅平行于某一投影面的平面，同时与其他两投影面垂直的平面。投影面平行面也有三种：

水平面——平行于 *H* 面的平面；

正平面——平行于 *V* 面的平面；

侧平面——平行于 *W* 面的平面。

它们的投影及投影特性见表 2-5。从表中可简单地将投影面平行面的投影特性概括为“一框两线”，也可由此判断空间平面与投影面之间的关系，“框在哪个投影面上，即空间平面平行于该投影面”。

表 2-5 投影面平行面的投影特性

名称	实例图	三面投影体系	三面投影	投影特性
正平面	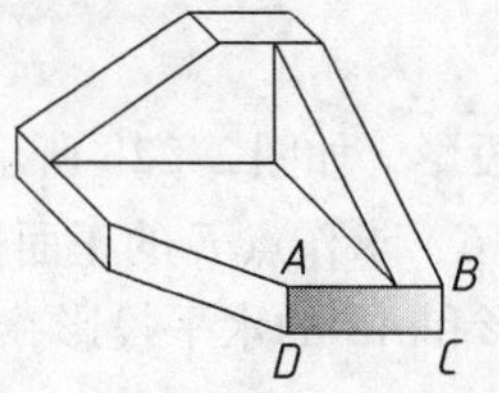	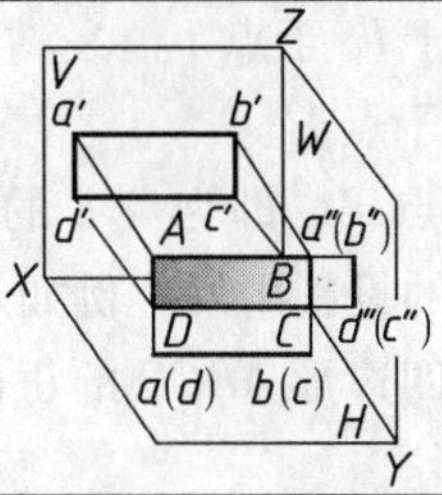	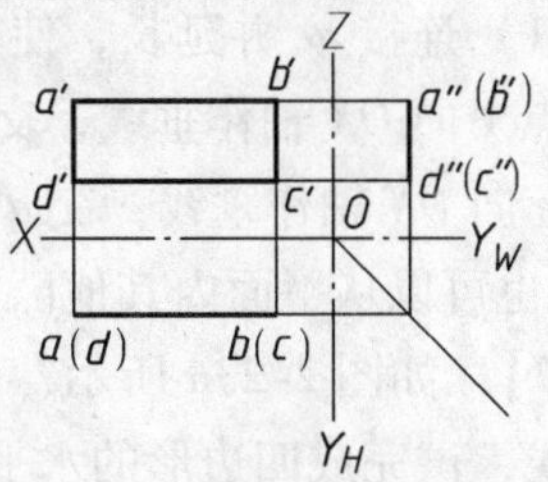	正面投影反映实形性，其他两投影积聚成直线
水平面	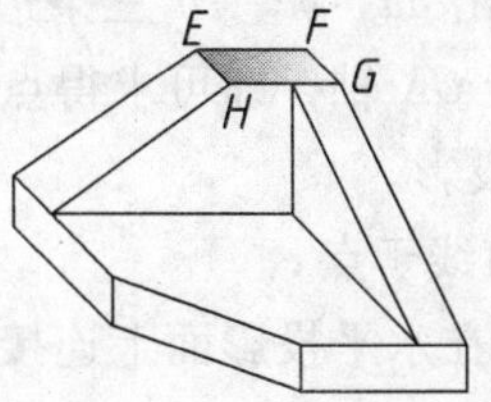	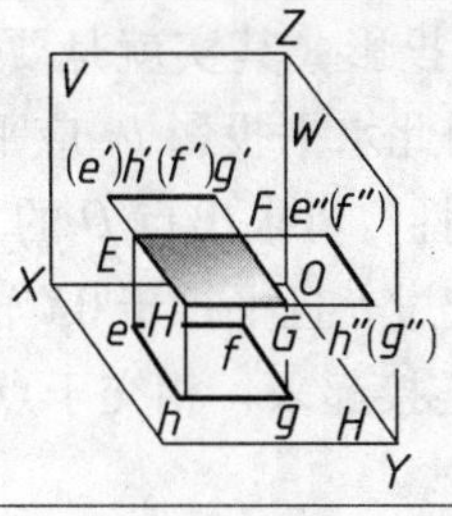	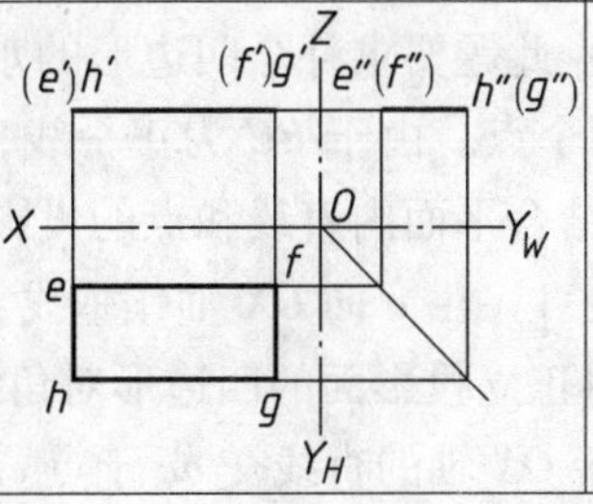	水平投影反映实形性，其他两投影积聚成直线

（续）

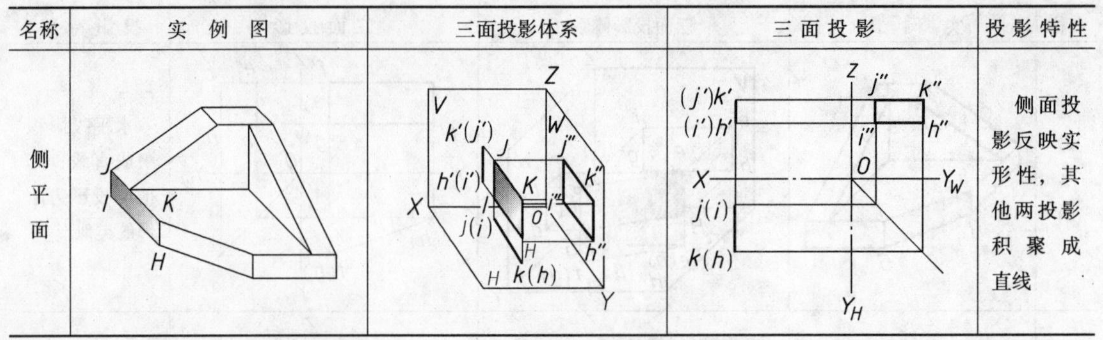

名称	实 例 图	三面投影体系	三 面 投 影	投 影 特 性
侧平面				侧面投影反映实形性，其他两投影积聚成直线

2.4.3 平面上的点和直线

1. 点在平面上的投影特性

若点在平面内的任一已知直线上，则该点必在该平面内，如图 2-20 所示的点 *M*、*N*。因此，求作空间平面内点的投影方法是先在平面上找到通过该点的已知直线的投影，再利用点的从属性来求解。

2. 直线在平面上的投影特性

直线在平面上，则该直线必定通过这个平面上的两点，或通过平面上一点且平行于该平面上的另一已知直线。因此，凡所作直线经过某平面内的不重合的两点，或过一已知点且平行于平面上一已知直线，则该直线必在该平面上（图 2-21）。

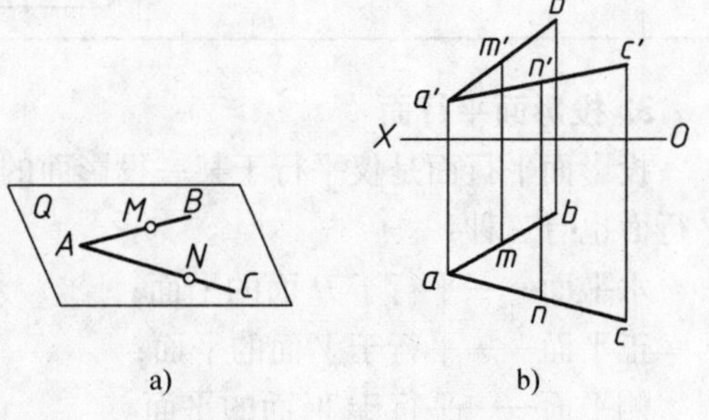

图 2-20　平面上的点

【例 2-6】　如图 2-22a 所示，已知平面△*ABC* 上点 *E* 的水平投影，求点 *E* 的正面投影。

分析：可依据点在平面上的投影特性解决此类问题，即在平面内找一条通过该点的直线。

作图：1）连接 *ae* 并延长，使其交于 *bc* 于点 1。

2）由点 1 向 *OX* 轴作垂线，交 *c′b′*于点 1′。

3）由 *e* 向 *OX* 轴作垂线，交 *a′*1′于点 *e′*，即为点 *E* 的正面投影，如图 2-22b 所示。

同理，也可以从平面内其他已知点的投影出发，例如点 *B*、*C*，求作点 *E* 的正面投影。

【例 2-7】　如图 2-23a 所示，已知四边形 *ABCD* 的正面投影和 *AB* 的水平投影，并且边 *BC* 为正平线，试完成四边形的水平投影。

分析：此题要求补全四边形的水平投影，其实就是要求作出 *ad*、*bc*、*cd* 三条边，即求出 *c*、*d* 两个点。由于 *BC* 为正平线，因此水平投影 *bc* 应平行于 *OX* 轴，即可求得点 *C* 的水平投影。结合平面内直线和点的投影特性，可求出点 *D* 的水平投影。

作图：1）由 *c′*向 *OX* 轴作垂线，交过 *b* 且平行于 0*X* 轴的直线于点 *c*。

2）将正立投影面的四边形对角线连接起来，相交于点 *e′*。在水平投影面上连接 *ac*，过 *e′*作垂直于 *OX* 轴的直线交 *ac* 于点 *e*。

3）连接 b、e 并延长，交过 d' 且垂直于 OX 轴的直线于点 d。

4）依次将四边形各点的水平投影连接起来，即得所求。

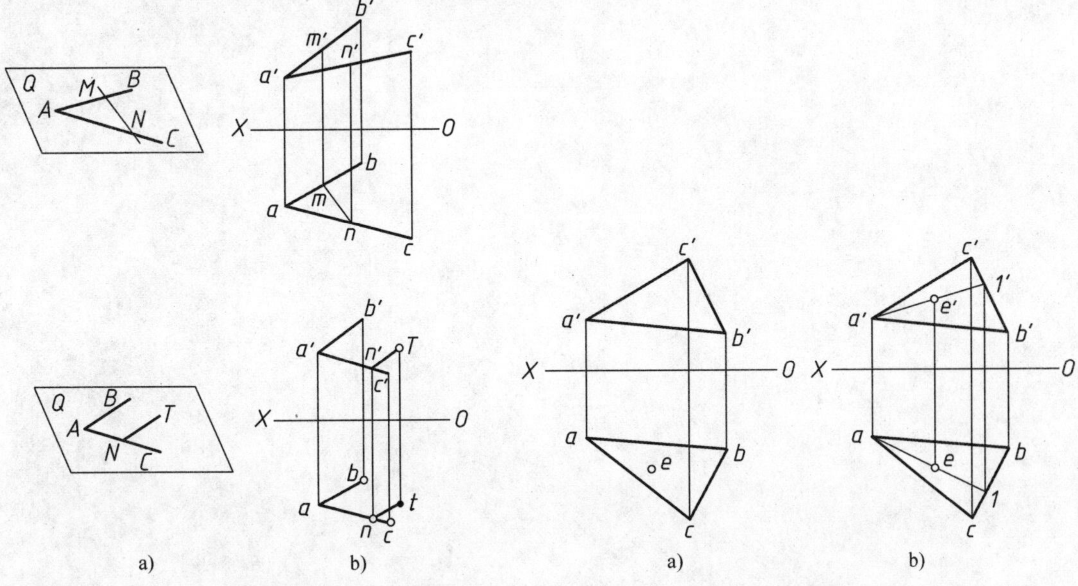

图 2-21　平面上的直线

图 2-22　在平面上作点

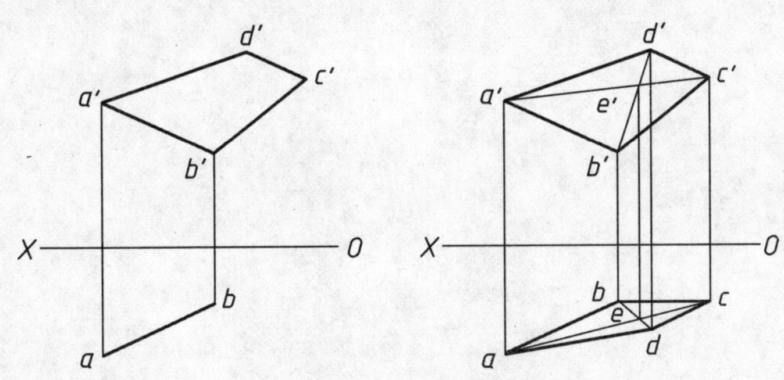

图 2-23　补全平面的投影

第3章 徒手制图基础与规范

教学目标

工程图样是工程技术人员表达设计思想，进行技术交流的工具，也是指导生产的重要技术文件，因此绘制图样时必须遵守《技术制图》及《机械制图》的国家标准。本章的教学目标是掌握工程制图的技术标准、徒手绘图方法、制图工具及其使用方法、圆弧连接的作图方法。

教学要求

能力目标	知识要点	权　重	自测分数
掌握工程制图的技术标准	制图标准的基本规定	40%	
掌握徒手绘图	徒手绘图的方法、步骤	10%	
掌握制图工具的使用方法	制图工具的用途和使用方法	20%	
掌握圆弧连接的作图方法	圆弧连接的基本关系和作图方法	30%	

3.1 工程制图技术标准

工程图样是工程技术人员表达设计思想，进行技术交流的工具，也是指导生产的重要技术文件，因此必须有统一的规范。我国于1959年首次颁发了《机械制图》国家标准，对图样画法、尺寸注法等作了统一规定，并先后于1970年、1974年及1984年对《机械制图》国家标准进行了重新修订。进入20世纪90年代，为了与国际接轨，国家质量技术监督局依据国际标准化组织制定的国际标准，制订并颁布了《技术制图》和《机械制图》国家标准，通称为制图标准。

国家标准，简称“国标”，代号为“国标”二字的汉语拼音首字母“GB”。“GB”代表强制性国家标准，“GB/T”代表推荐性国家标准。如GB/T 14689—2008为推荐性国家标准，“14689”为标准编号，“2008”为颁布或修订的年号。

本节主要介绍图纸幅面及格式、标题栏、比例和字体等国家标准。

3.1.1 图纸幅面和格式

1. 图纸幅面（GB/T 14689—2008）

图纸宽度（B）和长度（L）组成的图面称为图纸幅面。其中，不管图纸如何布置，图纸较长的一边称为长，较窄的一边称为宽，相应的长度分别称为长度和宽度。图纸幅面如图3-1所示。

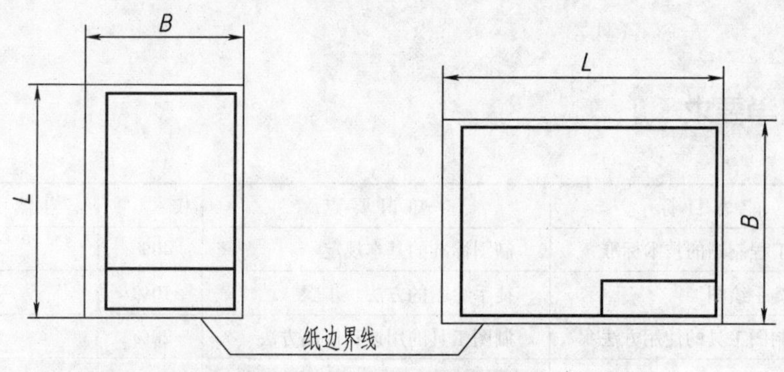

图3-1 图纸幅面

图纸的基本幅面有五种，分别用幅面代号A0、A1、A2、A3、A4表示，见表3-1。必要时，可以按规定加长幅面，但加长后的幅面尺寸是由基本幅面的短边整数倍增加后而形成的，虚线所示为加长幅面，如图3-2所示。

表3-1 图纸的基本幅面和图框的尺寸

幅面代号	A0	A1	A2	A3	A4
尺寸 $B\times L$	841×1 189	594×841	420×594	297×420	210×297
c	10			5	
a	25				
e	20		10		

2. 图框格式

图纸上的边框线必须用粗实线绘制。图框的格式分为不留装订边和留有装订边两种（图 3-3），但同一产品的图样只能采用一种格式。

1）留有装订边的图纸的图框格式如图3-3a、b所示，图中尺寸 a、c 按表 3-1 的规定选用。

2）不留装订边的图纸的图框格式如图3-3c、d所示，图中尺寸 e 按表 3-1 的规定选用。

3）加长幅面图纸的图框尺寸，按所选用的基本幅面大一号的图框尺寸确定。例如 A2×3 的图框尺寸，按 A1 的图框尺寸确定，即 e 为 20（或 c 为 10），而 A3×4 的图框尺寸，按 A2 的图框尺寸确定，即 e 为 10（或 c 为 10）。

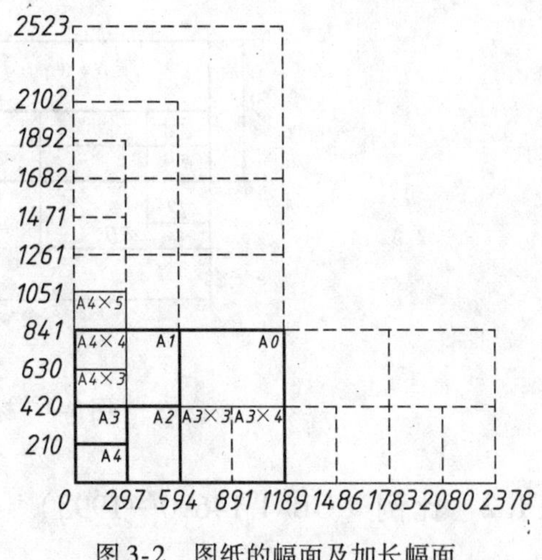

图 3-2　图纸的幅面及加长幅面

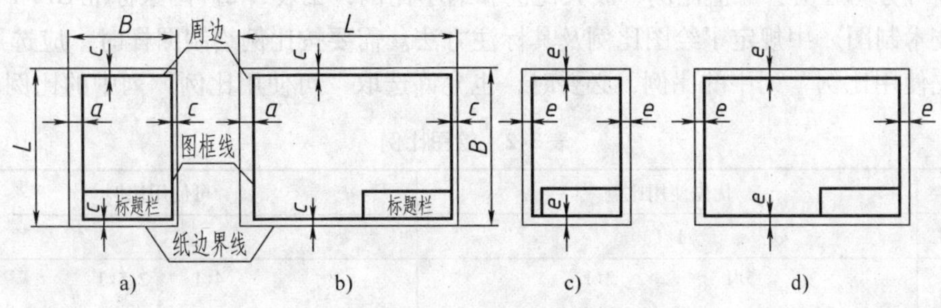

图 3-3　图框格式

3. 标题栏（GB/T 10609. 1—2008）

每张图样都必须画出标题栏，用来表达零部件及其管理等信息。标题栏的位置一般位于图纸的右下角，底边与图框底边线重合，右边与图框右边线重合，如图 3-3 所示。国家标准规定了标题栏的格式和尺寸，如图 3-4a 所示；制图作业的标题栏可适当简化，如图 3-4b 所示。

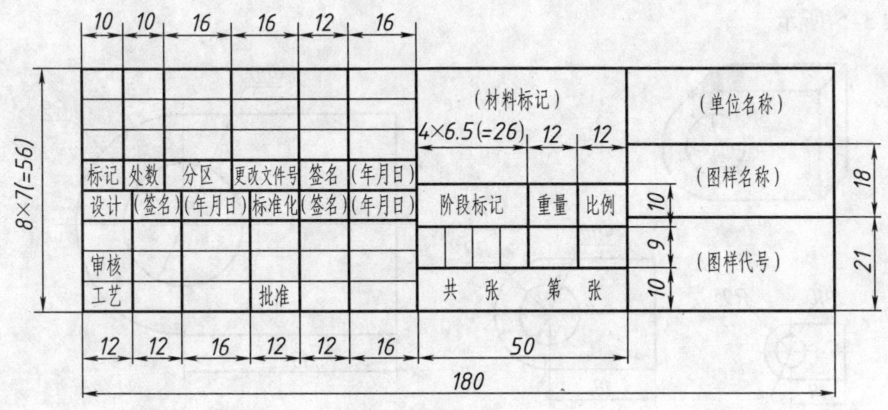

图 3-4　标题栏的尺寸

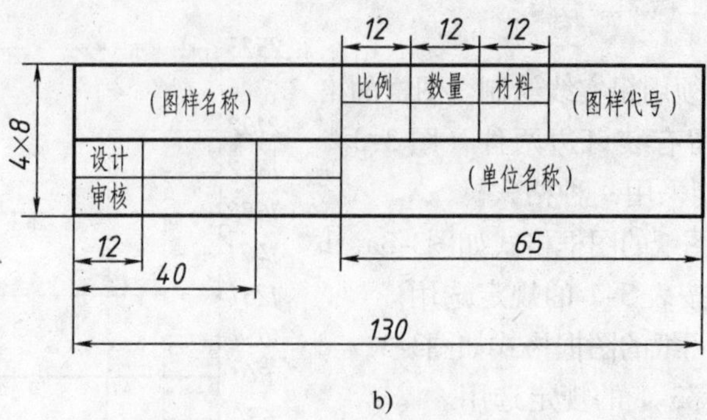

b)

图 3-4 标题栏的尺寸（续）

3.1.2 比例（GB/T 14690—1993）

比例是指图中图形与其实物相应要素的线性尺寸之比，用符号“:”表示。按比值大小，比例可分为三类：原值比例、放大比例和缩小比例，见表 3-2。国家标准 GB/T 14690—1993《技术制图》中规定了绘图比例及其标注方法。需要按比例绘制图样时，应选用表 3-2 中“优先使用比例”列中的比例，必要时，也允许选取“可使用比例”列中的比例。

表 3-2 绘图比例

比例种类	优先使用比例	可使用比例
原值比例	1:1	
放大比例	5:1　2:1 5×10^n:1　2×10^n:1　1×10^n:1	4:1　2.5:1 4×10^n:1　2.5×10^n:1
缩小比例	1:2　1:5　1:10 1:2×10^n　1:5×10^n　1:1×10^n	1:1.5　1:2.5　1:3　1:4　1:6 1:1.5×10^n　1:2.5×10^n　1:3×10^n 1:4×10^n　1:6×10^n

注：n 为正整数。

不管选用什么比例绘图，在标注尺寸时均应按实物的实际尺寸标注，与所采用的比例无关，如图 3-5 所示。

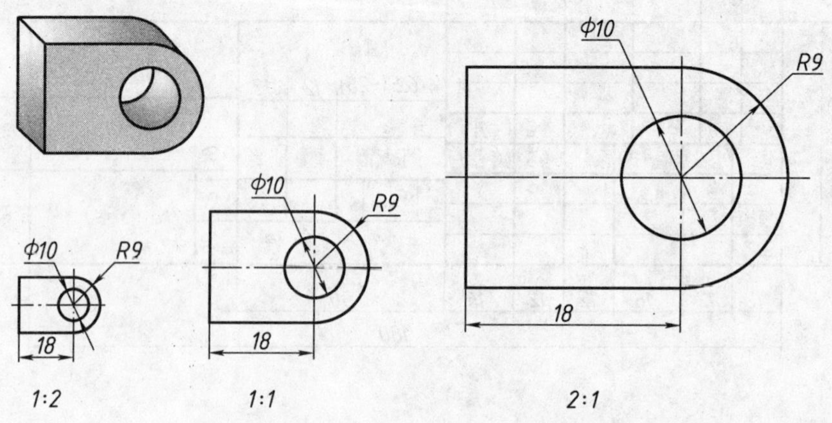

图 3-5 不同比例的尺寸标注

3.1.3　字体（GB/T 14691—1993）

在图样中除了表示物体形状的图形外，还需要用文字、数字和字母表示物体的大小及技术要求等内容。国家标准 GB/T 14691—1993《技术制图》中对图样中的字体也作了统一规定。图样中的字体必须做到：字体工整、笔画清楚、间隔均匀、排列整齐。字体的号数代表字体的高度（用 h 表示），其公称尺寸（单位：mm）系列为：1.8、2.5、3.5、5、7、10、14、20。如需要书写更大的字时，其字体高度应按$\sqrt{2}$的比率递增。

1. 汉字

汉字应写成长仿宋体，如图 3-6 所示，并应采用中华人民共和国国务院正式公布的简化字。汉字的高度 h 应不小于 3.5mm，其字宽一般为字高的 $1/\sqrt{2}$。

10 号字

字体工整笔画清楚间隔均匀排列整齐

7 号字

横平竖直注意起落结构均匀填满方格

5 号字

技术制图机械电子汽车航空船舶土木建筑矿山井坑港口纺织服装

图 3-6　长仿宋体汉字书写示例

2. 字母与数字

字母和数字分 A 型和 B 型。A 型字体的笔画宽度 d 为字高的 1/14；B 型字体的笔画宽度 d 为字高的 1/10。在同一图样上，只允许选用一种型式的字体。字母和数字可写成直体或斜体。斜体字字头向右倾斜，与水平基准线成 75°（图 3-7）。

0123456789

ABCDEFGHKLMNOPQRSTUVWXYZ

abcdefghijklmnopqrstuvwxyz

图 3-7　字母和数字的书写示例

3.1.4　图线（GB/T 4457.4—2002、GB/T 17450—1998）

1. 图线的基本线型及应用

国家标准 GB/T 17450—1998 中规定了 15 种基本线型及基本线型的变形，需要时可查阅国标手册。机械工程图样中常用图线的名称、形式、宽度及其应用见表 3-3。

表 3-3 图线的基本线型及应用

名称及线宽	图线型式	主要用途	图例
粗实线 d		可见轮廓线	可见轮廓线 不可见轮廓线
虚线 $d/2$	12d 3d	不可见轮廓线	
细实线 $d/2$		尺寸线 尺寸界线 剖面线 辅助线 引出线	剖面线 尺寸界线 20 尺寸线 引出线
波浪线 $d/2$		断裂处的边界线 视图和剖视图的分界线	视图和剖视图的分界线 断裂处的边界线
双折线 $d/2$		断裂处的边界线	
细点画线 $d/2$	24d 6.5d	轴线 对称中心线 轨迹线 齿轮的分度圆 齿轮的分度线	轴线 对称中心线

（续）

名称及线宽	图线型式	主要用途	图例
细双点画线 $d/2$	——-‧‧———	相邻辅助零件的轮廓线 运动零件极限位置的轮廓线 假想投影轮廓线	相邻辅助零件 极限位置

2. 图线的宽度

机械图样中，图线宽度分为粗、细两种，其比例为2∶1，按图样的大小和复杂程度，在下列数系中选择（单位：mm）：0.13、0.18、0.25、0.35、0.5、0.7、1、1.4、2，粗线宽度优先采用0.7mm 和0.5mm。

3. 图线画法

在绘图过程中，除了正确掌握图线的标准和用法以外，还应遵守以下各点：

1）同一图样中同类图线的宽度应保持一致；虚线、点画线及双点画线的线段长度和间隔应各自大致相等。

2）点画线的首末两端应是线段，且应超出图形轮廓线约 2 ~ 5mm；在较小图形上绘制点画线有困难时，可用细实线代替。

3）图线相交时应以线段相交，但当虚线、点画线在粗实线的延长线上时，连接处应空开，粗实线画到分界点。

4）当各种图线重合时，应按粗实线、虚线、点画线的优先顺序画出。

3.2　徒手绘图方法及步骤

所谓徒手绘图是指以目测估计图形与实物的比例，按一定的画法要求，徒手绘制工程图样。在设计开始阶段，由于技术方案要求经过反复分析、比较、推敲才能确定最后方案。所以，为了节省时间，加快速度，往往以绘制草图来表达构思结果；在仿制产品或修理机器时，经常要在现场绘制。由于环境和条件的限制，常常缺少完备的绘图仪器和计算机，为了尽快得到结果，一般也是先画草图，再画正规图；在参观、学习或交流、讨论时，有时也需要徒手绘制草图；此外，在进行表达方案的讨论、确定布图方式时，往往也需画出草图，以便进行具体比较。总之，草图的适用场合是非常广泛的，它已和仪器绘图和计算机绘图成为三种主要的绘图手段。

徒手绘图的基本要求，分别为1）标注尺寸无误，书写清楚。2）线要平直，图线要清晰；目测尺寸要尽量准，各部分比例匀称；绘图速度要快。3）画草图的铅笔比用仪器画图的铅笔软一号，削成圆锥形，画粗实线要秃些，画细实线可尖些。4）手握笔的位置要比用仪器绘图时高些，以利于运笔和观察目标。5）笔杆与纸面成45°~60°，执笔要稳而有力。总之，一个物体的图形无论多么复杂，都是由直线，圆、圆弧或曲线组成的。要画好草图，必须掌握好徒手绘制各种线条的方法。

1. 直线的画法

画直线时，手腕要靠着纸面，沿着画线方向移动，保持图线稳直，眼睛要注意终点方向。画垂直线时自上而下运笔；画水平线时自左而右的画线方向最为顺手，这时图纸可倾斜放置；斜线一般不太好画，故画图时可以转动图纸，使欲画的斜线正好处于顺手方向。画短线，常以手腕运笔，画长线则以手臂动作。为了便于控制图的大小比例和各图形间的关系，可利用方格纸画草图。徒手画直线的示例如图3-8所示。

图3-8 徒手画直线

画等分线段时要目测大致的位置，先分成二段，再分成四段、八段等，总之就是一点一点地向后推移，最后得到所需的等分线段。

2. 角度的画法

一般机械上涉及的角度都比较特殊（如30°、45°、60°），这些可以用数学知识解决，如图3-9所示。

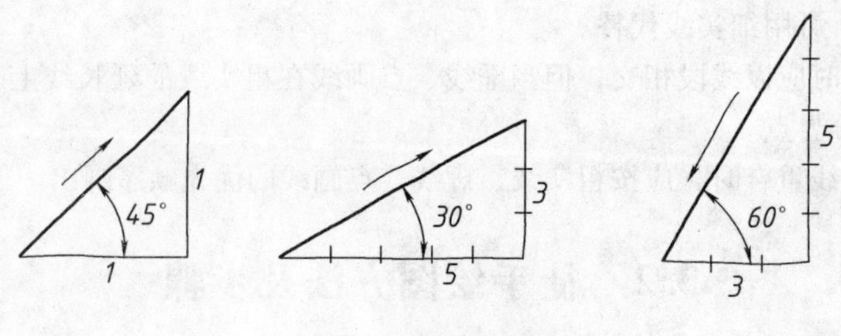

图3-9 徒手画角度

3. 圆的画法

画圆时，应先过圆心画中心线，再根据半径大小用目测在中心线上定出四点，然后过这四点画圆。当圆的直径较大时，可过圆心增画两条45°的斜线，在线上再定四个点，然后过这八个点画圆；当圆的直径很大时，可取一纸片标出半径长度，利用它从圆心出发定出许多圆上的点，然后通过这些点作圆。或者，用手作圆规，以小手指的指尖或关节作圆心，使铅笔与它的距离等于所需的半径，用另一只手小心地慢慢转动图纸，即可得到所需的圆，如

图 3-10所示。

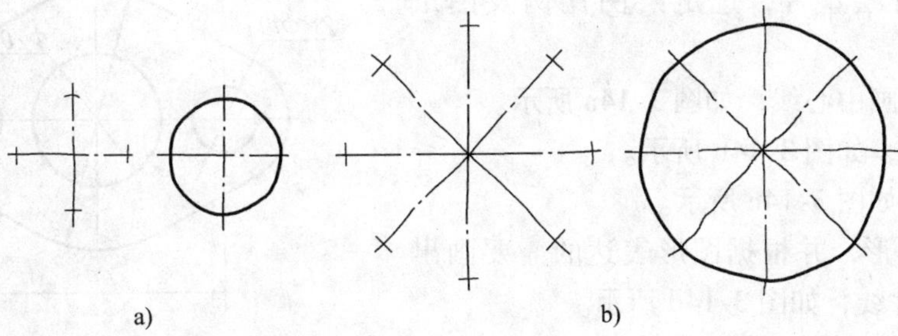

图 3-10　徒手画圆

画圆角的方法，先用目测在分角线上选取圆心位置，使它与角的两边的距离等于圆角的半径大小。过圆心向两边引垂线定出圆弧的起点和终点，并在分角线上也定出一个圆周点，然后徒手作圆弧把这三点连接起来。

4. 椭圆的画法

先画出椭圆的长、短轴，并用目测方法定出其四个端点的位置，过这四个端点画出一个矩形，这就是椭圆的外切四边形，然后分别用徒手方法作两钝角及两锐角的内切弧，即得所需椭圆，如图 3-11 所示。

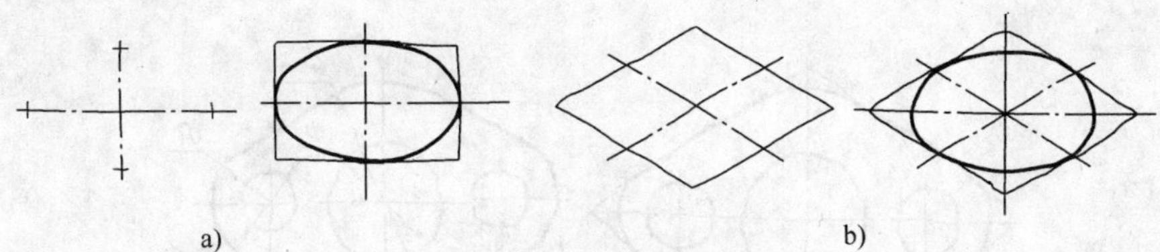

图 3-11　徒手画椭圆

5. 圆角和圆弧的画法

对于圆角和圆弧连接，尽量利用与正方形、长方形、菱形相切的特点画出，如图 3-12 所示。

图 3-12　徒手画圆角和圆弧

3.3　徒手绘图实例训练

请根据图 3-13，徒手绘制垫片的草图。

徒手绘图步骤如下：

1）分析所绘垫片，选定绘图比例及图纸大小。

2）布图、画中心线，如图3-14a所示。

3）画底图，如图3-14b所示。

4）加深，如图3-14c所示。

5）整理图形，并根据图形表达的需要画出尺寸界线及尺寸线，如图3-14d所示。

6）标注尺寸数值，填写标题栏及必要的文字说明，完成全图，如图3-14e所示。

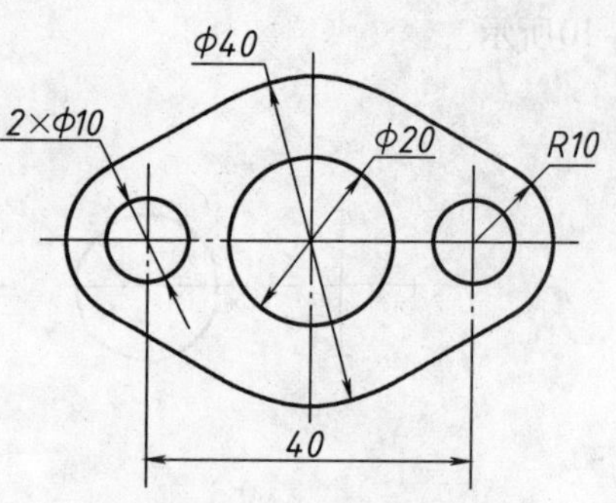

图3-13　垫片图样

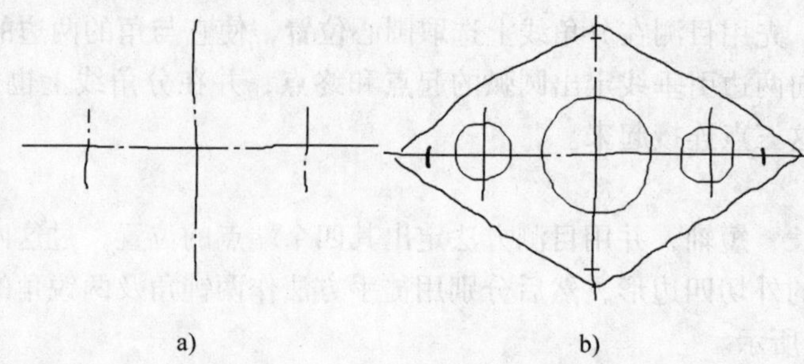

a)　b)

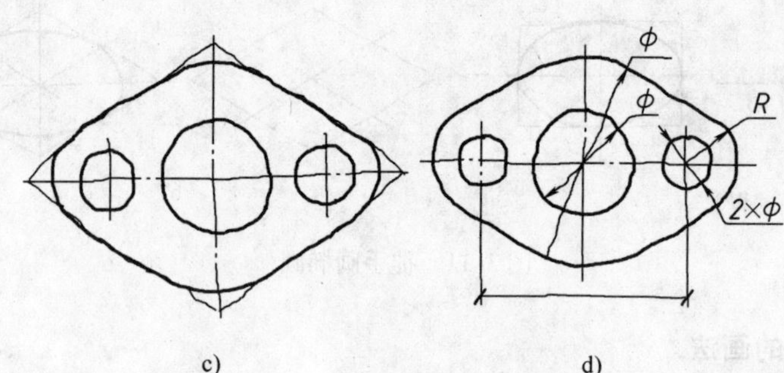

c)　d)

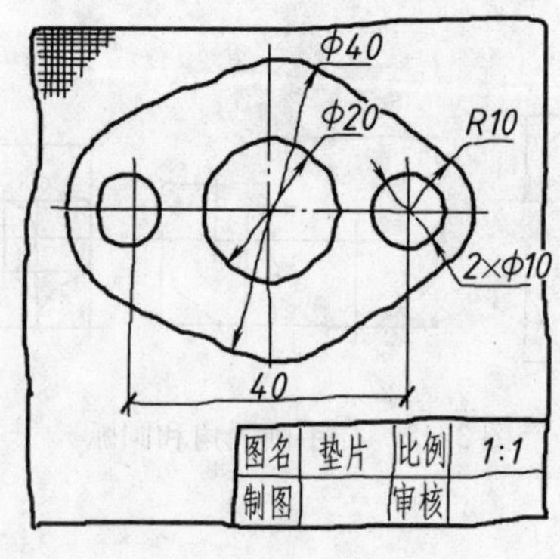

e)

图3-14　绘草图的步骤

3.4　制图工具介绍

在仪器绘图过程中要用到各种绘图工具（图 3-15），掌握这些绘图工具的正确使用方法是保证尺规绘图质量和提高绘图速度的一个重要前提。本节将介绍几种常用的绘图工具及其使用方法。

3.4.1　图板、丁字尺、三角板

图板、丁字尺和三角板是手工制图的三大件工具。

图板：绘图时固定图纸的垫板，如图 3-15 所示。板面要求平整光滑，图板四周镶有硬木边框，图板两侧的短边要保持平直，它是丁字尺的导向边。在图板上常使用透明胶带纸固定图纸四角。切勿使用图钉固定图纸，以免影响丁字尺的上下移动以及图钉扎孔损坏板面。图板不可受潮、暴晒，以免变形，影响绘图。

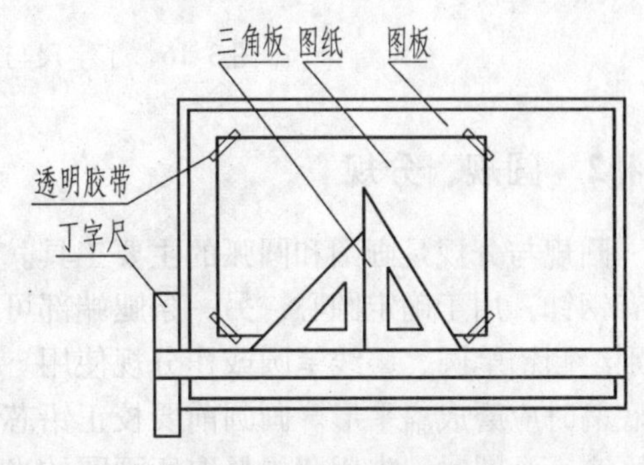

图 3-15　图板的作用

丁字尺：由尺头、尺身构成，用于画水平线。使用时要求尺头紧靠图板的左边，以保证水平线的平行。丁字尺的正误用法如图 3-16a、b 所示。丁字尺不用时应悬挂起来，以免尺身翘起变形。

三角板：包括一块 45°角的直角等边三角板和一块 30°、60°角的直角三角板，可配合丁字尺画铅垂线和与水平线成 15°、30°、45°、60°、75°的斜线及其平行线。如图 3-16c、d 所示。

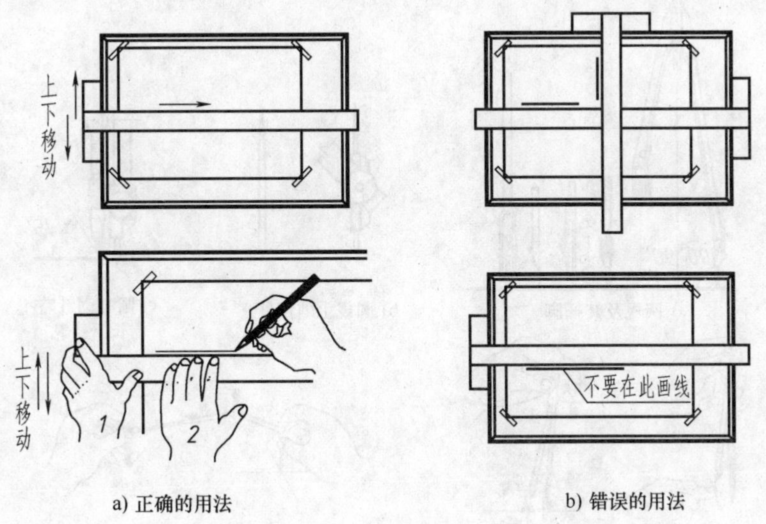

a) 正确的用法　　b) 错误的用法

图 3-16　丁字尺与三角板的使用方法

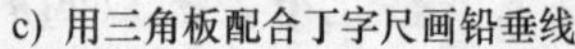

c) 用三角板配合丁字尺画铅垂线

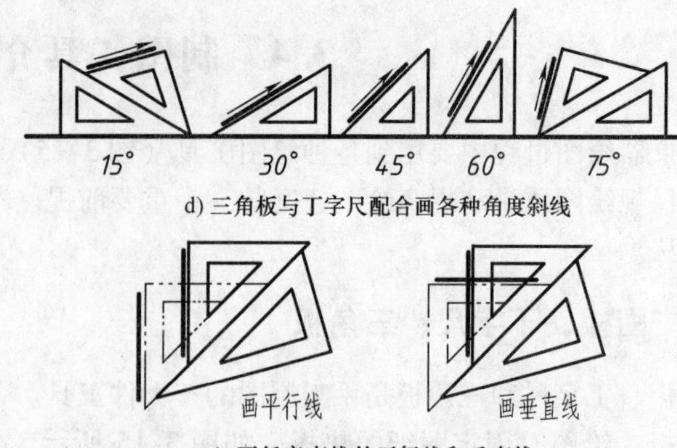

d) 三角板与丁字尺配合画各种角度斜线

e) 画任意直线的平行线和垂直线

图 3-16　丁字尺与三角板的使用方法（续）

3.4.2　圆规、分规

圆规与分规是画圆和圆弧的主要工具。圆规是用于画圆和圆弧的工具。圆规一条腿下端装有钢针，用于确定圆心，另一条腿端部可拆卸换装铅芯插脚、墨线笔插脚或钢针插脚，可分别绘制铅笔圆、墨线笔圆或作分规使用。在画底稿时，铅芯应磨成截头圆柱或圆锥形，加深底稿时应磨成扁平形。画圆前要校正铅芯与钢针的位置，即圆规两腿合拢时，铅芯要与钢针平齐。画圆时，先用圆规量取所画圆的半径，左手食指将针尖导入圆心位置轻轻插住，再用右手拇指和食指捏住圆规顶部的手柄，顺时针方向旋转，速度和用力要均匀，并向前进方向自然倾斜。圆规的使用方法如图 3-17 所示。

分规是用于量取线段和等分线段的工具。其形状与圆规相似，但两腿都为钢针。绘图时

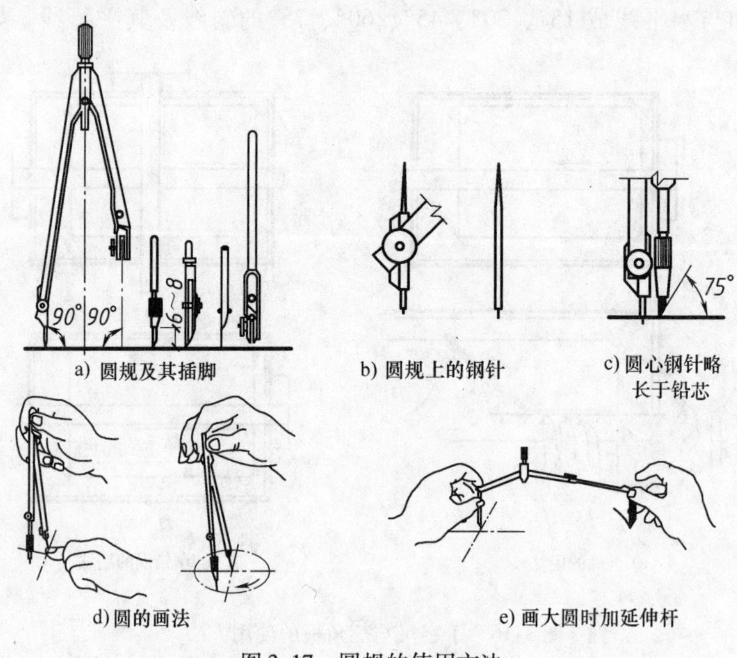

a) 圆规及其插脚

b) 圆规上的钢针

c) 圆心钢针略长于铅芯

d) 圆的画法

e) 画大圆时加延伸杆

图 3-17　圆规的使用方法

可用分规从尺子上把尺寸量取到图上，或将一处图形中的尺寸量取到另一处的图形中去。量取尺寸时，用分规针尖在图上扎一小孔，这样移开分规或用橡皮擦图后仍能看清尺寸位置。等分线段时，先通过目测等分的每一小段大体尺寸，然后试分一次，如图 3-18 所示，将试剩下的余量再分到各小段中，直至等分完全为止。

3.4.3　曲线板

曲线板是用于画非圆曲线的工具。曲线板画圆时，首先求得曲线上若干点，再徒手用铅笔过各点轻轻勾画出曲线，然后在曲线板上选择与曲线吻合的部分，用铅笔按顺序分段描深。在描深时，前面应有一段与上段描的线段重复，后面留一小段待下次再描，以保证曲线连接光滑，如图 3-19 所示。

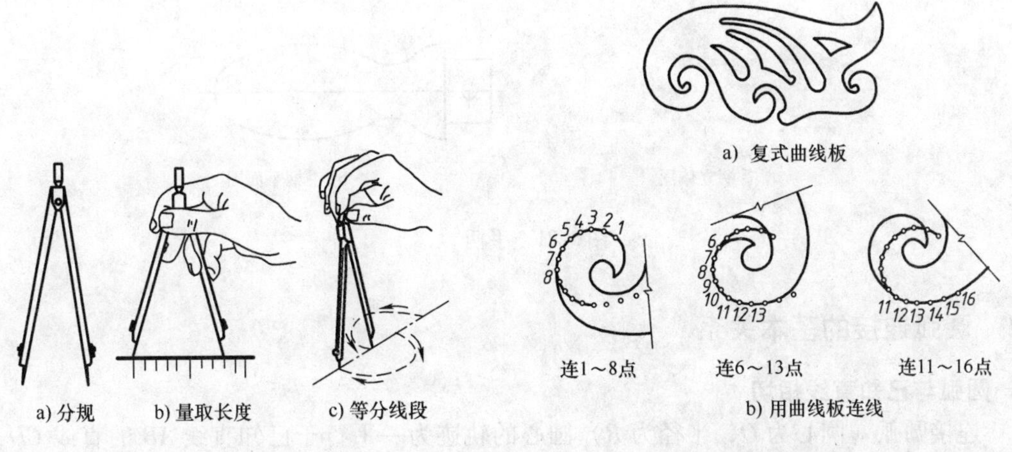

图 3-18　分规的使用方法

图 3-19　曲线板的使用方法

3.4.4　铅笔

绘图铅笔按铅芯的软、硬程度分为 B 型和 H 型两类。“B” 表示软，“H” 表示硬，“HB” 介于两者之间，画图时，可根据使用要求选用不同的铅笔型号。建议 B 或 2B 用于画粗线；H 或 2H 用于画细线或底稿线；HB 用于画中线或书写字体。铅芯磨削的长度及形状，写字或打底稿用锥状铅芯，铅笔应削成长 20 ~ 25mm 的圆锥形，铅芯露出 6 ~ 8mm。如图 3-20 所示。

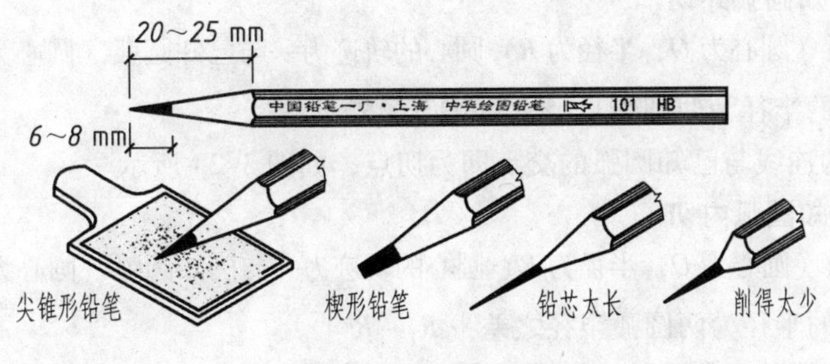

图 3-20　绘图铅笔

3.5 圆弧连接

工程图样中的图形都是由各类线段（直线、圆弧或其他曲线）所组成，如图3-21所示，一手柄的外形轮廓线就是由一些直线和圆弧组成的几何图形，而这些线段之间通常需要光滑连接。在绘制工程图样中，用一已知半径的圆弧（连接弧）同时光滑连接两已知线段（直线或圆弧）称为圆弧连接。这种起到连接作用的圆弧称为连接弧。学习圆弧连接的作图方法对绘制工程图样非常重要。本节主要介绍圆弧连接的画法。

作图时，两线段要光滑连接就必须相切，而保证相切的关键是准确找到连接圆弧的圆心和切点。因此，圆弧连接作图的核心就在于求连接圆弧的圆心和切点。

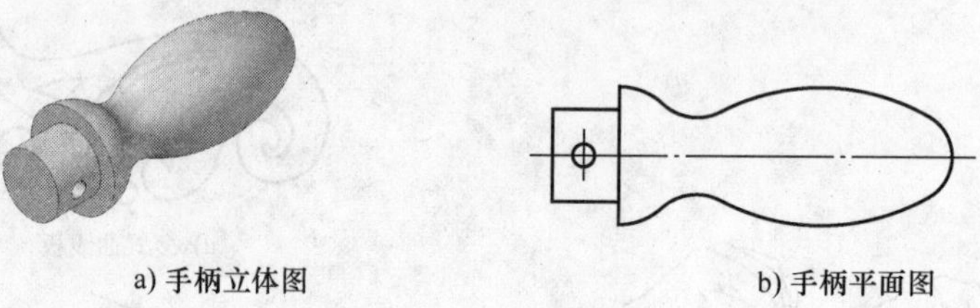

a) 手柄立体图　　b) 手柄平面图

图3-21　手柄

3.5.1 圆弧连接的基本关系

1. 圆弧与已知直线相切

1）连接圆弧（圆心为 O，半径为 R）圆心的轨迹为一平行于已知直线 AB 的直线 CD，两直线间的垂直距离为连接弧的半径 R。

2）由圆心向已知直线 AB 作垂线，其垂足 M 即为切点，如图3-22所示。

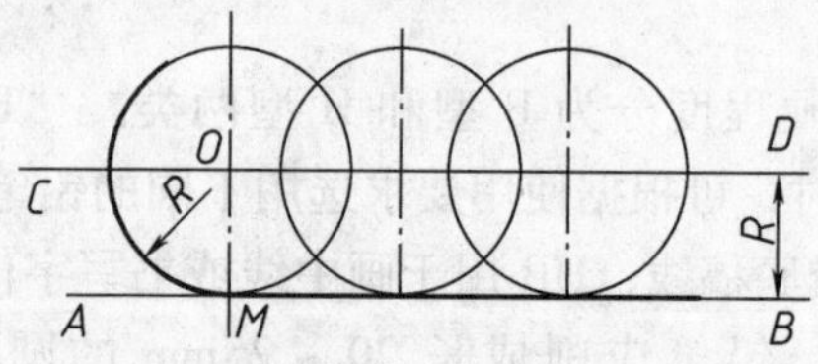

图3-22　圆弧与直线相切

2. 圆弧与已知圆弧外切

1）连接圆弧（圆心为 O，半径为 R）圆心的轨迹为一与已知圆弧（圆心为 O_1，半径为 R_1）同心的圆，该圆的半径为两圆弧半径之和（R_1+R）。

2）两圆心的连线与已知圆弧的交点即为切点，如图3-23所示。

3. 圆弧与已知圆弧内切

1）连接圆弧（圆心为 O，半径为 R）圆心的轨迹为一与已知圆弧（圆心为 O_1，半径为 R_1）同心的圆，该圆的半径为两圆弧半径之差 $|R_1-R|$。

2）两圆心连线的延长线与已知圆弧的交点即为切点，如图3-24所示。

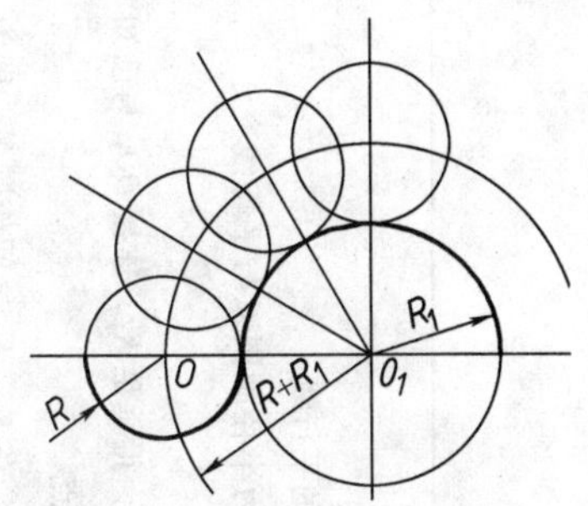

图 3-23　圆弧与圆弧外切

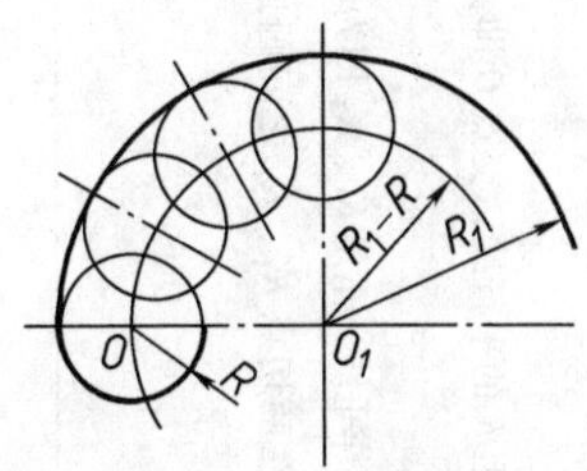

图 3-24　圆弧与圆弧内切

3.5.2　圆弧连接的种类

圆弧连接的类型有三种：圆弧连接两直线、圆弧连接一直线和一圆弧、圆弧连接两圆弧。表 3-4 列举了用已知半径为 R 的圆弧连接两已知线段的几种情况。

3.5.3　圆弧连接举例

画平面图形时，首先要进行尺寸和线段分析，以便确定作图步骤。一般应先画已知线段，再画中间线段，最后画连接线段。基本步骤如下：

1）作出图形的基准线，首先画已知线段，即具有齐全的定形尺寸和定位尺寸，作图时可以根据这些尺寸先行画出。

2）画中间线段，只给出定形尺寸和一个定位尺寸，需待与其一端相邻的已知线段作出后，才能由作图确定其位置。

3）画连接线段，只给出定形尺寸，没有定位尺寸，需待与其两端相邻的线段作出后，才能确定它的位置。

4）校核作图过程，擦去多余的作图线，描深图形。

例：下面以手柄为例，具体介绍其画图步骤。

1）画已知线段。由尺寸 8、15、75、$R10$ 作出图形的基准线，如图 3-26a 所示，根据 $\phi20$、$\phi5$、$R15$、$R10$ 先画出已知线段，如图 3-26b 所示。

2）画中间线段大圆弧 $R50$。

① 大圆弧 $R50$ 既与半径为 $R10$ 的相切，又与 $R12$ 圆弧外切，根据圆弧连接原理求得 $R50$ 圆弧的圆心 O_1。由于手柄的平面图形对称，用同样方法可以求出另一个 $R50$ 圆弧的圆心。

② 在定出与 $R10$ 圆弧的切点后作出 $R50$ 圆弧，如图 3-26c 所示。

3）画连接线段圆弧 $R12$。

① $R12$ 圆弧既与 $R50$ 圆弧外切，又与 $R15$ 外切，根据圆弧连接原理求得 $R12$ 圆弧的圆心 O_2。

② 在定出与 $R12$ 圆弧的切点后作出 $R12$ 圆弧，如图 3-26d 所示。

4）校核作图过程，擦去多余的作图线，描深图形，并标注尺寸。图 3-25 所示为完成的作图过程。

表 3-4　圆弧连接的种类

连接要求		求连接圆弧的圆心和切点	画连接圆弧	步骤
连接相交两直线	两直线倾斜 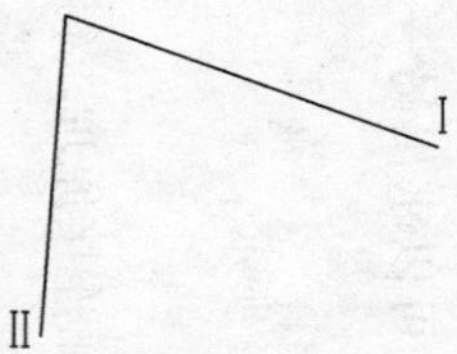	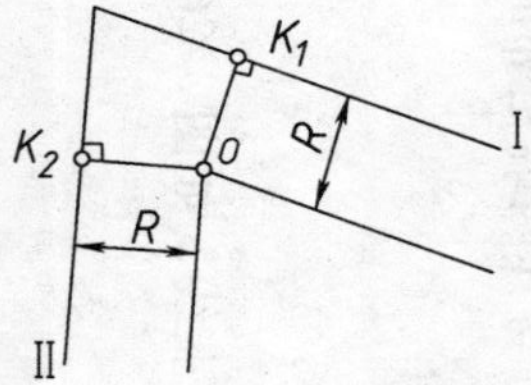	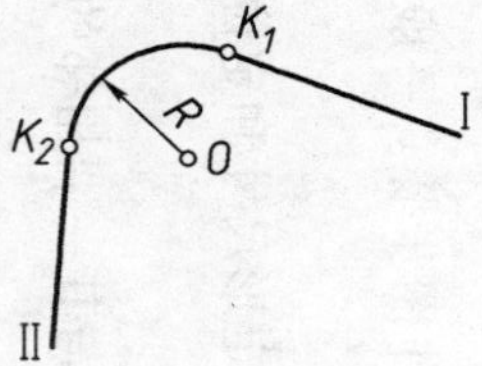	1）作与已知角两边分别相距 R 的平行线，交点 O 即为连接弧的圆心 2）自 O 点分别向已知角两边作垂线，垂足 K_1、K_2 即为切点 3）以 O 为圆心、R 为半径在两切点 K_1、K_2 之间画连接弧即为所求
	两直线垂直	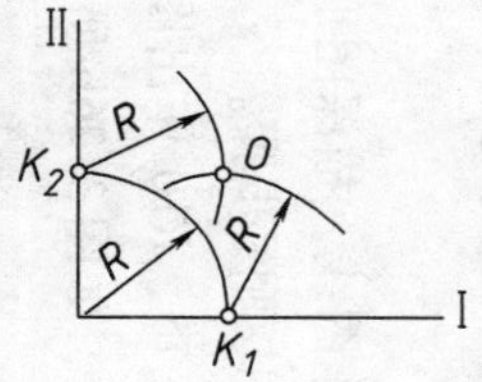	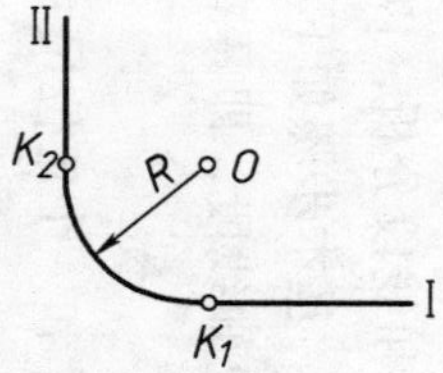	1）以顶角为圆心、R 为半径画弧，交直线两边于 K_1、K_2 2）以 K_1、K_2 为圆心，R 为半径画弧，相交得连接弧圆心 O 3）以 O 为圆心、R 为半径，在 K_1、K_2 之间画连接圆弧即为所求
连接一直线和一圆弧	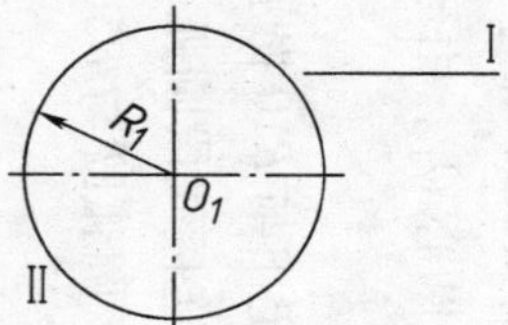	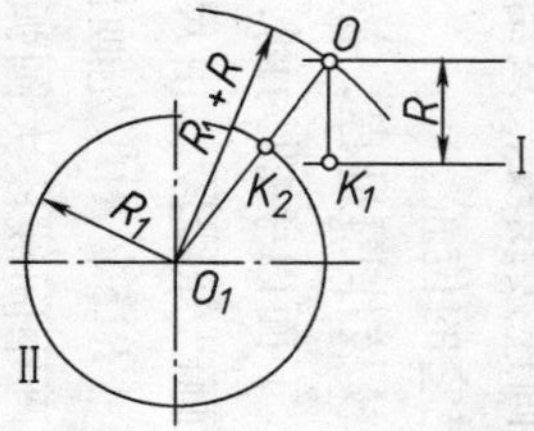	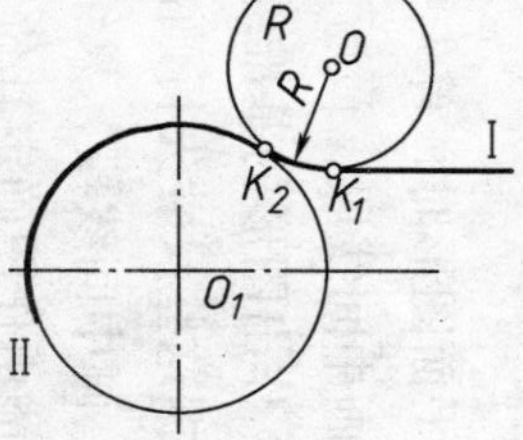	1）作与已知直线距离为 R 的平行线 2）以 O_1 为圆心、R_1+R 为半径画圆弧与平行线交于 O，即为连接圆弧的圆心 3）过 O 作已知直线的垂线，得垂足 K_1，连接 OO_1 与已知圆弧交于 K_2，则 K_1、K_2 为切点 4）以 O 为圆心、R 为半径，在 K_1、K_2 之间作圆弧，即为所求

（续）

连接要求		求连接圆弧的圆心和切点	画连接圆弧	步骤
连接两圆弧	外切			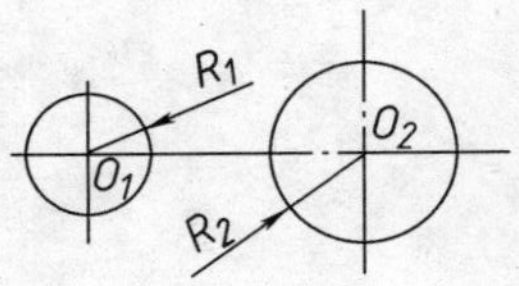 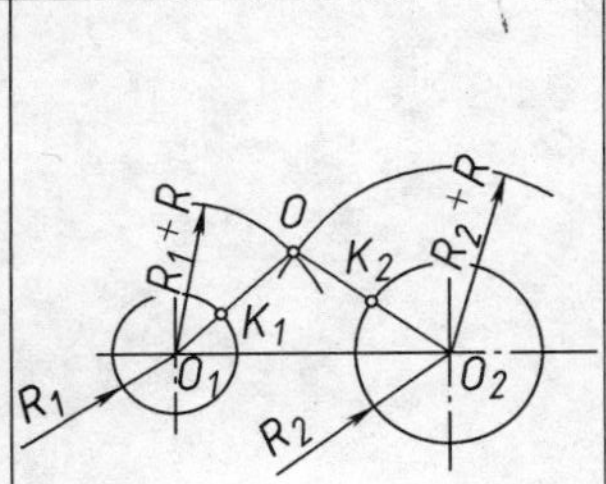 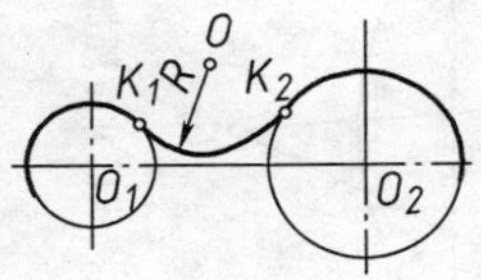 1）分别以 O_1、O_2 为圆心，R_1+R 和 R_2+R 为半径画圆弧得交点 O，即为连接圆弧的圆心 2）连接 OO_1、OO_2 与已知圆弧分别交于 K_1、K_2，即为切点 3）以 O 为圆心、R 为半径在切点 K_1、K_2 之间作圆弧，即为所求
	内切			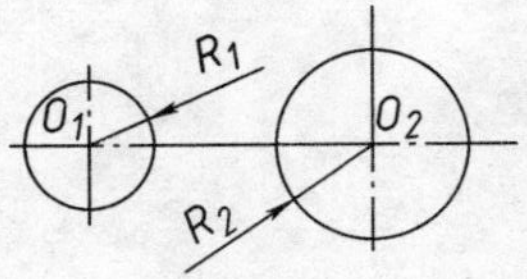 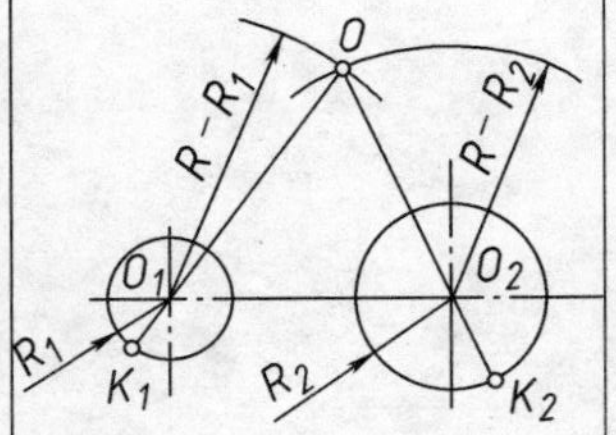 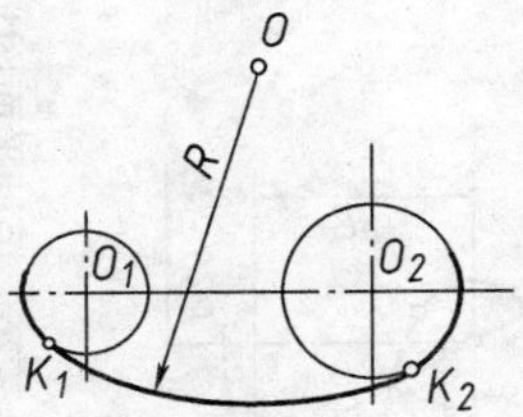 1）分别以 O_1、O_2 为圆心，$R-R_1$ 和 $R-R_2$ 为半径画圆弧得交点 O，即为连接圆弧的圆心 2）连接 OO_1、OO_2 并延长与已知圆弧分别交于 K_1、K_2，即为切点 3）以 O 为圆心、R 为半径在切点 K_1、K_2 之间作圆弧，即为所求
	内外切			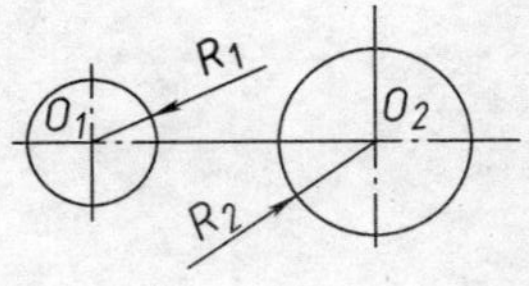 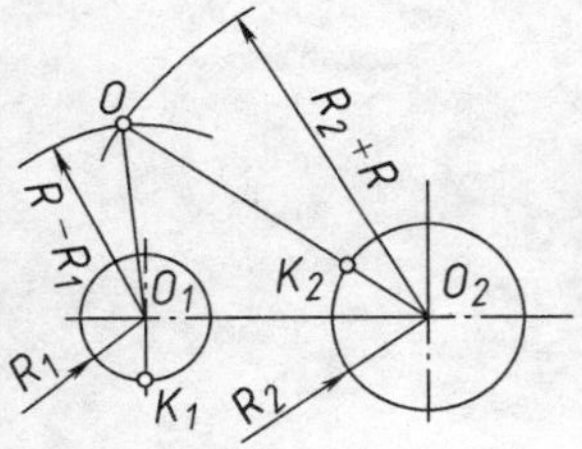 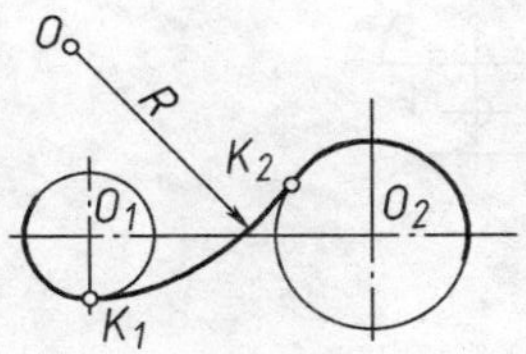 1）分别以 O_1、O_2 为圆心，$R-R_1$ 和 R_2+R 为半径画圆弧得交点 O，即为连接圆弧的圆心 2）连接 OO_1、OO_2，并延长 OO_1 与已知圆弧分别交于 K_1、K_2，即为切点 3）以 O 为圆心、R 为半径在切点 K_1、K_2 之间作圆弧，即为所求

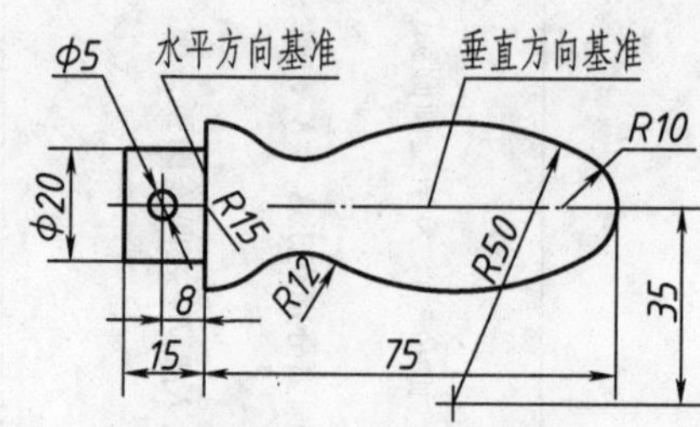

图 3-25　手柄平面图形

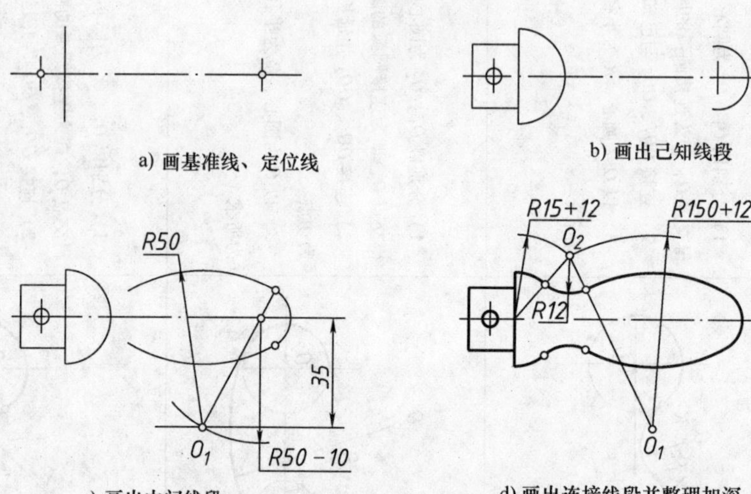

图 3-26　手柄平面图形的作图步骤

第 4 章　组合型体造型与图样表达

教学目标

工程上所采用的型体，在形状和结构上是各种各样的，但按照组成部分的几何特征来分，任何复杂的形体都可看成是由基本的平面立体和曲面立体两大类组合而成的。本章首先介绍基本立体，如平面立体中的棱柱、棱锥等，以及曲面立体中的圆柱、圆锥、圆球、圆环等；其次介绍由基本立体构成的形体表面的截交线和相贯线的画法，然后，分析组合体基本表达。

本章要求能够熟练掌握基本立体表面取点和线的方法；熟练掌握由基本立体构成的切割体截交线和相贯体相贯线的投影作图的基本画法；重点掌握组合体表达方法及制图的注意事项。

教学要求

能力目标	知识要点	权　重	自测分数
掌握基本立体上点、线表达	基本立体上点、线表达	10%	
掌握切割体截交线画法	截交线画法	30%	
掌握相贯体相贯线画法	相贯线画法	30%	
掌握组合体绘图及读图方法	组合体图样表达	30%	

4.1 基本立体表面点与线

基本立体主要包括平面立体和曲面立体。由平面围成的立体称为平面立体，如棱柱、棱锥等。部分或全部由曲面构成的立体为曲面立体，其可分为由回转曲面构成的回转体和含有非回转曲面的非回转体。由于回转体结构简单、制作方便，因而在工程上绝大部分采用的是回转体，如圆柱、圆锥、圆球、圆环等。这些单一立体通常称为基本立体，它们是构成工程型体的基本要素，也是绘图、读图时进行形体分析的基本立体。本节将介绍基本立体表面上点、线的投影表达。

4.1.1 基本平面立体投影

平面立体是由多个平面封闭而成的实体，如棱柱、棱锥等。其表面特征是平面，平面与平面相交而成的线称为棱线，棱线与棱线相交而成的点称作顶点，因此，通过点构成线、线构成面、面构成体的方法进行平面立体投影作图，反之亦然。利用此方法就能求出基本平面体上点、线的三面投影。

（一）棱锥

1. 棱锥的三视图

棱锥由一底面和多个棱面构成，所有的棱面都相交于一点，即锥顶，每个棱面都是三角形，底面可为任意一多边形。通常通过底面多边形的边数来定义不同的棱锥，如图 4-1 所示。若底面为正多边形，且锥顶的投影与底面投影的形心重合，则称为正棱锥；若它们的投影不重合，则称为斜棱锥，如图 4-2 所示。

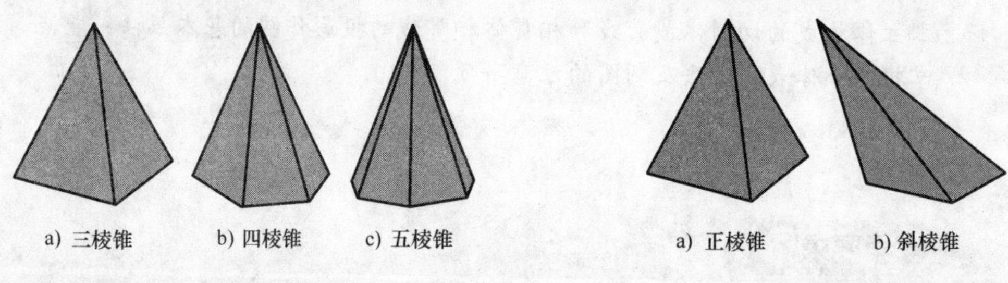

a) 三棱锥　　b) 四棱锥　　c) 五棱锥

图 4-1　常见棱锥

a) 正棱锥　　b) 斜棱锥

图 4-2　棱锥

根据棱锥表面特征可知，其表面是由多个平面构成的，两个平面相交形成棱线，三个或更多的平面或者多条棱线相交形成棱点。因此，平面立体的投影作图，实质上是结合平面投影的相似性、积聚性、真实性，通过点构成线、线构成面、面构成体的方法，进而求得棱锥表面上点、线、面的投影。

【例 4-1】　作出图 4-3a 所示正三棱锥的三面投影。

分析：如图 4-3a 所示，一正三棱锥于三面投影体系中，其底面△*ABC* 平行于 *H* 面，为水平面，在俯视图上投影为实形，正面、侧面投影积聚成直线；棱面△*SAC* 垂直于 *W* 面，为侧垂面，在左视图上为直线；棱面△*SAB*、△*SBC* 为一般位置平面，其三面投影均为比原形小的相似形。

作图：一般先画底面的投影或底面棱点的投影，再画顶点的投影，然后连接各点而形成各棱线的投影，最后判断可见性并加深，如图 4-3b 所示。

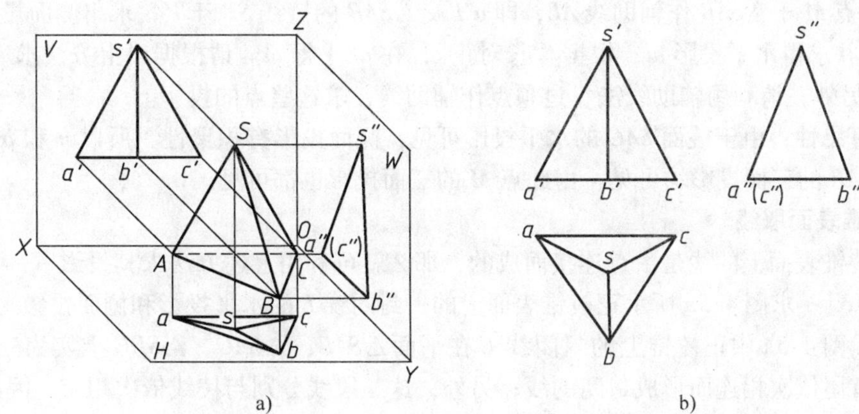

a)　　b)

图 4-3　正三棱锥的三面投影

2. 棱锥表面取点

由以上分析可知，棱锥是由多个平面组成的立体，而每个平面是由棱线构成的，并且每条棱线均由棱点连接而成。因此，找棱锥表面上点的投影，首先要找到点所在的平面以及该平面是由哪些相关的棱线及棱点构成；其次画一条过此点的直线，并保证此直线也在此点所在的平面上。为了获得该直线，可将此点与棱上某点或棱点相连，这样此直线就在该点所在的平面上，该方法为辅助直线法；然后找此直线的投影，进而找该点的投影。整个过程都是根据点、线、面投影的基本原则及利用点构成线、线构成面、面构成体的方法作图。

【例 4-2】　求图 4-4a 所示正棱锥表面上点 *M*、*N* 的水平投影和侧面投影。

分析：如图 4-4a 所示，点 *N* 不可见，在棱面△*SAC* 上，此棱面是侧垂面，侧面投影为一直线。若画一条过点 *N* 并且属于棱面△*SAC* 的辅助直线，则此直线的侧面投影与侧垂面重合，所以可直接利用棱面△*SAC* 侧面投影而成的直线；点 *M* 可见，在棱面△*SAB* 上，可画一条过点 *M* 并属于棱面△*SAB* 的直线而求出其投影。

作图：1）通过以上分析，点 *N* 在侧面投影重影于属于侧垂面△*SAC* 的投影直线 *s″a″*，所以根据“高平齐”的原则，过 *n′* 向侧面作投影连线与△*SAC* 的侧面投影 *s″a″* 相交于 *n″*，由

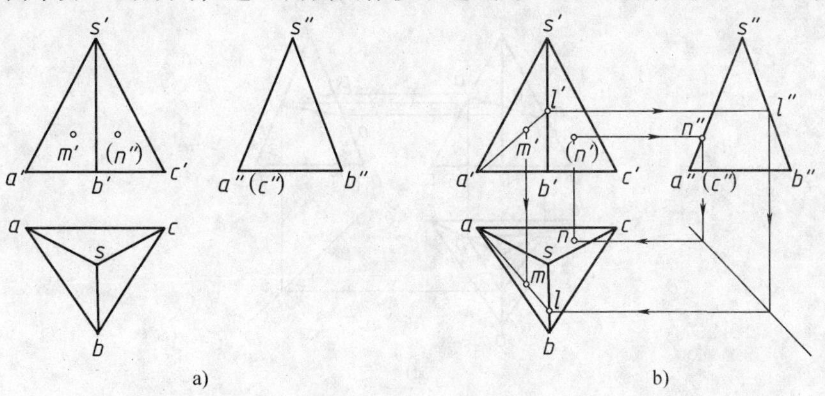

a)　　b)

图 4-4　三棱锥表面取点

n'和n''求得n，如图4-4b所示。

2）过点M于△SAB作辅助线AL，即$a'l'$交△SAB的棱线SB于l'，求出侧面投影l''及水平投影l，并求得水平投影al；根据“长对正”，在al上得m。请根据以上方法求M的侧面投影m''。另外，请利用辅助线法，过顶点作辅助线，求这些点的投影。

判断可见性：由于棱面SAC的水平投影可见，侧面投影有积聚性，所以n和n''均可见。而棱面△SAB的三面投影均可见，由此点M的三面投影也都可见。

3. 棱锥表面取线

由于棱锥表面上的线是由点连接而成的，那么就可利用上述方法求其投影。

【例4-3】 求图4-5a所示正棱锥表面上的一封闭线L的水平投影和侧面投影。

分析：图4-5a中正棱锥上的封闭线L在平面△SAB、△SAC、△SBC上实为三段直线，通过线段首尾依次相连而形成封闭的线；另外，这三段线分别与棱线依次相交，因此通过求封闭线L与棱线相交的交点投影，然后依次连接这些交点而形成封闭线L的投影；实际上，线L是三棱锥表面上的一条封闭的折线。

作图：根据以上分析，利用“长对正，高平齐，宽相等”原则，先求出封闭折线L与各棱线相交的交点O、P、Q的投影，如图4-5b所示；依次连接交点O、P、Q的投影而形成封闭折线L的投影，如图4-5c所示。

判断可见性：三个棱面的水平投影都可见，所以折线L都可见；棱面△SAB在侧面投影可见，因此线段OQ可见，而△SBC的侧面投影不可见，所以线段PQ不可见；另外棱面△SAC为侧垂面，与线段OP的侧面投影重影，均认为可见。最后将可见线段加深，不可见

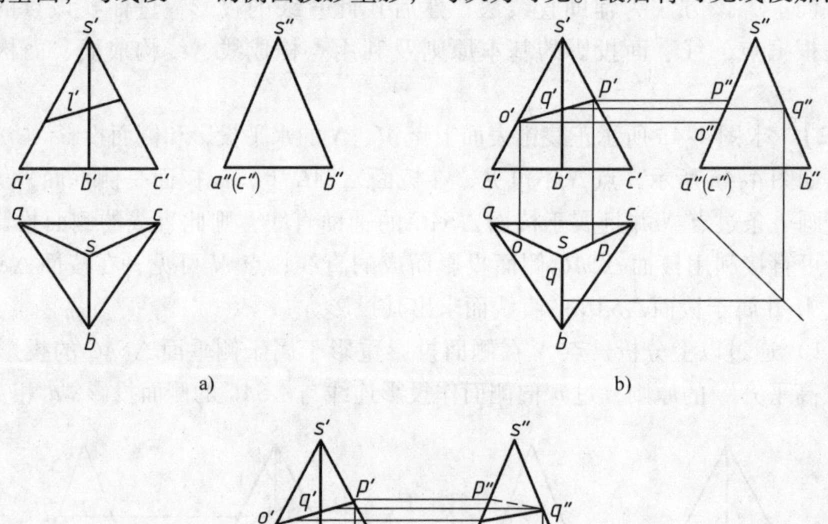

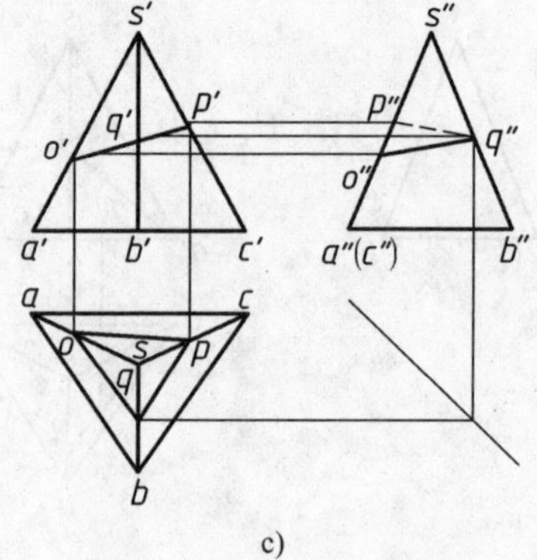

图4-5 三棱锥表面取线

线段用细虚线表示，如图 4-5c 所示。

（二）棱柱

1. 棱柱的三视图

棱柱是最常见的基本平面立体之一，它由上、下底面与多个棱面封闭而成，各条棱线相互平行。工程上，按棱线的数量分为不同的棱柱，如三棱柱、四棱柱、五棱柱等，如图 4-6 所示。若棱柱上所有的棱面或棱线都垂直于底面，则为正棱柱；否则为斜棱柱。

根据棱柱表面特征可知，其表面是由多个平面构成的，两个平面相交形成棱线，两条或两条以上棱线相交形成棱点。因此与棱锥投影作图一样，也是根据平面投影的相似性、积聚性、真实性，通过点构成线、线构成面、面构成体的方法，进而求棱柱表面上的点（包括棱点）、线（包括棱线）、面（包括棱面）的投影。

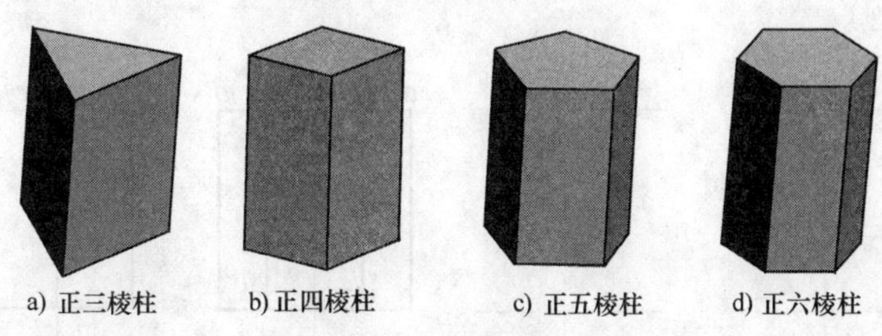

a) 正三棱柱　b) 正四棱柱　c) 正五棱柱　d) 正六棱柱

图 4-6　正棱柱

【例 4-4】 作出图 4-7 所示正六棱柱的三面投影。

分析： 正六棱柱的顶面、底面都平行于 H 面，为水平面，其水平投影反映实形——正六边形，正面投影与侧面投影积聚为直线；棱柱有六个侧棱面，前后棱面为正平面，其正面投影反映实形，水平投影及侧面投影积聚为直线；棱柱的其他四个侧棱面均为铅垂面，水平投影积聚为线，正面投影与侧面投影为类似形；所有棱线都是铅垂线，那么它们的正、侧面投影反映实长，而水平投影积聚成六边形的六个顶点。

作图： 根据以上分析，首先画对称轴，即中心线，如图 4-7b 所示；其次，画六棱柱顶面、底面的水平投影，即反映实形的正六边形，并且画它们的正面、侧面投影，即积聚成直线；然后，画棱柱有六个棱面的水平投影，即积聚成六边形的六条边，以及它们的正面、侧面投影，或者画六条棱线的水平、正面、侧面投影，如图 4-7c 所示。整个过程也可通过画棱点的三面投影来完成，然后依次连接棱点的投影而形成棱线的投影，进一步，由棱线的投影构成棱面的投影。注意：作图过程中，必须遵循“长对正，高平齐，宽相等”的基本投影关系。

判断可见性： 棱柱三面投影的可见性可根据“上可见，下不可见；前可见，后不可见；左可见，右不可见”进行判断。

2. 棱柱表面取点

根据以上分析可知，在棱面上的点的水平投影都积聚到六边形上，而在顶面或底面上的点的正面、侧面投影都积聚到顶面或底面积聚的直线上，因此，根据作图的基本原则就能找到每个点的相对位置。在求作平面立体表面上点的投影之前，首先根据已知投影分析该点属于哪个表面，并利用在平面上求作点的基本原理和方法进行作图，其可见性由该点所在表面的可见性判定。

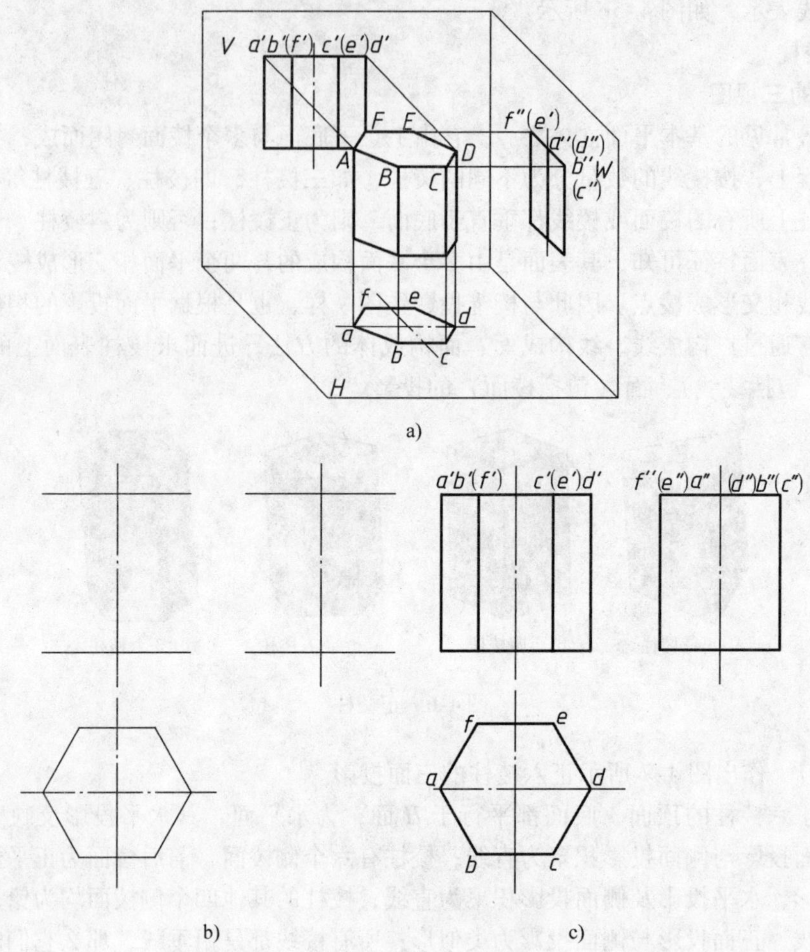

图 4-7　正六棱柱三面投影的形成

【例 4-5】　已知图 4-8a 中的正六棱柱表面上点 M、N、O 的一个投影，求作点的其他投影。

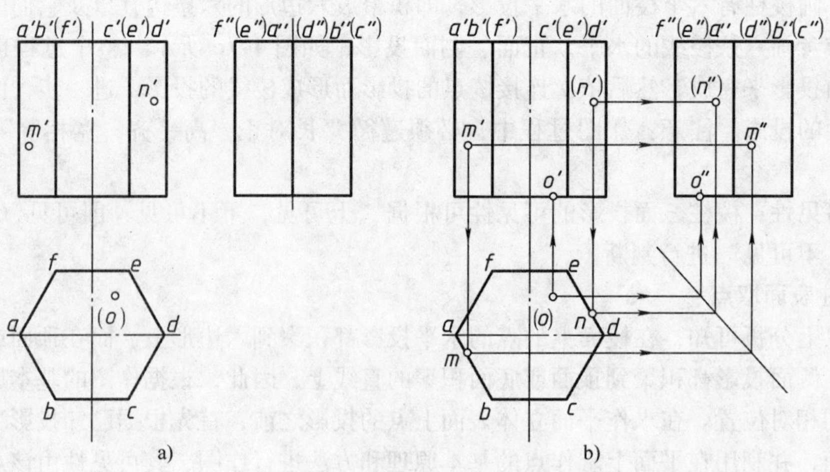

图 4-8　六棱柱表面取点

分析：结合上述分析，点 M、N 在棱面上而且棱面的水平投影积聚成六边形的边，因此它们对应投影落在六边形的边上，可求得其侧面投影，如图 4-8b 所示；点 O 在底面上且底面的正面、侧面投影积聚成直线，所以底面上点的投影落在对应直线上，如图 4-8b 所示。

作图：由以上分析可知，根据“长对正，高平齐，宽相等”的原则，首先画点 M、N 的对应投影，然后，画点 O 的对应投影，如图 4-8b 所示。

判断可见性：棱柱三面投影的可见性可根据“上可见，下不可见；前可见，后不可见；左可见，右不可见”判断，如图 4-8b 所示。

3. 棱柱表面取线

由于棱柱表面上的线是由点连接而成，首先要找好点的对应投影，将其依次连接就成为线的投影。这些点可以找棱面上的点或者棱面上棱线相交的点，结合投影原则，即可求其投影。

【例 4-6】　已知正六棱柱表面的一封闭线 L 的正面投影，求其他投影，如图 4-9a 所示。

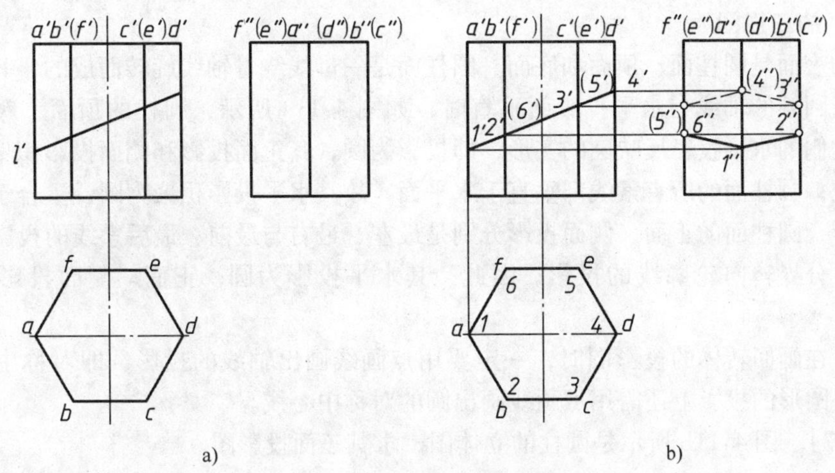

图 4-9　六棱柱表面取线

分析：结合上述分析可知，L 实际上是一条封闭的折线并与棱线相交形成交点，因此 L 也是这些与棱线相交的交点依次相连而形成的一条封闭的折线。根据棱面的水平投影可知，每条封闭的折线都积聚成六边形；按照“高平齐”原则，很容易求得这些与棱线相交交点的侧面投影，并依次连接而形成 L 的侧面投影。

作图：由以上分析可知，首先画 L 的水平投影，即正六边形，然后画 L 与棱线相交交点的侧面投影并依次连接，如图 4-9b 所示。

判断可见性：若棱面投影可见，则其上的折线投影也可见；反之，不可见。如图 4-9b 所示。

4.1.2　基本回转体投影

曲面立体是由曲面或者曲面和平面围成的实体。在机械零部件中常见的曲面立体是回转体，如圆柱、圆锥、球、圆环等，如图 4-10 所示。回转体是由母线（直线或曲线）围绕回转轴线旋转而成的，其表面为回转曲面或回转曲面和平面。曲面上任一母线称为素线，母线上每一点的回转轨迹都是圆，也称为纬圆，而且此圆平面垂直于回转轴。更近一步地，可以利用此特性求点的投影，即过该点作一与回转轴垂直的平面与回转体相交，得一圆平面，其圆半径为该点的回转半径，然后通过点构成线，可求线的投影。此方法称为截平面法，也称为纬圆法。

图 4-10　常见回转体

画回转体投影时，通常要画对称轴线的投影，即对称中心线和转向轮廓线的投影，即回转曲面的可见与不可见表面的分界素线的投影。

（一）圆柱

1. 圆柱的三视图

圆柱的表面是圆柱面、顶面和底面。圆柱面是一母线绕着轴线旋转而成的，其素线与轴线平行。当圆柱的轴线与水平投影面垂直时，如图 4-11a 所示，圆柱的顶面、底面是水平面，所以它们的水平投影反映圆的实形，即投影为圆，其正面投影和侧面投影积聚为等于圆直径的直线；圆柱面的所有素线都垂直于水平面，故其水平投影积聚为圆，重合于上、下底面圆的投影，圆柱面的正面、侧面投影分别是最左、最右与最前、最后素线的投影，即圆柱左右、前后分界转向轮廓线的投影。因此，其水平投影为圆，正面、侧面投影分别为一矩形。

注意：在画回转体的投影图时，一定要用点画线画出轴线的投影，即对称中心线；同时，在反映圆形的投影上还需用点画线画出圆的对称中心线。

【例 4-7】　图 4-11b 所示是圆柱的立体图，求其三面投影图。

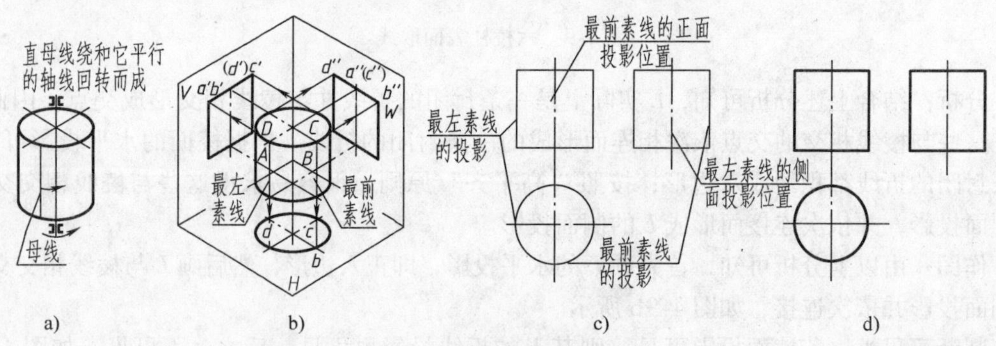

图 4-11　圆柱的三视图

分析：由上述的圆柱投影特征可知，圆柱的轴线与水平投影面垂直，即铅垂线，所以圆柱的顶面、底面的水平投影为圆，其正面投影与侧面投影积聚为直线，长度为圆柱直径；同样，圆柱面的水平投影积聚为圆，重合于上、下底面圆的投影；圆柱面的正面、侧面投影分别是分界转向轮廓线（素线）的投影，而形成矩形。

作图：由以上分析可知，首先画对称中心线，即轴线的三面投影，如图 4-11c 所示；其次，画圆柱的水平投影，即投影为圆的俯视图，半径为圆柱的半径；然后，画圆柱的正面、侧面投影，即为矩形，高为圆柱的高，宽为圆柱的直径；最后加深，如图 4-11d 所示。整个过程要遵循三面投影基本原则。

判断可见性： 根据投影可见性判断方法，判断圆柱立体图中 A、B、C、D 三面投影的可见性。

2. 圆柱表面取点、线

圆柱表面上的点或线，都属于圆柱表面，因此要服从圆柱的投影特征。另外，线由点构成，通过找线上点的投影，然后光滑连接一系列点的投影，即可求出线的投影，此即由点构成线的方法。

回转曲面上的点，可分为位于转向线上和不位于转向线上两种。当点位于转向线上时，该点从属于转向线的投影，其投影一定位于转向线的投影上，即“从属性”。作图时，只需找到对应的转向线的投影，即可作出该点在其他投影面上的投影，而且转向线的投影是轮廓线，因此另外两个投影必定与轴线或对称中心线重合。这样的点被定义为特殊点。当点不位于转向线上时，可根据柱面投影的积聚性求得各个投影。

【例 4-8】 已知图 4-12a 中的圆柱，其表面上点 A、B 的一个投影，求作点的其他投影。

分析： 根据圆柱投影特征可知，若点在柱面上，其水平投影积聚在圆上，其正面、侧面投影积聚在直线上。利用三面投影基本原则，可求出其他投影。

作图： 由题可知，首先作出点 A 的水平投影，其在圆上，同时点 A 的正面投影 a' 为可见，它在圆的前方，画出其侧面投影，如图 4-12b 所示；点 B 的水平投影也在圆上，但是点 B 的正面投影 b' 不可见，在圆的后方，画出其侧面投影，如图 4-12b 所示。

判断可见性： 根据投影可见性判断 A、B 两点的可见性，如图 4-12b 所示。

思考： 一点在圆柱底面上，并位于水平投影的圆内，那么该如何作出其他投影？

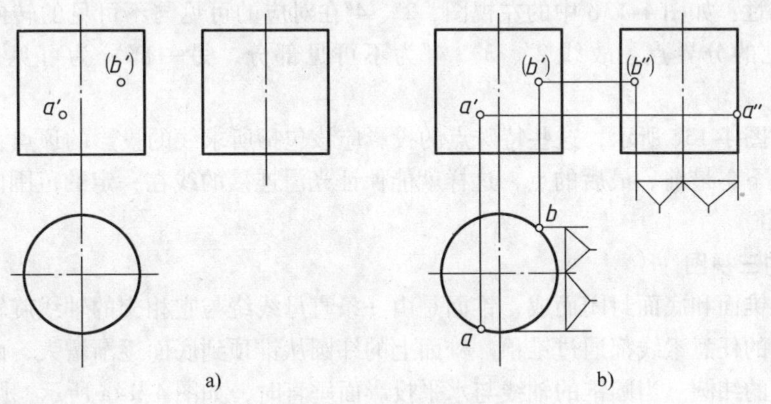

图 4-12　圆柱表面取点

【例 4-9】 已知图 4-13a 中的圆柱，其表面上有一封闭线 L 的正面投影 l'，求 L 的其他投影。

分析： 由题可知，封闭线 L 在圆柱面上，其水平投影积聚于圆，它实际上是一椭圆。它的正面、侧面投影需要通过点构成的方法求得。因此可先找特殊点的投影，即转向线上点的投影，再找中间点的投影，最后将各点的投影光滑连接起来即得所求。

作图： 由以上分析可知，首先作特殊点 1、2、3、4 的投影，如图 4-13b 所示；然后作中间点 5、6、7、8 的投影，如图 4-13b、c 所示；最后判断可见性，光滑连接各点并加深，

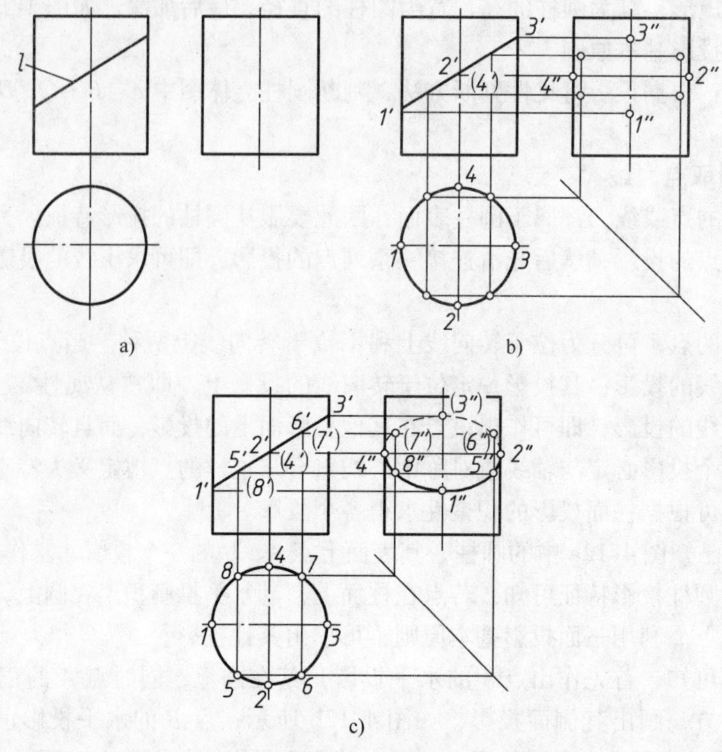

图 4-13　圆柱表面取线

如图 4-13c 所示，实际上此投影为一椭圆。

判断可见性：如图 4-13b 中的左视图，2″、4″在对应的可见与不可见的转向线上，即为可见与不可见的分界点，故线 2″、3″、4″为不可见部分，另一部分为可见，如图 4-13c 所示。

注意：如图 4-13c 所示，这些特殊点的投影应该包括所求线的投影的顶点，即最左、最右、最上、最下、最前、最后的点，这样就能保证光滑连接的线在一定的范围内。

（二）圆锥

1. 圆锥的三视图

圆锥是由锥面和底面封闭而成，锥面是由一条直母线绕与它相交的轴线旋转而成的，由此可见，圆锥的任意素线都通过锥顶。锥面上的纬圆从锥顶到底面逐渐增大，而且底面是锥面上直径最大的纬圆。当圆锥的轴线与水平投影面垂直时，如图 4-14a 所示，圆锥的俯视图是圆，该圆也是圆锥底面的实形投影，即最大纬圆的投影；主视图、左视图都是等腰三角形，等腰边是锥面的转向线的投影，底边长为锥面最大纬圆的直径。

【例 4-10】　图 4-14a 所示是圆锥的立体图，求其三面投影图。

分析：由上述分析的圆锥投影特征可知，圆锥的轴线与水平投影面垂直，即铅垂线，同时圆锥底面为水平面，所以圆锥底面的水平投影为圆，锥面的水平投影重影于该圆，直径为该底面的直径；底面的正面、侧面投影分别是圆锥的转向线（素线）的投影，而形成等腰三角形。

作图：由以上分析可知，首先画对称中心线，即轴线的三面投影，如图 4-14b 所示；其次画圆锥的水平投影，即投影为圆的俯视图，半径为圆锥最大纬圆的半径；然后画圆锥的正面、侧面投影，即为等腰三角形，高为圆锥的高，底边宽为圆锥最大纬圆的直径；最后加深，如图 4-14c 所示。整个过程要遵循三面投影基本原则。

判断可见性：根据投影可见性判断方法，圆锥立体图中 A、B、C、D 三面投影的可见性如图 4-14c 所示。

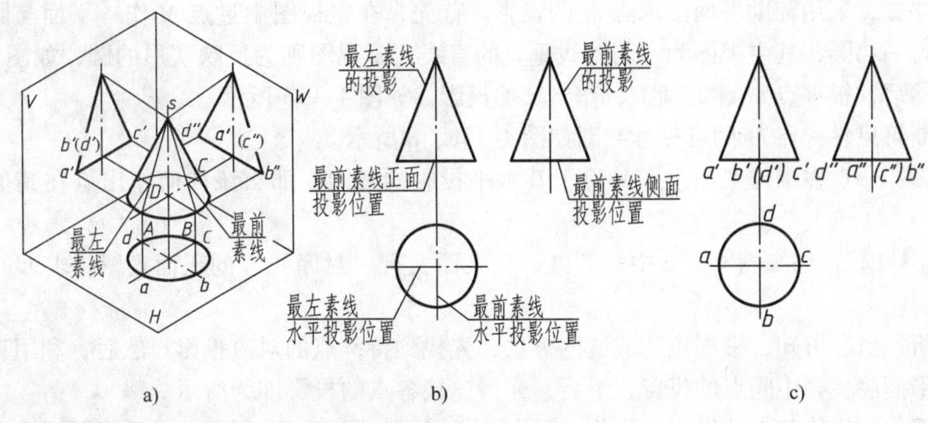

图 4-14　圆锥的三视图

2. 圆锥表面取点、线

由于圆锥表面上的点都从属于圆锥表面，即可认为在对应的圆锥的素线上，也可认为在对应的纬圆上，故可求其投影。同样，线由点构成，通过找线上点的投影，再光滑连接线上点的投影，就可求得圆锥上线的投影。同样，根据圆锥表面特殊点的定义，很容易找到其上的特殊点，求出对应的投影。当点非特殊点时，可根据锥面的几何性质，利用素线法或辅助平面法（纬圆法）求得该点的对应投影。

1）素线法：首先作出经过该点的辅助素线，这条素线经过锥点，再作该素线的投影，进而作出该点的对应投影，如图 4-15a 所示。

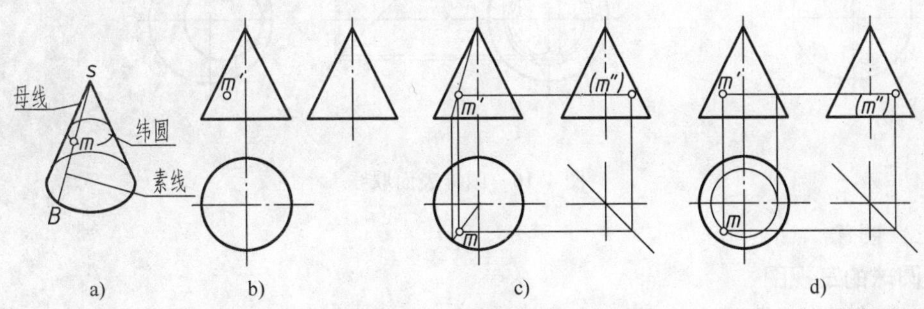

图 4-15　圆锥表面取点

2）辅助平面法：先经过该点作一辅助平面并与圆锥轴线垂直，即纬圆平面，该圆的直径为辅助平面与圆锥轮廓线相交而成的直线，再根据该点位于纬圆上，其对应投影为一圆，而作出点在其他投影面上的投影，如图 4-15a 所示。对于回转体，通常的方法是利用辅助平面法求其上的点、线。

【例 4-11】　已知图 4-15b 中的圆锥，其表面上点 M 的一个投影，求作点的其他投影。

分析：由上题可知，点 M 不是特殊点，但是该点在某一素线上，也在某一纬圆上，所以可利用素线法或辅助平面法求其对应的投影。

作图：方法一，采用素线法求点 M 的投影。首先在主视图中过点 M 作一素线，该素线与底面相交，然后求该素线的俯视图、左视图，最后作点 M 的其他投影。如图 4-15c 所示。

方法二，采用辅助平面法求点 M 的投影。首先，在主视图中过点 M 作一平面与圆锥表面相交得一纬圆，其主视图为一与轴线垂直的直线，俯视图则为反映实形的圆，如图 4-15d 所示；然后，根据点 M 在该圆上，作出其他投影，如图 4-15d 所示。

判断可见性：点 M 的可见性判断如图 4-15c、d 所示。

思考：一点在圆锥底面上，并位于其水平投影的圆内，那么该如何作出点在其他面的投影？

【例 4-12】 已知图 4-16a 中的圆锥，其表面上有一封闭线 L 的正面投影，求 L 的其他投影。

分析：由题可知，根据点构成线的方法，先找到特殊点的对应投影；然后，利用素线法或辅助平面法找到中间点的投影；最后，光滑连接各点的投影即为所示。

作图：先作特殊点的投影，再作中间点的投影，如图 4-16b 所示，最后判断可见性，光滑连接各点并加深，如图 4-16c 所示。

判断可见性：如图 4-16b 中的左视图所示，位于轮廓线上的特殊点，即为可见与不可见的分界点，故对应的曲线段为不可见，另一部分为可见，如图 4-16c 所示。

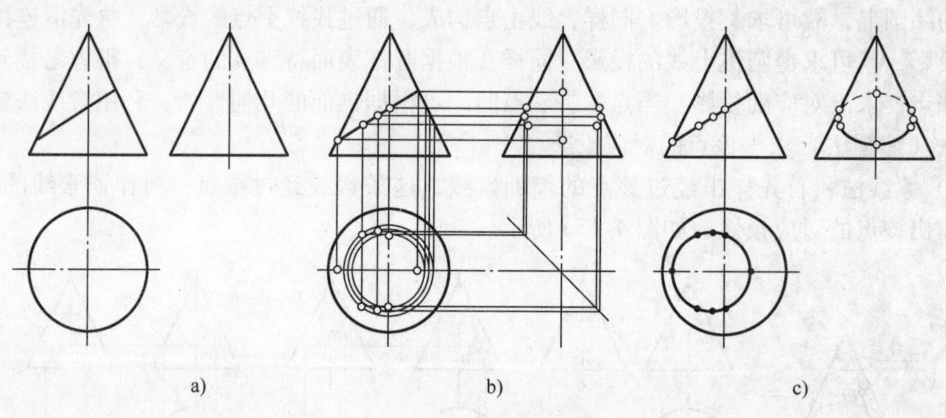

图 4-16　圆锥表面取线

(三) 圆球

1. 圆球的三视图

圆球是由圆球面围成的实体，其球面可看作是一圆围绕轴线回转而成的，其任何方位都是对称的，任一素线都是圆，故从任何方向投影都是圆，因此球的三视图均为圆，并且直径与球的直径相等，如图 4-17a 所示。

【例 4-13】 图 4-17a 所示是圆球的立体图，求其三面投影图。

分析：由上述分析的圆球几何特征可知，其正面投影的圆是前、后两半球可见与不可见的分界线的投影，对应的水平、侧面投影与对称中心线重合，不用画出；其水平投影的圆是上、下两半球可见与不可见的分界线的投影，对应的正面、侧面投影与对称中心线重合，不用画出；其侧面投影的圆是左、右两半球可见与不可见的分界线的投影，对应的水平、正面投影与对称中心线重合，不用画出。

作图：根据以上分析，先画对称中心线，再画三个等圆，然后加深，如图 4-17c 所示。整个过程要遵循三面投影基本原则。

判断可见性：由上述分析可知，通过分界线即可判断可见与不可见。

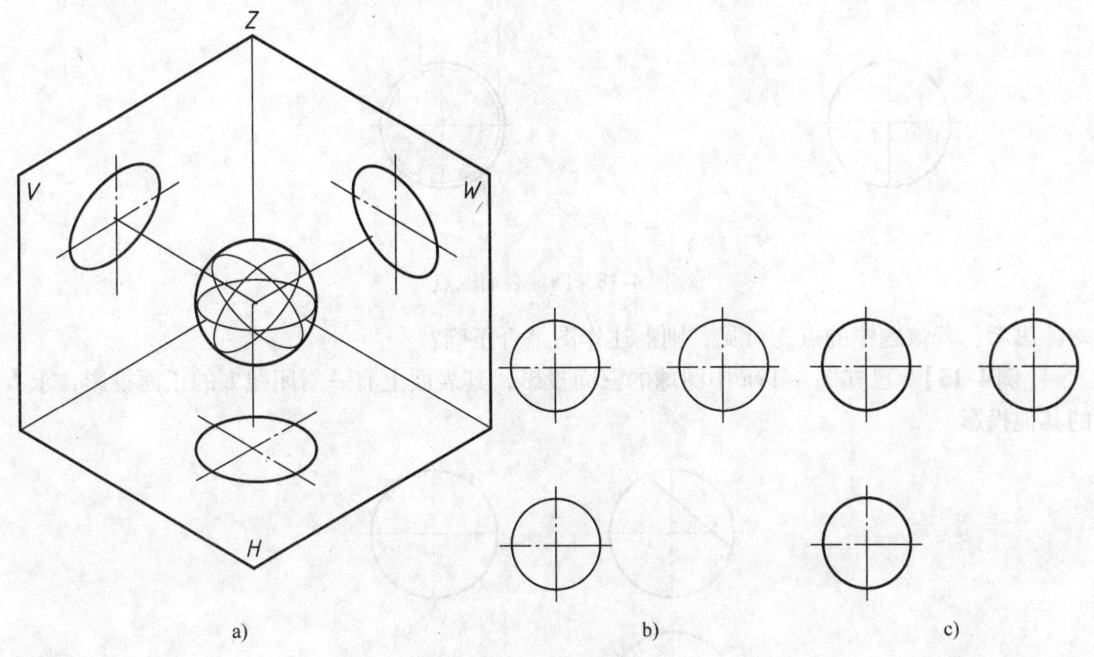

图 4-17　圆球的三视图

2. 圆球表面取点、线

由圆球的几何特性可知，球面上的点都在对应的素线上，而且该素线是一纬圆，故可通过辅助平面法，找通过该点的纬圆的投影，即可找到该点的投影。同样，线是由点构成的，那么通过找线上点的投影，然后光滑连接这些点的投影，即求得线的投影。另外，通常是通过找特殊点的投影，即在一投影面中心线上的点对应着另一投影面轮廓线上的点；若点数不够，可增加中间点，利用辅助平面法求其对应投影，然后光滑连接并判断可见性。

【例 4-14】　已知图 4-18a 中圆球的三面投影，以及圆球表面上一点的一个投影，求作该点的其他投影。

分析：由上题可知，该点并非是特殊点，根据球的几何性质可知，该点在一素线上，即纬圆上，因此可利用辅助平面法求点的其他投影。

作图：如图 4-18b 所示，首先在主视图中，过该点作一水平面，得一纬圆，其正面投影为一直线，水平投影为一圆，圆的直径为其正面投影的直线与轮廓线投影的相交线段，由此可求出该点的水平投影；同理，在主视图中，过该点作一侧平面，也得一纬圆，其正面投影为一直线，而其侧面投影为一圆，圆的直径为其正面投影的直线与轮廓线投影的相交线段。

判断可见性：根据该点的投影，判断该点的可见性如图 4-18b 所示。

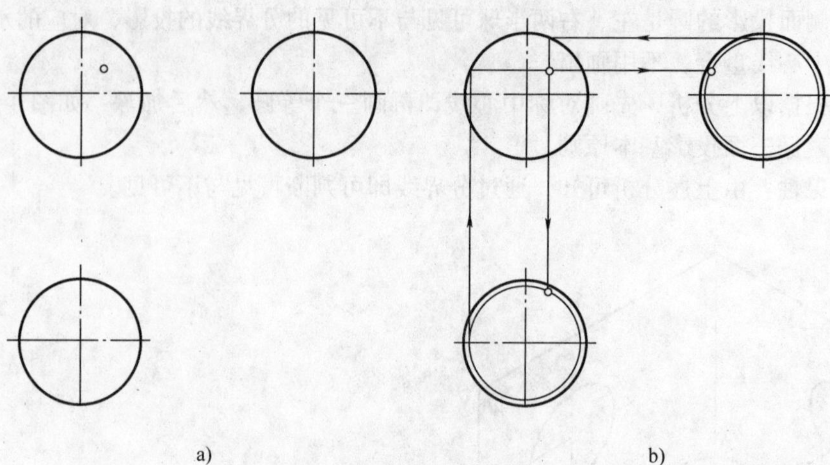

图 4-18　圆球表面取点

思考：若该题中的点为可见，则上述作图是否正确？

【例 4-15】　已知图 4-19a 中圆球的三面投影，其表面上有一封闭线 L 的正面投影，求 L 的其他投影。

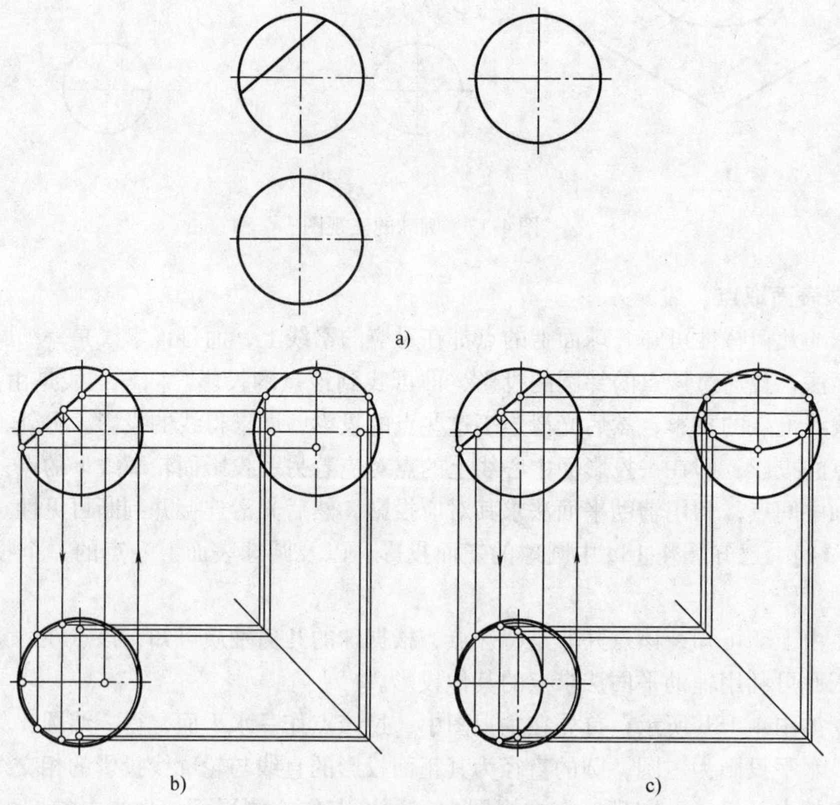

图 4-19　圆球表面取线

分析：由题可知，根据点构成线的方法，先找特殊点的对应投影；然后当点数不够的情况下，利用辅助平面法找中间点的投影；最后光滑连接各点的投影，即得所求。

作图：由以上分析可知，先作特殊点的投影，再作中间点的投影，如图 4-19b 所示，该中间点在主视图中是线 L 与过圆心的直线相交的点；最后，判断可见性，光滑连接各点并加深，如图 4-19c 所示。

判断可见性：如图 4-19b 中的左视图，位于轮廓线上的特殊点，即为可见与不可见的分界点。

4.2　截　交　线

截交线——平面切割立体而形成的相交线。该平面称为截平面，截交线所围成的图形称为截断面，如图 4-20 所示。

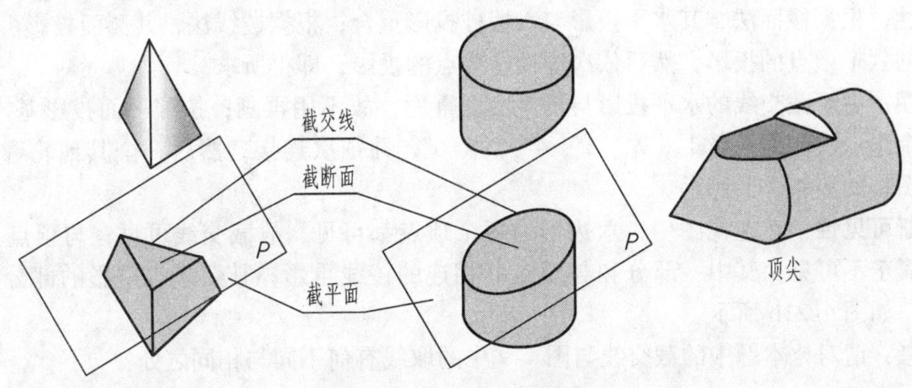

图 4-20　平面与立体相交

4.2.1　基本特性

截交线的形状取决于立体本身的形状以及截平面与立体的相对位置，其投影的形状还取决于截平面与投影面的相对位置，但任何截交线都具有以下两点基本性质：

1）共有性——截交线是截平面与立体表面相交而成的，故其既属于截平面，也属于被截立体的表面，是共有点的集合。

2）封闭性——单个截平面与立体产生的截交线一定是封闭的平面图形。截交线一般是由直线、曲线或直线和曲线围成的封闭的平面图形。

截交线的求法：由于截交线是截平面与立体表面的相交线，而线是由点构成的，因此，实际上求截交线就是求出截平面与立体表面一系列的共有点，然后将共有点的同面投影依次光滑连接成线，并判断可见性。通常作图步骤如下：

1）假设立体并未被截平面所截切，用双点画线表示完整的立体的三面投影。

2）求截平面截交立体时的截交线。

3）补全其他轮廓线，去除双点画线。

4）加深，并判断可见性。

5）通过顶点、边数、封闭性，检查作图的正确性。

4.2.2　平面与平面立体相交

平面与平面立体相交而成的截交线是由直线围成的平面多边形，多边形的每一条边都是截平面与平面立体的表面交线，而且多边形的顶点是截平面与平面立体的棱线的交点。因此，求平面立体的截交线可通过求截平面与平面立体各个表面的交线，或者求截平面与平面立体上棱线的交点，并判断各投影的可见性，然后依次连接，即求得截交线的投影。通常求平面立体的截交线用以下两种方法：

1）棱面法——求截平面与立体表面的交线。

2）棱线法——求截平面与棱线的交点，然后连接成截交线。

【例 4-16】 如图 4-21a 所示，求正六棱柱被一平面 P_V 截切后的左视图。

分析：如图 4-21a 所示，截平面 P_V 与正六棱柱的六个棱面相交形成六边形的截交线，六边形的六个顶点是截平面与正六棱柱的六条棱线的交点。截交线的正面投影重影在 P_V 上，即积聚性；根据棱面法，其水平投影与六棱柱投影重合；根据棱线法，其侧面投影可通过求六边形的六个顶点的投影，然后依次连接这些点的投影，即得所求。

作图：由于截交线的水平投影与正六棱柱重影，故不用再画；按照三面投影基本原则，先求六个顶点的侧面投影 1″、2″、3″、4″、5″、6″，并依次连接；然后补全其他轮廓线，完成左视图，如图 4-21b 所示。

判断可见性：在左视图中，六边形的每个顶点都可见，故截交线可见；与顶点 4″相连的棱线属于不可见，其中一部分和与顶点 1″相连的棱线重影，其余未被重影的部分应用虚线表示，如图 4-21b 所示。

思考：请对比本题中的截交线与图 4-9 中的取线有何不同与相同之处？

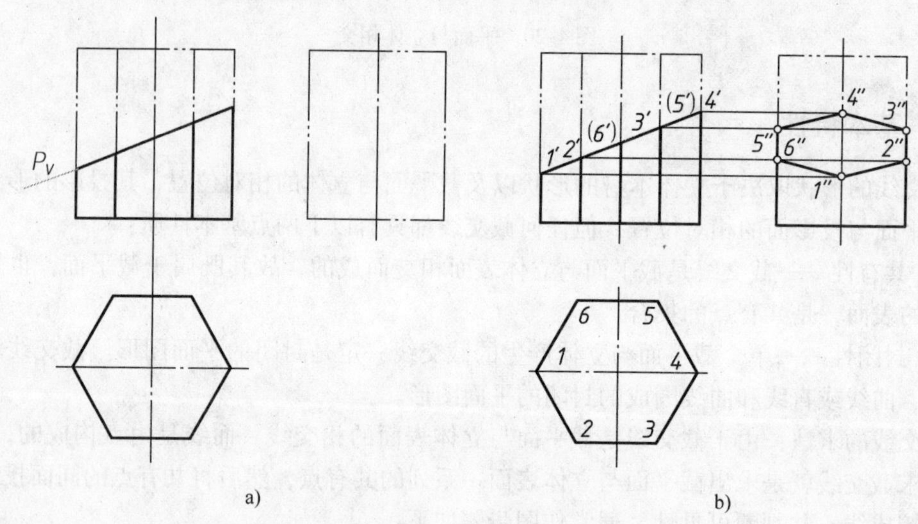

图 4-21　平面截切正六棱柱的作图过程

【例 4-17】 如图 4-22a 所示，已知正四棱锥被三个面所截切，请补全俯视图和左视图的投影。

分析：如图 4-22a 所示，截平面 P_1 是正垂面，截平面 P_2 是侧平面，截平面 P_3 是水平面。每个截平面与正四棱锥棱线相交的交点为 1′、2′、5′、6′、7′、10′，通过棱线法求它们对应的投影，如图 4-22b 所示；截面、棱面相交的交点为 3′、4′、8′、9′，通过该点作一辅助直线，且其属于该点所在的棱面上而求得对应的投影，如图 4-22b 所示；然后依次连接。另外，也可通过棱面法，根据截平面的特殊性，直接求截平面与棱面的相交线，进而获得截交线的投影。

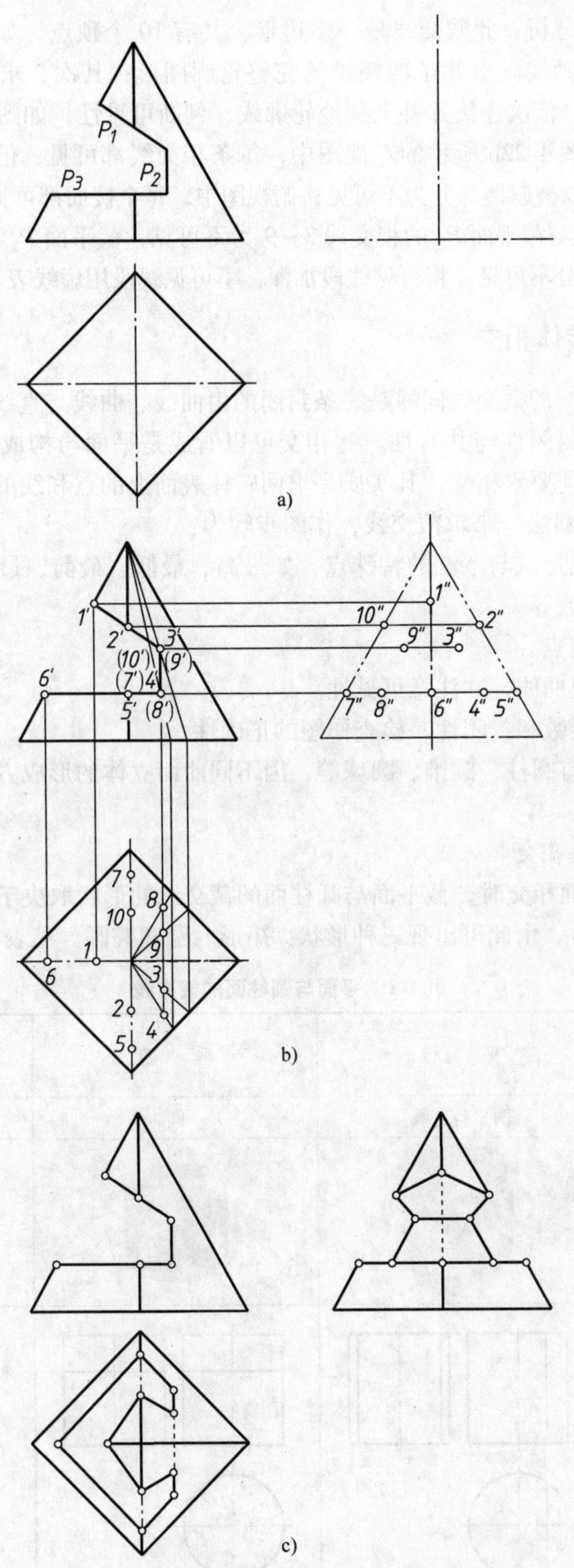

图 4-22 三平面截切正四棱锥的作图过程

作图：根据以上分析，此截交线是一多边形，共有10个顶点，如图4-22b中的主视图所示。首先，用双点画线画出此正四棱锥的完整轮廓图形；其次，求各个顶点的投影，如图4-22b所示；然后，依次连接并补全其他轮廓线，判断可见性，如图4-22c所示。

判断可见性：在图4-22b所示的左视图中，每条相交线都可见，但其中有一条棱线被遮挡，部分被重影，所以被遮挡部分为不可见；俯视图中，每个棱面都可见，故其上的截交线为可见，然而截平面 P_1 与截平面 P_2 的相交线3—9为不可见，截平面 P_2 与截平面 P_3 的相交线4—8为部分可见，部分不可见；将可见线段加深，不可见线段用虚线表示，如图4-22c所示。

4.2.3　平面与回转体相交

平面与回转体相交的截交线同样是一条封闭的由曲线、曲线与直线或直线与直线组成的平面图形，它仍然有封闭性与共有性。此相交可以看成是平面与构成曲面立体的转向轮廓线、素线、纬圆等几何要素相交，其实质是求回转体表面上的点和线的问题。通常利用素线法、辅助平面法（纬圆法）来求截交线，作图步骤为：

1）求出能确定其形状与范围的特殊点，如最高、最低、最前、最后、最左、最右点和可见与不可见的分界点等。

2）求出若干中间点。

3）光滑地连接成曲线，并注意可见性。

4）通过顶点、线数和封闭性，检查作图的正确性。

常见的曲面立体有圆柱、圆锥、圆球等，因不同曲面立体的形成方式及投影特征有所不同，故下面分别讨论。

（一）平面与圆柱相交

当截平面与圆柱面相交时，截平面与圆柱面的截交线的形状取决于截平面与圆柱轴线的相对位置（三种情况），由此可出现三种形状：矩形、圆和椭圆。见表4-1。

表4-1　平面与圆柱面的截交线

截平面与圆柱轴线的相对位置	平　　行	垂　　直	倾　　斜
截交线的形状	两平行直线	圆	椭圆
立体图	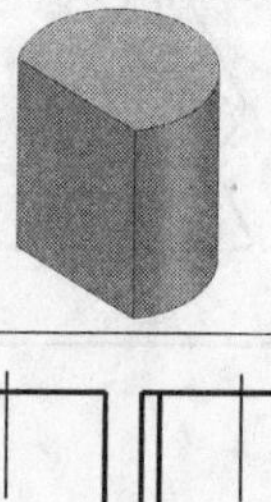		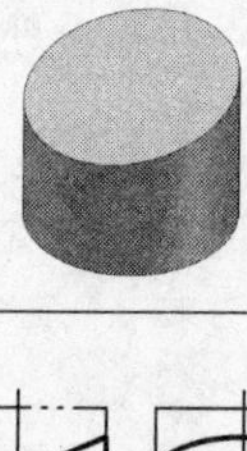
三面投影图	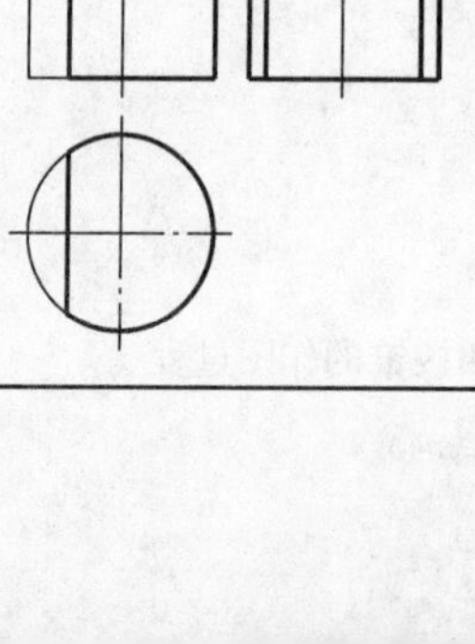	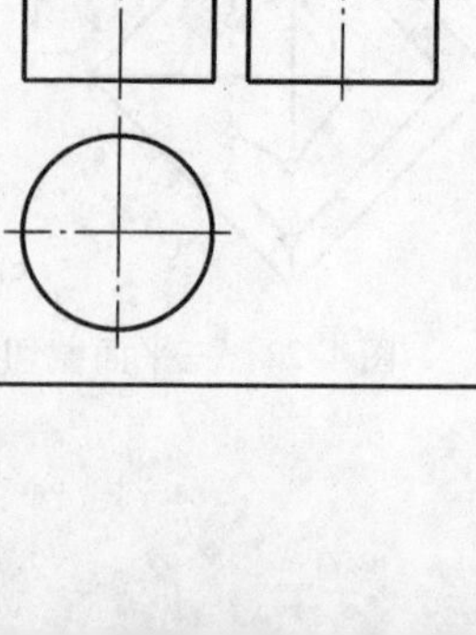	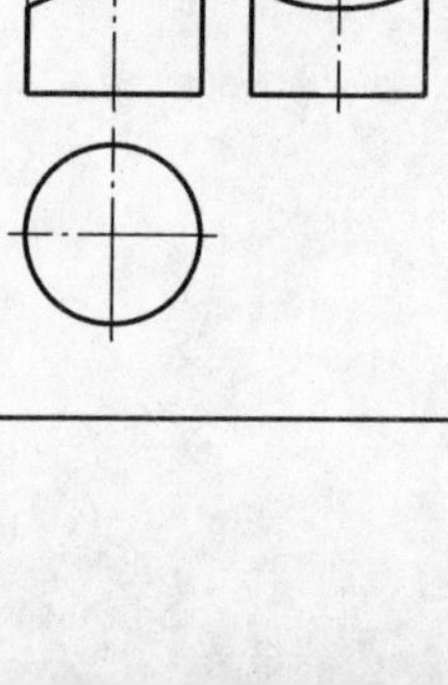

【例 4-18】 如图 4-23a 所示，求圆柱被一平面 P 截切后的左视图。

分析：由题可知，截平面 P 为正垂面，它与圆柱的轴线倾斜，截交线为椭圆，截交线的正面投影积聚在截平面上。另外，截交线属于圆柱面，故其水平投影积聚于圆上。其侧面投影一般为椭圆。为了获得侧面投影，可以先求得特殊点，即最高、最低点，最上、最下点，最左、最右点；再求若干中间点；最后光滑连接各点的投影。

作图：由以上分析可知，首先作特殊点 1、2、3、4 的投影；然后作中间点 5、6、7、8 的投影；最后判断可见性，光滑连接各点并加深，如图 4-23b 所示。

判断可见性：如图 4-23b 中的左视图所示，此截平面为可见，故截交线可见。

注意：请对比本题中的截交线与图 4-13c 中的圆柱面取线有何异同？

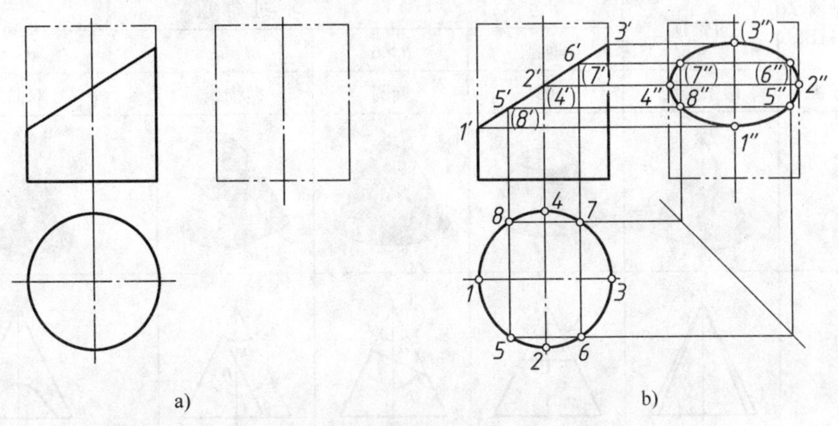

图 4-23　圆柱被平面截切的作图过程

【例 4-19】 请根据被截切后的圆筒立体图，求其视图，如图 4-24a、b 所示。

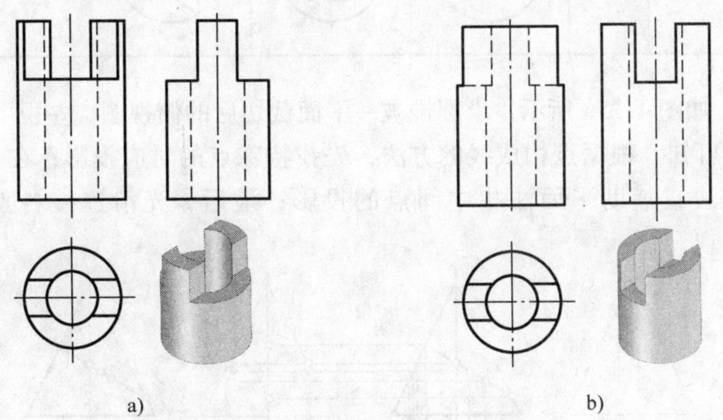

图 4-24　圆柱被平面截切的三视图

分析：由题可知，圆筒被三截平面所截切，可认为是圆筒的内外柱面、顶面、截平面与截平面相交，因此求各截平面的截交线。

作图：首先，用双点画线作圆筒的完整三视图；其次，根据截平面的特征，依次画出每个截平面与圆筒的截交线；然后，判断可见性，加深轮廓线，如图 4-24a、b 所示。

检查：通常方法是有几个截平面就有几条封闭的截交线，每条线都封闭，且一一对应。

思考：请读者自行对比图4-24a、b，分析圆筒两边截切与中间开槽的区别，特别应注意俯视图上圆柱体转向轮廓线的变化和截交线的虚实变化。

（二）平面与圆锥相交

根据圆锥的几何性质可知，锥面上的任何一点可以看作是对应素线上的或者对应纬圆上的一点，故可以通过素线法或辅助平面法求得锥面上任意点的投影。平面与圆锥面相交时，形成的截交线可通过点的投影求得。根据平面与圆锥轴线的相对位置不同，其截交线有五种情况：圆、椭圆、抛物线、双曲线及相交二直线，见表4-2。

表4-2　平面与圆锥面的截交线

截平面与圆锥轴线的相对位置	过锥顶	不过锥顶			
		垂直	$\theta > \alpha$	$\theta = \alpha$	$\theta < \alpha$
截交线的形状	两条直线	圆	椭圆	抛物线	双曲线
立体图					
投影图					

【例4-20】　如图4-25a所示，求圆锥被一平面截切后的俯视图、左视图。

分析：由题可知，根据点构成线的方法，先找特殊点的对应投影；在点数不够的情况下，可利用素线法或辅助平面法找中间点的投影；最后，光滑连接各点的投影，即得所求。

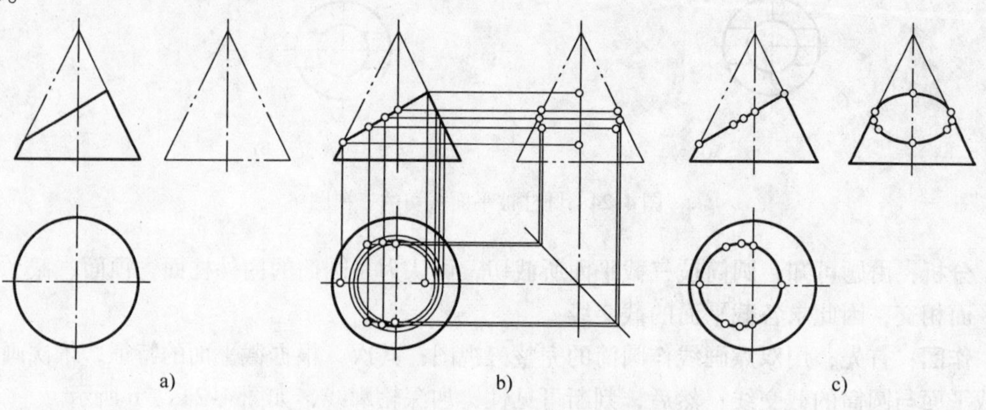

图4-25　圆锥被平面截切的作图过程

作图：此题的作图过程与图 4-16 中圆锥表面取线的作图如出一辙，即先求各特殊点的投影，如图 4-25b 所示；然后，光滑连接各点，如图 4-25c 所示。

判断可见性：在图 4-25a 中，截平面的左视图、俯视图都可见，故截交线可见，如图 4-25c所示。

思考：上述过程中，是通过找特殊点的投影方法求截交线，但是如在图 4-25c 中的左视图中并没给出截交线的最左、最右点，及主视图中的最高、最低点，请问如何找出？请参照表 4-2。

【例 4-21】　请根据被截切后的圆锥立体图，求其视图，如图 4-26a 所示。

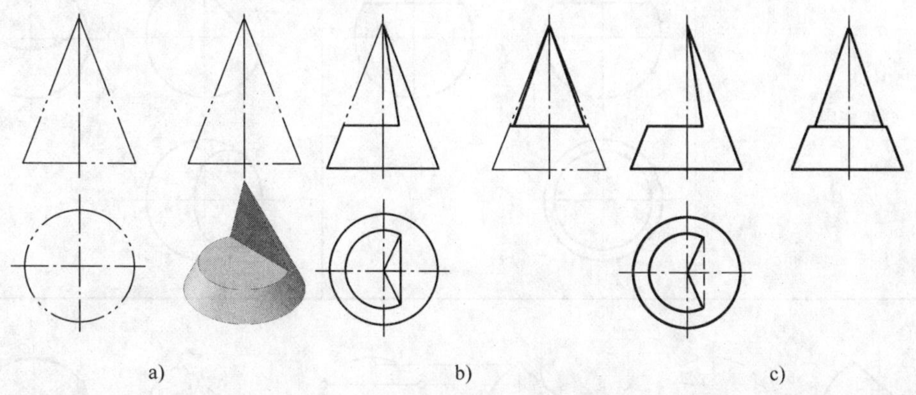

a)　　b)　　c)

图 4-26　圆锥被平面截切的三视图

分析：由题可知，该圆锥被两截平面所截切。其中一截平面与轴线垂直，截交线为圆；另一截平面通过锥顶，截交线为两直线。这两截平面相交为一直线。

作图：首先，用双点画线作圆锥的完整三视图，如图 4-26a 所示；其次，根据截平面的特征，依次画出每个截平面与圆锥的截交线，并补全圆锥的其余轮廓，如图 4-26b 所示；然后，判断可见性并加深，如图 4-26c 所示。

检查：通常方法是有几个截平面就有几条封闭的截交线，每条线都封闭，且一一对应。

（三）平面与圆球相交

由于圆球 360°旋转对称，所以当平面与球面相交时，其截交线总是圆。圆的直径大小与截平面到球心的距离有关。但是由于圆的投影形状与截平面对投影面的相对位置有关，截交线的投影可能为圆、椭圆或是直线，见表 4-3。

【例 4-22】　如图 4-27a 所示，求圆球被一平面截切后的俯视图、左视图。

分析：由题可知，根据点构成线的方法，先找特殊点的对应投影；然后在点数不够的情况下，利用辅助平面法找中间点的投影；最后，光滑连接各点的投影，即得所求。

作图：此题的作图过程与图 4-19 中圆球表面取线的作图如出一辙，即求各特殊点的投影，也包括特殊的中间点。中间点采用辅助平面法作图，如图 4-27b 所示，然后，光滑连接各点，如图 4-27c 所示。

判断可见性：在图 4-27a 中，截平面的左视图、俯视图都可见，故截交线可见，如图 4-27c所示。

思考：请对比此题与图 4-19 中圆球表面取线的不同之处。

表 4-3　平面与圆球的截交线

截平面与轴线之关系	平行或者垂直	既不平行也不垂直
立体图		
投影图	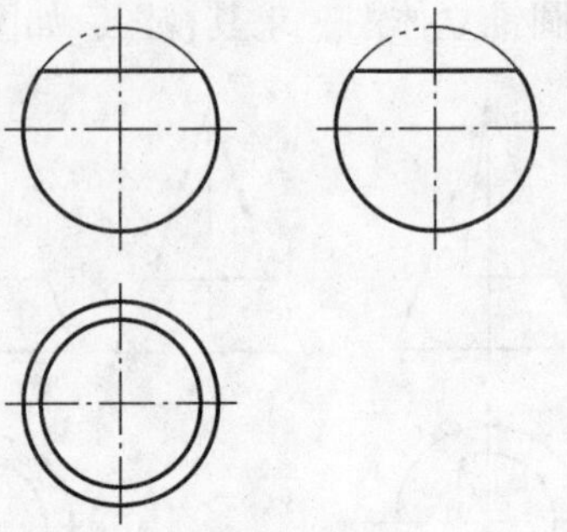	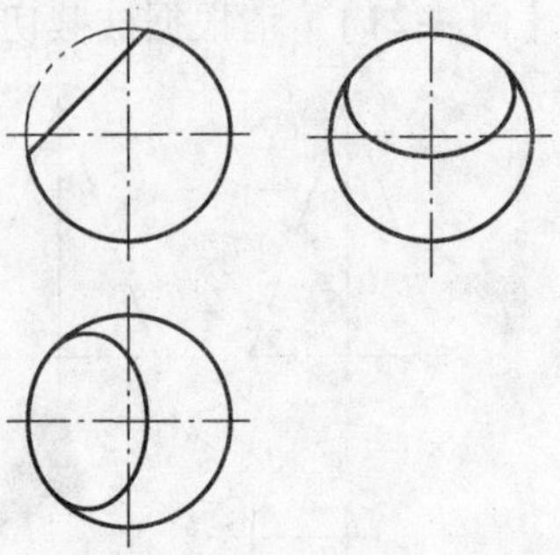

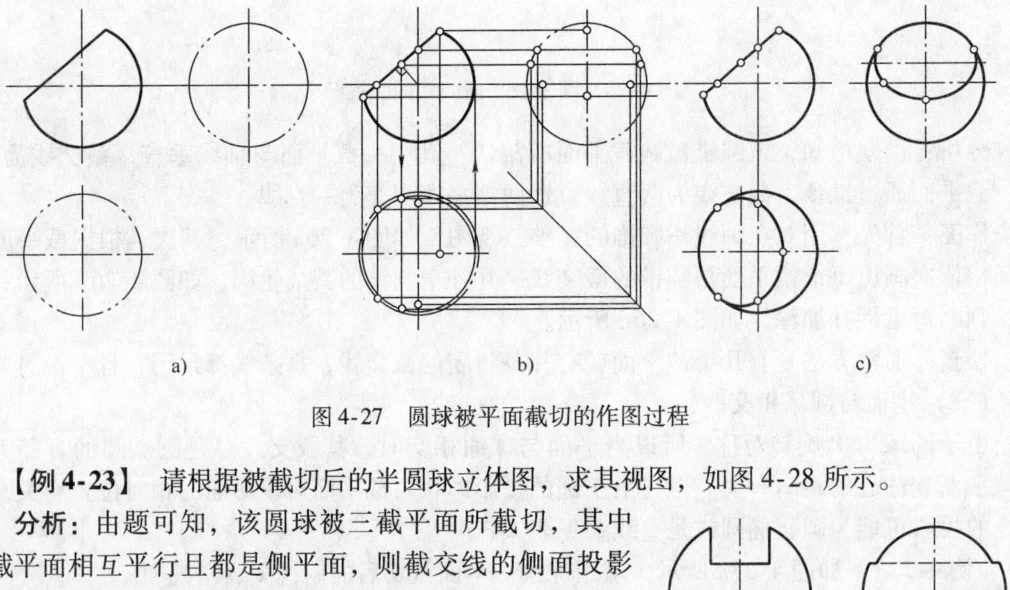

a)　　b)　　c)

图 4-27　圆球被平面截切的作图过程

【例 4-23】　请根据被截切后的半圆球立体图，求其视图，如图 4-28 所示。

分析：由题可知，该圆球被三截平面所截切，其中两截平面相互平行且都是侧平面，则截交线的侧面投影为圆或圆弧，正面、水平投影均为一直线；另一截平面是水平面，故截交线的水平投影是圆或者圆弧，其他投影是直线。

作图：首先，用双点画线作半圆球的完整三视图；其次，根据截平面的特征，依次画出每个截平面与半圆球的截交线；然后，判断可见性并加深，如图 4-28 所示。

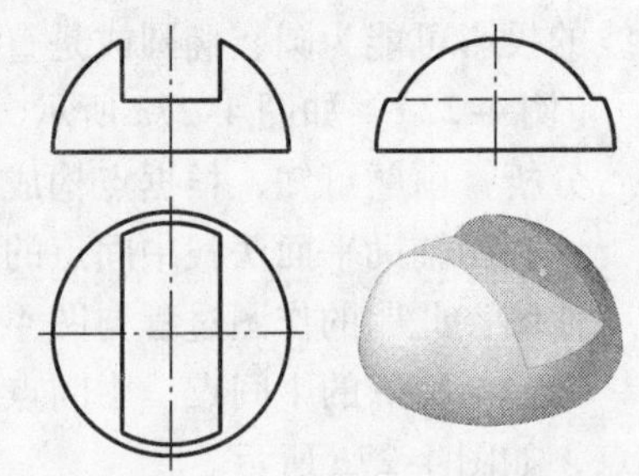

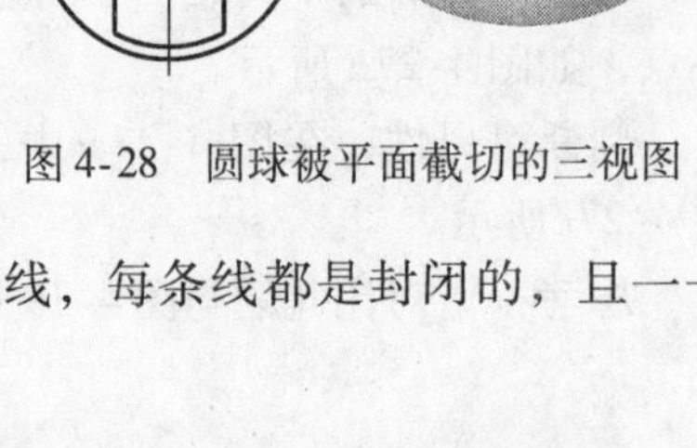

图 4-28　圆球被平面截切的三视图

检查：通常方法是有几个截平面就有几条封闭的截交线，每条线都是封闭的，且一一对应。

4.3　相　贯　线

相贯线是立体与立体相交时，其表面产生的相交线。相贯线是由两外表面相交、两内表面相交，或者内外表面相交而成的。此相交的立体称为相贯体。常见的相贯体有以下三种：1）平面立体与平面立体相贯，如图 4-29a 所示；2）平面立体与回转体相贯，如图 4-29b 所示；3）回转体与回转体相贯，如图 4-29c 所示。由于前两种情况可认为是多个截平面切割形体而求截交线的问题，因此本节重点介绍两回转体相贯性质以及相贯线画法。

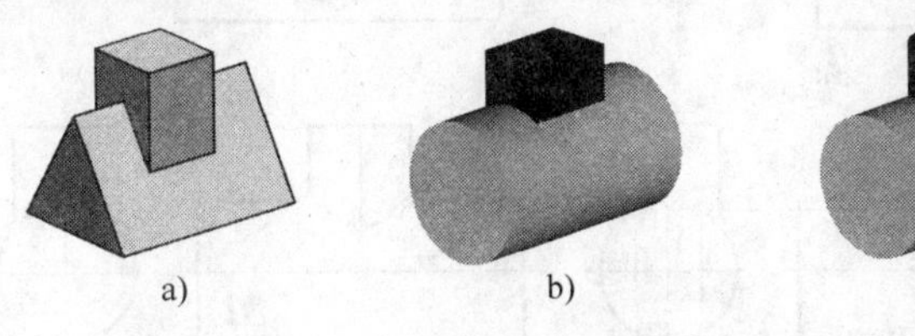

图 4-29　立体与立体相交

4.3.1　基本特性

相贯线的形状同样取决于相贯体本身的形状及相对位置关系，但任何相贯线都具有以下基本性质：

1）封闭性。相贯线在一般情况下是封闭的空间曲线，在特殊情况下为平面曲线或直线，其也作为检查相贯线的方法之一。

2）共有性。相贯线是两个立体表面的共有线，相贯线上的点是两个立体表面的共有点，即是共有点的集合，可以通过求公共点的投影来得到。

相贯线的求法：由于相贯线是两立体表面的共有线，它同时满足两立体表面的投影特征，而线是由点构成的，因此，求相贯线实际上就是求两立体表面一系列的共有点，然后将这些共有点连接而成。一般应先求出能确定相贯线形状和范围的特殊点，如最高、最低点、最前、最后点、最左、最右点和可见与不可见的分界点，然后求出若干中间点，确定相贯线的弯曲趋势，最后将这些点光滑地连接成曲线并判断可见性。求相贯线的方法主要有：表面取点法和辅助平面法。

4.3.2　表面取点法

表面取点法常被称为积聚性取点法，是利用投影具有积聚性的特点，确定两回转体表面上共有点的投影，然后根据回转体表面取点法求出它们对应的投影，最后光滑连接各点投影，即得相贯线的投影。

【例 4-24】　已知两圆柱的轴线垂直相交，求其相贯线的投影，如图 4-30a 所示。

分析：如图 4-30a 所示，两圆柱轴线垂直正交，其中一轴线为侧垂线，对应的圆柱的侧面投影积聚为圆，水平投影、正面投影均为长方形；另一轴线为铅垂线，对应的圆柱的水平投影积聚为圆，正面投影、侧面投影均为长方形。因此两圆柱表面形成的相贯线为前、后和左、右都对称的封闭空间曲线。根据相贯线的共有性，其水平投影一定积聚在小圆柱面的水平投影上，为一个圆；侧面投影积聚在大圆柱的侧面投影上，为一段圆弧。结果是只需作出相贯线的正面投影即可。

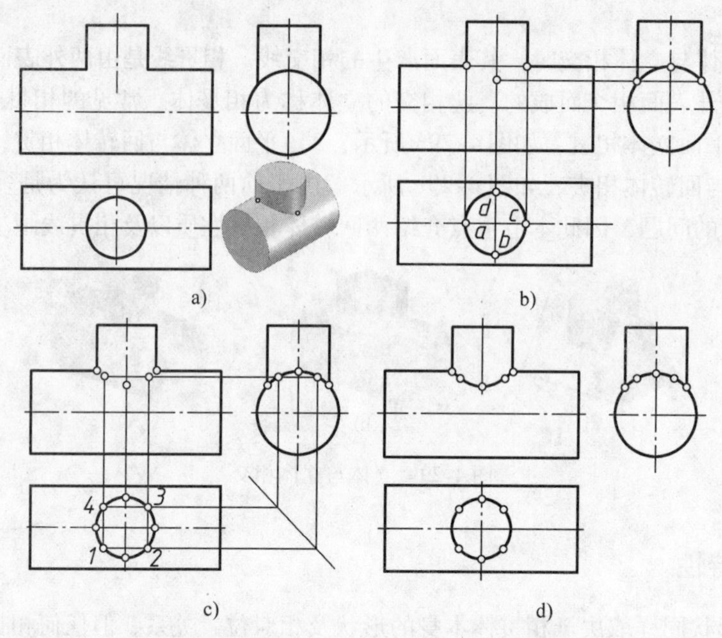

图 4-30　两正交圆柱相贯线的作图过程

作图：根据以上分析，先作特殊点 A、B、C、D；其次作中间点 1、2、3、4；最后，光滑连接这些点并判断可见性。

判断可见性：根据圆柱几何特征，可以判断可见性。

思考：两圆柱相贯区域不应有圆柱面轮廓素线的投影。

通常，两正交的圆柱体相贯时，其表面相贯线有三种形式，见表 4-4。不论是哪种形式，相贯线的分析和作图方法都是相同的。表 4-5 表明了两正交圆柱直径大小的变化直接影响相贯线的形状，另外相贯线是直接连接小圆柱的轮廓线，其弯曲方向总是朝向较大的圆柱轴线。在两圆柱相贯线作图中，为了不致引起误解，允许采用简化画法。若当两圆柱的直径相差较大，并对相贯线准确度要求不高时，允许用圆弧来代替相贯线的非积聚性投影，该圆弧的圆心在小圆柱轴线上，半径等于大圆柱半径，如图 4-31 所示；若当两圆柱直径相差很大时，相贯线的投影可用直线代替，如图 4-32 所示。

表 4-4　圆柱内外表面相贯线

两圆柱表面相交关系 / 类型	外表面相交	内、外表面相交	内表面相交
立体图			

（续）

两圆柱表面相交关系 / 类型	外表面相交	内、外表面相交	内表面相交
投影图			

表 4-5　圆柱直径变化对相贯线的影响

两圆柱直径关系 / 类型	大于	等于	小于
立体图			
投影图			

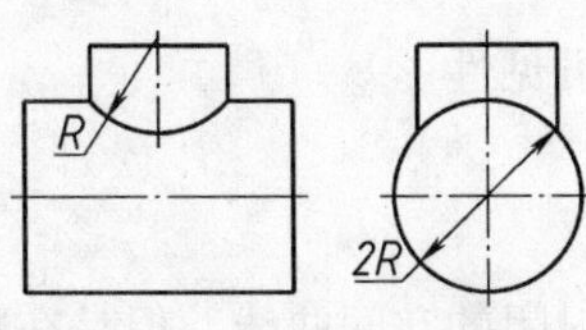

图 4-31　用圆弧代替相贯线

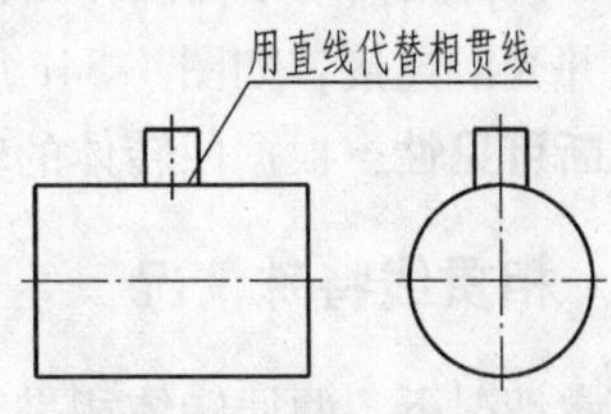

图 4-32　用直线代替相贯线

4.3.3　辅助平面法

此法与辅助平面法原理一样，即过表面上的点作一平面，该平面为纬圆平面，不同之处是该平面与两个曲面立体都相交的辅助平面切割这两个立体，得到两组截交线的交点，也是辅助平面和两曲面立体表面的三面共有点，即为相贯线上的点。利用辅助平面求出两回转体表面上的若干共有点，然后将这些点光滑连接，从而画出相贯线的投影。辅助平面法原理如图 4-33 所示。

注意：辅助平面的选取一定要满足辅助截平面与两立体截切后所产生的交线简单易画的原则，一般使截交线的投影为圆或直线，因此常选与轴线垂直的面为辅助平面。

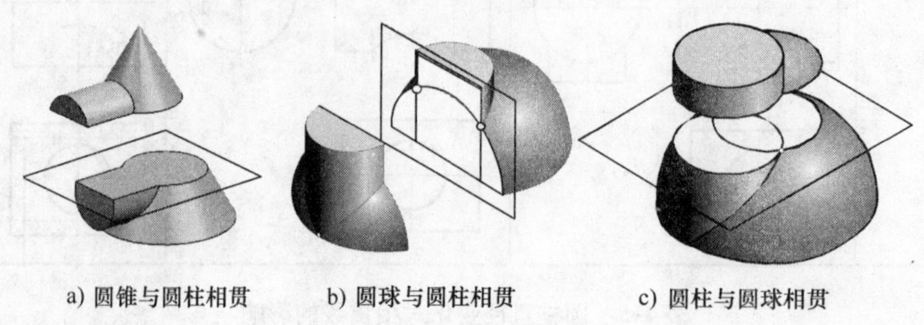

a) 圆锥与圆柱相贯　b) 圆球与圆柱相贯　c) 圆柱与圆球相贯

图 4-33　辅助平面法原理

【例 4-25】　已知圆柱与圆锥的轴线垂直相交，补画视图上相贯线的投影，如图 4-34a 所示。

分析：在图 4-34a 中圆柱和圆锥的轴线垂直相交，相贯线为空间曲线，前后对称。圆柱的轴线为侧垂线，相贯线与圆柱的侧面投影重合，为一个圆，因此可以通过此圆找相贯线上若干个点的投影，然后依次连接即可；而且相贯线上的点既是圆柱素线上的点也是圆锥的纬圆上的点，故采用辅助平面法即可求得该点的其余两个投影，从而获得相贯线的投影。找特殊的点，即最高、最低点，最上、最下点，最左、最右点，再找中间点；最后，光滑连接各点的投影，即得所求。

作图：由上分析可知，先作特殊点 A、C 的投影，即相贯线的最上、最下点，如图 4-34b所示；其次，利用辅助平面法，作特殊点 B、D 的投影，即假设过特殊点 d 作一与圆锥轴线垂直的平面截切相贯体，截切圆锥得纬圆，截切圆柱得两素线，它们的水平投影相交，从而求得特殊点 B、D 的投影，这两点为相贯线的最前、最后点，如图 4-34c 所示；然后，求控制曲线走势的点，即最右、最左点，可以通过锥顶作圆柱侧面投影的切线，切点即为 1″、2″，再用辅助平面法作出其余两面投影，如图 4-34d 所示；最后，再作中间点，判断可见性并光滑连接，如图 4-34e 所示。

判断可见性：根据回转体的转向点，可以判断相贯线的可见性。

4.3.4　相贯线特殊情况

通常情况下，两回转体相贯时其表面产生的相贯线是一封闭的空间曲线，但是在特殊情况下是封闭的平面曲线或者平面直线。表 4-6 列举了几种常见的特殊相贯线。

1）当两回转体具有公共回转轴线时，其相贯线是垂直于公共回转轴线的平面圆。

2）当两回转体具有公共内切球时，其相贯线是平面椭圆。

3）当两圆柱的轴线相互平行时，其相贯线是直线。

4）当两圆锥共锥顶时，其相贯线也为直线。

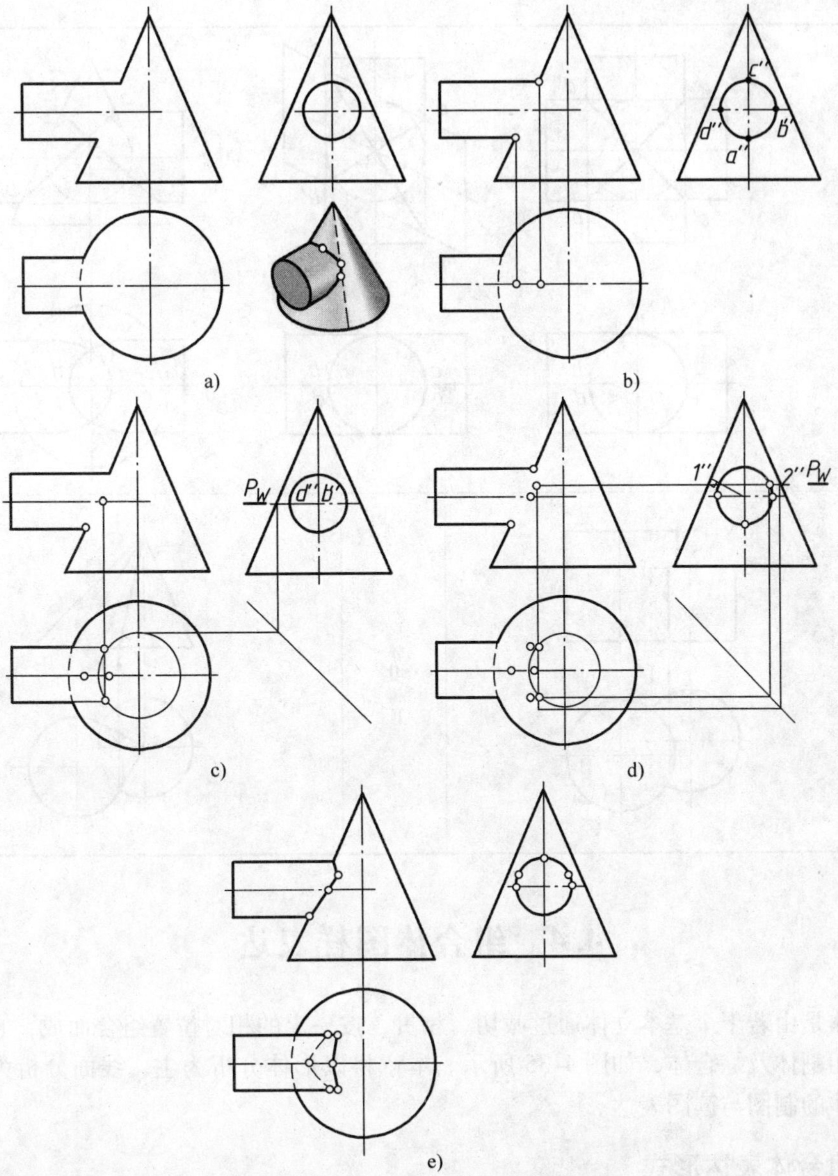

a)　　b)

c)　　d)

e)

图 4-34　圆锥与圆柱的相贯线作图过程

表 4-6　几种常见的特殊相贯线

回转体具有公共回转轴	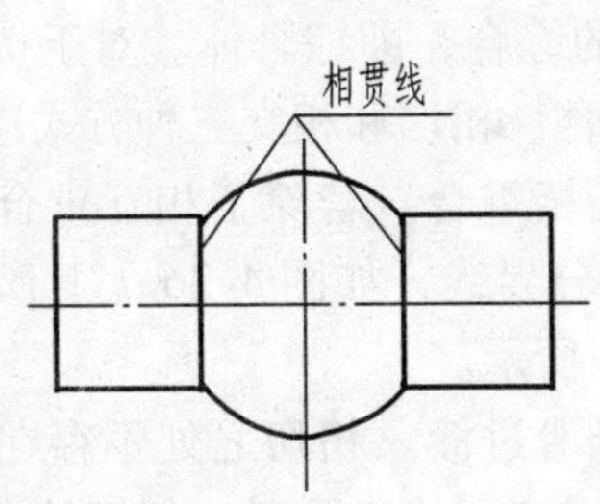	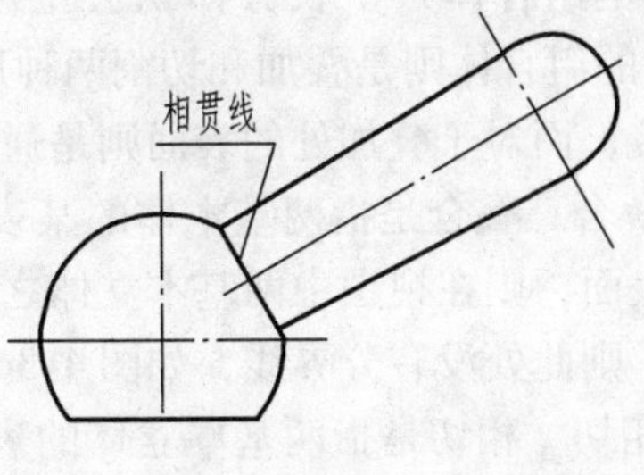

（续）

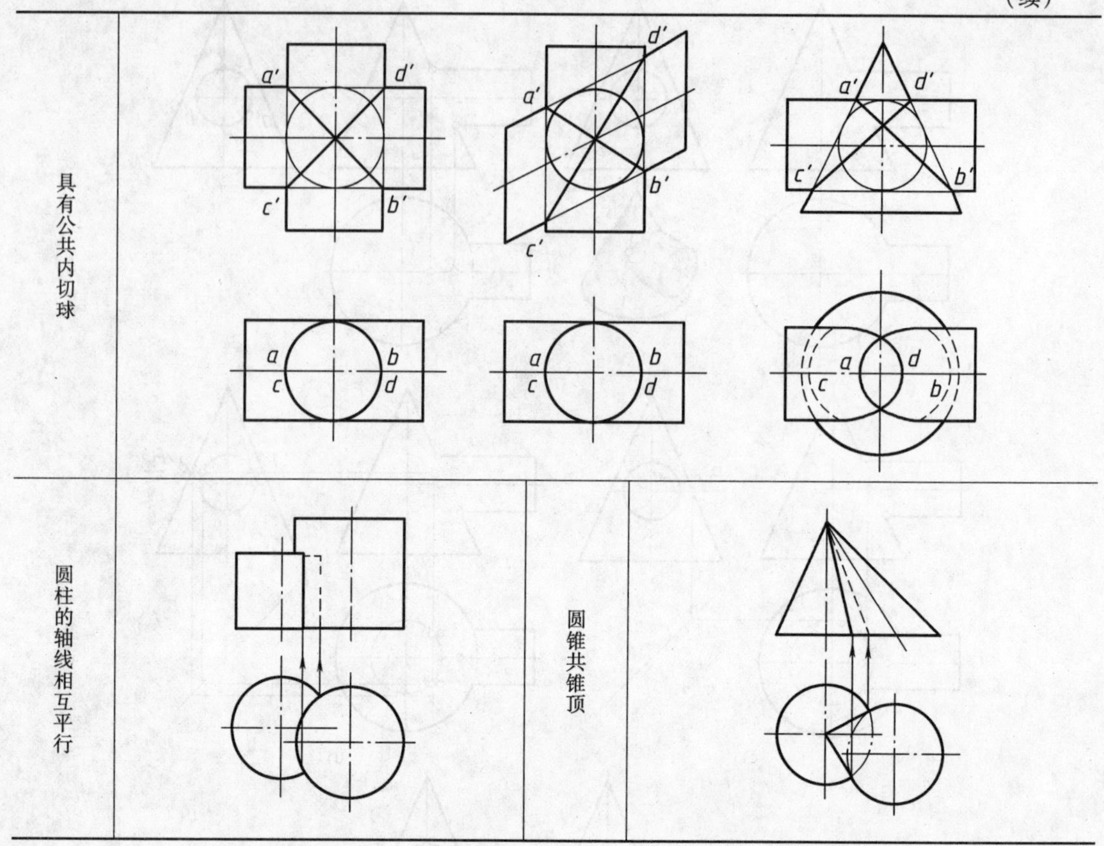

4.4 组合体图样表达

组合体是由若干个基本立体通过截切、相贯，按一定的相对位置组合而成，它主要包括叠加体、切割体及综合体，如图4-35所示。本章将以形体分析为主、线面分析为辅，重点介绍组合体的制图与读图表达。

4.4.1 组合体表达形式

从几何形状来看，组合体最基本的组成方式分为叠加和切割，而在实际的机器零件中最常见的是综合体。如图4-35a中的组合体是由圆筒和长方体叠加而成的，即叠加体；图4-35b中的组合体是由长方体切去三棱柱Ⅰ、两圆柱Ⅱ、梯形柱Ⅲ而成的，即切割体；图4-35c中的组合体则是叠加和切割两种形式的综合，即综合体。对于切割处的表面是通过截交线连接，而对于叠加处的表面则是通过叠合、相切和相交三种方式连接。

（1）叠合　叠合是指两基本体的某表面互相重合。若除了相互重合的表面外，没有其他共面的表面，则在视图中两基本立体之间有分界线，如图4-36a、b所示；若还有其他共面的表面，则此处没有分界线，如图4-36b、c所示。

（2）相切　相切是指两基本立体的表面光滑过渡。相切之处不存在交线，故在视图上一般不画分界线。但是当两圆柱面的公切平面垂直于投影面时，相切处在该投影面上的投影

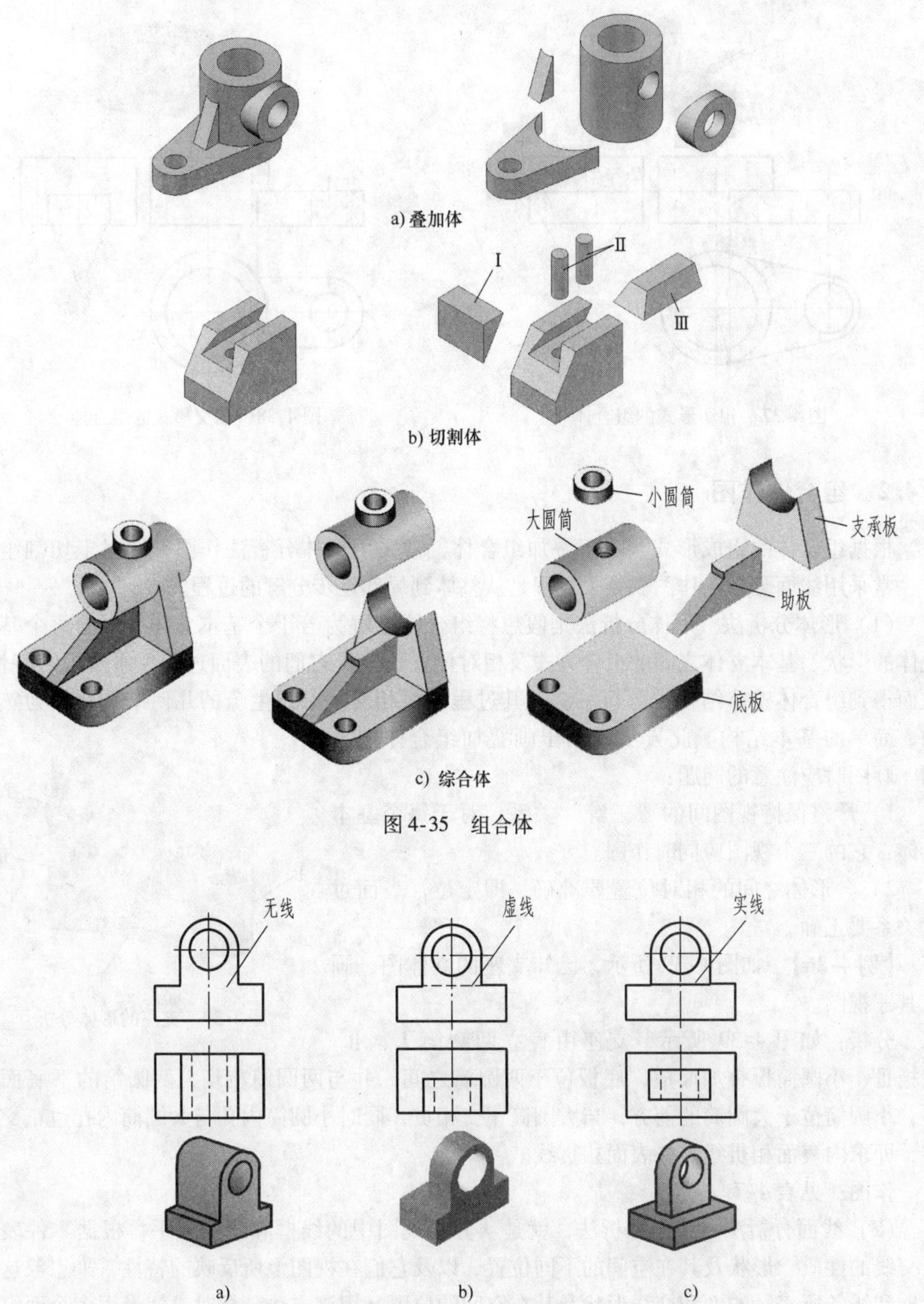

图 4-35　组合体

图 4-36　叠加形式的组合体

是一条直线。如图 4-37 所示。

（3）相交　相交是指两基本立体相贯，表面形成的相交线为相贯线，如图 4-38 所示。

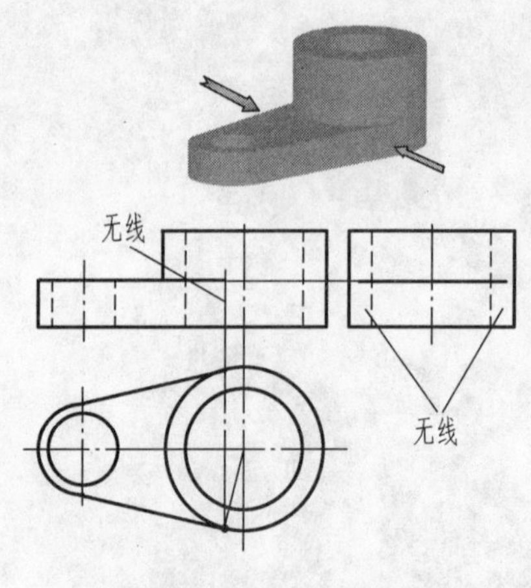

图4-37　相切形式的组合体

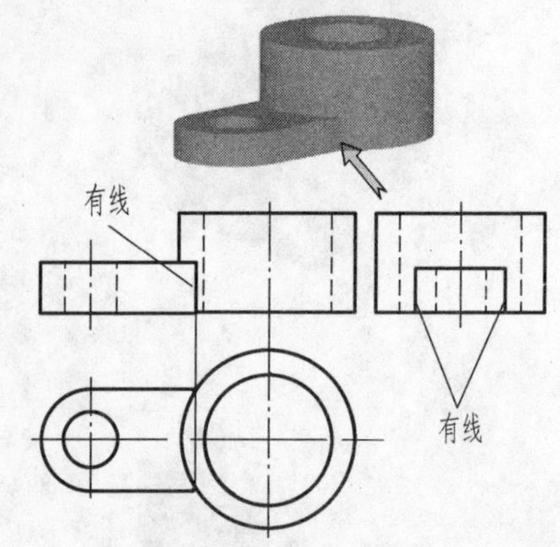

图4-38　相交形式的组合体

4.4.2　组合体作图

根据组合体的组成形式，对于叠加组合体，常采用形体分析法作图，而对于切割组合体，常采用线面分析法作图。整个过程是从整体到局部逐步分解的过程。

（1）形体分析法　形体分析法是假想将组合体分解为若干个基本立体，根据每个基本立体的形状、基本立体之间的组合方式及相对位置，分析它们的表面过渡关系及投影特性，从而得到组合体整体结构的分析方法。其过程是将相对复杂、生疏的几何结构转化为熟悉的、简单的基本结构。此方法常用于画叠加组合体的视图。画图时应注意的问题：

1）严格保持视图间的“三等”关系，对于每个基本立体，它的三个视图应同时作图。

2）各形体之间的相对位置要准确，即定位，表面过渡关系要正确。

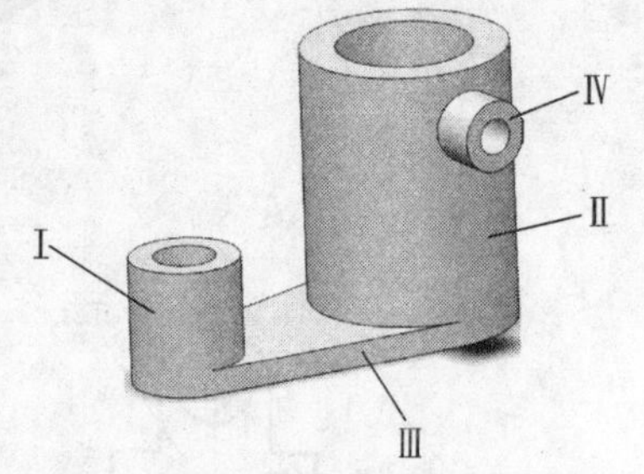

图4-39　支座的形体分析

【例4-26】　如图4-39所示，已知支座的立体图，画出其三视图。

分析：如图4-39所示，支座由直立两圆筒Ⅰ、Ⅱ、底板Ⅲ、小圆筒Ⅳ叠加而成，底板位于两圆筒之间，并与两圆筒相切，两圆筒的下底面平齐；小圆筒位于大圆筒的前方，与大圆筒正交相贯，同时小圆筒内孔与大圆筒内孔也正交相贯，即求内表面相贯线、外表面相贯线。

作图：见表4-7。

（2）线面分析法　线面分析法，就是从分析视图中的线框和线条入手，根据零件表面及交线的性质、形状及其在空间的不同位置，以及它们在视图上所反映的特性，来想象这些线框和线条所表示的面和交线形状及其在空间的位置。用该方法分析时，假设用多个面组合切割一基本立体而形成切割体。常用的切割面多为平面、圆柱面，被切除的部分也是基本立体，并形成相应的相交线。由此可见，此过程可看作是求截交线的过程。因此，切割面在各个投影面上的投影，除了积聚性投影外，其他投影都表现为一个封闭的线框。作图过程就是依次切割去除一部分立体的过程。

表 4-7 支座三视图作图步骤

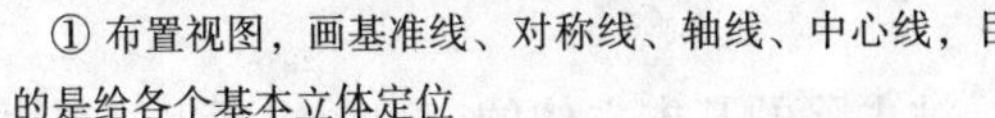

① 布置视图，画基准线、对称线、轴线、中心线，目的是给各个基本立体定位 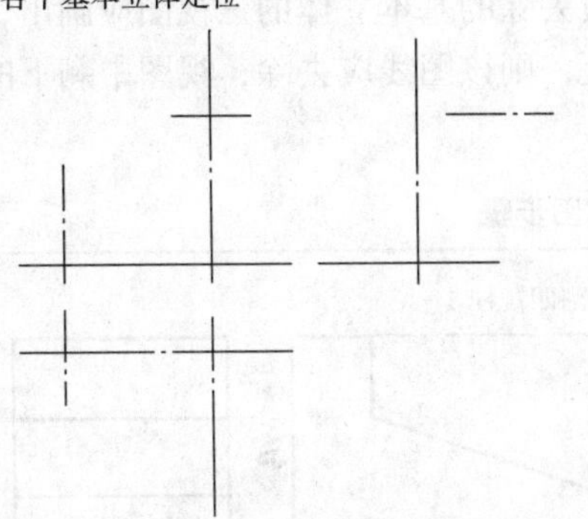	② 画圆筒Ⅰ、Ⅱ，从俯视图开始画 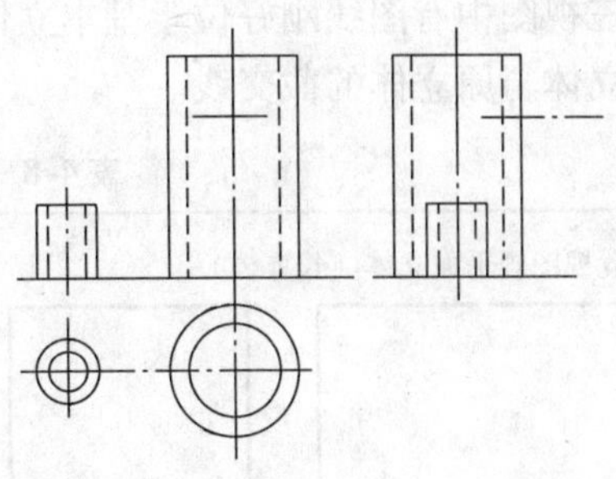
③ 画底板Ⅲ，从俯视图开始画，注意相切处的画法 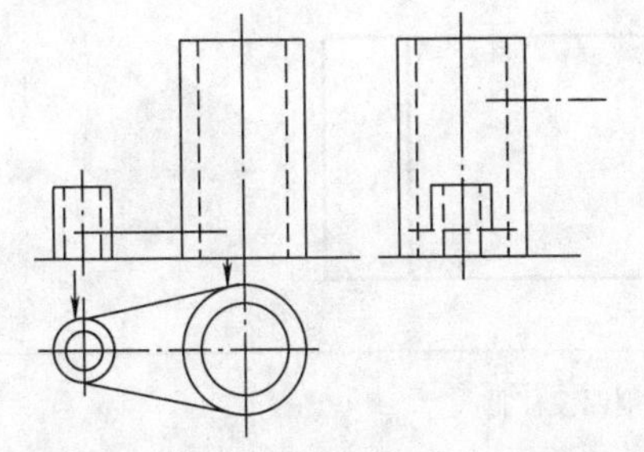	④ 画小圆筒Ⅳ，从主视图开始画，注意相贯线 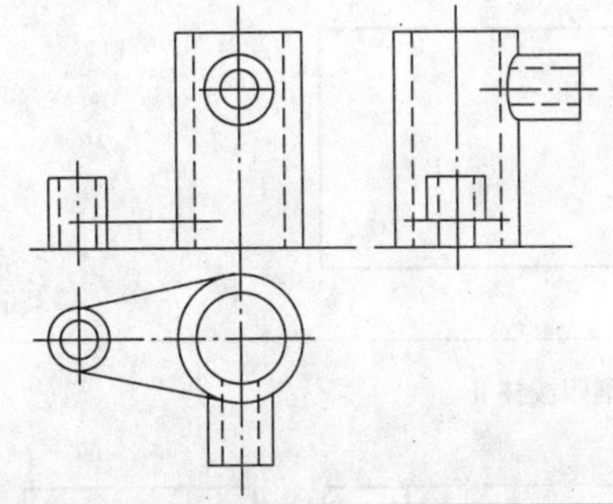
⑤ 检查、加深 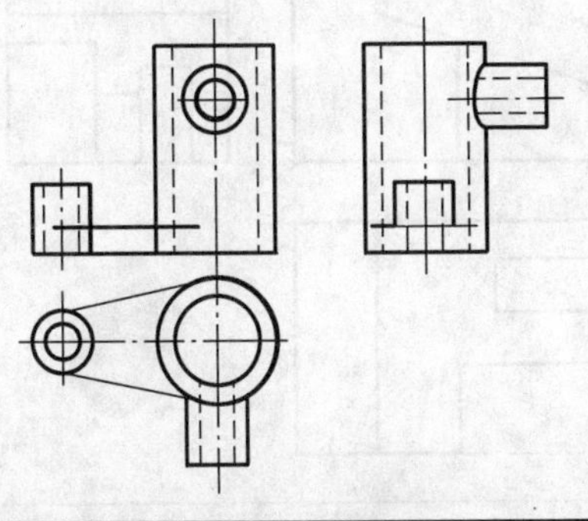	⑥ 注意：相切处位置关系，是否有线，是虚线还是实线 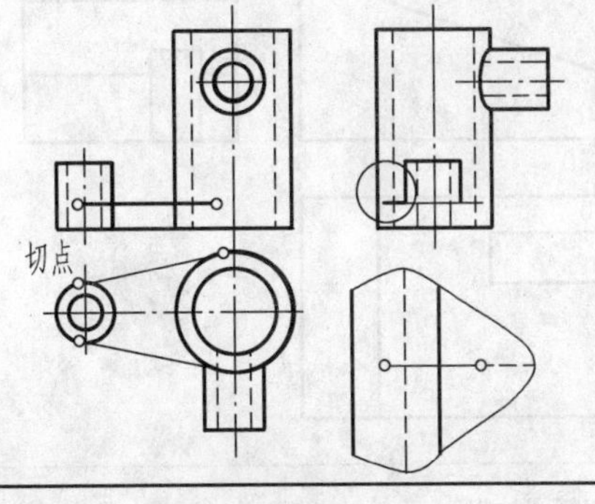

【例 4-27】 如图 4-40a 所示，已知滑块的立体图，画出其三视图。

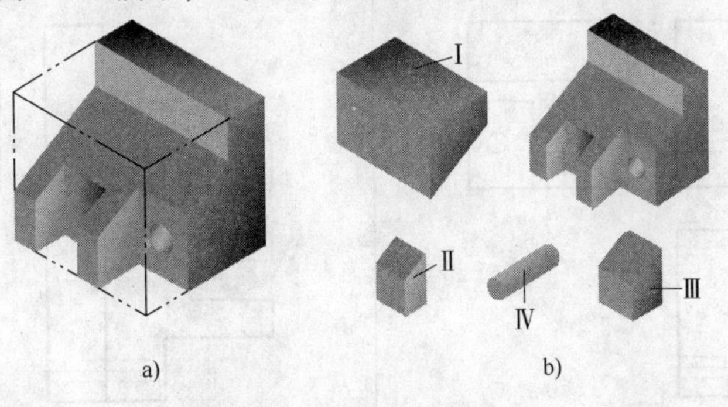

图 4-40 切割体的线面分析

分析：如图 4-40b 所示，此滑块经切割依次去除四棱柱Ⅰ、Ⅱ、Ⅲ，圆柱Ⅳ。

作图：见表 4-8。

注意：整个作图过程中，依次去除基本立体。被去除的基本立体的三视图应画出，若原立体的三视图中有图线刚好位于基本立体的三视图上，则该图线应去除，视图中剩下的图线为基本立体与原立体的截交线。

表 4-8　滑块三视图作图步骤

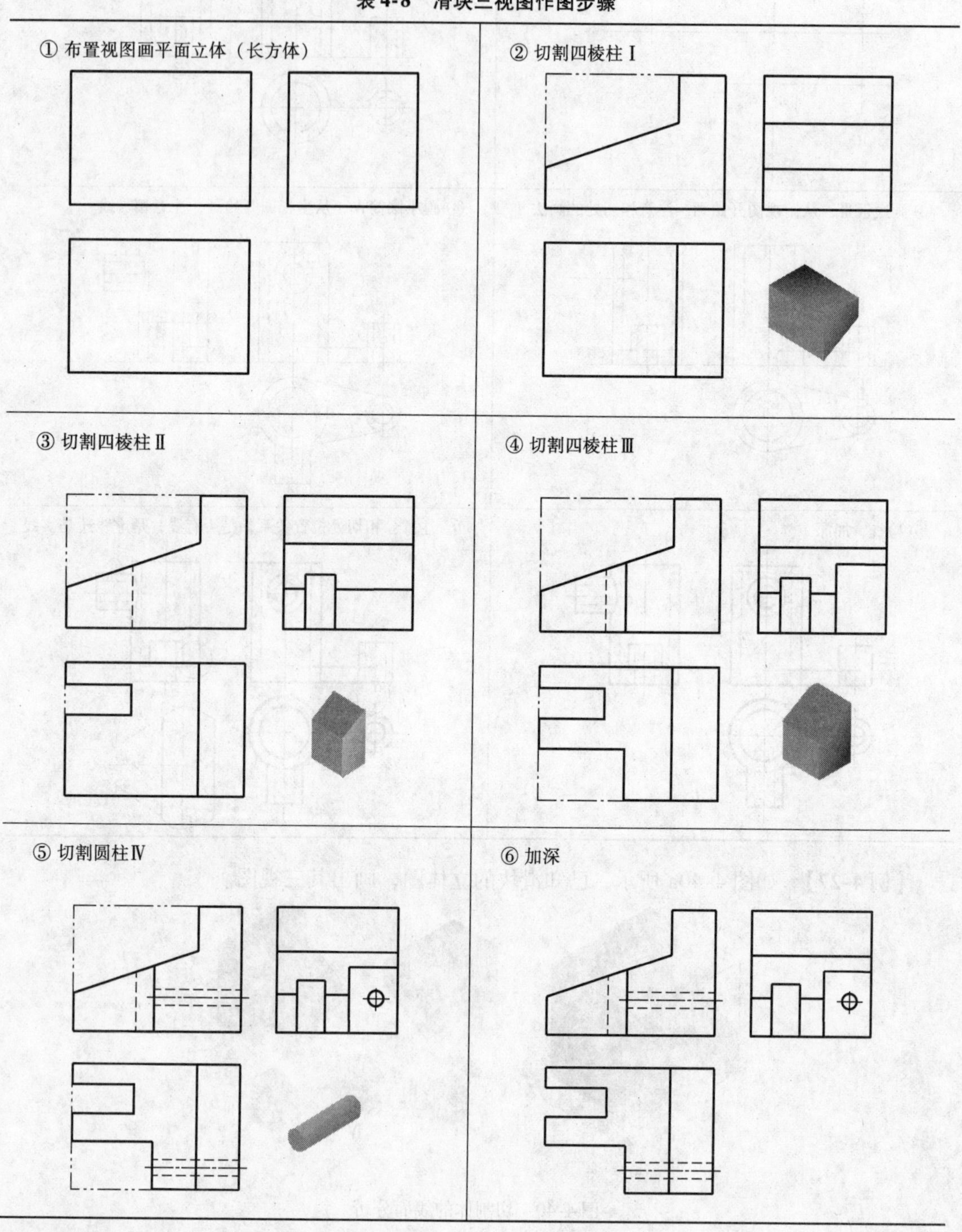

4.4.3　组合体读图

画组合体的视图是将立体平面化表达，即立体的投影视图，而读图是将投影视图从平面到立体、从局部到整体重构出其立体形状，正是画图的逆向过程。读图比画图更加抽象，但整个过程依然建立在投影的基本理论上，以形体分析法为主、线面分析法为辅。为了正确、迅速地读懂视图，需要熟练应用读图的基本要点和基本方法。

（一）读图的基本要点

1. 基本立体视图

任何组合体都是由基本立体构成，因此熟记基本立体的视图（如长方体、棱体、圆柱及其切割体等）能有效地为读图提供基础。

2. 图线的含义

通常视图中的粗实线、虚线表示立体表面交线的投影（如棱线、截交线、相贯线等）、回转体转向轮廓线的投影，或者是具有积聚性的表面投影，视图中的对称中心线表示立体具有对称性或者是回转体，如图 4-41 所示。图 4-42 中的虚实线变化体现形体的变化（肋板的变化）。图 4-43 中主视图上两形体相贯线的变化呈现出形体的变化。

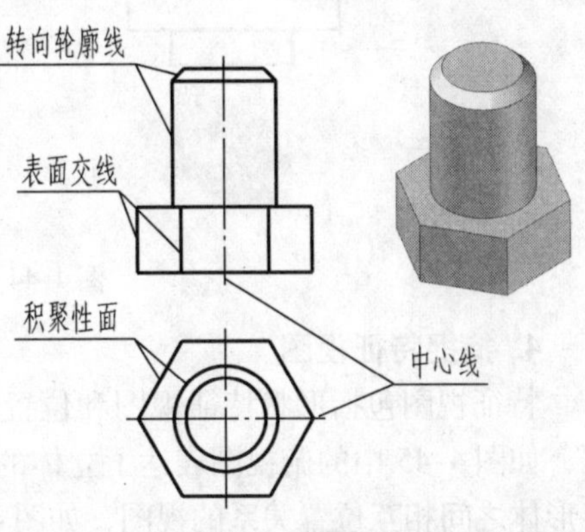

图 4-41　图线变化

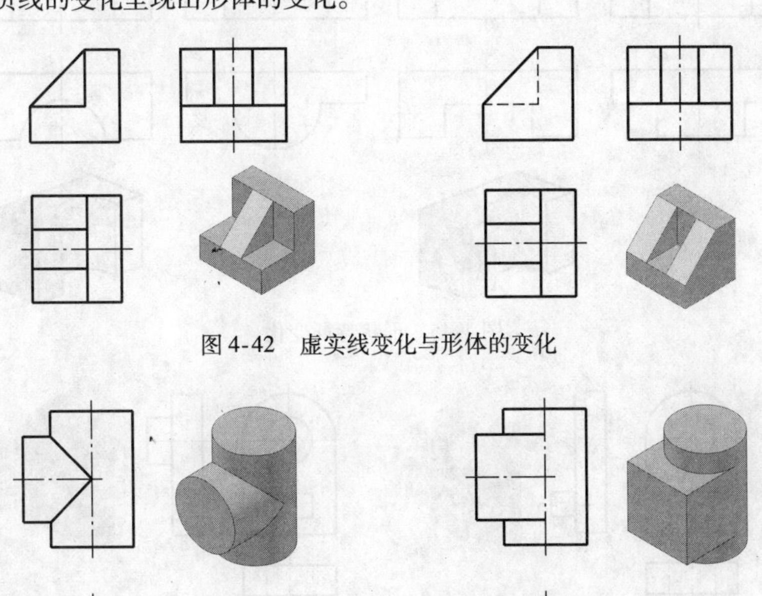

图 4-42　虚实线变化与形体的变化

图 4-43　相贯线变化与形体的变化

3. 线框的含义

视图中，每个封闭线框，通常都代表立体上一个表面（平面或曲面）的投影，或者通孔投影。若出现线框中的线框，则通常表示两个面凹凸不平或有通孔，应该通过其他视图确定其相对位置，如图 4-44 所示。

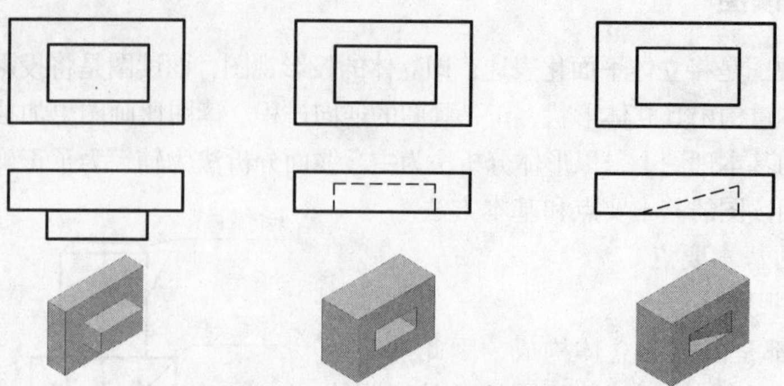

图 4-44　线框变化与形体的变化

4. 捕捉特征视图

特征视图包括形状特征视图和位置特征视图。特征视图是指最能表达立体形状特征的视图，如图 4-45 中的俯视图表达了立体的形状特征；位置特征是指能清晰地表达构成组合体的各形体之间相互位置关系的视图，如图 4-46 中的左视图清晰地表达了形体间的相对位置特征。

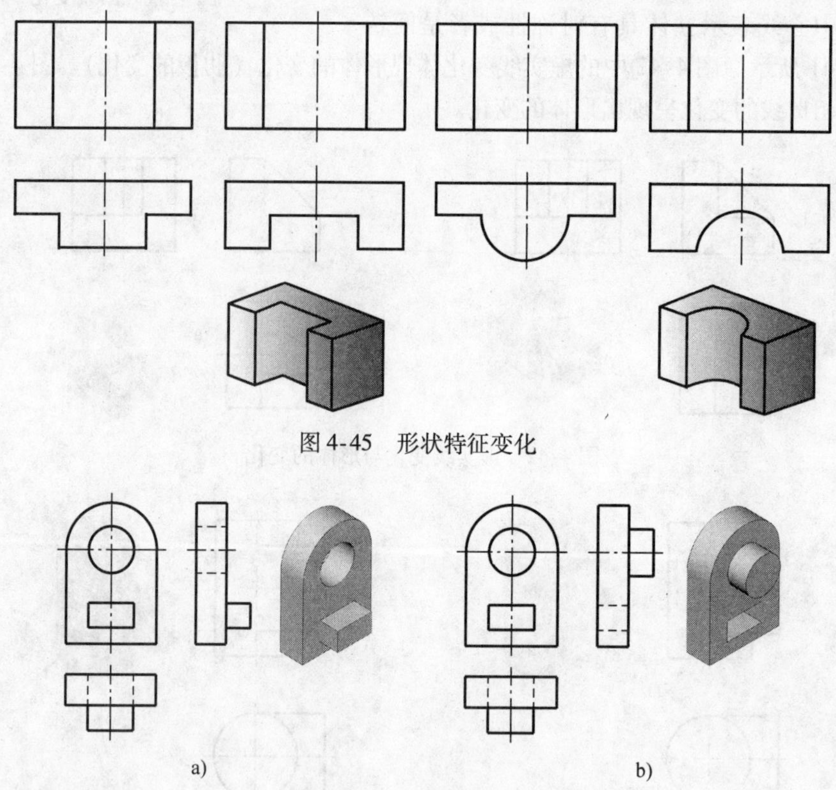

图 4-45　形状特征变化

a)　b)

图 4-46　位置特征变化

5. 多视图相结合

在进行组合体的形状表达时，一般都是利用多个视图，但每个视图只能反映组合体一个方向的形状，因此得利用其他视图来确定组合体的形状。例如，图 4-46a、b 的主视图、俯视图都一样，但是并不能确定组合体形状，需要通过左视图加以分析。

（二）读图的基本方法

读组合体视图时，是以形体分析法为主、线面分析法为辅；先主后次，先易后难，先局部后整体。

1. 形体分析法

读图时，首先要抓住特征视图，结合其他视图，初步确定整体形状；其次，利用“三等”关系，找出每个局部的特征视图，确定局部形体（通常是基本立体或基本立体的切割体）；然后，综合各局部形体重构出整体，并进一步分析它们之间的组合方式及相对位置关系，从而想象出整体形状。

【例 4-28】　根据立体图的三视图，分析其立体形状。

读图分析：见表 4-9。

表 4-9　三视图读图步骤

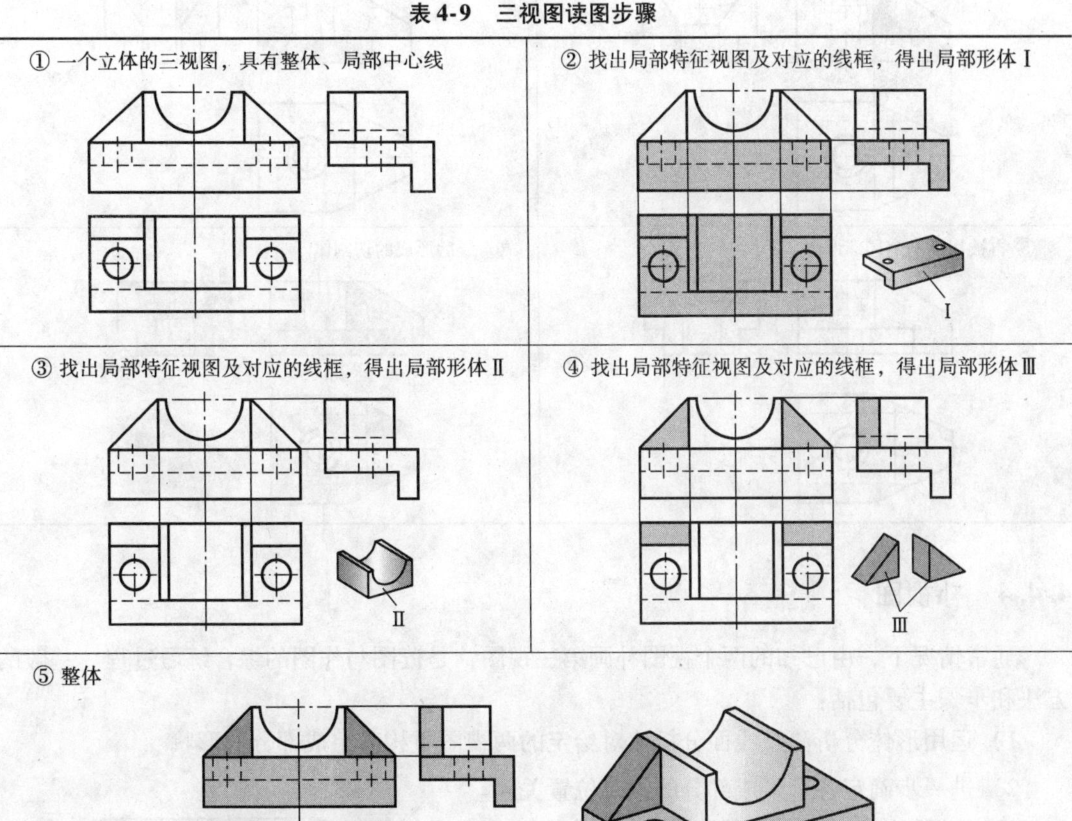

2. 线面分析法

线面分析法通常用于对切割体的读图分析；在采用形体分析法的基础上，对局部较难看懂的地方，也常会运用线面分析法来帮助读图。

【例 4-29】　根据立体图的三视图，分析其立体形状。

读图分析：见表 4-10。

表 4-10　三视图读图步骤

① 一个立体的三视图，具有整体、局部中心线，其原始形状是一个长方体 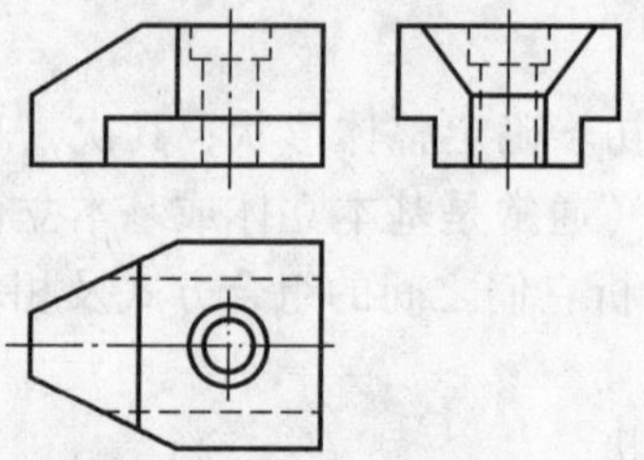	② 长方体被切割一个局部形体 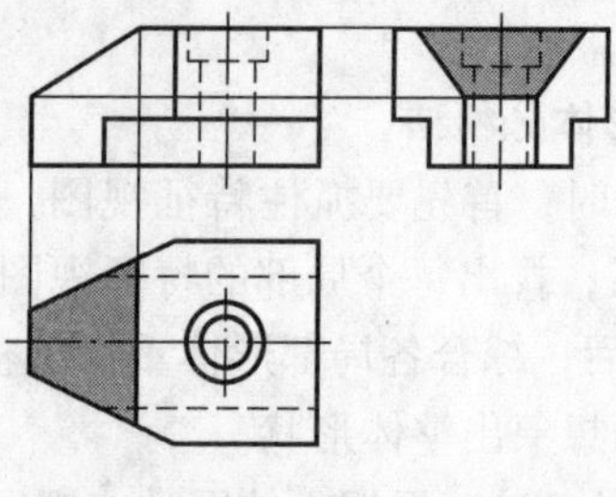
③ 再被切割一个局部形体 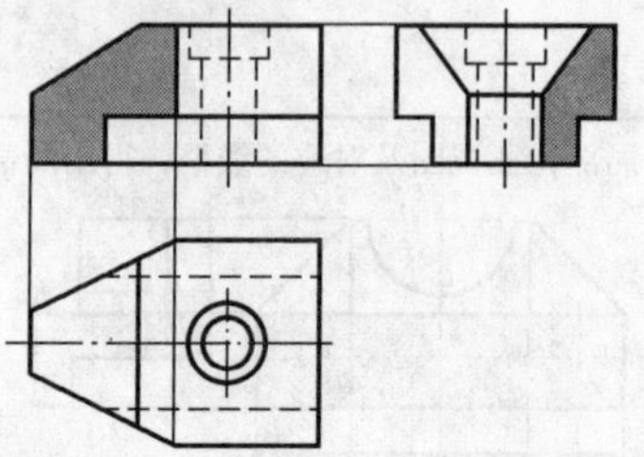	④ 再被切割一个局部形体 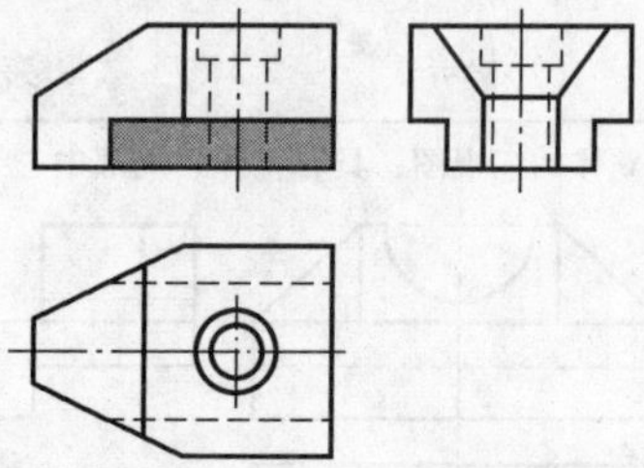
⑤ 再被切割一个局部形体 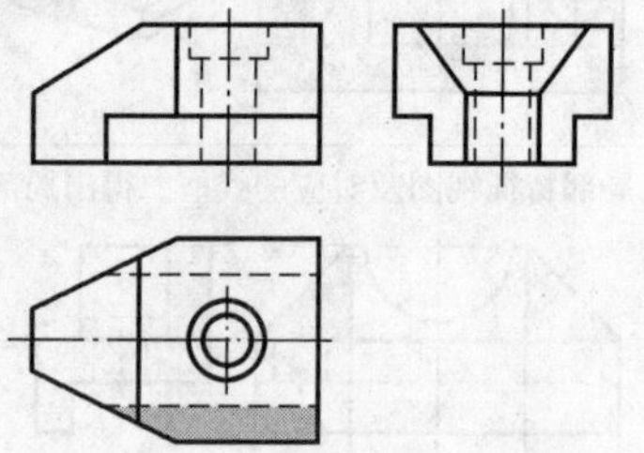	⑥ 最后形成的切割体 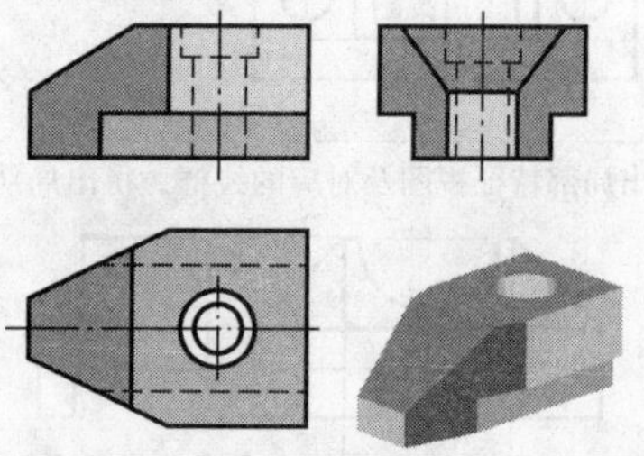

4.4.4　补视图

通常情况下，由已知的两个视图补画第三视图，是读图与作图的综合练习过程。一般的方法和步骤主要包括：

1）运用形体分析法及线面分析法对给定的两视图重构其组成部分的形状。

2）进一步确定各个组成部分的相对位置关系。

3）根据投影规律及“三等”关系，画出第三视图。

在画第三视图时，先按各组成部分逐步表达。对于叠加体，是先局部，后整体；对于切割体，则是先整体，后局部。

【例 4-30】 如图 4-47 所示，已知主、俯视图，求作左视图。

分析：根据读图的基本方法，由主、俯视图得出局部特征视图Ⅰ与Ⅱ。Ⅰ为被切去一部分的圆筒；Ⅱ为被切去一长方体的板材，其上有两圆柱通孔；圆筒Ⅰ与板材Ⅱ相互叠加，其表面相切。由此可见，该立体为综合体。

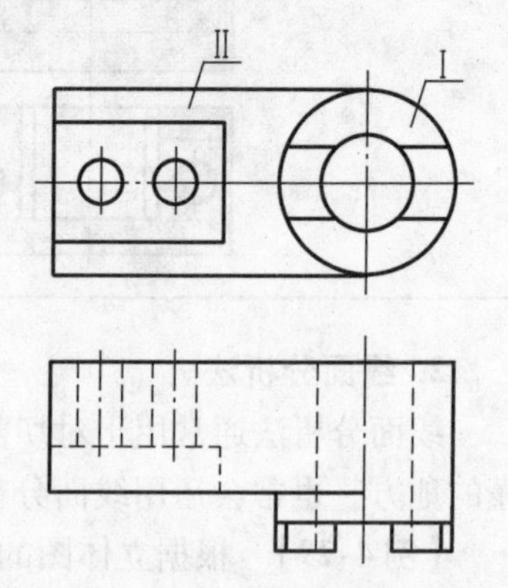

图 4-47　一个立体的主、俯视图

作图： 表4-11 所示为立体左视图的作图步骤。整个过程都依据了投影规律及“三等”关系。

表 4-11　补画立体第三视图的步骤

① 画圆筒

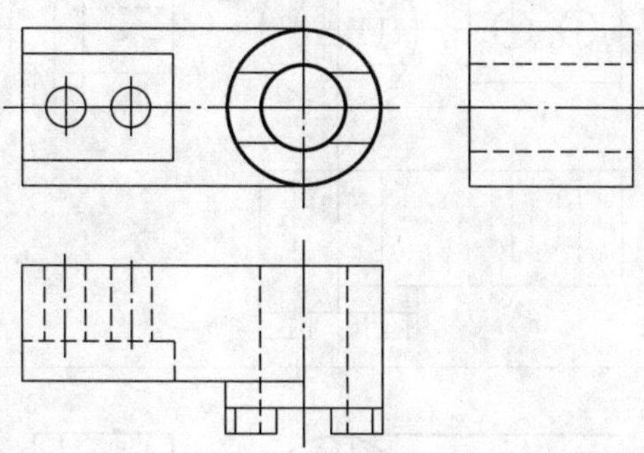

② 切割圆筒

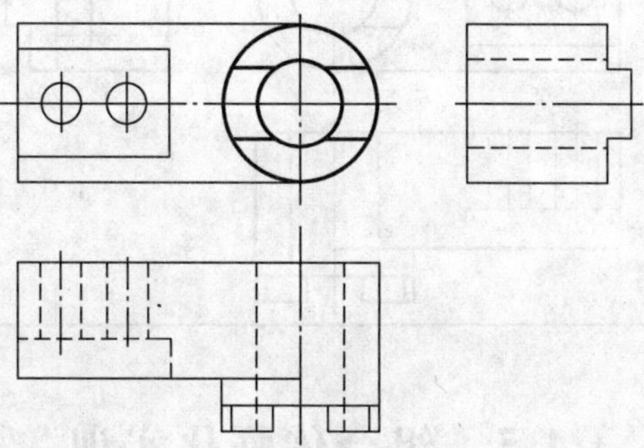

③ 画长方体

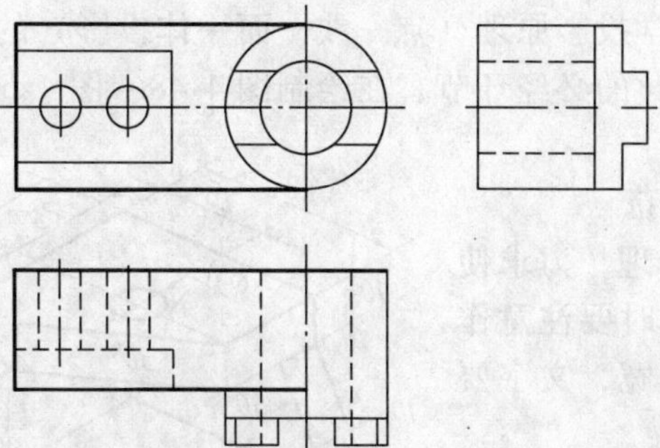

④ 切割长方体

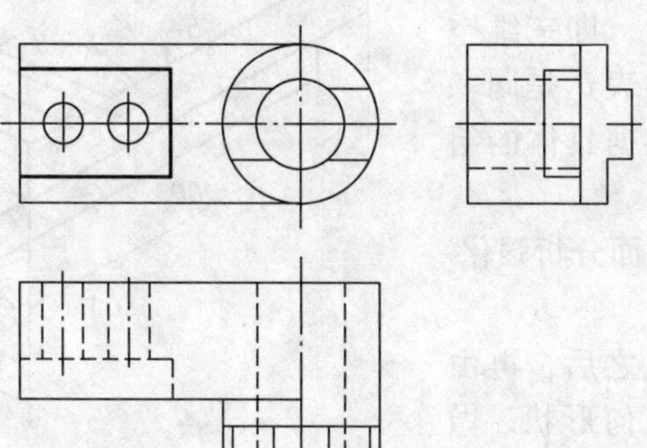

（续）

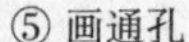

⑤ 画通孔

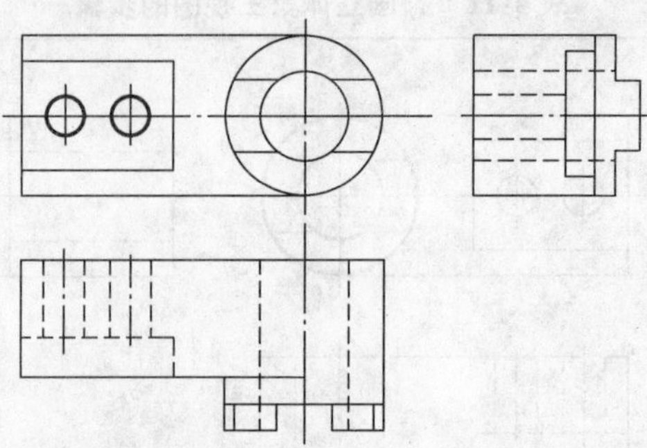

⑥ 检查，判断可见性，加深

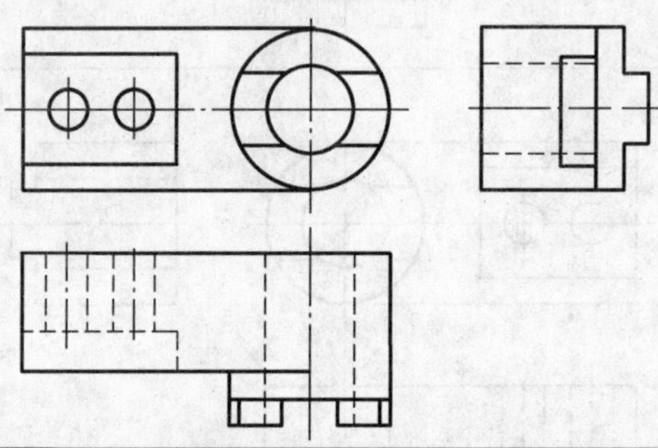

4.5 组合体强化实训

组合体画图是工程图学投影原理（点—线—面—体投影）的实际应用，是训练三维空间思维向二维平面思维转化的必经环节。在绘制图 4-48 ~ 图 4-60 所示的 13 个组合体时应满足的要求如下。

1. 视图表达合理、规范

即主视投影选择要合理，力求使三视图中的虚线最少。同时要注意作图的规范性，即线型、线宽，文字要符合相关的国家标准。

2. 尺寸标注完整、清晰

尺寸标注具有唯一性，即三维空间尺寸与二维平面尺寸的表达是同一的，但标注的清晰性要根据具体的组合体的类型而调整。

3. 运用形体分析与线面分析强化形体记忆

当每一个组合体完成之后，再由三视图回想三维空间的几何形状，做到“由物想图，由图想物”。

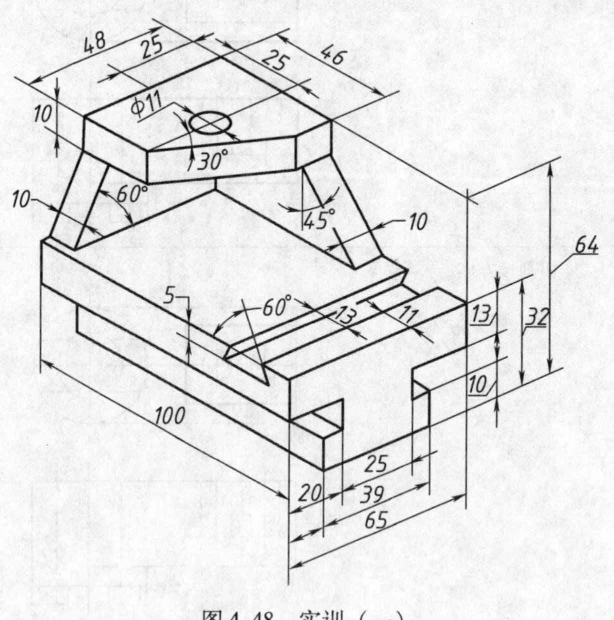

图 4-48　实训（一）

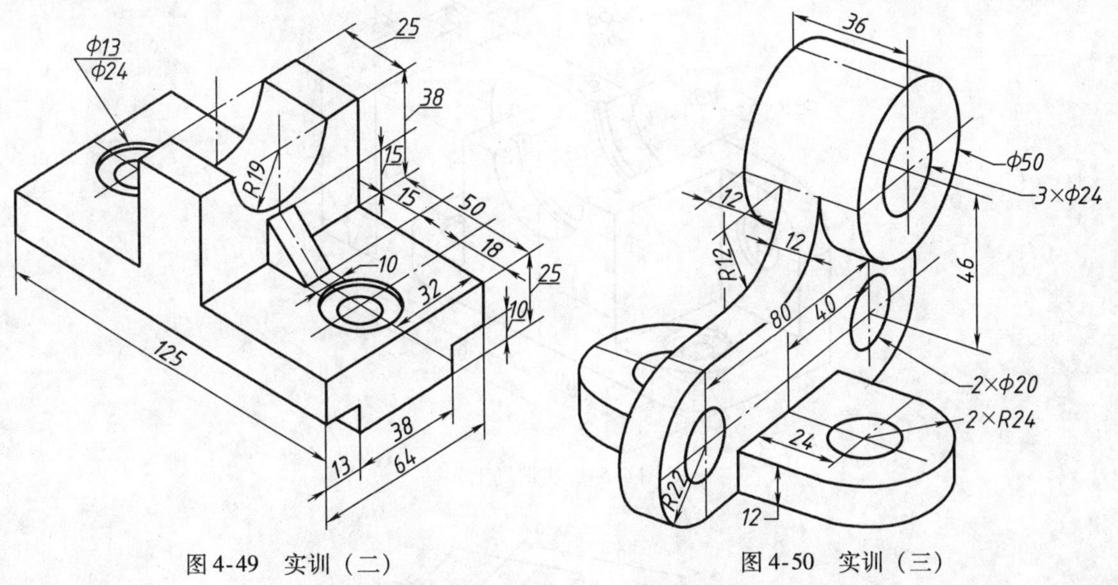

图 4-49　实训（二）

图 4-50　实训（三）

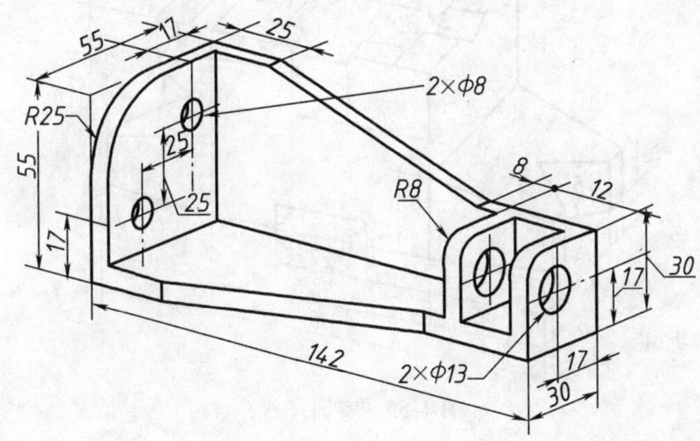

图 4-51　实训（四）

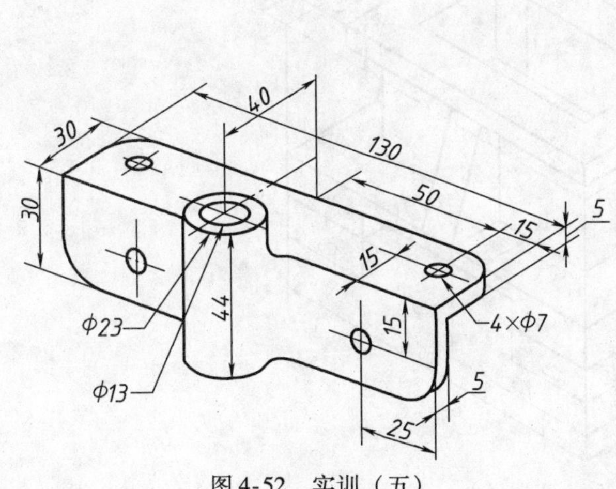

图 4-52　实训（五）

图 4-53　实训（六）

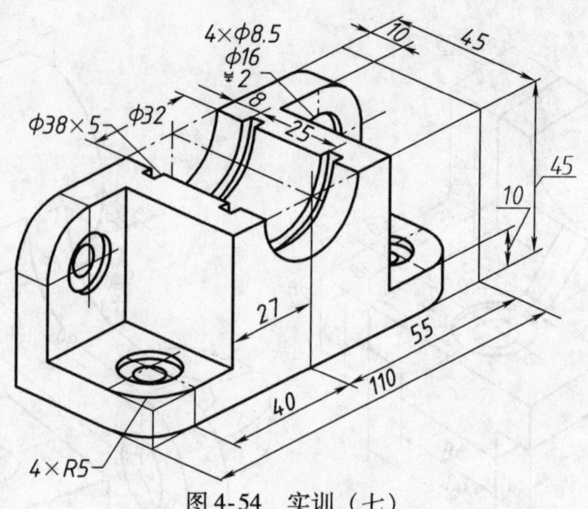

图4-54　实训（七）

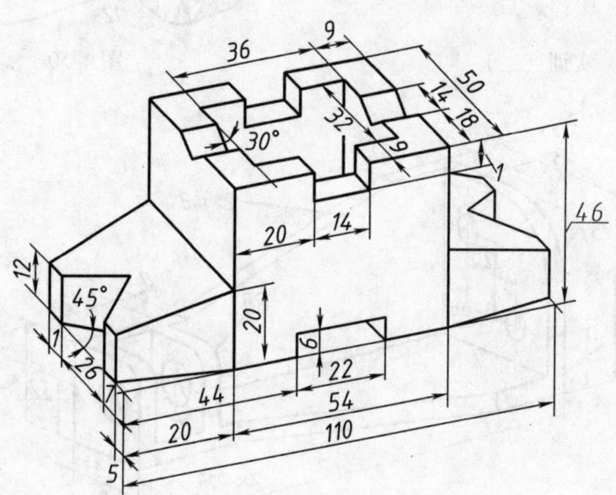

图4-55　实训（八）

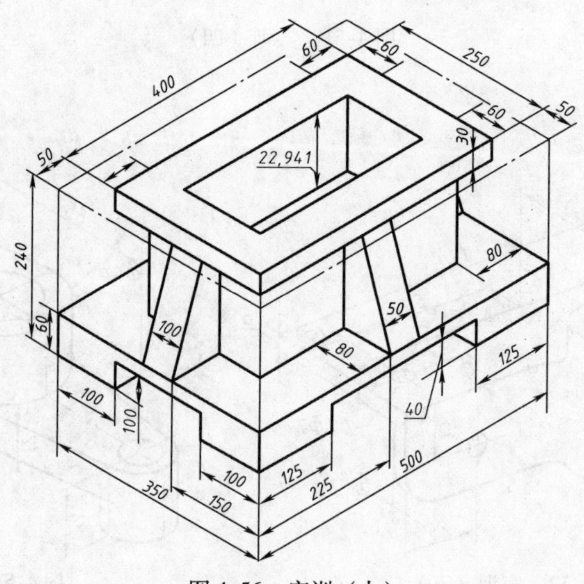

图4-56　实训（九）

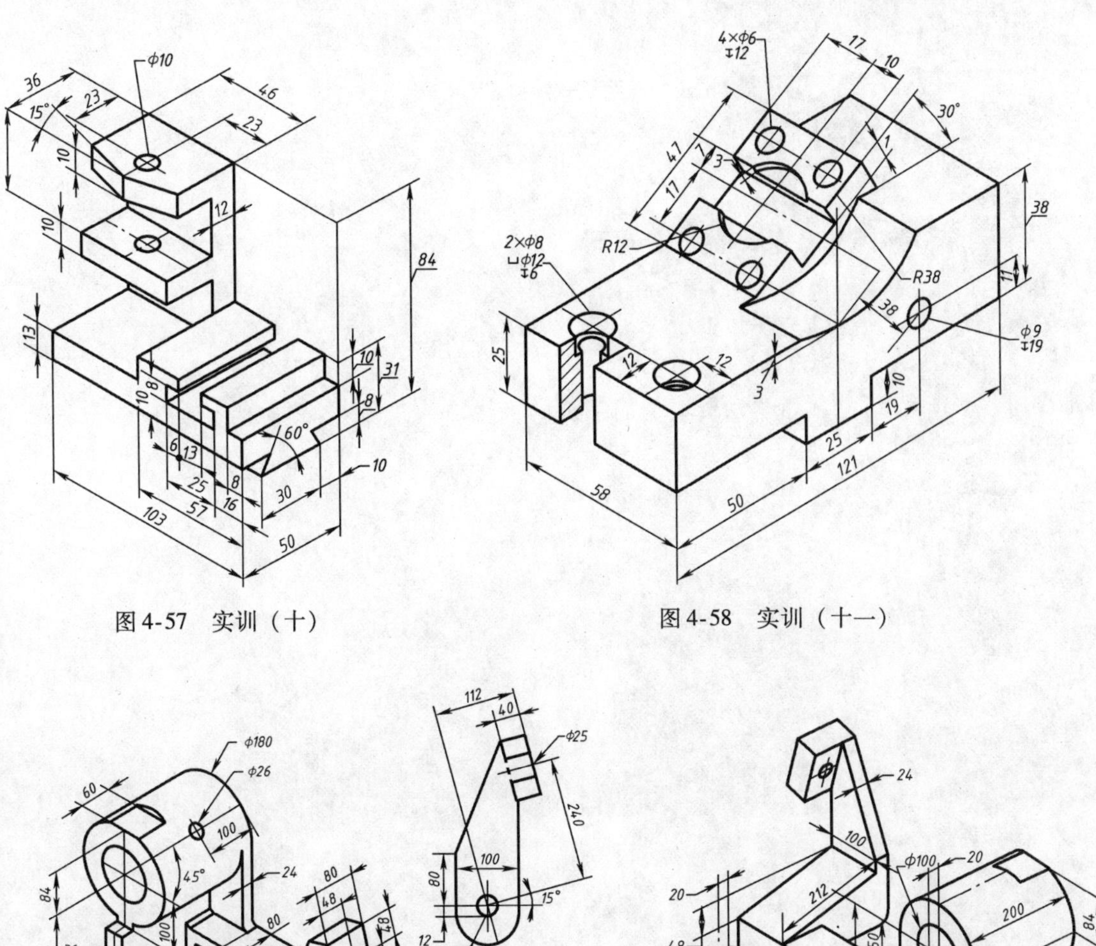

图 4-57　实训（十）

图 4-58　实训（十一）

图 4-59　实训（十二）

图 4-60　实训（十三）

第5章 尺寸与标注规范

教学目标

尺寸是工程图样不可缺少的组成部分。工程图样的视图用于描述表达对象的几何形状，而其大小则必须通过尺寸来确定。对于机件而言，尺寸是加工、生产的重要依据。本章首先介绍国家标准对尺寸标注所作的规定，然后，顺序讲解组合体、零件图、装配图的尺寸标注及注意事项。

教学要求

能力目标	知识要点	权　重	自测分数
掌握尺寸标注组成	尺寸标注基本规则	10%	
掌握组合体尺寸标注	组合体尺寸标注	20%	
掌握零件图尺寸标注	零件图尺寸标注	25%	
掌握装配图尺寸标注	装配图尺寸标注	25%	
掌握 CAD 尺寸标注时文字样式、尺寸样式、引线样式的设置	CAD 尺寸标注中的样式设置	20%	

5.1 尺寸标注基本规则

在工程图样中，图形只能表达机件的结构形状，若要表达它的大小，则必须在图形上标注尺寸。因此，图形及图形上的尺寸就成为加工制造机件的主要依据。尺寸标注要求做到：正确、完整、清晰、合理。

所谓正确，即所注尺寸应符合国家标准《机械制图》中有关尺寸注法的规定。

所谓完整，即所注尺寸必须能完全确定形体大小及相对位置。一般应包含定形尺寸、定位尺寸和总体尺寸三方面的内容。尺寸标注必须齐全，不重复。

所谓清晰，即所注尺寸要布置整齐、清楚，便于读图。

所谓合理，即所注尺寸既要保证设计要求，同时又能适合加工、检验、装配等生产工艺要求。

GB/T 4458.4—2003《机械制图　尺寸注法》和 GB/T 16675.2—2012《技术制图　简化表示法　第2部分：尺寸注法》对尺寸标注的基本方法作了规定，在绘制、阅读图样时必须严格遵守。

5.1.1 基本规则

1）机件的真实大小应以图样的上所注尺寸数值为依据，与图形的大小及绘图的准确度无关。

2）机件的每一尺寸，一般只标注一次，并应标注在反映该结构最清晰的图形上。

3）图样中的尺寸，以毫米（mm）为单位时，不需标注计量单位的代号或名称，如采用其他单位，则必须注明相应的计量单位的代号或名称。

4）图样中所标注的尺寸，为该图样所示机件的最后完工尺寸，否则应另加说明。

5.1.2 尺寸组成

一个完整的尺寸由尺寸界线、尺寸线和尺寸数字所组成。尺寸组成如图 5-1 所示。

1. 尺寸界线

尺寸界线表示所注尺寸的起始及终止位置，用细实线绘制，一般由图形的轮廓线、轴线或对称中心线处引出。也可利用轮廓线、轴线或对称中心线本身作为尺寸界线。尺寸界线超出尺寸线 2～3mm。尺寸界线一般应与尺寸线垂直，如图 5-2 所示，但必要时也允许倾斜。

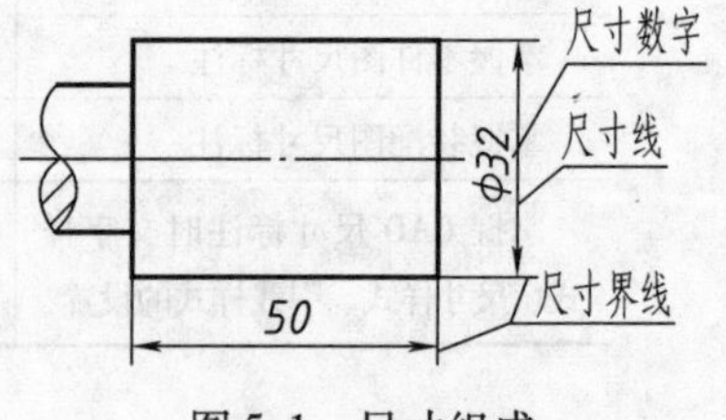

图 5-1　尺寸组成

2. 尺寸线

尺寸线用细实线绘制，不能用其他图线代替，一般不得与其他图线重合或画在其延长线上，并应尽量避免与其他尺寸线或尺寸界线相交。标注线性尺寸时，尺寸线必须与所标注的线段平行，相同方向的尺寸线之间的距离要均匀，间隔应为 5～7mm（图 5-3）。

尺寸线终端有两种形式：

1）箭头。箭头的形式如图 5-4 所示，适用于各种类型的工程图样。

2）斜线。斜线用细实线绘制，其方向以尺寸线为准，逆时针旋转 45°，如图 5-5 所示。

机械图样中一般采用箭头作为尺寸线的终端。

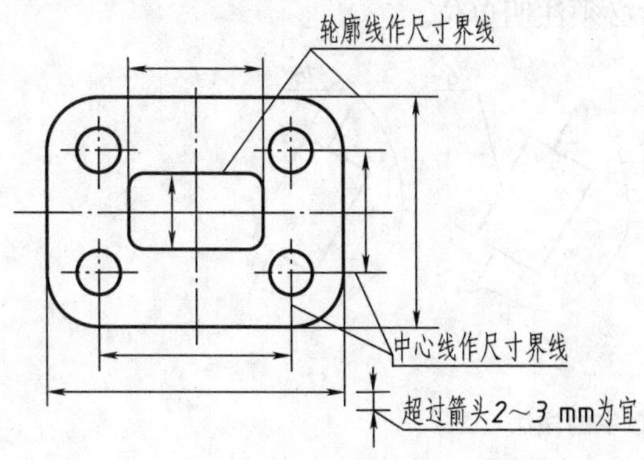

图 5-2　尺寸界线

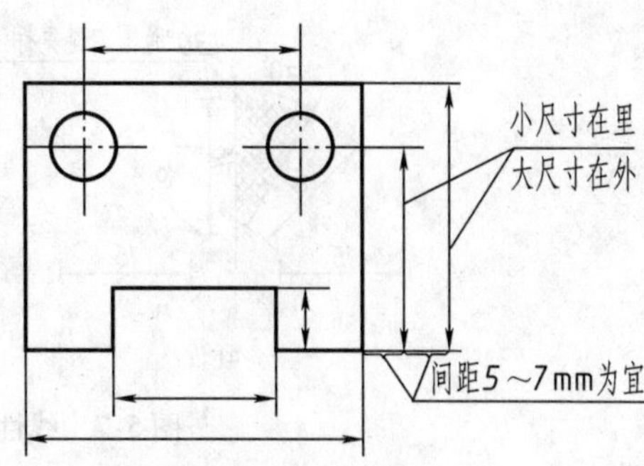

图 5-3　尺寸线

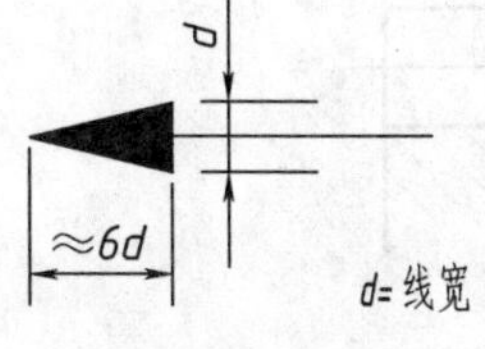

图 5-4　箭头画法

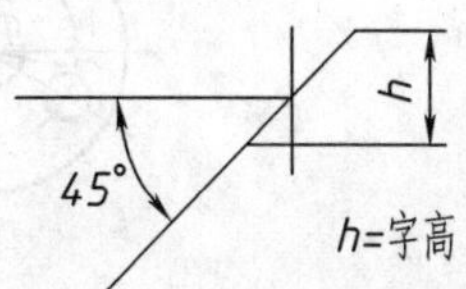

图 5-5　斜线画法

3. 尺寸数字

尺寸数字一般应标注在尺寸线的上方，也允许标注在尺寸线的中断处。对于非水平方向的尺寸，其尺寸数字也可水平注写在尺寸线的中断处，如图 5-6b 所示。但在同一图样中，标注形式要统一，一般采用图 5-6a 的形式标注。

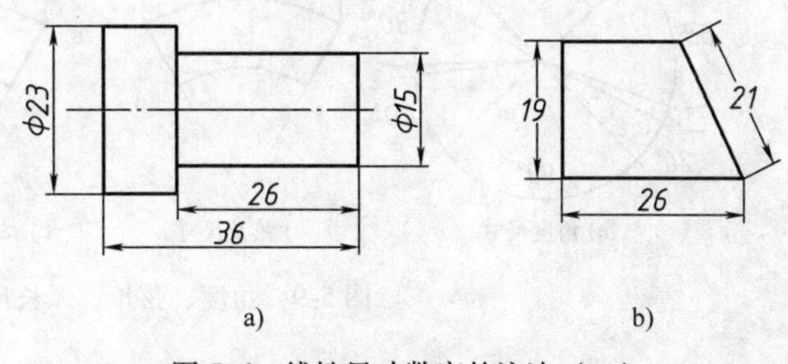

图 5-6　线性尺寸数字的注法（一）

尺寸数字按图 5-7a 所示的方向注写，并应尽量避免在 30° 范围内标注尺寸，否则，要按图 5-7b 所示的形式引出标注。

尺寸数字不可被任何图线通过，当无法避免时，要将尺寸数字处的图线断开，或引出标注，如图 5-8 所示。

5.1.3　尺寸标注示例

1. 线性尺寸的注法

标注线性尺寸时，尺寸界线、尺寸线及终端均应按照国家标准规定的画法绘制。线性尺寸数字一般写在尺寸线的上方或左侧，水平尺寸字头向上，竖直尺寸字头向左，倾斜尺寸数字随尺寸线倾斜，字头要有向上的趋势，如图 5-7a 所示。应尽可能避免在图示 30° 范围注写尺寸，实在无法避免时可按图 5-7b 的形式标注。

2. 角度、弦长及弧长尺寸的注法

标注角度尺寸时，尺寸界线应沿径向引出。尺寸线是以角度顶点为圆心的圆弧。角度数字一律沿水平方向注写，一般填写在尺寸线的中断处，必要时可以写在尺寸线的上方或外面，也可引出标注，如图5-9a所示。角度尺寸必须注明单位。

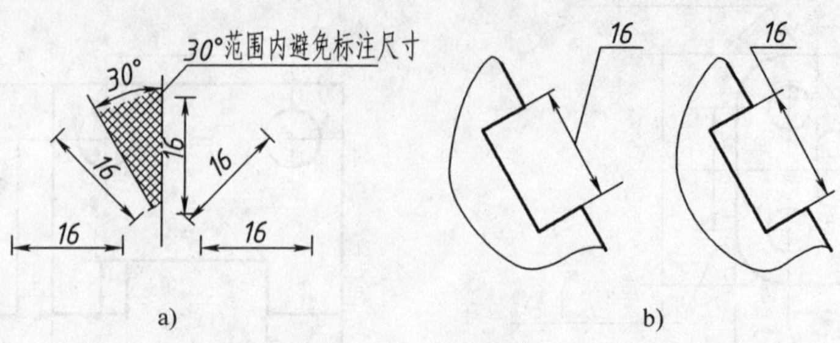

图5-7　线性尺寸数字的注法（二）

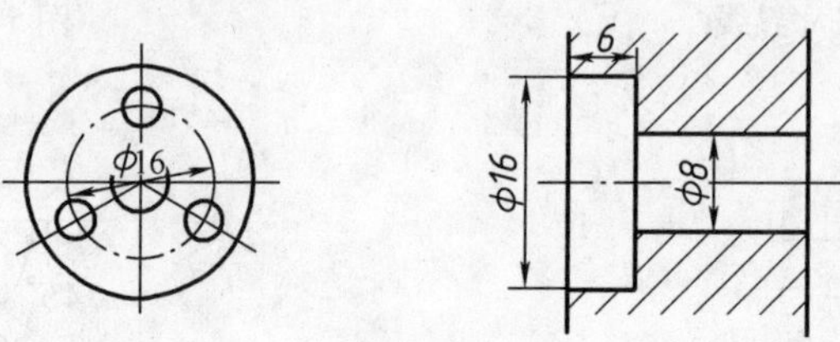

图5-8　尺寸数字的注法

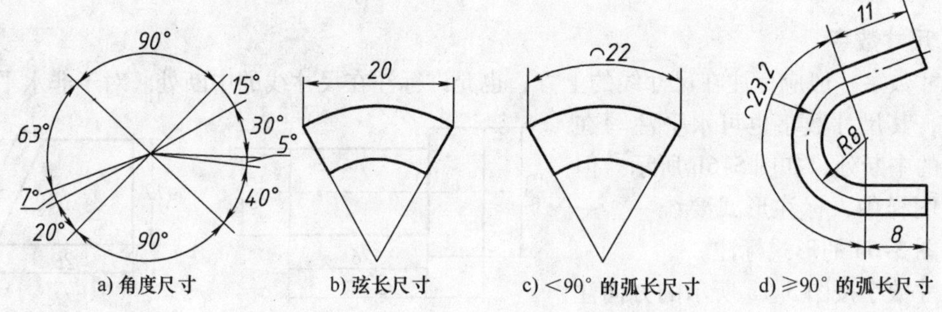

图5-9　角度、弦长、弧长尺寸的注法

弦长尺寸的尺寸界线平行于该弦的垂直平分线，尺寸线平行于该弦，尺寸数字写在尺寸线上方或左侧，如图5-9b所示。弦长尺寸的尺寸界线应平行于该弧所对圆心角的平分线，如图5-9c所示。但当弧度较大时，尺寸界线沿径向引出，如图5-9d所示，尺寸线是弧的同心圆弧，尺寸数字随尺寸线倾斜地注写在尺寸线的上方或左侧，且数字左方加注弧长符号“⌒”。

（1）圆、圆弧及球面尺寸的注法　标注直径尺寸时，应在尺寸数字前加注符号“ϕ”；标注半径尺寸时，应在尺寸数字前加注符号“R”。半径尺寸必须标注在投影为圆弧的图样上，且要求尺寸线必须通过圆心，如图5-10所示。

标注球面的直径或半径时，应在符号“ϕ”或“R”前加注符号“S”，如图5-11所示。

（2）小尺寸的注法　对于小尺寸，在没有足够的位置画箭头或注写数字时，箭头可画在外面，或用小圆点代替两个箭头，尺寸数字可采用旁注或引出标注，如图5-12所示。

（3）正方形结构的尺寸注法　标注正方形结构的尺寸时，可在正方形边长尺寸数字前

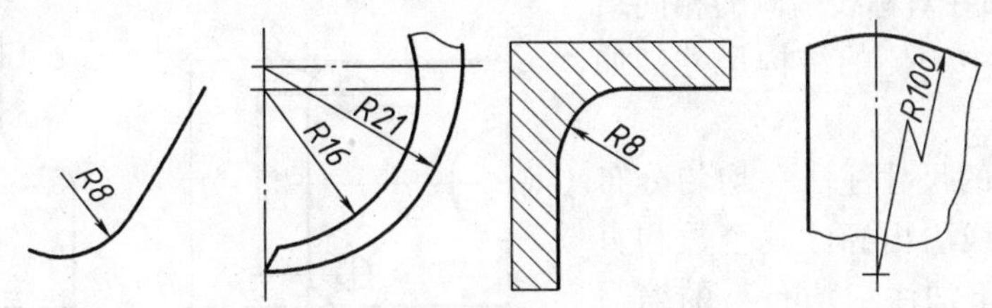

图 5-10　圆、圆弧尺寸的注法

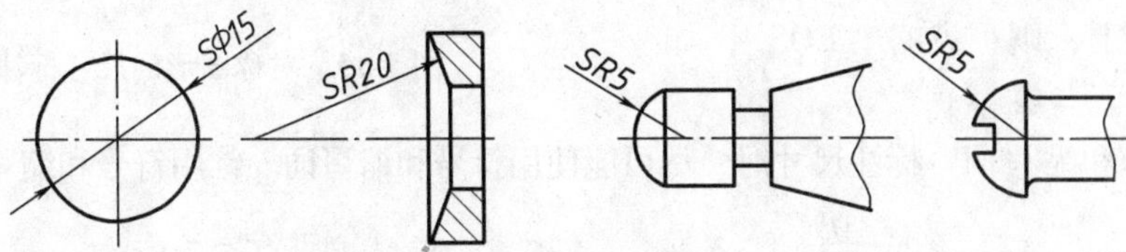

图 5-11　球面尺寸的注法

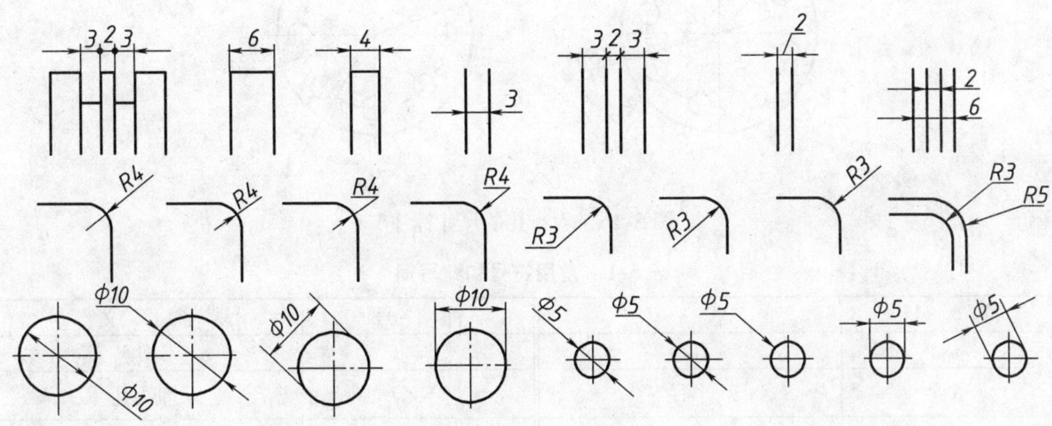

图 5-12　小尺寸的注法

加注符号“□”，如图 5-13a 所示；或用“$B \times B$”（B 为正方形的边长）注出，如图 5-13b 所示。

（4）厚度符号的标注　标注板状零件的厚度时，可在尺寸数字前加注符号“t”，如图 5-14所示。

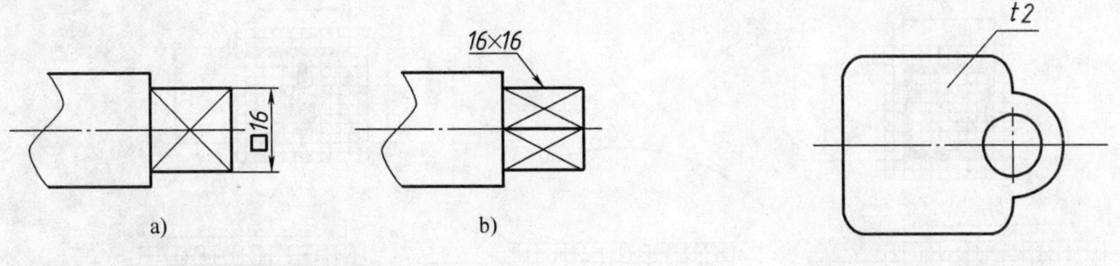

图 5-13　正方形结构的尺寸注法

图 5-14　厚度符号的标注

（5）对称图形的尺寸注法　对称结构在对称方向上的尺寸要对称标注。当图 5-15a 中的 78、90 两尺寸线的一端无法注全时，它们的尺寸线要超过对称线一段。图中 $4 \times \phi6$ 表示

四个 ϕ6 孔。分布在对称线两侧的相同结构，可仅标注其中一侧的结构尺寸，如图 5-15b 所示。

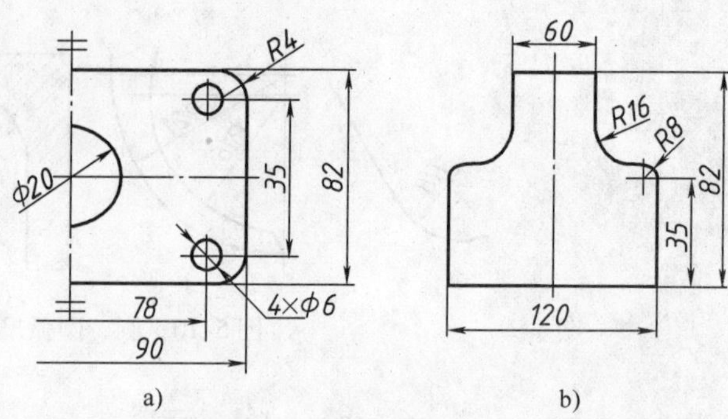

a)　　　b)

图 5-15　对称图形的尺寸标注

（6）均布孔的尺寸注法　均匀分布的孔，可用指引线引出标注其个数和直径，并在基准线下加注“均布”的缩写词“EQS”，如图 5-16a 所示；如果均匀分布的孔中，有些孔的圆心位于分布圆的对称中心线上，则可省略“EQS”，如图 5-16b 所示。

（7）符号和缩写词　标注尺寸时，尽可能使用符号和缩写词。常用符号和缩写词见表 5-1。

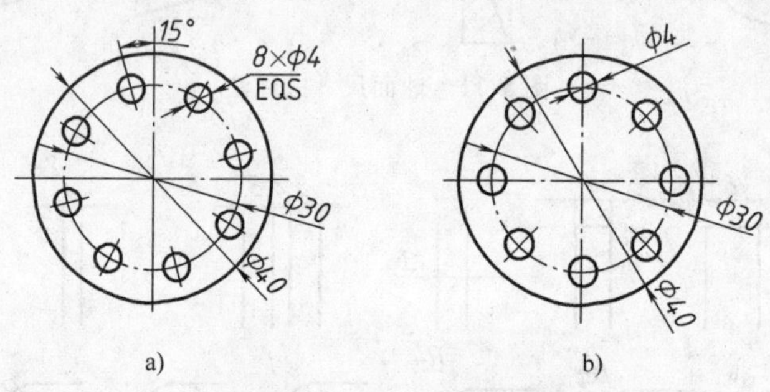

a)　　　b)

图 5-16　均布孔的尺寸标注

表 5-1　常用符号和缩写词

符　号	含　义	符　号	含　义
ϕ	直径	t	厚度
R	半径	∨	埋头孔
S	球	⌴	沉孔或锪平
EQS	均布	↧	深度
C	45°倒角	□	正方形
∠	斜度	▷	锥度

符号画法

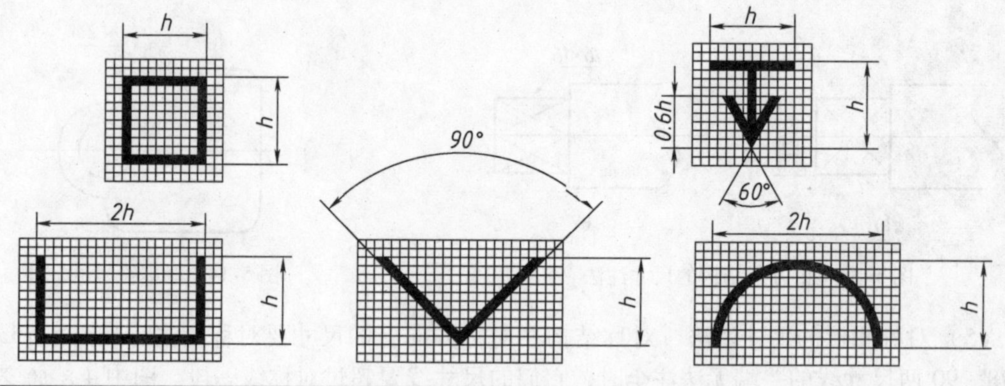

5.2　组合体尺寸标注

5.2.1　基本立体及常见形体的尺寸注法

组合体是由基本立体组成的，要掌握组合体的尺寸标注，必须先掌握一些基本立体的尺寸标注。

1. 基本立体尺寸注法

棱柱、棱锥、棱台、圆柱、圆台、环、球等常见基本立体的尺寸注法如图 5-17 所示。平面立体一般要标注长、宽、高三个方向的尺寸；回转体一般要标注径向和轴向两个方向的尺寸，例如圆柱、圆锥，在其投影为圆的视图上注出直径尺寸“ϕ”后，可以省略一个视图。

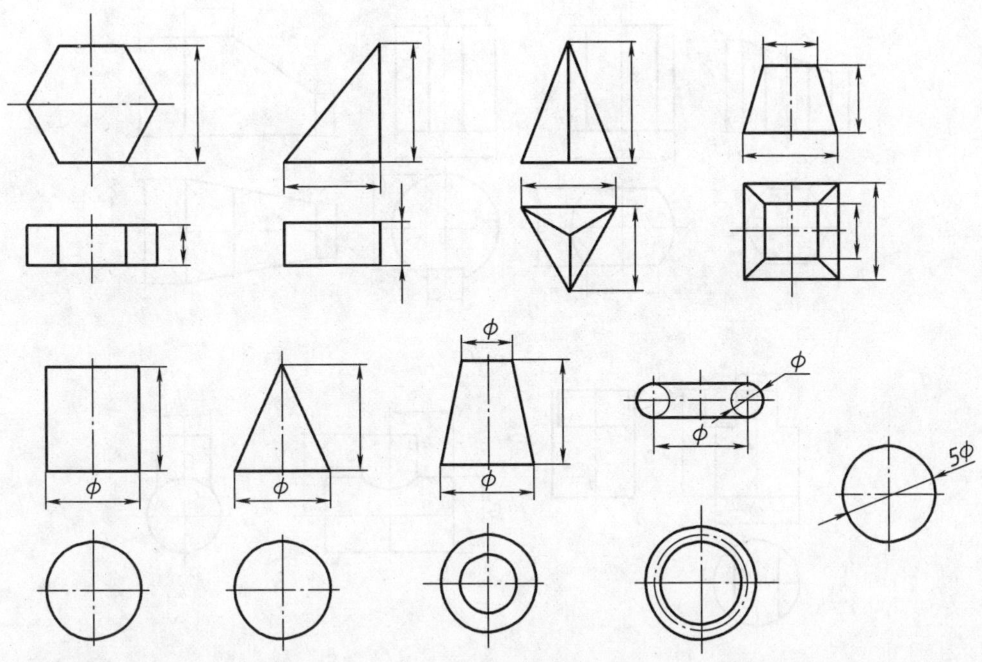

图 5-17　常见基本立体的尺寸注法

2. 常见底板、法兰的尺寸注法

图 5-18 列举了几种最常见的底板、法兰类结构件（这里仅画出这类结构件一个方向的视图，其厚度方向的视图省略）的尺寸注法。熟悉这些结构投影图形的尺寸标注，有利于掌握组合体的尺寸注法。这些结构一般均由两个以上基本体组成，在标注尺寸时就要考虑尺寸基准问题。尺寸基准，即标注尺寸的起点，通常选择组合体的底面、重要端面、对称平面以及回转体的轴线等作为尺寸基准。在图 5-18 中，这些结构件的平面图形都是对称的，因此可以对称线作为尺寸基准来确定基本立体的相对位置。

3. 截交立体和相贯立体的尺寸标注

标注基本立体被截切后的尺寸和两基本立体相贯后的尺寸时要特别注意：截交线和相贯

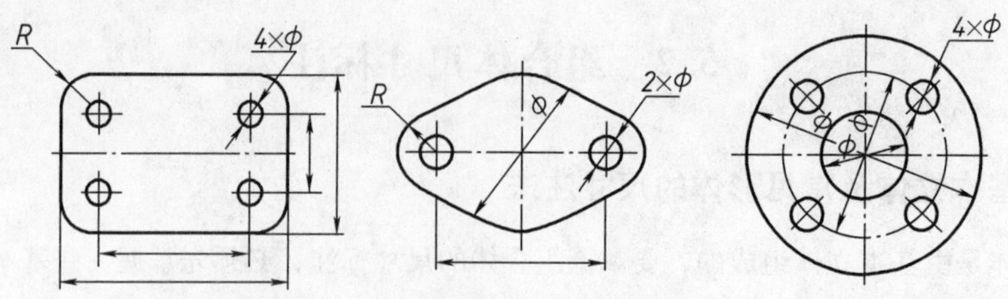

图 5-18　常见底板、法兰的尺寸注法

线由相交表面间自由形成，其形状和大小取决于立体本身的形状大小及两立体之间的相对位置，因此，正确的注法如图 5-19 所示，对于切割体，先注出基本立体的定形尺寸，再注出截平面的定位尺寸；对于相贯的两回转体，先注出基本立体的定形尺寸，再以其轴线为基准标注两立体的相对位置尺寸。而直接在截交线、相贯线上标注尺寸是错误的。

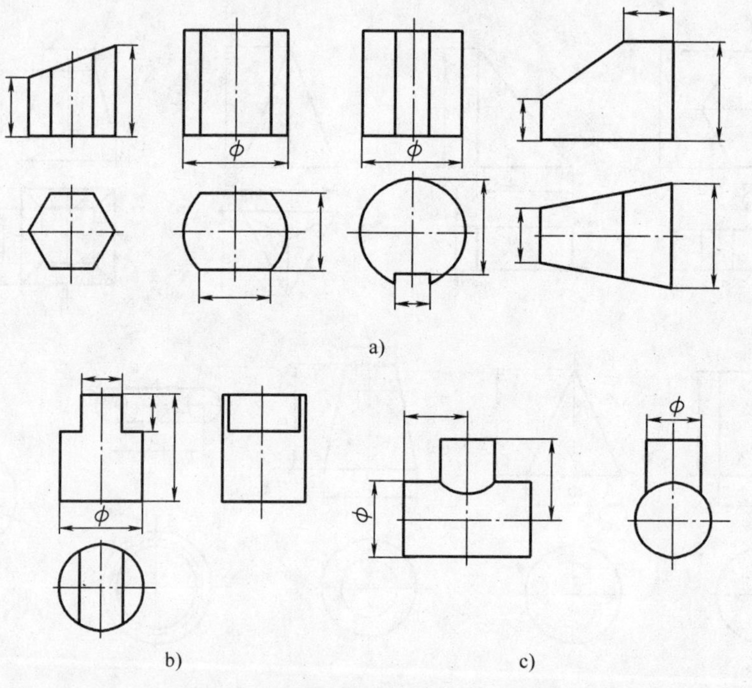

图 5-19　截交体、相贯体的尺寸注法

5.2.2　组合体尺寸注法的基本要求

1. 标注尺寸要完整

要求标注出确定组合体中每个组成部分形状大小的定形尺寸和确定各组成部分之间相对位置的定位尺寸。这些尺寸应不重复、不遗漏。当某一尺寸已经标出，则在其他视图中不应再重复标注。形体分析法是保证组合体尺寸标注完整的基本方法。

组合体的尺寸可以根据其作用分为三类：定形尺寸、定位尺寸和总体尺寸。

1）定形尺寸——用于确定各基本立体的形状大小。

由于组合体中各部分一般为基本立体，因此掌握基本立体定形尺寸的标注是标注定形尺寸的基础。图 5-19a 中列出了常见基本立体的定形尺寸标注方法。

2）定位尺寸——用于确定各基本立体之间的相互位置。

标注定位尺寸时，必须在长、宽、高三个方向分别选出尺寸基准，每个方向至少有一个主要尺寸基准，有时还要选择一、二个辅助基准，以便确定各基本立体在各方向上的相对位置。图 5-20 中标出了组合体三个方向上的主要尺寸基准。

3）总体尺寸——用于确定组合体的总长、总宽和总高。

标注组合体尺寸时，如果某一形体的某一尺寸已经反映了组合体的总体尺寸（如图 5-20 中底板的长度和宽度就是该组合体的总长和总宽），就不必另外标注。如果标注完组合体的定形尺寸和定位尺寸后总体尺寸已隐含确定，就不必再另外标注总体尺寸，因此时若再加注总体尺寸，就会出现多余尺寸（形成封闭尺寸链）。

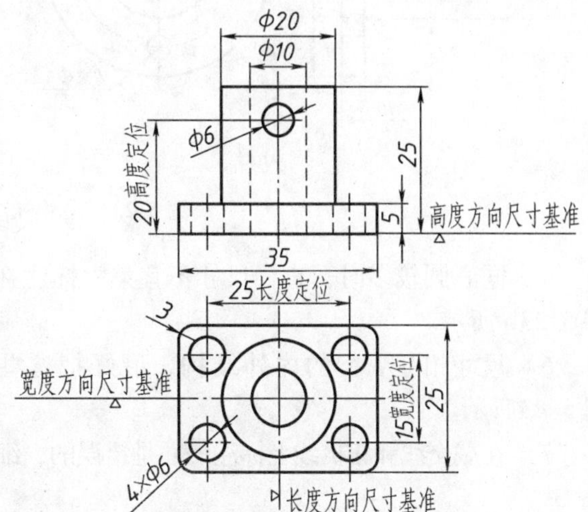

图 5-20　定位尺寸和尺寸基准

2. 标注尺寸要清晰

要求所标注的尺寸排列适当、整齐、清楚，便于读图。必须注意尺寸线、尺寸界线和尺寸数字在图上的排列和布置。

1）尺寸尽可能标注在表示形体特征最明显的视图上。如图 5-21 中凹槽的尺寸 8 注在主视图上比注在俯视图上好。

2）同一形体的尺寸应尽量集中标注。如图 5-21 中凹槽的尺寸 8 及 9 集中标注在主视图上，便于看图时查找。

3）半径尺寸要注在投影为圆弧的视图上，如图 5-22 所示。

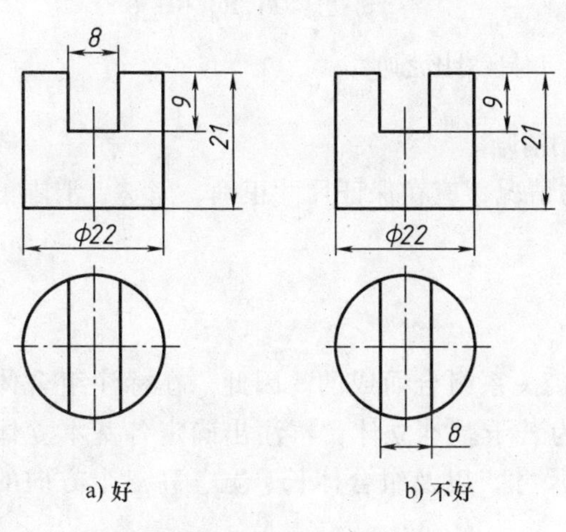

图 5-21　尺寸标注对比之一

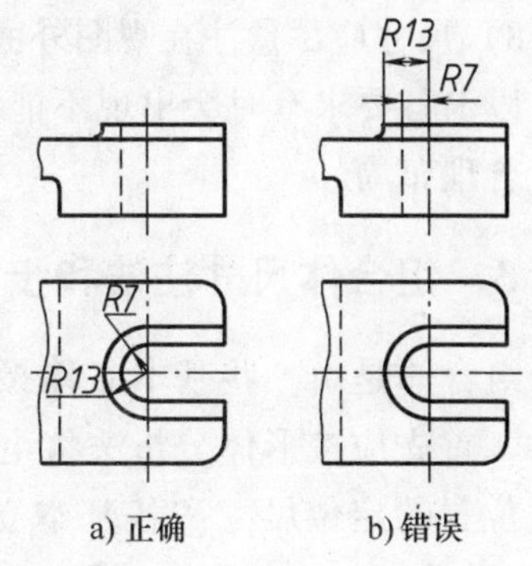

图 5-22　尺寸标注对比之二

4）尺寸平行排列时，应使小尺寸在内（靠近视图），大尺寸在外，如图 5-23a 所示。

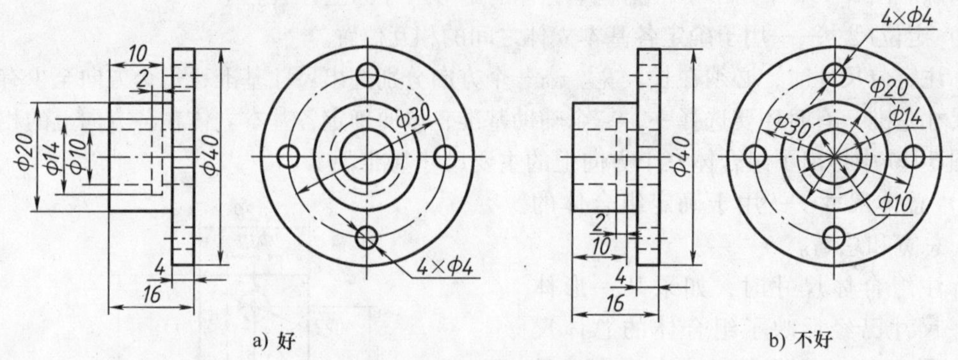

a) 好　　b) 不好

图 5-23　尺寸标注对比之三

5）同心圆较多时，直径尺寸不宜集中标注在反映圆的视图上，避免注成辐射形式，如图 5-23b 所示。

6）尺寸相互平行的内外结构，最好把这些尺寸按内外结构之别分开加以标注，如图 5-23所示。

7）在截交线和相贯线上标注尺寸是错误的，细虚线处尽量不要标注尺寸，如图 5-24 所示。

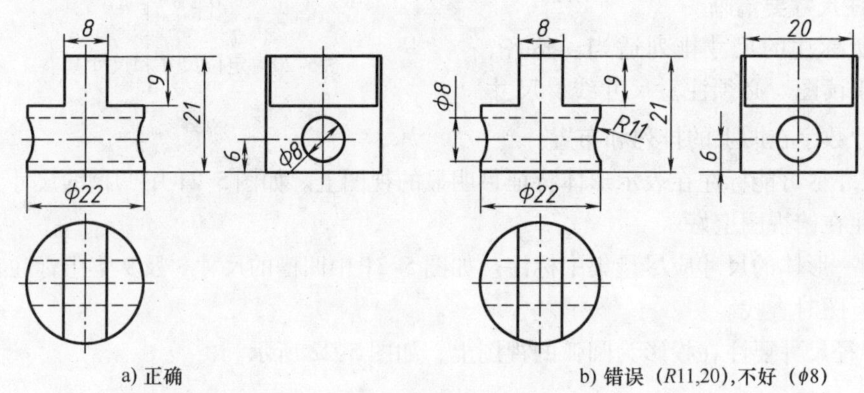

a) 正确　　b) 错误（R11,20），不好（φ8）

图 5-24　尺寸标注对比之四

8）尺寸应尽量注在视图外面，保持视图清晰。

以上各要求有时会出现不能完全兼顾的情况，应在保证尺寸正确、完整、清晰的前提下，合理布局。

5.2.3　组合体尺寸注法和步骤

组合体是由一些基本立体按一定的连接关系组合而成的。因此，在标注组合体的尺寸时，首先应按形体分析法将组合体分解为若干基本立体，再注出确定各基本立体之间相对位置的定位尺寸和各基本立体的定形尺寸，以及组合体长、宽、高三个方向的总体尺寸。

标注定位尺寸时，必须在长、宽、高三个方向分别选定尺寸基准，作为标注尺寸的出发点，以便确定各部分的相对位置。通常选择组合体的对称平面、底面、端面或轴线等作为尺寸基准。当各基本立体的相互位置对称时，可以省略一些定位尺寸。

下面以图 5-25 所示的轴承座为例，说明标注组合体尺寸的方法与步骤。

按照形体分析法，轴承座可以看作是由底板、大圆筒、小圆筒、支承板和肋板五个基本部分组成的，如图 5-25 所示。其尺寸标注见表 5-2。

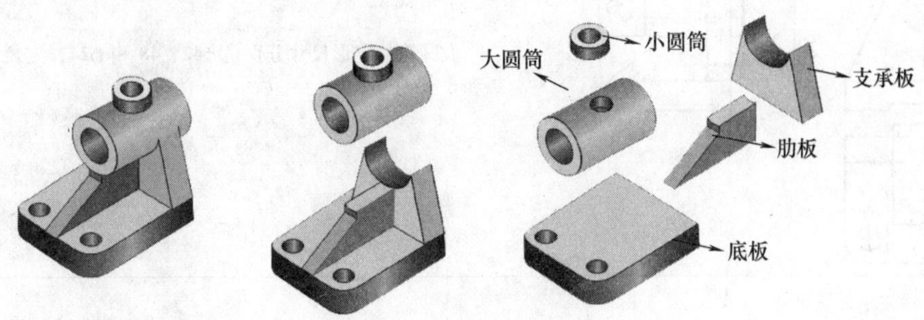

图 5-25　轴承座的组成

表 5-2　尺寸标注步骤

第一步：确定尺寸基准 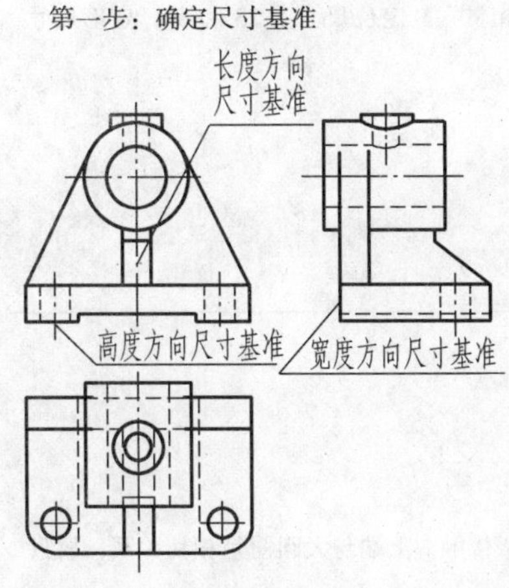	由轴承座的结构特点可知，底板的下底面是轴承座的安装面，故下底面可作为高度方向的尺寸基准：轴承座是左右对称的，对称平面可作为长度方向的尺寸基准；底板和支撑板的后端面可作为宽度方向的尺寸基准
第二步：标注底板尺寸 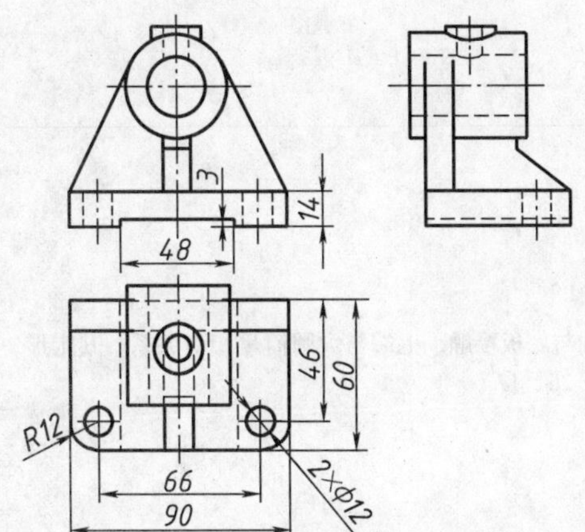	由轴承座的底板结构可知，底板的定形尺寸分别是长度 90、宽度 60 和高度 14。底板上两孔的定位尺寸为 66 和 46，定形尺寸是 ϕ12。底面下凹槽尺寸为 48 和 3。倒圆角为 R12

（续）

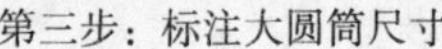

第三步：标注大圆筒尺寸

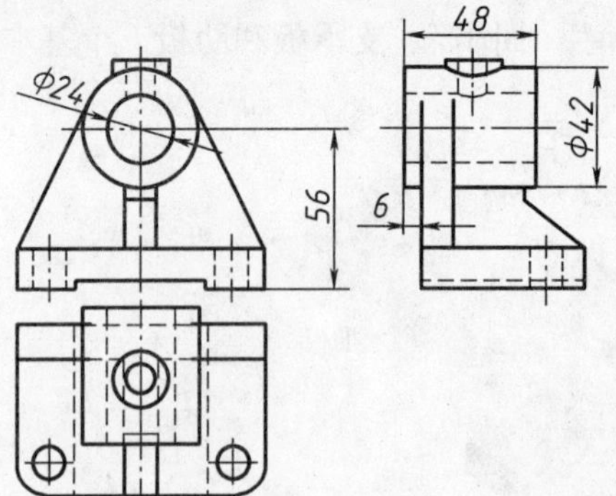

大圆筒的定形尺寸分别是 ϕ42、48 和 ϕ24，定位尺寸是 56 和 6

第四步：标注小圆筒尺寸

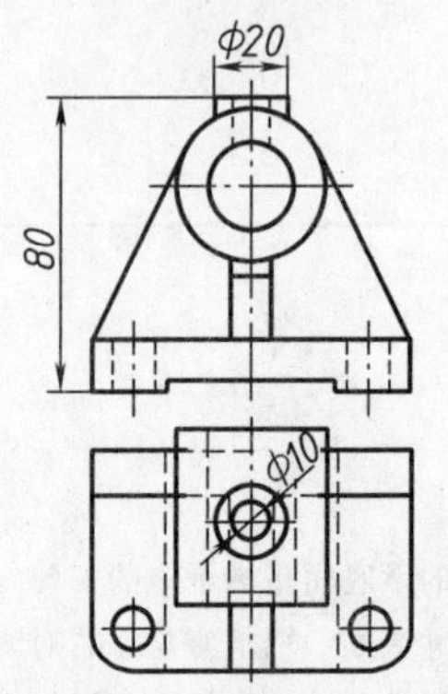

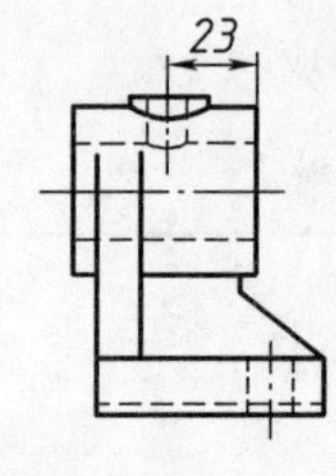

小圆筒与大圆筒相贯，其定位尺寸为 23 和 80，定形尺寸为 ϕ20 和 ϕ10

第五步：标注支承板尺寸

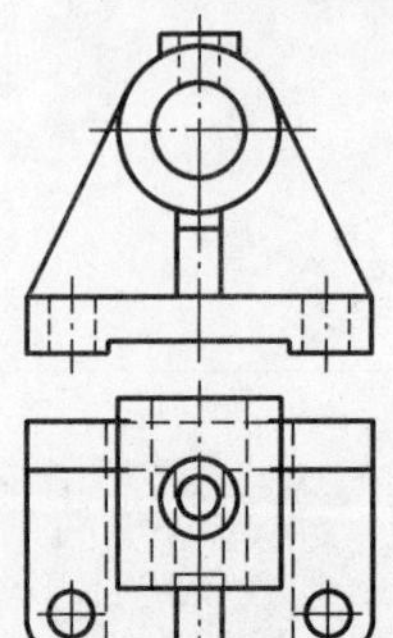

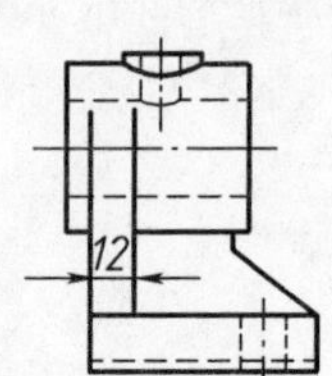

支承板下端与底板接触，上端与大圆筒呈相切关系，故只有定形尺寸 12

第六步：标注肋板尺寸

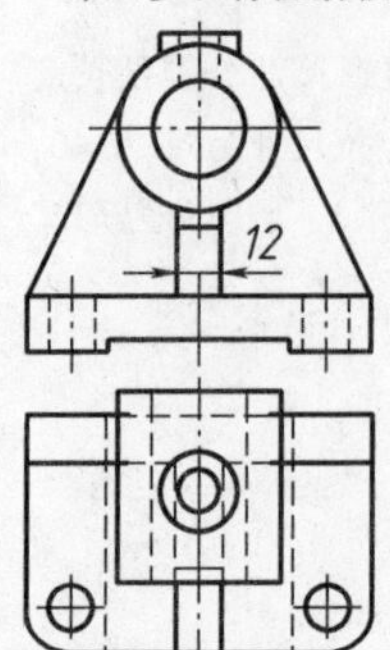

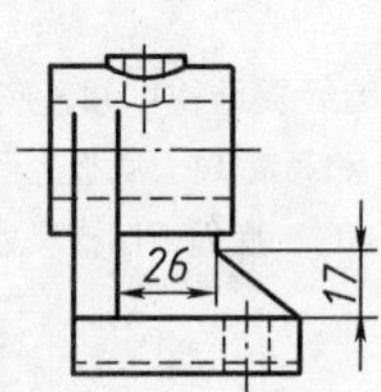

肋板下端与底板接触，上端与大圆筒呈相切关系，其定形尺寸为 12、26、17

（续）

第七步：尺寸整理

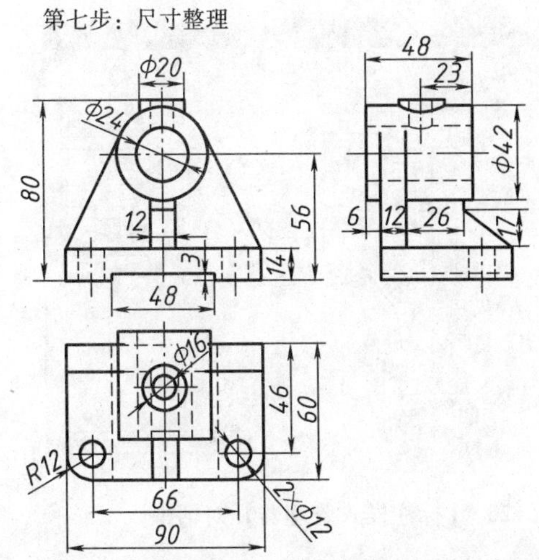

根据形体分析标注完所有尺寸后，在标注总体尺寸时要对尺寸进行适当的整理。底板长度尺寸 90 反映组合体的总长，底板宽度尺寸 60 和大圆筒定位尺寸 6 反映组合体总宽，小圆筒高度尺寸 80 反映组合体的总高

尺寸标注注意事项：

1）尺寸尽可能标注在表示形体特征最明显的视图上，如底板的高度 14 标注在主视图上比标注在左视图上要好；定位尺寸 6 标注在左视图上比标注在俯视图上要好；底板上两圆孔的定位尺寸 66、46 标注在俯视图上则比较明显

2）同一形体的尺寸应尽量集中标注。如底板上两圆孔 2×ϕ12 和定位尺寸 66、46 就集中注在俯视图上，这样便于看图时查找

3）直径尺寸尽量注在投影为非圆的视图上，如圆筒的外径 ϕ42 就注在左视图上。而圆弧的半径应注在投影为圆的视图上，如底板上的圆角半径 *R*12

4）尺寸尽量不注在虚线上，如圆筒的孔径 ϕ24 注在主视图上是为了避免在虚线上标注尺寸

5）尺寸线、尺寸界线与轮廓线尽量不相交，平行排列的尺寸应使较小尺寸注在里面（靠近视图），大尺寸注在外面

6）尺寸应尽量注在视图外部，保持图形清晰

5.3　CAD 尺寸标注中的样式设置

标注样式用来控制标注的外观，如箭头样式、文字设置、文字高度和尺寸公差等，是标注设置的命名集合。AutoCAD 中用户可以创建标注样式，用来快速指定标注的格式，并确保标注符合行业或项目标准。

创建标注样式时，将使用当前状态的标注样式的设置。如果用户修改式中的设置，则图形文件中所有标注将自动使用更新后的标注样式，用户还可以创建与当前标注样式不同的指定标注类型的标注子样式。

5.3.1　尺寸标注的规定

在机械图样上进行尺寸标注时，应遵循如下规定：

1）符合国家标准的有关规定，标注制造零件所需要的全部尺寸，不重复、不遗漏，尺寸排列整齐，并符合设计和工艺的要求。尺寸标注的基本规则见 5.1.1 节。

2）标注文字中的字体和字号要按照国家标准的规定书写，详见 3.1.3 节。

5.3.2　创建尺寸标注样式

用于定义、管理标注样式的命令为“DIMSTYLE”，利用“样式”工具栏中的 （标注

样式）按钮、“标注”工具栏中的（标注样式）按钮或选择【标注】|【标注样式】选项，均可启动该命令。执行“DIMSTYLE”命令，AutoCAD将打开【标注样式管理器】对话框，如图5-26所示。

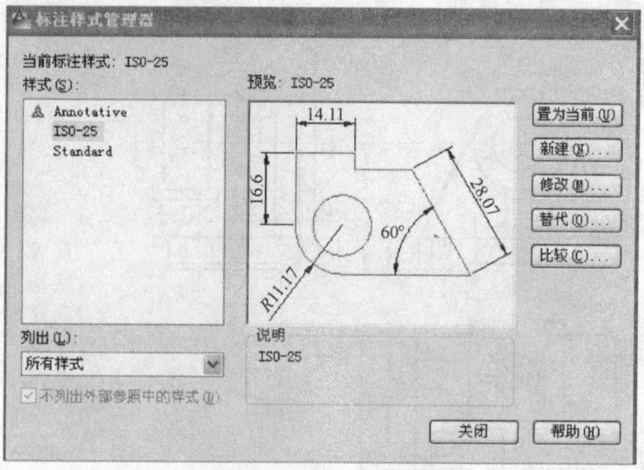

图5-26 【标注样式管理器】对话框

下面介绍该对话框中各主要选项的功能。

（1）【当前标注样式】标签　用于显示当前标注样式的名称。在图5-26中显示当前标注样式为“ISO-25”，该样式是AutoCAD提供的默认标注样式。

（2）【样式】列表框　用于列出已有标注样式的名称。

（3）【列出】下拉列表框　用于确定要在【样式】列表框中列出的标注样式类型。可通过下拉列表在【所有样式】和【正在使用的样式】二者之间进行选择。

（4）【预览】图片框　用于预览在【样式】列表框中所选中标注样式的标注效果。

（5）【说明】标签框　用于显示在【样式】列表框中所选定标注样式的说明。

（6）【置为当前】按钮　将指定的标注样式置为当前样式。具体操作方法：在【样式】列表框中选择标注样式，然后单击【置为当前】按钮。当需要使用某一样式标注尺寸时，应首先将此样式设为当前样式。此外，利用【样式】工具栏中的【标注样式控制】下拉列表框，可以方便地将某一样式设置为当前样式。

（7）【新建】按钮　用于创建新标注样式。单击【新建】按钮，打开图5-27所示的【创建新标注样式】对话框。

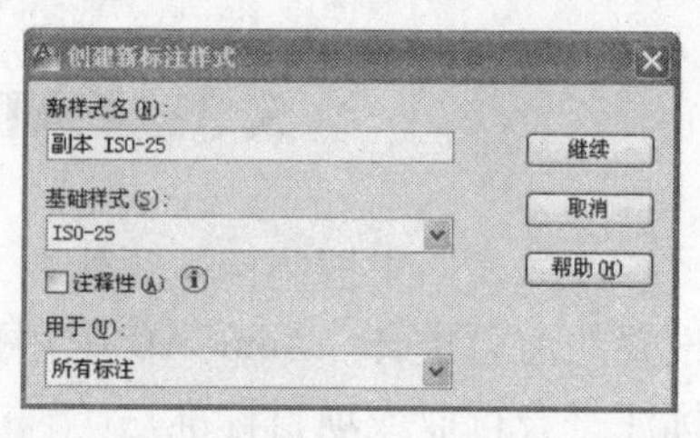

图5-27 【创建新标注样式】对话框

用户可以通过该对话框中的【新样式名】文本框指定新样式的名称；通过【基础样式】下拉列表选择用于创建新样式的基础样式；通过【用于】下拉列表，可以选择新建标注样式的适用范围。【用于】下拉列表中包含【所有标注】、【线性标注】、【角度标注】、【半径标注】、【直径标注】、【坐标标注】和【引线和公差】等选项，分别用于使新样式适合对应的标注。确定了新样式的名称并进行相关设置后，单击【继续】按钮，打开【新建标注样式】对话框，如图5-28所示。

对话框中包含【线】、【符号和箭头】、【文字】、【调整】、【主单位】、【换算单位】和【公差】七个选项卡，后面将详细介绍各选项卡的功能。

（8）【修改】按钮　用于修改已有标注样式。从【样式】列表框中选择要修改的标注样式，单击【修改】按钮，打开图5-29所示的【修改标注样式】对话框。此对话框与【新建标注样式】对话框相似，同样由七个选项卡组成。

（9）【替代】按钮　用于设置当前样式的替代样式。单击【替代】按钮，打开【替代当前样式】对话框，通过该对话框可以进行相应的设置。

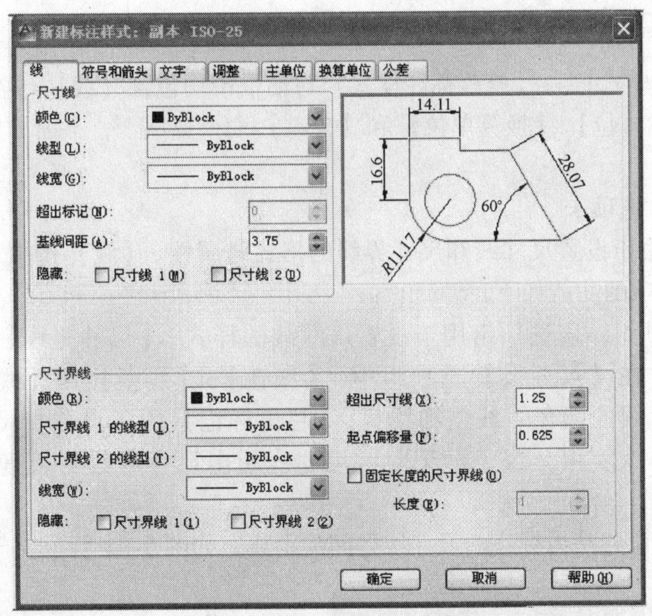

图 5-28 【新建标注样式】对话框

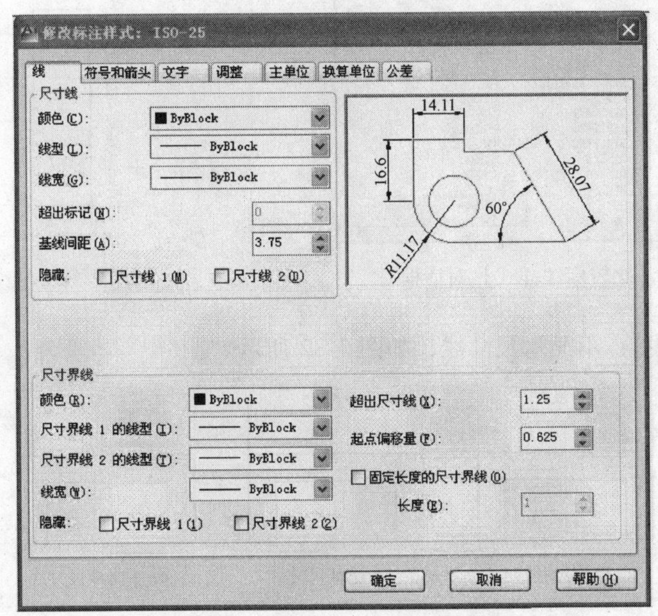

图 5-29 【修改标注样式】对话框

（10）【比较】按钮　用于比较两个标注样式，或了解某一样式的全部特性。该功能便于用户快速比较不同标注样式在标注设置上的区别。单击【比较】按钮，AutoCAD 打开【比较标注样式】对话框，如图 5-30 所示。在该对话框中，如果在【比较】和【与】两个下拉列表框中指定了不同的样式，AutoCAD 会在大列表框中显示这两种样式之间的区别。如果选择的样式相同，则在大列表框中显示该样式的全部特性。

5.3.3 设置尺寸标注样式

在【新建标注样式】和【修改标注样式】对话框中均包含【线】、【符号和箭头】、【文字】、【调整】、【主单位】、【换算单位】和【公差】七个选项卡，下面分别介绍各选项卡的作用。

1. 设置【线】选项卡

【线】选项卡用于设置尺寸线和尺寸界线的格式与属性。【线】选项卡如图 5-29 所示。该选项卡中主要选项的功能如下。

【尺寸线】选项组：该选项组用于设置尺寸线的样式，【尺寸界线】选项组用于设置尺寸界线的样式。在【尺寸线】选项组中，【颜色】、【线型】和【线宽】下拉列表框分别用于设置尺寸线的颜色、线型和线宽；【超出标记】用于设置当尺寸的箭头采用斜线、建筑标记、小点、积分或无标记时，尺寸线超出尺寸界线的长度。其余主要选项的含义如下。

【基线间距】：设置基线标注的尺寸线之间的距离，如图 5-31 所示。

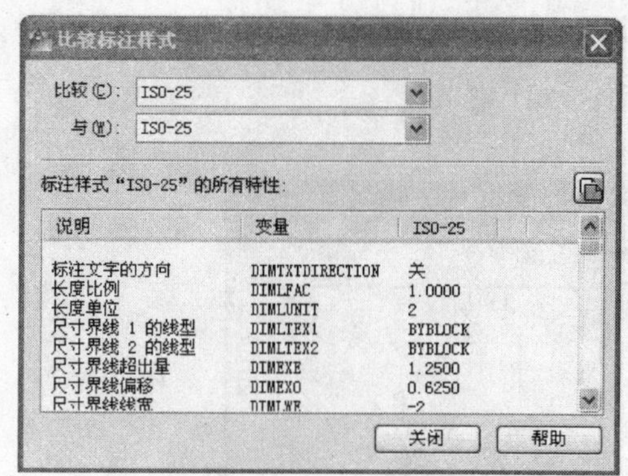

图 5-30 【比较标注样式】对话框

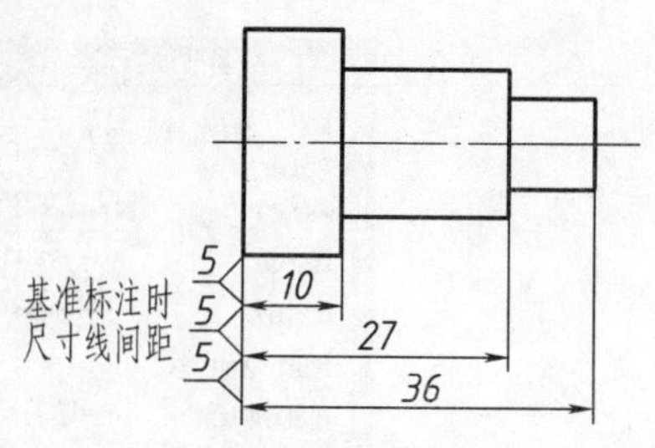

图 5-31 基线间距

【隐藏：尺寸线】：不显示尺寸线，如图 5-32 所示。

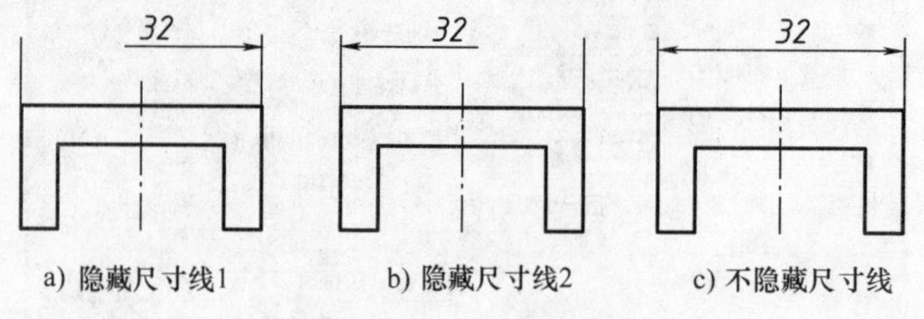

a) 隐藏尺寸线1　b) 隐藏尺寸线2　c) 不隐藏尺寸线

图 5-32 隐藏尺寸线

【超出尺寸线】：指定尺寸界线超出尺寸线的距离，如图 5-33 所示。超出尺寸线 3 ~ 5mm。

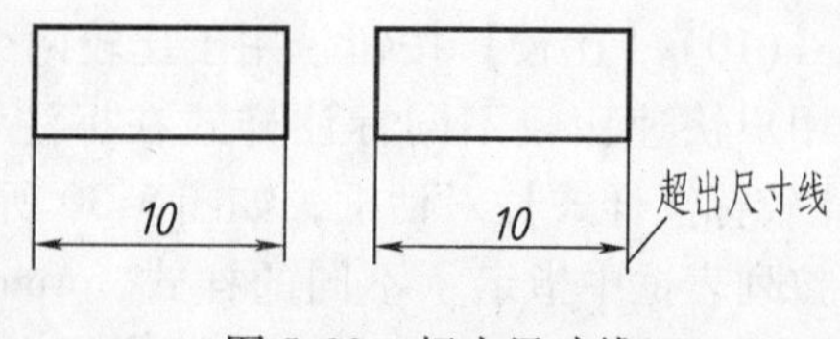

图 5-33 超出尺寸线

【起点偏移量】：设置图形中定义标注的点到延伸线的偏移距离，如图 5-34 所示。起点偏移量为 0。

【隐藏：尺寸界线】：不显示尺寸界线，如

图 5-35 所示。

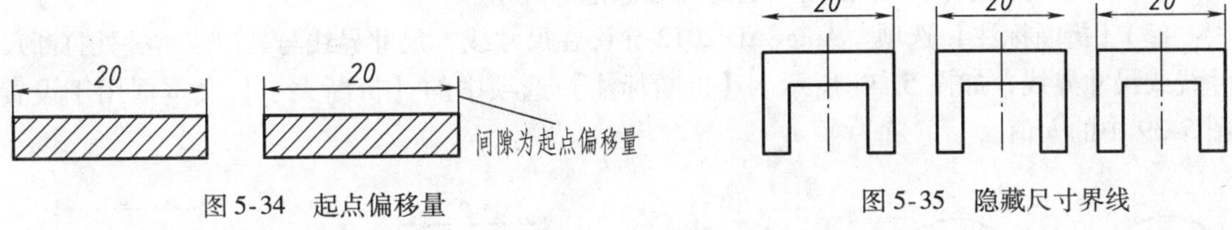

图 5-34　起点偏移量　　　　图 5-35　隐藏尺寸界线

2. 设置【符号和箭头】选项卡

在【新建标注样式】或【修改标注样式】对话框中切换至【符号和箭头】选项卡，如图 5-36 所示。用于设置尺寸箭头、圆心标记、折断标注、弧长符号、半径折弯标注和线性折弯标注等元素的格式与属性。

(1)【箭头】选项组　该选项组用于确定尺寸线两端的箭头样式。其中，【第一个】下拉列表指尺寸线箭头在第一端点处的样式。单击位于【第一个】下拉列表框右侧的小箭头，弹出如图 5-37 所示的【箭头样式】下拉列表，其中列出了 AutoCAD 2012 允许使用的尺寸线起始端的样式，供用户选择。当用户设置了尺寸线第一端的样式后，尺寸线的另一端默认采用相同的样式。如果用户希望尺寸线两端的样式不同，则可以通过【第二个】下拉列表框设置尺寸线另一端的样式。

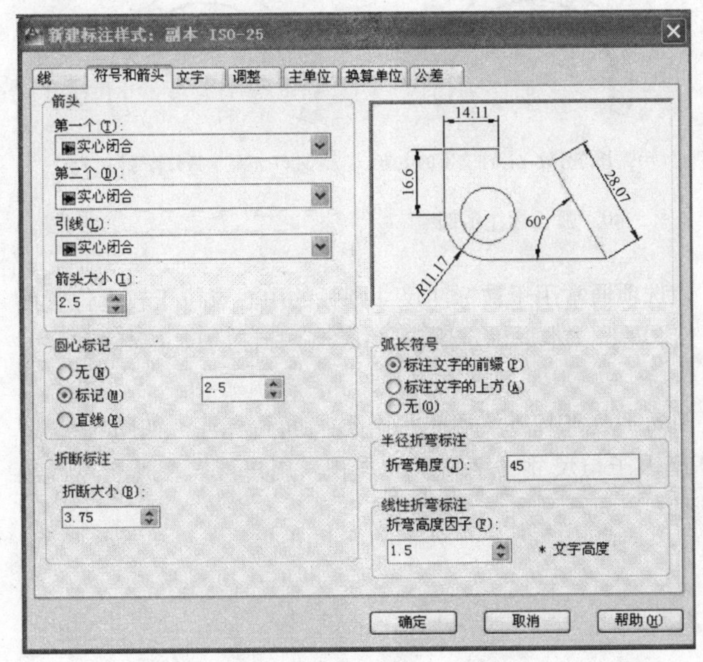

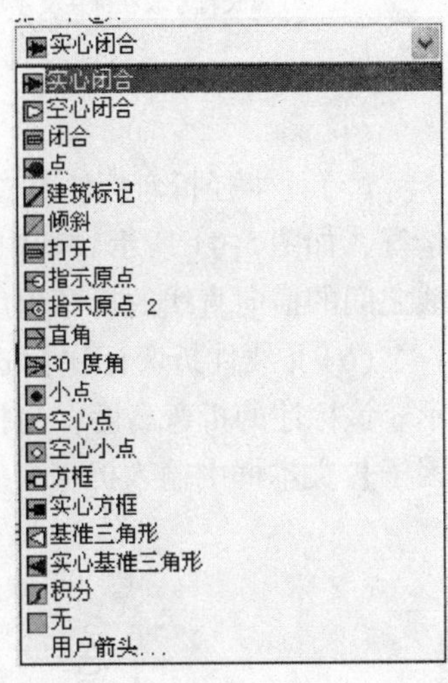

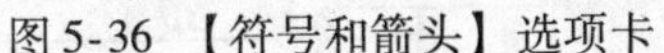
图 5-36　【符号和箭头】选项卡　　　　图 5-37　【箭头样式】下拉列表

【引线】下拉列表用于确定当进行引线标注时，引线在起始点处的样式，从对应的下拉列表中选择即可；【箭头大小】微调按钮用于确定尺寸箭头的长度。

(2)【圆心标记】选项组　该选项组用于确定对圆或圆弧执行标注圆心标记操作时，圆心标记的类型与大小。用户可以通过【类型】下拉列表在【无】(即无标记)、【标记】(即显示标记）和【直线】(即显示为中心线）三个选项之间进行选择，具体标注效果如图5-38所示。【大小】文本框用于确定圆心标记的大小。

(3)【折断标注】选项　AutoCAD 2012允许在尺寸线、尺寸界线与其他线重叠处打断尺寸线或尺寸界线，如图5-39所示。【折断标注】选项中的【折断大小】文本框用于设置图5-39中的 h 值。

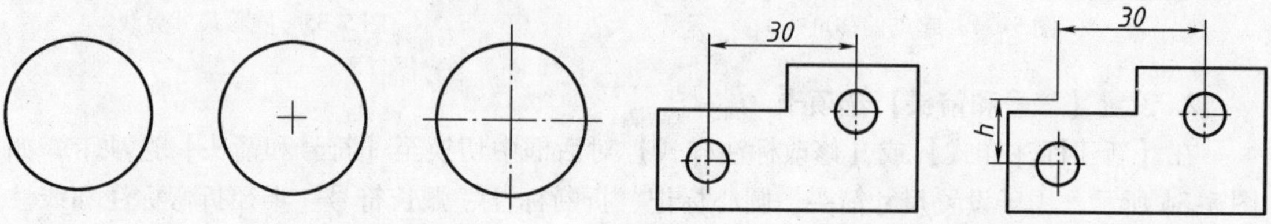

图5-38　圆心标记示例　　图5-39　折断标注示例

(4)【弧长符号】选项组　该选项组用于为圆弧标注长度尺寸时，控制弧长标注中圆弧符号的显示方式。当选中【标注文字的前缀】单选按钮表示要将弧长符号置于标注文字的前面；选中【标注文字的上方】单选按钮表示要将弧长符号置于标注文字的上方；选中【无】单选按钮，表示不显示弧长符号，如图5-40所示。

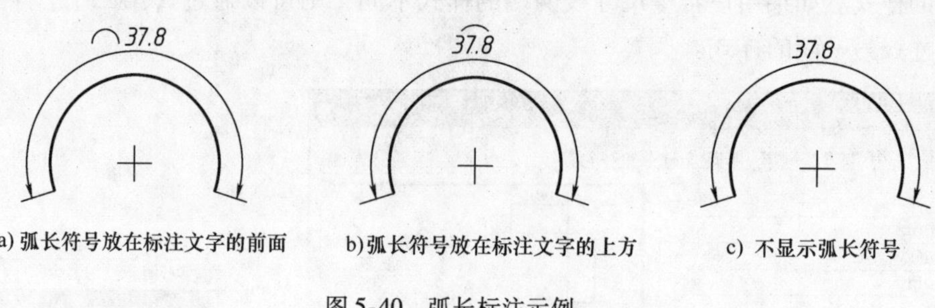

a) 弧长符号放在标注文字的前面　b) 弧长符号放在标注文字的上方　c) 不显示弧长符号

图5-40　弧长标注示例

(5)【半径折弯标注】选项　该选项通常用于被标注尺寸圆弧的中心点位于较远位置的情况，如图5-41所示。其中【折弯角度】文本框确定用于连接半径标注的尺寸界线和尺寸线之间的横向直线的折弯角度。

(6)【线性折弯标注】选项　AutoCAD 2012允许用户采用线性折弯标注，如图5-42所示。该标注的折弯高度 h 为折弯高度因子与尺寸文字高度的乘积。用户可以在【折弯高度因子】文本框中输入折弯高度因子值。

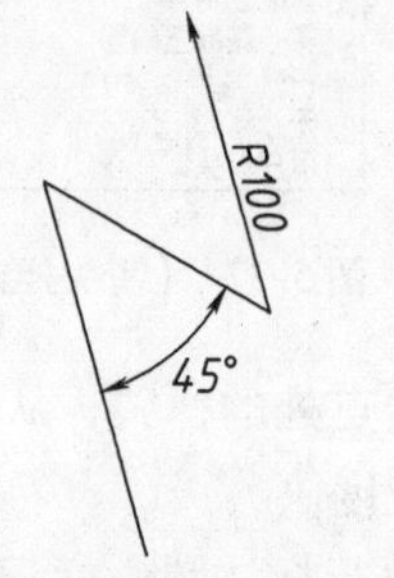

图5-41　半径折弯标注示例

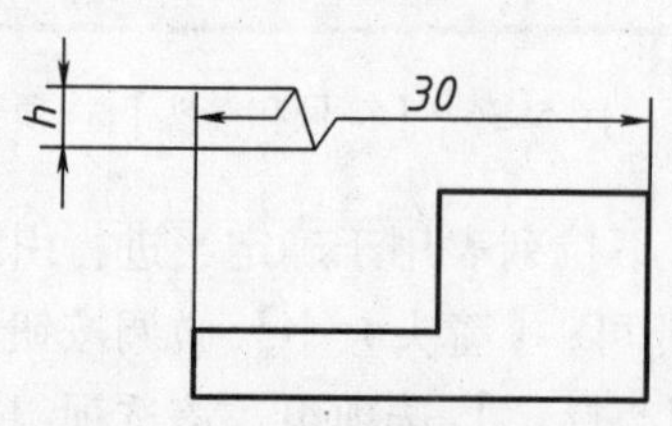

图5-42　线性折弯标注示例

3. **设置【文字】选项卡**

在【文字】选项卡中对文字的外观进行设置，主要包括文字样式、文字颜色、填充颜色、文字高度、分数高度比例、文字边框等，如图 5-43 所示。该选项卡中各选项含义如下。

(1)【文字外观】选项组　该选项组用于设置尺寸文字的样式、颜色以及高度等参数。其中,【文字样式】和【文字颜色】下拉列表分别用于设置尺寸文字的样式与颜色；【填充颜色】下拉列表用于设置文字的背景颜色；【文字高度】用于确定尺寸文字的高度；【分数高度比例】用于设置尺寸文字中的分数相对于其他尺寸文字的缩放比例。AutoCAD 将该比例值与尺寸文字高度的乘积作为所标记分数的高度（只有在【主单位】选项卡中选择【分数】作为单位格式时，此选项才有效)；【绘制文字边框】复选框用于确定是否为尺寸文字添加边框。

(2)【文字位置】选项组　该选项组用于设置尺寸文字的位置。其中，【垂直】下拉列表用于控制尺寸文字相对于尺寸线在垂直方向的放置形式。可以通过该下拉列表在【居中】、【上】、【外部】和【JIS】四个选项之间进行选择。其中，【居中】选项表示将尺寸文字置于尺寸线的中间；【上】选项表示将尺寸文字置于尺寸线的上方；【外部】选项表示将尺寸文字置于远离尺寸界线起始点的尺寸线一侧；【JIS】选项则表示按 JIS 规则放置尺寸文字。以上四种放置形式如图 5-44 所示。

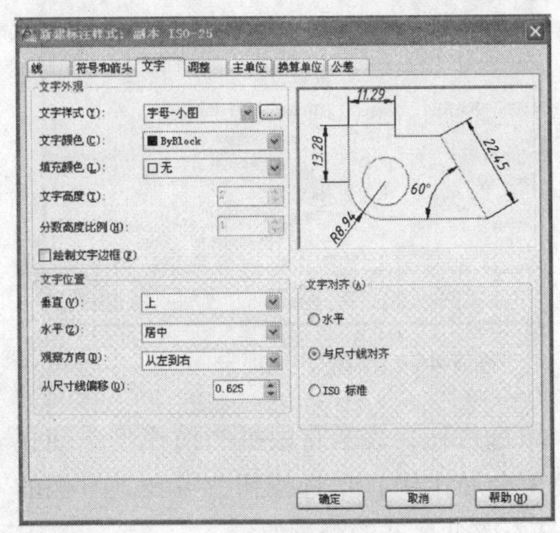

图 5-43 【文字】选项卡

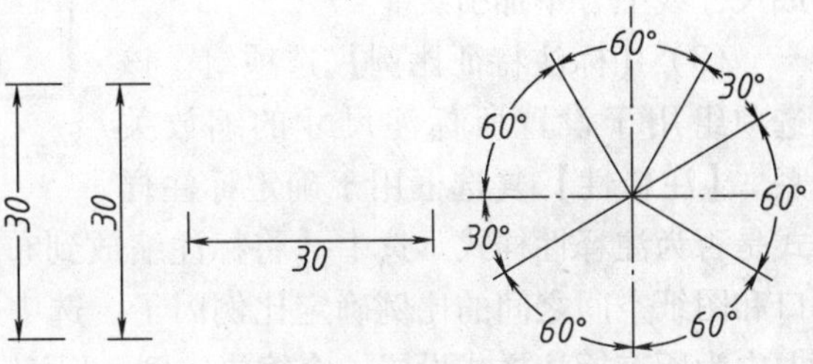

图 5-44 【垂直】设置效果

【水平】下拉列表用于确定尺寸文字相对于尺寸线方向的位置。可以通过下拉列表在【居中】、【第一条尺寸界线】、【第二条尺寸界线】、【第一条尺寸界线上方】和【第二条尺寸界线上方】五个选项之间进行选择。这五种形式的标注效果如图 5-45 所示。

【观察方向】下拉列表用于设置尺寸文字观察方向，即控制从左向右标注尺寸文字还是从右向左标注尺寸文字。

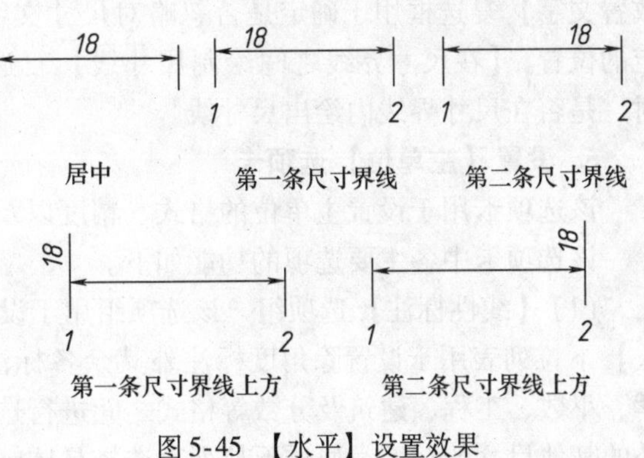

图 5-45 【水平】设置效果

【从尺寸线偏移】文本框用于确定尺寸文字与尺寸线之间的距离，在文本框中输入具体数值即可。

(3)【文字对齐】选项组　该选项组用于确定尺寸文字的对齐方式。其中，【水平】单选按钮用于确定尺寸是否水平放置；【与尺寸线对齐】单选按钮用于确定尺寸文字方向是否要与尺寸线方向一致；【ISO 标准】单选按钮用于确定尺寸文字是否按照 ISO 标准放置，即当尺寸在尺寸界线之间时，方向要与尺寸线方向一致，而当尺寸文字在尺寸界线之外时，则尺寸文字水平放置。

4. 设置【调整】选项卡

该选项卡用于控制尺寸文字、尺寸线以及尺寸箭头的位置和其他一些属性，如图 5-46 所示。

该选项卡中各主要选项的功能如下。

(1)【调整选项】选项组　当尺寸界线之间没有足够的空间同时放置尺寸文字和箭头时，首先应确定从尺寸界线之间移出尺寸文字和箭头的哪一部分，可以通过选中该选项组中的各单选按钮进行设置。

(2)【文字位置】选项组　该选项组用于确定当尺寸文字不在默认位置时，应将其置于何处。用户有三种选择：尺寸线旁边、尺寸线上方并加引线或尺寸线上方不加引线。

(3)【标注特征比例】选项组　该选项组用于设置所标注尺寸的缩放关系。【注释性】复选框用于确定标注样式是否为注释性样式。选中【将标注缩放到布局】单选按钮，表示将根据当前模型空间视口和图纸空间之间的比例确定比例因子。选中【使用全局比例】单选按钮，可在其右侧的框内为所有标注样式设置一个缩放比例，但该比例并不改变尺寸的测量值。

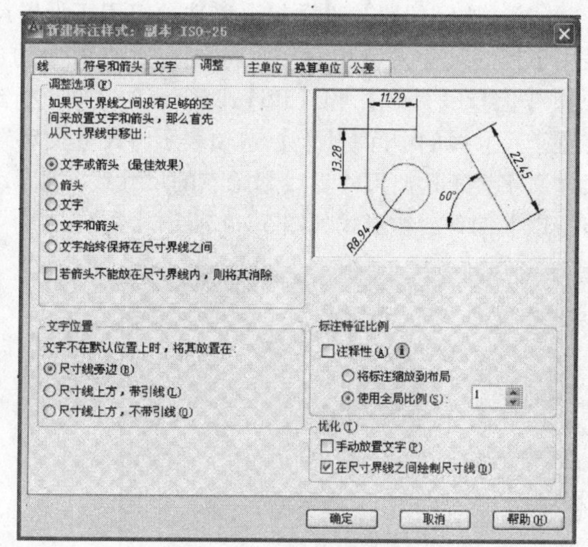

图 5-46 【调整】选项卡

(4)【优化】选项组　该选项组用于设置标注尺寸时是否进行附加调整。其中，【手动放置文字】复选框用于确定是否忽略对尺寸文字的水平设置，而将尺寸文字放置在用户指定的位置；【在尺寸界线之间绘制尺寸线】复选框用于确定当尺寸箭头放置在尺寸线之外时，是否在尺寸界线内绘出尺寸线。

5. 设置【主单位】选项卡

该选项卡用于设置主单位的格式、精度以及尺寸文字的前缀和后缀，如图 5-47 所示。

该选项卡中各主要选项的功能如下。

(1)【线性标注】选项组　该选项组用于设置线性标注的格式与精度。其中，【单位格式】下拉列表用于设置除角度标注外其余各标注类型的尺寸单位，可以通过下拉列表在科学、小数、工程、建筑及分数等格式之间进行选择；【精度】下拉列表用于标注除角度尺寸外的其他尺寸的精度，通过下拉列表选择具体精度值即可；【分数格式】下拉列表用于确定

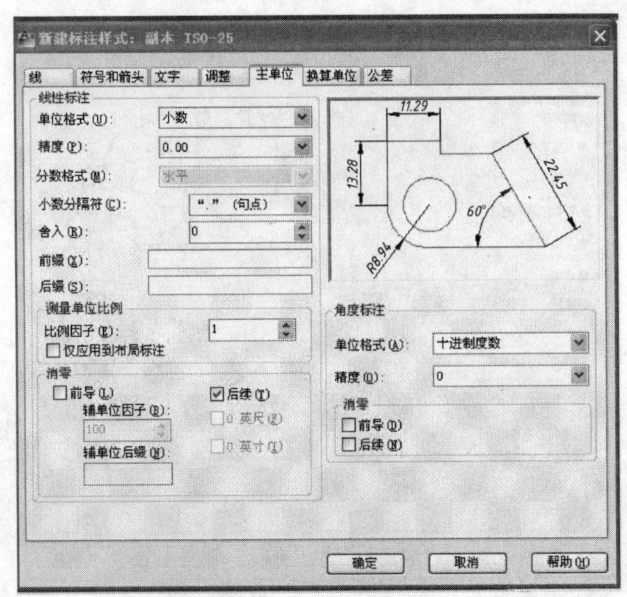

图 5-47 【主单位】选项卡

当单位格式为分数形式时的标注格式；【小数分隔符】下拉列表用于确定当单位格式为小数形式时小数的分隔符形式；【舍入】微调按钮用于确定尺寸测量值（角度标注除外）的测量精度；【前缀】和【后缀】文本框用于确定尺寸文字的前缀或后缀，在文本框中输入具体内容即可。

【测量单位比例】子选项组用于确定测量单位的比例。其中，【比例因子】微调按钮用于确定测量尺寸的缩放比例，用户设置所需比例值后，AutoCAD 的实际标注值为测量值与该值之积；【仅应用到布局标注】复选框用于设置所确定的比例关系是否仅适用于布局。

【消零】子选项组用于确定是否显示尺寸标注中的前导或后续零。

(2)【角度标注】选项组　该选项组用于确定标注角度尺寸时的单位格式、精度以及是否消零。其中，【单位格式】下拉列表用于确定标注角度时的单位，用户可以在十进制度数、度/分/秒、百分度、弧度之间进行选择；【精度】下拉列表用于确定标注角度时的尺寸精度；【消零】子选项组用于确定是否消除角度尺寸的前导或后续零。

6. 设置【换算单位】选项卡

该选项卡用于确定是否使用换算单位以及换算单位的格式，对应的选项卡如图 5-48 所示。

该选项卡中各主要选项的功能如下。

(1)【显示换算单位】复选框　该复选框用于确定是否在标注的尺寸中显示换算单位。

(2)【换算单位】选项组　该选项组用于当显示换算单位时，设置换算单位的单位格式和精度等属性。

(3)【消零】选项组　该选项组用于确定是否消除换算单位的前导或后续零。

(4)【位置】选项组　该选项组用于确定换算单位的位置。用户可以在【主值后】与【主值下】两个选项之间进行选择。

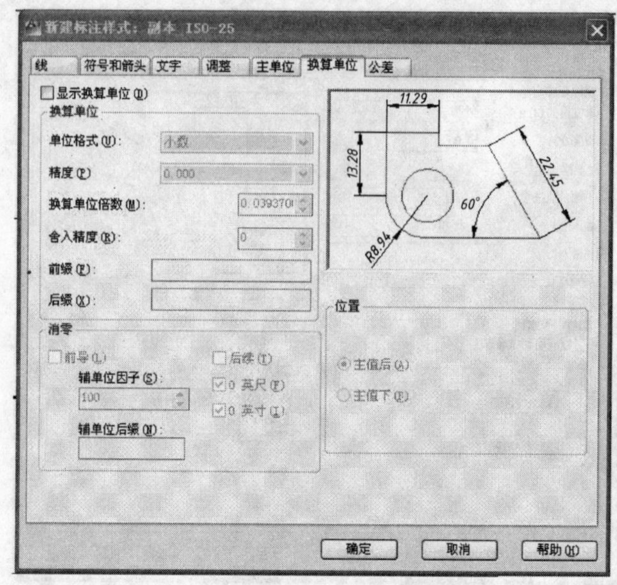

图 5-48 【换算单位】选项卡

7. 设置【公差】选项卡

该选项卡用于确定是否标注公差，以及标注公差的方式，如图 5-49 所示。

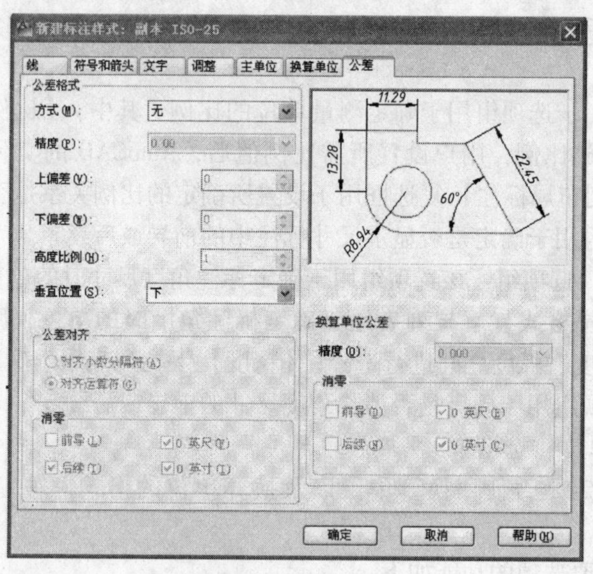

图 5-49 【公差】选项卡

该选项卡中各主要选项的功能如下。

(1)【公差格式】选项组　该选项组用于确定公差的标注格式。其中【方式】下拉列表用于确定以何种方式标注公差。用户可以在【无】、【对称】、【极限偏差】、【极限尺寸】和【基本尺寸】五个选项之间进行选择。以上五种标注方式的示例说明如图 5-50 所示。

【精度】下拉列表框用于设置尺寸公差的精度；【上偏差】和【下偏差】框分别用于设置尺寸的上极限偏差和下极限偏差；【高度比例】文本框用于确定公差文字的高度比例因

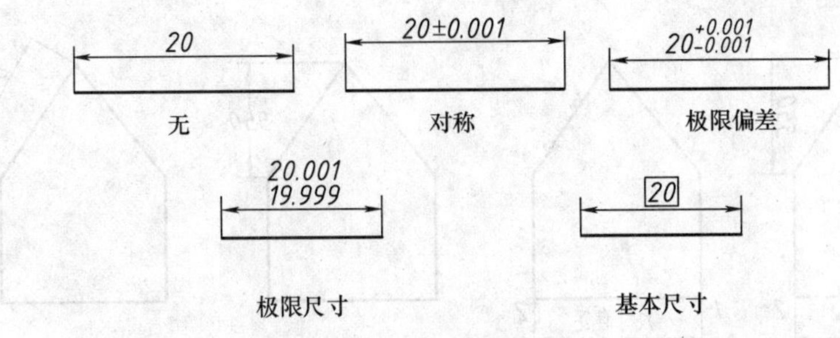

图 5-50　公差标注

子；【垂直位置】下拉列表框用于控制公差文字相对于尺寸文字的对齐位置，用户可以在【上】、【中】和【下】三个选项之间进行选择；【公差对齐】子选项组用于确定公差的对齐方式；【消零】子选项组用于确定是否消除公差值的前导或后续零。

(2)【换算单位公差】选项组　当标注换算单位时，该选项组用于确定换算单位公差的精度与是否消零。

5.3.4　标注尺寸

1. 线性标注

线性标注指标注图形对象沿水平方向、垂直方向或指定方向的尺寸。线性标注又分为水平标注、垂直标注和旋转标注三种类型。水平标注用于标注图形对象沿水平方向的尺寸，即尺寸线沿水平方向放置；垂直标注用于标注对象沿垂直方向的尺寸，即尺寸线沿垂直方向放置；旋转标注则标注对象沿指定方向的尺寸。需要注意的是，水平标注和垂直标注并不只是标注水平边和垂直边的尺寸。

线性标注如图 5-51a 所示，具体命令提示如下：

```
命令:dimlinear                                   //执行线性标注命令
指定第一个尺寸界线原点或<选择对象>:              //捕捉点 1 作为起点
指定第二条尺寸界线原点:                          //捕捉点 2 作为端点
指定尺寸线位置或                                 //指定尺寸线的位置
[多行文字(M)/文字(T)/角度(A)/水平(H)/垂直(V)/旋转(R)]:
标注文字 =1 372
```

该命令的各选项含义如下所述。

【多行文字（M）】：使用该项可以打开【多行文字编辑器】对话框，用户可以输入文字进行标注。如图 5-51b 所示。

【文字（T）】：使用该项可以在命令行输入新的尺寸文字，此功能和【多行文字】功能类似。

【角度（A）】：该选项用来设置文字的放置角度，如图 5-51c 所示。

【水平（H）/垂直（V）】：创建水平或者垂直型尺寸。

【旋转（R）】：该选项可以使尺寸线倾斜一定角度，如图 5-51d 所示。

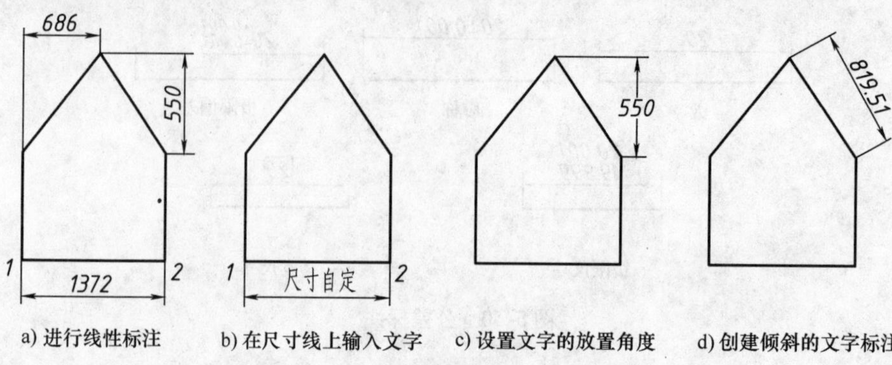

a) 进行线性标注　b) 在尺寸线上输入文字　c) 设置文字的放置角度　d) 创建倾斜的文字标注

图 5-51　线性标注

2. 对齐标注

对齐标注是指尺寸与所标注的线段平行。例如标注图 5-52 所示的图形，具体命令提示如下：

```
命令：dimaligned                              //执行对齐标注命令
指定第一个尺寸界线原点或<选择对象>：           //捕捉 1 点
指定第二条尺寸界线原点：                       //捕捉 2 点
指定尺寸线位置或
[多行文字(M)/文字(T)/角度(A)]：               //在工作空间指定尺寸线的位置
标注文字 = 880
```

3. 基线标注

基线标注是指共用一条边界线进行标注的一组标注。基线标注之前，应先进行线性标注，以作为基线标注的基准，然后进行基线标注。

例如线性标注图 5-53a 所示的图形，基线标注的具体命令提示如下：

```
命令：dimbaseline
指定第二条尺寸界线原点或[放弃(U)/选择(S)]<选择>：
尺寸界线原点不能相同。
选择基准标注：
指定第二条尺寸界线原点或[放弃(U)/选择(S)]<选择>：
标注文字 = 1 500
指定第二条尺寸界线原点或[放弃(U)/选择(S)]<选择>：
标注文字 = 1 950
指定第二条尺寸界线原点或[放弃(U)/选择(S)]<选择>：
选择基准标注：
```

基线标注的结果如图 5-53b 所示。

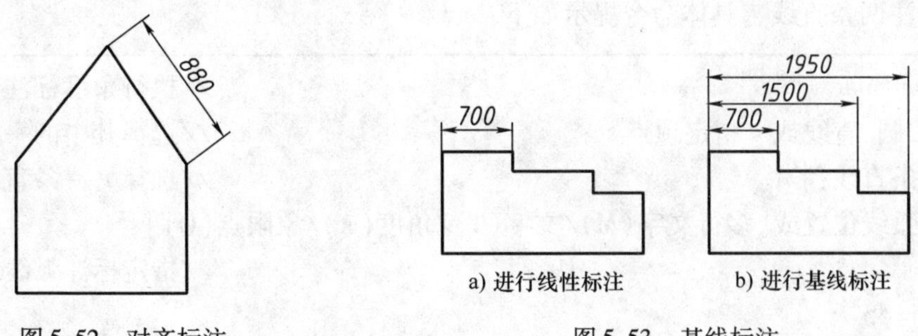

图 5-52　对齐标注　　　　图 5-53　基线标注

4. 连续标注

连续标注可以快速地进行首尾相连的尺寸标注，相邻尺寸线共用一条延伸线。在进行连续标注前，应先进行线性标注，以作为连续标注的起点。连续标注和基线标注的命令提示类似。连续标注的效果如图 5-54 所示。

5. 半径标注

半径标注使用的箭头与线性标注不同，为“实心闭合”箭头。半径标注由一条指向圆或圆弧的半径尺寸线组成。如图 5-55 所示，具体命令提示如下：

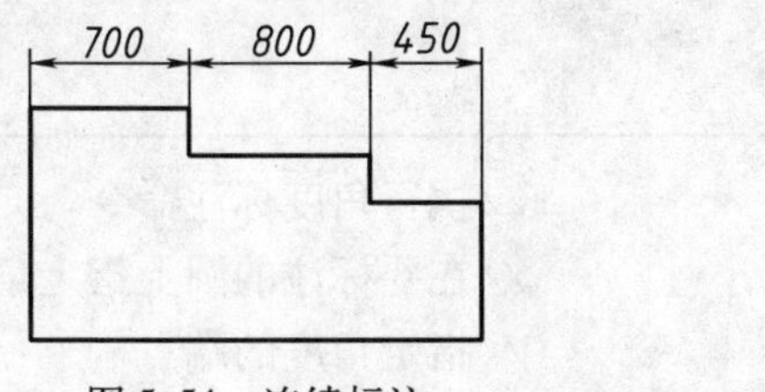

图 5-54　连续标注　　　　图 5-55　半径标注

```
命令:dimradius                                  //执行半径标注命令
选择圆弧或圆:                                    //选择要标注的圆弧
标注文字 =75
指定尺寸线位置或[多行文字(M)/文字(T)/角度(A):      //指定要标注文字的位置
```

6. 直径标注

直径标注和半径标注的方法相同，这里不再赘述。直径标注的效果如图 5-56 所示。

7. 角度标注

角度标注是对两条直线、弧或圆上两点进行角度标注。如对图 5-57 所示的直线、弧和圆上的点进行标注。

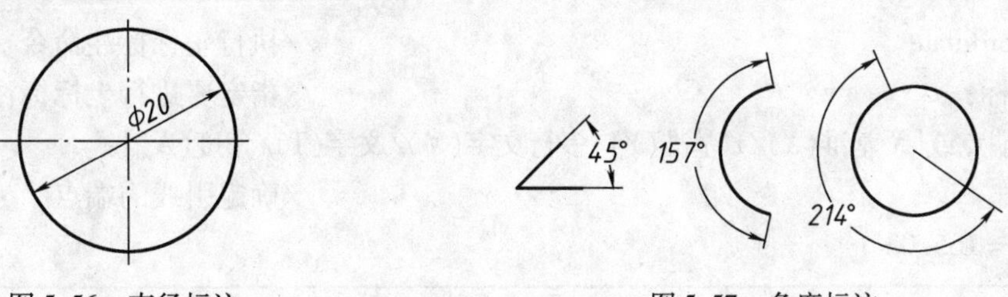

图 5-56　直径标注　　　　图 5-57　角度标注

1）标注两条直线，具体命令提示如下：

```
命令:dimangular                                              //执行角度标注命令
选择圆弧、圆、直线或<指定顶点>:                              //选择其中的一条直线
选择第二条直线:                                              //选择另一条直线
指定标注弧线位置或[多行文字(M)/文字(T)/角度(A)/象限点(Q)]:
                                                             //指定标注弧线的位置
标注文字=45
```

2）标注弧线，具体命令提示如下：

```
命令:dimangular                                              //执行角度标注命令
选择圆弧、圆、直线或<指定顶点>:                              //指定要标注的弧线
指定标注弧线位置或[多行文字(M)/文字(T)/角度(A)/象限点(Q)]:
                                                             //指定要标注弧线的位置
标注文字=157
```

3）标注圆，具体命令提示如下：

```
命令:dimangular                                  //执行角度标注命令
选择圆弧、圆、直线或<指定顶点>:                  //在要标注的圆上指定角度的起点
指定角的第二个端点:                              //指定角度的端点
指定标注弧线位置或[多行文字(M)/文字(T)/角度(A)/象限点(Q)]:
                                                 //指定标注圆弧的位置
标注文字=214
```

8. 弧长标注

弧长标注和角度标注的方法相同，标注效果如图5-58所示。

9. 坐标标注

坐标标注用于标注指定点的坐标值。当命令行提示“指定点坐标”时，在确定引线的端点位置之前，应首先确定标注点的坐标是 *X* 坐标还是 *Y* 坐标。如果在此命令提示下相对于坐标点上下移动鼠标，则标注 *X* 坐标；左右移动鼠标，则标注 *Y* 坐标。

进行坐标标注的具体命令提示如下：

```
命令:dimordinate                                     //执行坐标标注命令
指定点坐标:                                          //指定要进行坐标标注的点
指定引线端点或[X基准(X)/Y基准(Y)/多行文字(M)/文字(T)/角度(A)]:
                                                     //确定引线的端点
标注文字=165.03
```

坐标标注如图 5-59 所示。

图 5-58　弧长标注

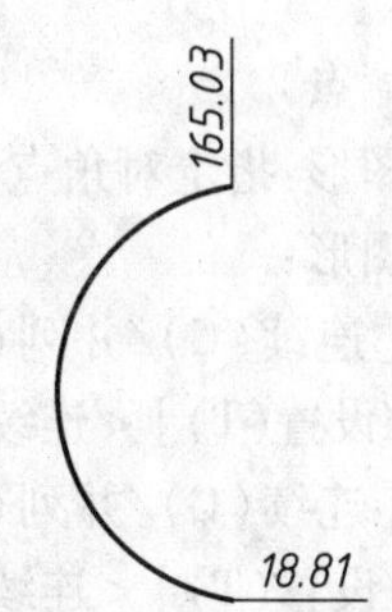

图 5-59　坐标标注（Y）

10. 折弯标注

折弯标注的作用是测量选定对象的半径，并显示前面带有一个半径符号的标注文字，它可以在任意合适的位置指定尺寸线的原点。折弯半径标注也称为缩放半径标注。对图 5-60 所示的图形进行折弯标注的具体命令提示如下：

```
命令:dimjogged                                       //执行快速引线标注命令
选择圆弧或圆:                                         //选择需要标注的圆弧
指定图示中心位置:                                     //指定标注线的起点
标注文字 =10
指定尺寸线位置或[多行文字(M)/文字(T)/角度(A)]:       //指定尺寸线的位置
指定折弯位置:                                         //在尺寸线上单击一点,指定折
                                                        弯位置
```

11. 圆心标注

圆心标注是对圆或圆弧进行圆心标注，方便用户捕捉点。标注的方法很简单，只需在命令提示下选中圆或圆弧即可，如图 5-61 所示。

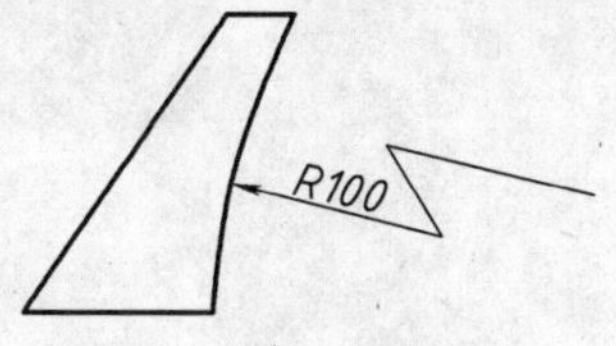

图 5-60　折弯标注

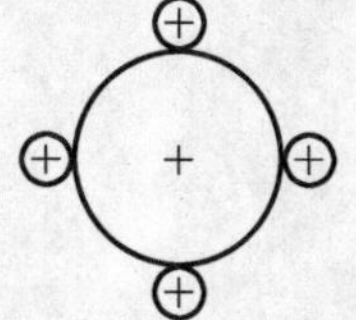

图 5-61　圆心标注

12. 快速标注

快速标注的作用是创建系列基线或连续标注，或者为一系列圆或圆弧创建标注，可以用来标注连续型、对齐型、基线型等尺寸标注，也可以用来标注坐标、半径、直径、基准点等。例如对图 5-62 所示的图形进行快速标注，具体命令提示如下：

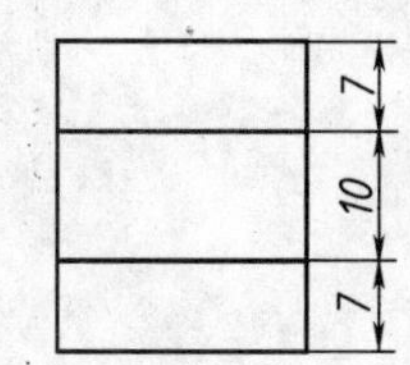

图 5-62　快速、连续标注

```
命令:_qdim                                                   //执行快速标注命令
关联标注优先级 = 端点
选择要标注的几何图形:指定对角点:找到四个                     //选择四条水平线
选择要标注的几何图形:                                        //按〈Enter〉键
指定尺寸线位置或[连续(C)/并列(S)/基线(B)/坐标(O)/半径(R)/直径(D)/基准点
    (P)/编辑(E)/设置(T)]<连续>:c                           //输入 c,连续标注
指定尺寸线位置或[连续(C)/并列(S)/基线(B)/坐标(O)/半径(R)/直径(D)/基准点
    (P)/编辑(E)/设置(T)]<连续>:                            //按〈Enter〉键
```

第6章 机件常用的表达方法

教学目标

机件的形状多种多样，结构有简有繁。当构件的结构和形状比较复杂时，仅用前面所讲的三视图，往往不能完整、清晰地表达它们的内、外结构特征，在国家标准《技术制图》和《机械制图》中规定了一系列的表达方法，使工程形体的表达方法更简单、更方便。本章将介绍视图、剖视图、断面图和一些其他规定画法及简化画法，应掌握各种表示法的画法、特点，以便能灵活运用。

教学要求

能力目标	知识要点	权重	自测分数
掌握视图表达	视图的形成	20%	
掌握剖视图表达	剖视图的概念、分类及画法	25%	
掌握局部放大、断面表达	局部放大图、断面图的画法	15%	
掌握图样的简化表达	简化表达的种类及画法	15%	
了解化工制图的特点及表达方法	化工制图的表达特点及画法	10%	
了解轴测图的表达	轴测图的形成及画法	10%	
了解第三角画法	第三角画法的原理	5%	

6.1 视　　图

视图是指用正投影法将机件向投影面透射所得的图形，主要用于表达机件的外部形状。为便于读图和画图，在对机件结构表达清楚的前提下，视图一般只画机件的可见部分，必要时才用虚线画其不可见部分。视图分为基本视图、向视图、局部视图、斜视图四种。

6.1.1　基本视图

在原有三个投影面的基础上，再增设三个投影面，组成一个正六面体，它的六个面称为基本投影面，机件向基本投影面投射所得的视图称为基本视图。即在原有主、俯、左三个视图的基础上，再在新增设的三个投影面上，从右向左投射得到右视图，从下向上投射得到仰视图，从后向前投射得到后视图。各投影面的展开方法如图6-1a所示，展开后各视图的配置关系如图6-1b所示。在同一张图样内按图6-1b配置视图时，不需标注视图名称。

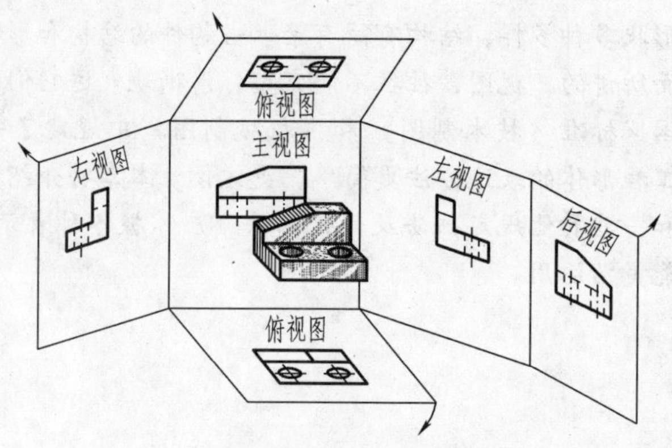

a) 六个基本投影面及展开方式

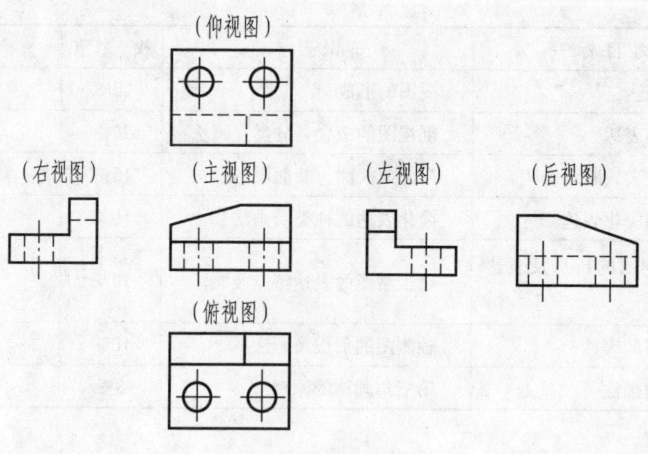

b) 六个基本视图

图6-1　基本视图

六个基本视图之间仍然保持“三等”投影规律：主、俯、仰、后视图长相等；俯、左、仰、右视图宽相等；主、左、右、后视图高相等。

实际在表达立体时，并非六个视图都要画，而应根据机件表达需要，选择必要的基本视图（有时候采用 1 ~2 个视图即可将机件表达清楚）。其中主视图是必需的，在表达清楚的前提下，尽量减少虚线。图 6-2 所示机件采用了四个基本视图（主视图、俯视图、左视图和右视图），较好地表达了机件的结构，其中俯视图省略了虚线，左视图和右视图仅给出了必要的虚线。

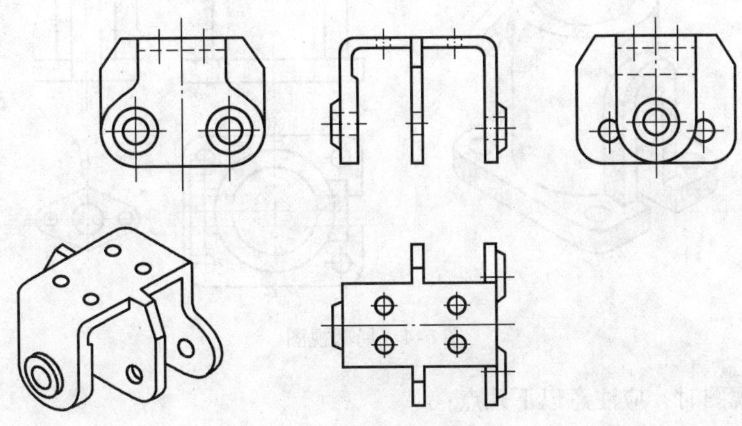

图 6-2　基本视图的应用

6.1.2　向视图

向视图是未按照投影关系配置的基本视图。当某视图不能按图 6-1b 所示投影关系配置时，在这些视图的上方用大写拉丁字母 *A*、*B*、*C* 表示向视图的名称，并在相应视图的附近用带相同字母的箭头表示该向视图的投射方向。如图 6-3 所示，原来的右视图、仰视图和后视图分别成为 *A* 向、*B* 向和 *C* 向视图。

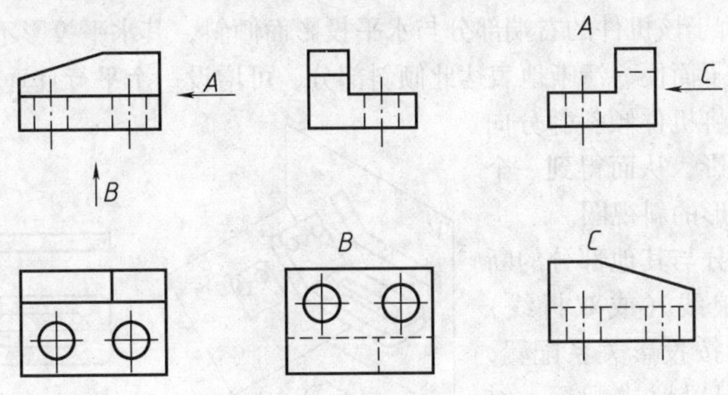

图 6-3　向视图及其标注

6.1.3　局部视图

将机件的某一部分向基本投影面投射所得的视图称为局部视图。

当机件的某一部分形状未表达清楚，但又没有必要画出完整的基本视图时，可采用局部视图。图6-4所示的机件，采用主、俯两个视图已把机件的主体表达清楚，只有左边的U形凸台和右边的半长圆形凸台这两个局部形状尚未表达清楚，如再用左、右两个基本视图来表达，虽然能把U形凸台和半长圆形凸台表达清楚了，但同时又重复表达了主体部分，这样就显得很繁琐，不如将它们画成两个局部视图，可使表达更为简练和清晰。

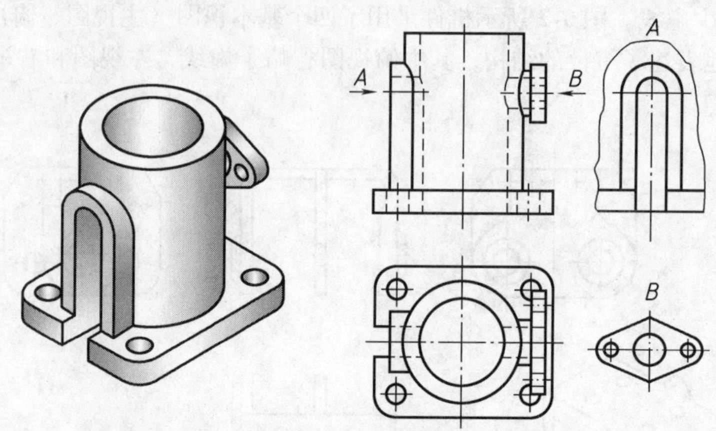

图6-4　局部视图

在画局部视图时，应注意以下几点：

1）局部视图可按基本视图的配置形式配置，这时不需标注，如图6-4中的*A*向视图可省略标注，也可按向视图的配置形式配置并加标注。

2）局部视图的断裂边界应以波浪线或双折线表示，波浪线必须画在机件实体上，如图6-4所示的局部视图*A*；如果所表示的局部结构外形轮廓线呈完整的封闭图形时，波浪线省略不画，如图6-4中的局部视图*B*。

6.1.4　斜视图

斜视图是将机件向不平行于任何基本投影面的平面（投影面垂直面）投射所得的视图。如图6-5a所示。由于该机件的右端部分与水平投影面倾斜，其水平投影不反映实形，画图、读图都不方便。为了简便、清晰地表达此倾斜部分，可增设一个平行且垂直于一个基本投影面的辅助投影面，将机件倾斜部分向辅助投影面作正投影，从而得到一个反映此倾斜部分实形的斜视图。

斜视图倾斜部分与其他部分的断裂边界一般用波浪线（或双折线）表示。斜视图一般按投影关系配置，也可按向视图的配置形式配置。斜视图无论如何配置，都要在图形上方水平标注视图的名称“×”（大写拉丁字母），并在相应视图附近用带字母的箭头指明投射方向，如图6-5b所示。

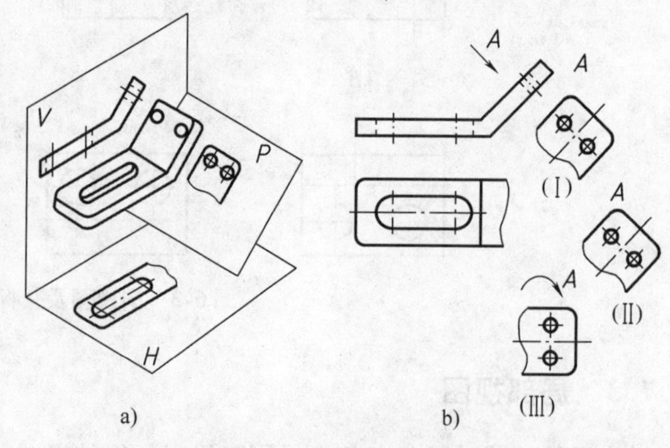

图6-5　斜视图的形成和配置

有时为了画图方便，可将图形旋转一定角度后再画出，但在标注视图名称时，需要加注旋转符号。旋转符号是以字母高度为半径的圆弧线加指明旋转方向的箭头，其箭头端应紧靠字母。旋转符号表示的旋转方向应与图形的旋转方向相同。当需要标注图形旋转角度大小时，可将角度写在字母后面。

6.2　剖　视　图

在表达机件内部不可见结构时，通常是用虚线表示。但当机件内部结构复杂时，视图中会出现很多交错重叠的虚线，无论是画图、看图还是标注尺寸都不方便。为了清晰表达机件的内部结构，国家标准规定了剖视图的画法。

6.2.1　剖视图的概念

1. 剖视图的形成

假想用一剖切面剖开机件，将处在观察者和剖切面之间的部分移去，而将其余部分向投影面投射所得的图形称为剖视图（简称剖视）。如图 6-6a 所示，剖切面剖开机件，里面的内部结构完全暴露出来，原主视图内部的孔不再用虚线，而是用实线表达，这样的图样既清晰又有利于看图。

2. 剖视图的画法

画剖视图时，须注意以下几个要点。

（1）剖切面位置的确定　剖切面通常要和某投影面平行，一般要通过孔或槽的对称面或回转体的轴线，避免出现不完整结构，并尽可能多地表达机件的内部结构，如图 6-6b 所示。

（2）假想的剖切面　由于剖切只是在画相应剖视图时假想把机件剖开，机件本身还是完整的，并不是真的将它一分为二，所以当一个视图画成剖视时，其余视图仍然应该完整画出，如图 6-7 所示的俯视图。

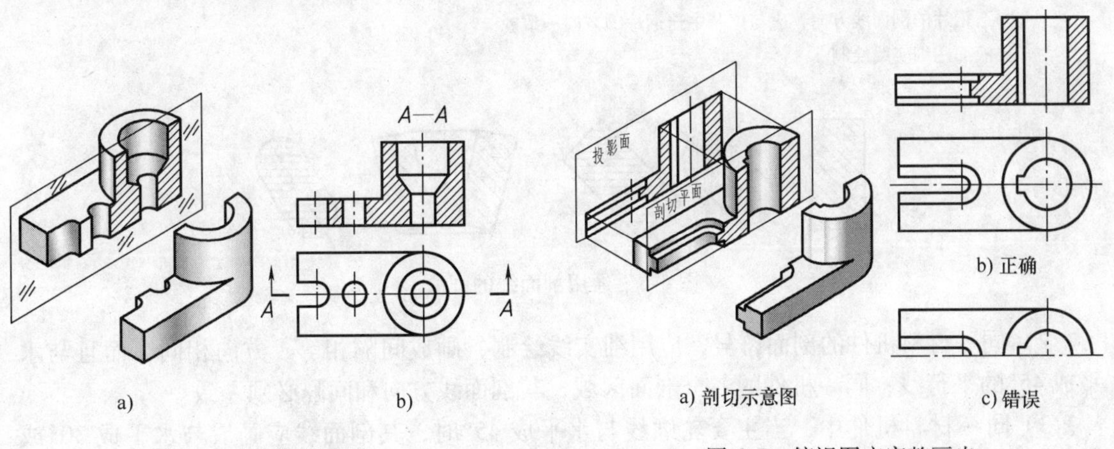

a)　　b)

图 6-6　剖视图的概念

a) 剖切示意图　　b) 正确　　c) 错误

图 6-7　俯视图应完整画出

(3) 剖面区域的画法　剖切面与机件实体相接触的部分称为剖面区域，为便于绘图或区分不同材料，剖面区域应画出剖面符号。

1）一般情况下，不同的材料用不同的剖面符号表示。表6-1所示为机械制图中常用的金属材料和非金属材料的剖面符号。当不需要在剖面区域中表示材料时，可采用通用剖面线表示。通用剖面线应以适当角度的细实线绘制，最好与主要轮廓或剖面区域的对称线成45°，如图6-8所示。

表6-1　常用剖面符号（摘自GB/T 4475.5—1984）

材料名称		剖面符号	材料名称	剖面符号
金属材料（已有规定剖面符号者除外）			线圈绕组元件	
非金属材料（已有规定剖面符号者除外）			转子、变压器等的迭钢片	
型砂、粉末冶金、陶瓷、硬质合金等			玻璃及其他透明材料	
木质胶合板（不分层数）			格网（筛网、过滤网等）	
木材	纵剖面		液体	
	横剖面			

注：1. 剖面符号只表示材料的类别，材料的名称和代号必须另行注明。

2. 迭钢片的剖面线方向，应与束装中迭钢片的方向一致。

3. 液面用细实线绘制。

图6-8　通用剖面线的画法

2）同一材料机件的剖面符号，应用细实线绘制，画成间隔相等、方向相同，而且与水平成45°的平行线；同一机件的各个剖面区域，其剖面线方向和间隔必须一致。

3）同一材料机件中，当主要轮廓线与水平成45°时，其剖面线应画成与水平成30°或60°的平行线，倾斜方向仍应与其他图形的剖面线一致（图6-9）。

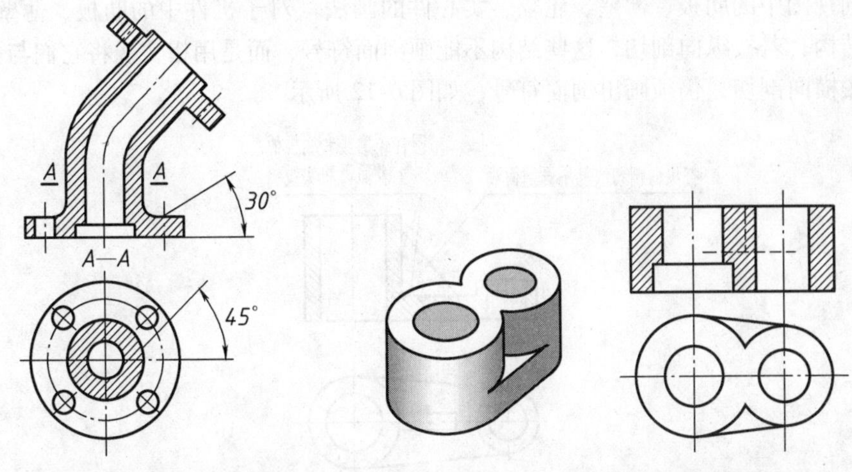

图6-9　30°与60°剖面线的画法　　　　图 6-10　剖视图中应画少量虚线

（4）视图或剖视图中不可见轮廓线的画法　当不可见部分的虚线在其他视图中已表达清楚时，可省略不画。对于尚未表达清楚的部分，如果画出少量虚线后可以节省一个视图时，则可以画出虚线，如图 6-10 所示。剖切面后面的可见轮廓线必须全部画出，如图 6-11 所示。

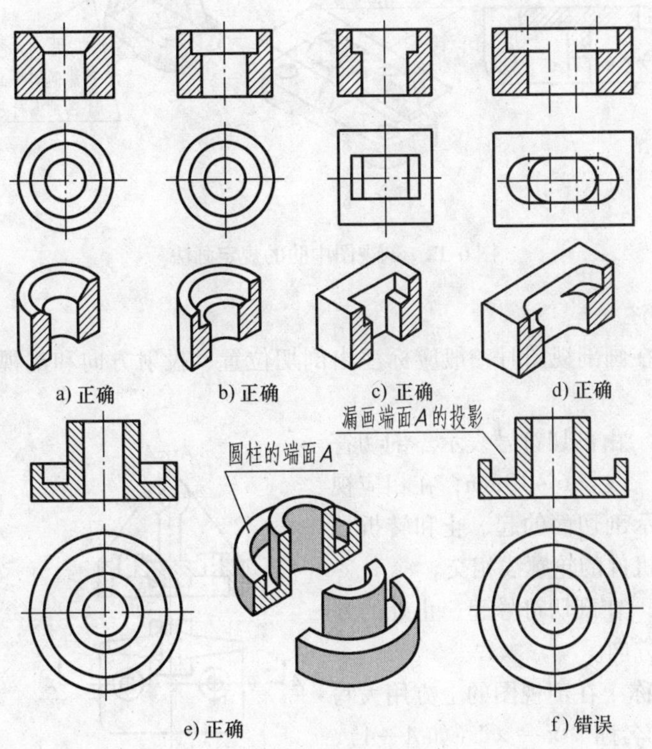

图 6-11　剖切面后面的可见轮廓线应画出

（5）剖视图中的肋板、薄壁、轮辐、实心件的画法　对于机件中的肋板、薄壁、轮辐、实心件等结构，若按纵向剖切，这些结构不能画剖面符号，而是用粗实线将它们与邻接部分分开；若按横向剖切，仍须画出剖面符号，如图 6-12 所示。

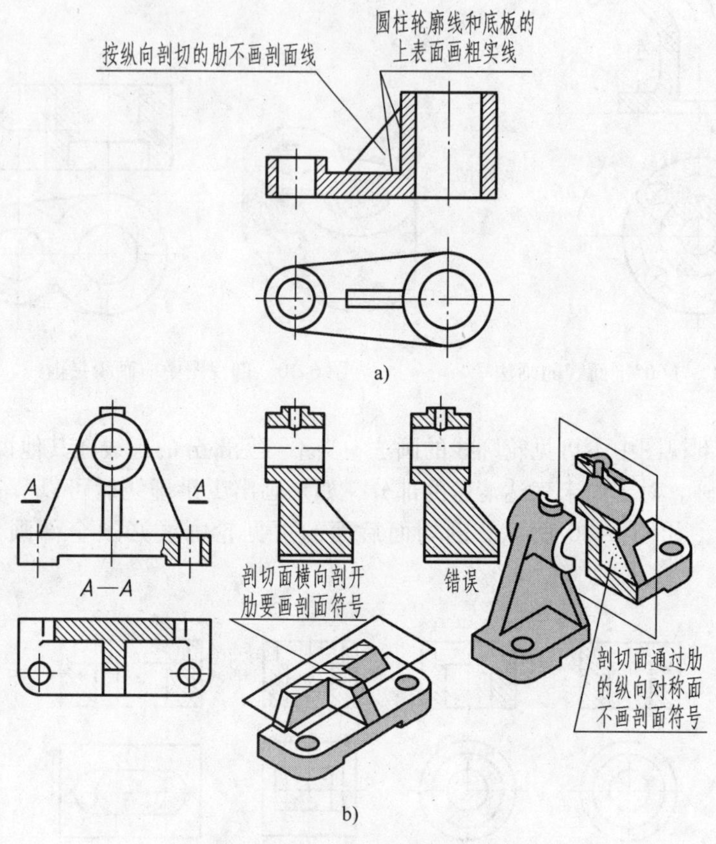

图 6-12　剖视图中肋的规定画法

3. 剖视图的标注

为便于看图，在画剖视图时一般应标注出剖切位置、投射方向和剖视名称，如图 6-13 所示。

（1）剖切位置　由剖切符号表示。剖切符号线宽为 1 ~ 1.5 d，线长 6 ~ 10mm，在相应视图上用剖切符号表示剖切面的起、止和转折处位置，并尽量不与机件的轮廓线相交。

（2）投射方向　在剖切符号起、止处的外端用箭头表示投射方向。

（3）剖视的名称　在剖视图的上方用大写拉丁字母标注剖视的名称“×—×”（如 A—A），并在剖切符号附近注上同样的字母。

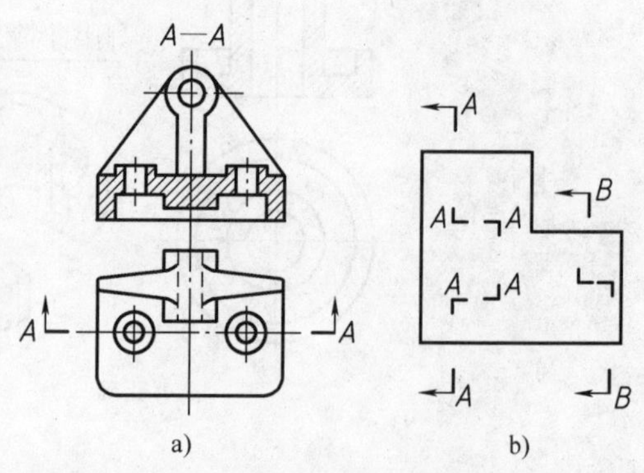

图 6-13　剖视图的标注

根据国家标准规定，以下情况可省略或简化标注：

1）剖视图按投影关系配置，中间又没其他图形隔开时，可省略箭头，如图 6-9、图 6-12 所示。

2）当单一剖切面通过机件的对称平面或基本对称平面，且剖视图按投影关系配置，中间又没有其他图形隔开时，可省略标注，如图 6-7、图 6-10 所示。

6.2.2　剖视图的种类

剖视图一般分为全剖视图、半剖视图和局部剖视图。

1. 全剖视图

用剖切平面完全剖开机件所得的剖视图，称为全剖视图，图 6-6 ~ 图 6-14 均为全剖视图。从上述图中可以看出，全剖视图一般适用于内部结构复杂，而外形比较简单或者外形已在其他视图中表达清楚的机件。如果外形比较复杂，也可以采用全剖视图表达，但要另用视图的形式表达清楚外形。全剖视图的标注如前所述。

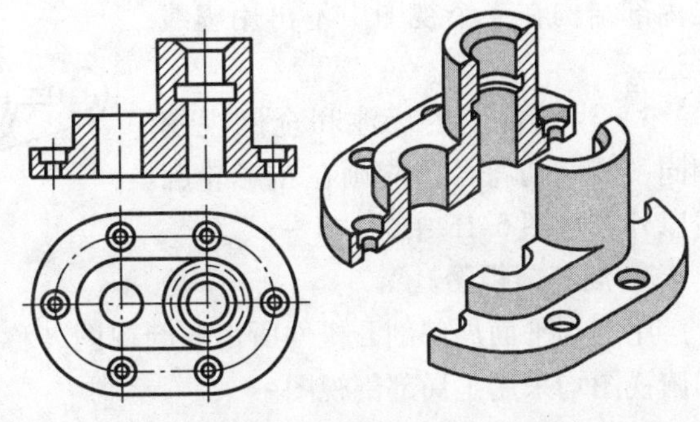

图 6-14　全剖视图

2. 半剖视图

当机件具有对称平面时，在垂直于对称平面的投影面上投影所得的图形，可以对称中心线为界，一半画成剖视，另一半画成视图，这种剖视图称为半剖视图。

如图 6-15b 所示，机件左右对称，主视图采用了半剖视图，以对称平面为界，左半部分表达外形，右半部分用粗实线表达内部的阶梯孔；机件前后对称，俯视图也采用了半剖视图，以对称平面为界，前半部分表达了顶部方板下边的凸台部分，后半部分则表达了顶部方板的外形及四个小孔的分布。

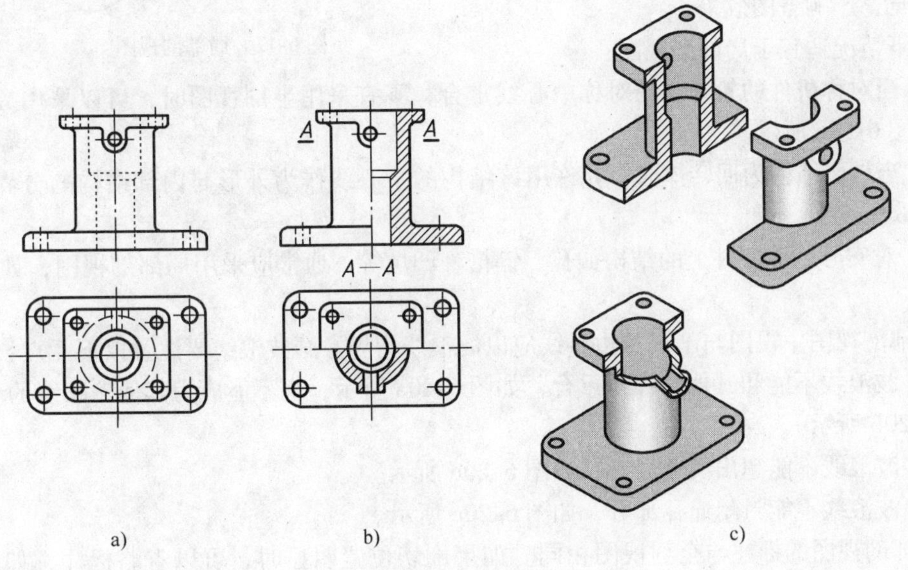

图 6-15　半剖视图

半剖视图主要适用于对称机件，既能表达内部结构，也可兼顾外部形状。对于机件形状近似于对称，且不对称部分已另有图形表达清楚时，也可以画成半剖视图，如图6-16所示。

画半剖视图注意事项：

1）半个视图与半个剖视图之间的分界线为点画线。

2）半个剖视图中已经表达清楚的内部结构在半个视图中不再用虚线表达。

3）半剖视图的标注和全剖视图相同，其剖切符号仍应画在图形轮廓线以外，如图6-15中的“*A—A*”。

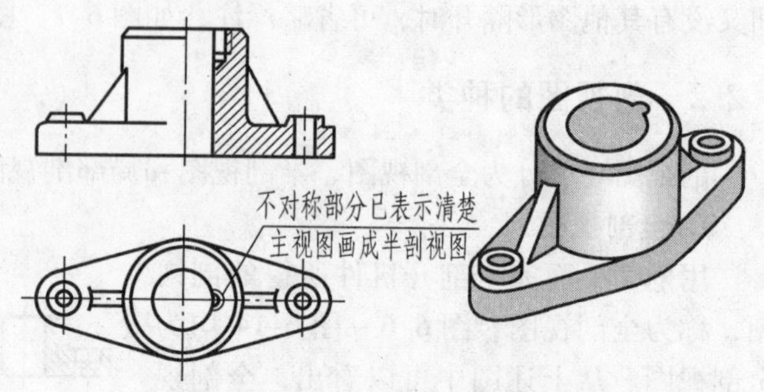

图6-16　基本对称机件的半剖视图

3. 局部剖视图

用剖切平面局部剖开机件所得的剖视图，称为局部剖视图。图6-17所示机件的主视图和俯视图均采用了局部剖视图。

局部剖视图可同时表达机件的内部结构和外部形状，而且不受机件是否对称的限制。在什么位置剖切、剖切范围多大，都可根据需要确定。它可以单独采用，也可以应用在全剖视图或者半剖视图中，比较灵活、广泛。但要注意，一个视图中不宜过多采用局部剖视图，以免给视图造成支离破碎的感觉，影响看图效果。

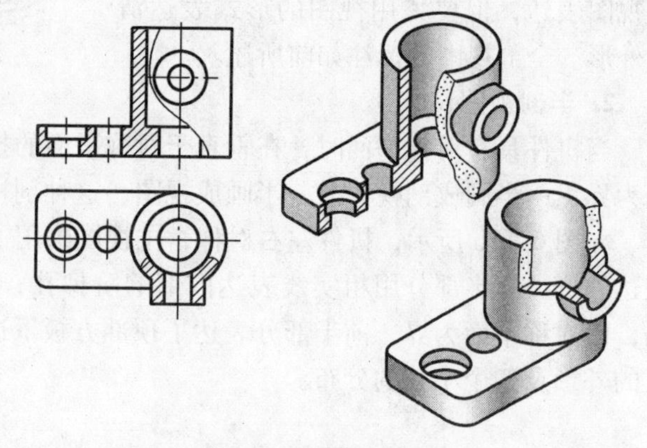
图6-17　局部剖视图

以下情况适宜于局部剖视图：

1）当对称机件的轮廓线与对称中心线重合，不宜采用半剖视图时，可以采用局部剖视图，如图6-18a所示。

2）当被剖结构为回转体时，允许用该结构的中心线作为外形与内部结构的分界线，如图6-18b所示。

3）对实心轴等零件上的结构如孔、键槽、凹坑等，通常应采用局部剖视图，如图6-19所示。

局部剖视图中视图与剖视的边界线应以波浪线为界。画波浪线要注意以下几点：

1）波浪线不能和其他轮廓线重合，如图6-20a所示；也不能成为其他轮廓线的延长线，如图6-20b所示。

2）波浪线不能超出实体以外，如图6-20c所示。

3）波浪线不能封闭通孔部分，如图6-20c所示。

局部剖视图的标注与全剖视图相同。如果剖切位置明显时，可以省略标注，如图6-17所示。

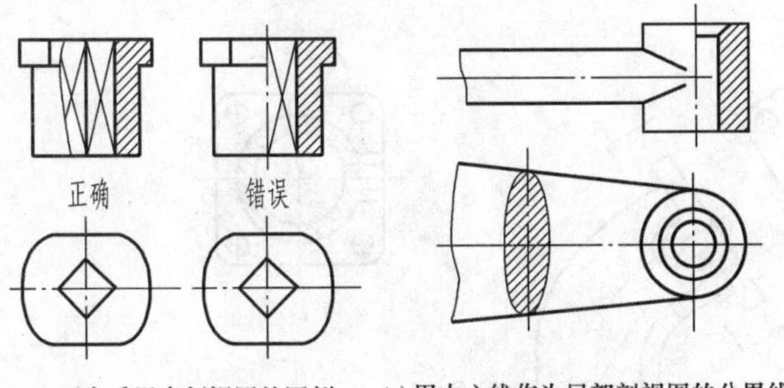

a）不宜采用半剖视图的图例　b）用中心线作为局部剖视图的分界线

图 6-18　局部剖视图

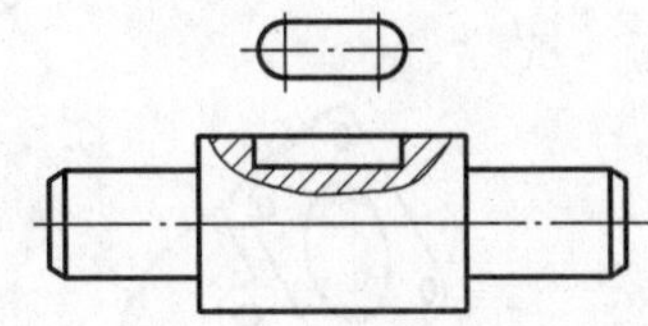

图 6-19　实心轴上的键槽采用局部剖视图

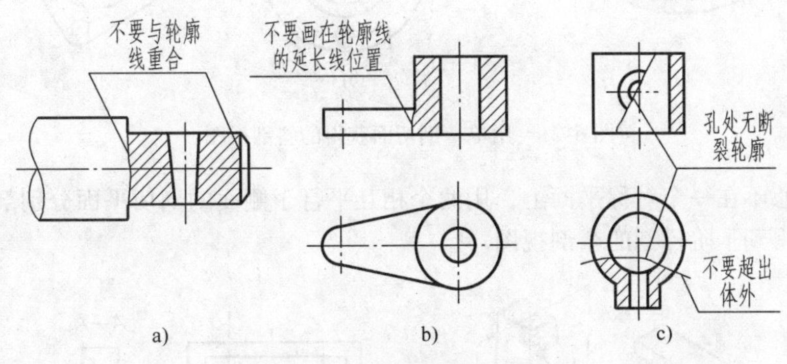

图 6-20　波浪线的错误画法

6.2.3　剖切面的种类

机件的结构多种多样，画剖视图时应根据机件的结构形状，采用不同的剖切方法和选用合适的剖切面。

1. 单一剖切面

单一剖切面用得最多的是投影面平行面，即用一个平行于基本投影面的剖切平面剖开机件所画出的剖视图。前面所举图例中的剖视图都属于这种剖切方式，也是比较常用的形式。单一剖切面也可以用柱面，此时所画的视图应按展开绘制。单一剖切面还可以用垂直于基本投影面的平面，当机件上具有倾斜结构时，可采用此剖切面进行剖切，这种剖视称为斜剖。如图 6-21 所示，为了将机件左上方法兰的内外结构表达清楚，采用垂直于管轴的正垂面剖切，得到斜剖视图 *A—A*。

采用这种剖视，可以按照投影关系布置视图，也可以按照向视图的方式布置到其他位置，而且必须按照规定进行标注，即标明剖切面位置、投射方向和视图名称，如图 6-21 中的“*A—A*”。在不致引起误解时，允许将图形旋转，标注形式为“×—×旋转”，如图 6-21c 所示。

2. 几个平行的剖切平面

用两个或两个以上平行的剖切平面剖开机件所画出的剖视图称为阶梯剖。阶梯剖主要适合于表达机件上不在一个平面上的内部结构。图 6-22 所示机件上部两个小圆孔和矩形槽与

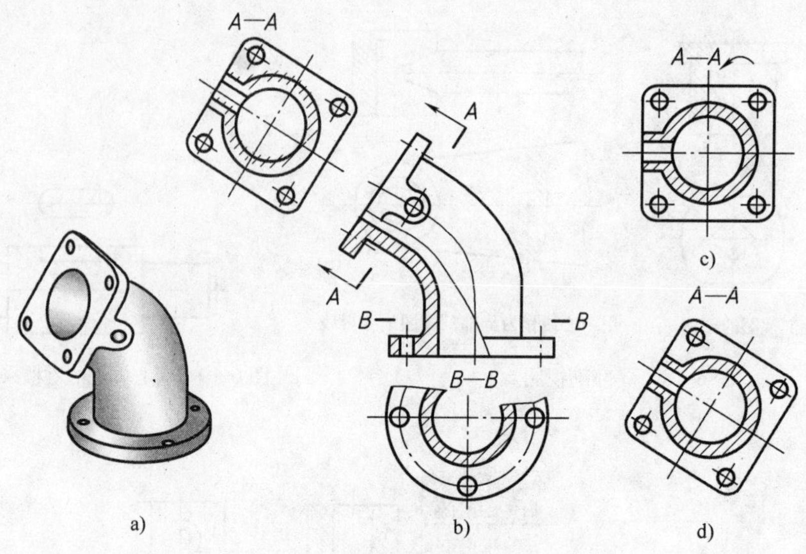

图 6-21　用单一剖切面获得的斜剖视图

下部轴孔的中心不在一个对称平面上，用两个相互平行于侧面的剖切平面分别剖开机件，向右侧面投射，得到了阶梯剖的全剖视图。

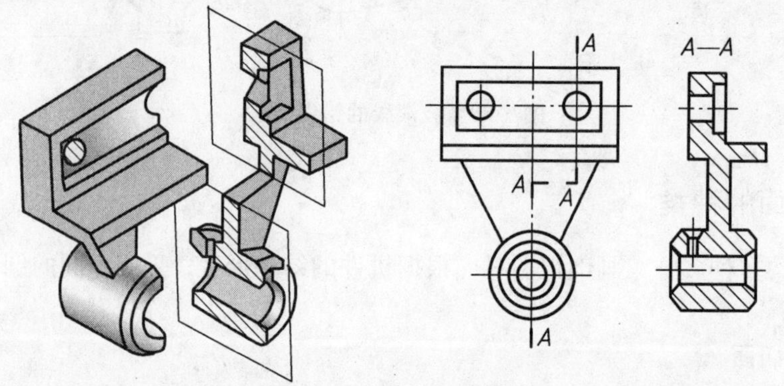

图 6-22　用几个平行剖切平面获得的全剖视图

用几个平行的剖切平面剖切时须注意以下三点：

1）由于剖切是假想的，所以剖切平面转折处不应画线，如图 6-23a 所示。

2）转折处的位置要选择恰当，使剖视图中不致出现不完整要素，如图 6-23b 所示。仅当两个要素在图形上具有公共对称中心线或轴线时，可以各画一半，此时应以对称中心线或轴线为界，如图 6-24 所示。

3）用阶梯剖所得到的视图必须进行标注，如图 6-22 所示。在剖切平面的起、止和转折处，画上剖切符号，并注上相同的字母（转折处的字母可以省略），在所画的剖视图上方用相同的字母标出名称“×—×”。当剖视图按投影关系配置，中间又无其他视图隔开时，可省略箭头。

3. 两个相交的剖切平面

用两个相交的剖切平面（交线垂直于某一基本投影面）剖开机件所画的剖视图称为

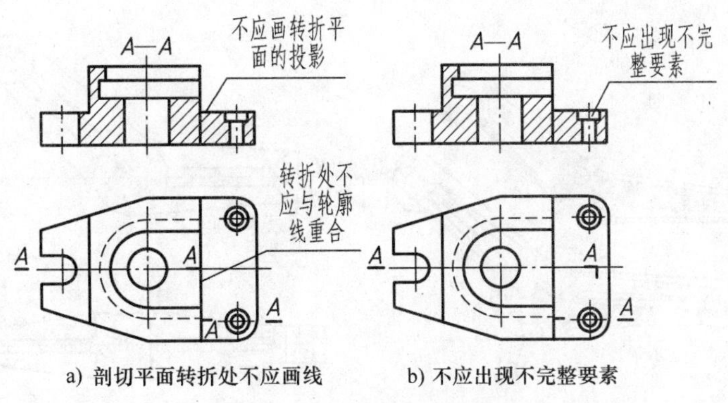

a) 剖切平面转折处不应画线　　b) 不应出现不完整要素

图 6-23　阶梯剖中的错误画法

旋转剖。旋转剖主要适合于不处在同一平面上且又共有一个回转轴线结构的机件。采用这种方法画剖视图时，先假想按剖切位置剖开机件，然后将被剖切平面剖得的结构及其有关部分绕剖切平面的交线旋转到与选定的投影面平行后再进行投射。

图 6-25 所示机件在整体上具有回转轴，为了同时清楚表达机件上部的小盲孔和下部半圆槽，用两个相交的剖切平面（交线垂直于正面）剖开机件，将倾斜部分（半圆槽部分）绕轴线旋转到与右侧面平行后再进行投射，即可得到旋转剖全剖视。

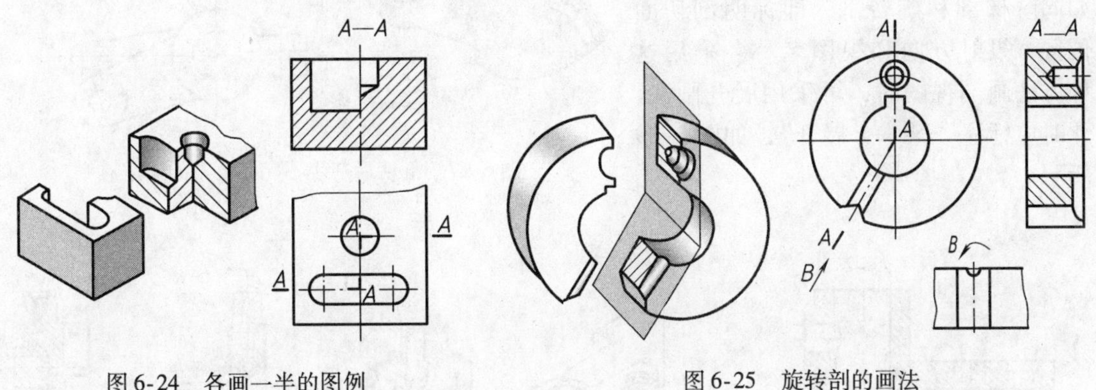

图 6-24　各画一半的图例　　图 6-25　旋转剖的画法

用两相交的剖切平面剖切时须注意以下三点：

1）两剖切平面的交线应与回转轴线重合，剖切后倾斜部分应先旋转到与选定的基本投影面平行，使被剖开的结构投影为实形。而在剖切平面后的其他结构一般按原来位置投影，如图 6-26 所示的小油孔。

2）当剖切后产生不完整要素时，应将此部分按不剖处理，如图 6-27 所示的实心臂。

3）旋转剖必须进行标注，标注方法如阶梯剖，但要注意箭头与剖切符号要垂直，如图 6-27 所示。

4. 组合的剖切平面

除旋转、阶梯剖以外，用组合的剖切平面剖开机件所画出的剖视图称为复合剖。复合剖主要适合于内部结构比较复杂的机件，这些结构通常需要用多个剖切面来表达，如多个相交的剖切面或平行的剖切平面与相交的剖切面的组合等。如图 6-28 所示，为了将机件上所有

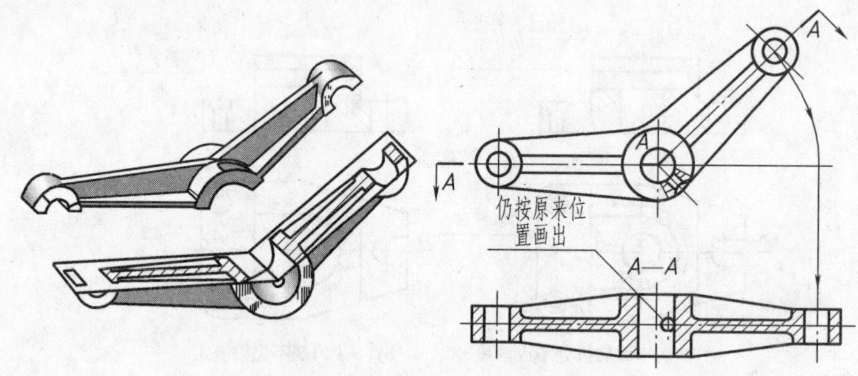

图 6-26　剖切平面后的其他结构的画法

内部结构表达清楚，左侧底板上的两对小孔和右侧竖直通孔以及水平方向的凸台采用了组合的剖切平面。剖开后，右侧倾斜部分（水平凸台部分）需要绕回转轴线旋转到和正面平行，然后和其他结构一起向正面投射。

复合剖必须进行标注，标注方法如同阶梯剖和旋转剖，即标明剖切面位置、投射方向和视图名称。采用这种方法画剖视图时，可采用展开画法，此时应标注“×—×展开”，如图 6-29 所示。

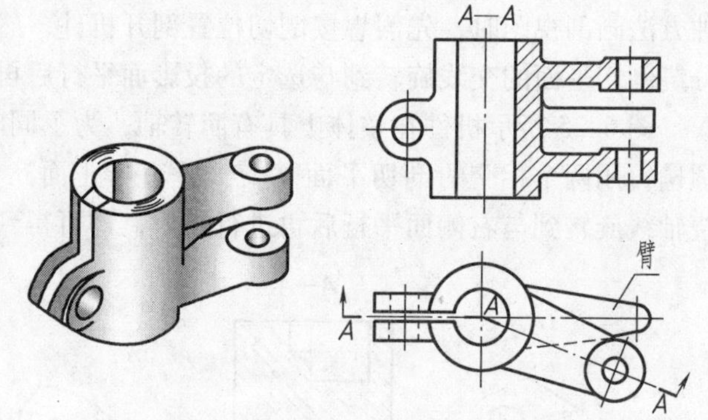

图 6-27　剖切后产生不完整要素的画法

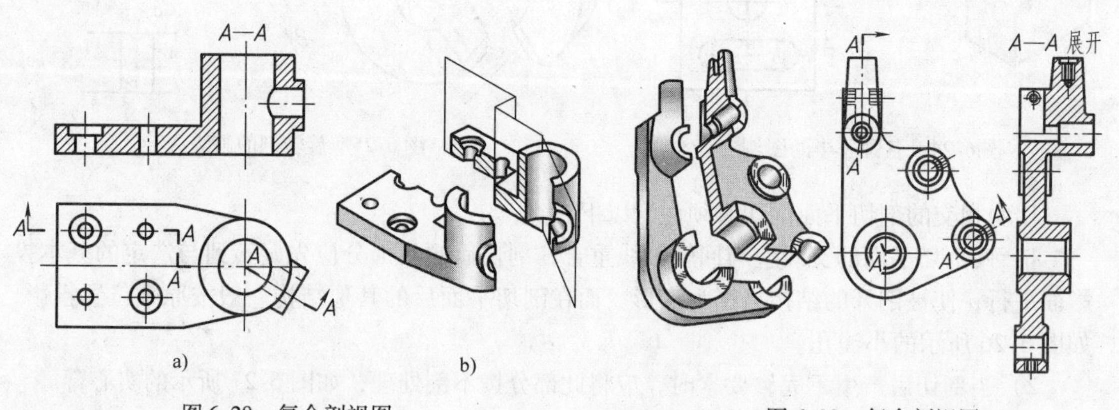

图 6-28　复合剖视图

图 6-29　复合剖视图

由上可知，按剖开机件的范围大小有全剖视图、半剖视图和局部剖视图；按照剖切方法不同有单一剖切面、几个平行的剖切面、几个相交的剖切面。无论采用哪类剖切面剖切，都可以获得三种剖视形式中的一种。

6.3　断　面　图

6.3.1　断面图的概念

假想用剖切平面将机件的某处切断，仅画出该剖切面与机件接触部分的图形，这种图形称为断面图。断面图和剖视图的区别在于断面图只表达剖切面切断的部分，而剖视图除了表达剖切面剖到的部分外，还要表达剖切平面后面的可见部分，如图 6-30a 所示。

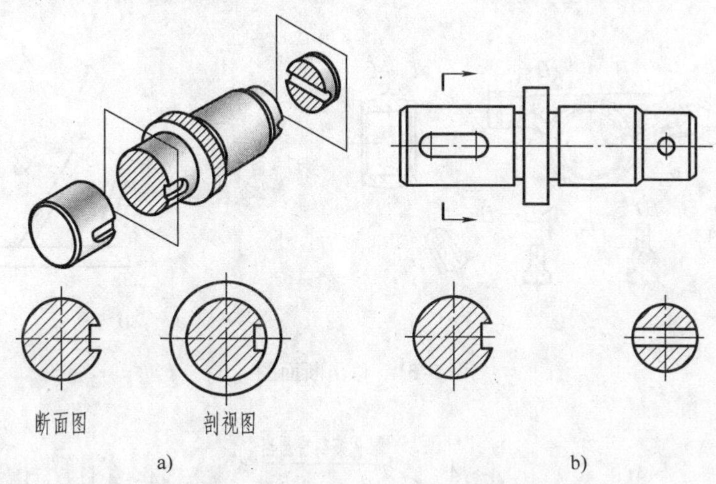

图 6-30　断面图与剖视图的区别

断面图图形简明、清晰，重点突出，机件上的键槽、销孔、肋板、轮辐等结构，以及型材、杆件的断面实形都可以用断面图来表达。

6.3.2　断面图的种类

根据断面图在图样中的位置不同，可将其分为移出断面图和重合断面图。

1. 移出断面图

移出断面图的轮廓线用粗实线画出。布置图形时，尽量将断面图配置在剖切线（表示剖切面位置的细点画线）的延长线上或剖切符号粗短画的延长线上，如图 6-31a 所示。当断面图的图形对称时，可将断面图画在原有图形的中断处，如图 6-31b 所示。移出断面图也可配置在其他适当位置，如图 6-31c 中的断面图“*A—A*”。必要时还可将图形旋转后画出，如图 6-31c 中的断面图“*B—B*”和断面图“*D—D*”。

为了能够表示出截断面的真实形状，剖切平面一般应垂直于机件的轮廓线，如图 6-31a 所示。由两个或多个相交的剖切平面得出的移出剖面，中间一般断开，如图 6-31d 所示。

断面图仅画出被切断截面的形状，但当剖切平面通过回转面形成的孔或凹坑的轴线时，这些结构应按剖视图画出，如图 6-32 所示。

当剖切平面通过非圆孔会导致出现完全分离的剖面区域时，这些结构也应按剖视图画出，如图 6-33a 所示。图 6-33a 中的“*A—A*”是断面图而不是剖视图，图 6-33b 所示的才是剖视图。

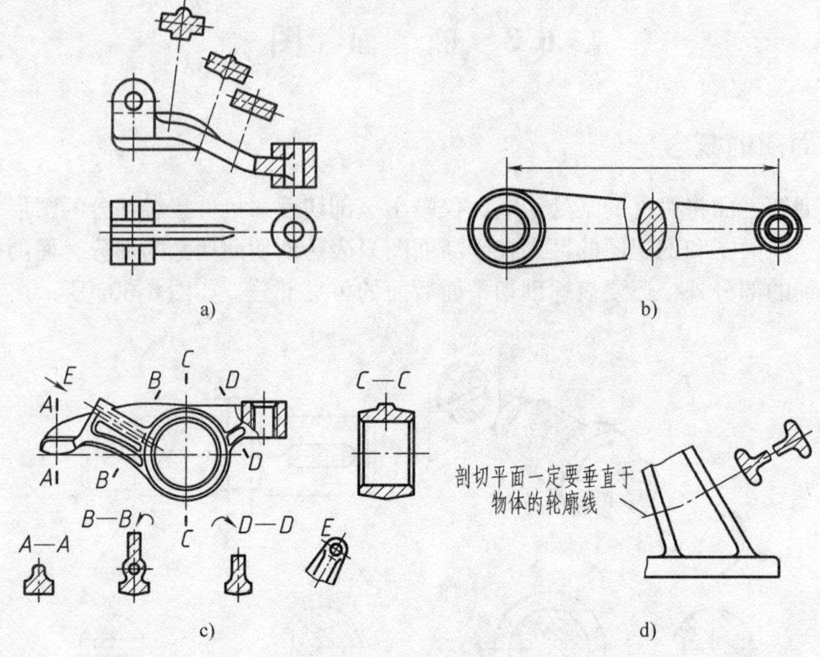

图 6-31　移出断面图

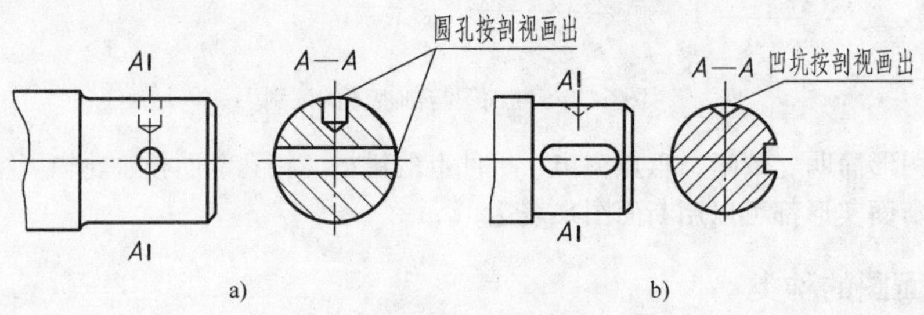

图 6-32　回转孔按剖视画

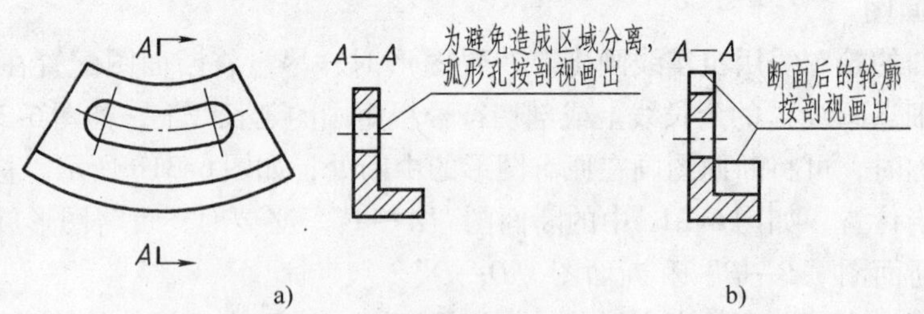

图 6-33　某些结构按剖视画

移出断面图一般应标注剖切符号，用粗短画表示剖切面起、止和转折位置，用箭头表示投射方向，还应在粗短画附近标注大写拉丁字母“×”，并在相应断面图上方用相同的字母注出断面图名称“×—×”，如图 6-33a 所示。

断面图的标注在下述情况下可以省略：

1）配置在粗短画延长线或剖切线延长线上的移出断面图，可以省略断面图的名称和粗短画附近的字母，如图 6-34 所示。

2）当不对称的移出断面图按投影关系配置，或移出断面图对称时，可以省略表示投射方向的箭头，如图 6-35 所示。

3）对称的移出断面图配置在粗短画延长线或剖切线延长线上，或配置在视图中断处时（图 6-31b），不必标注。

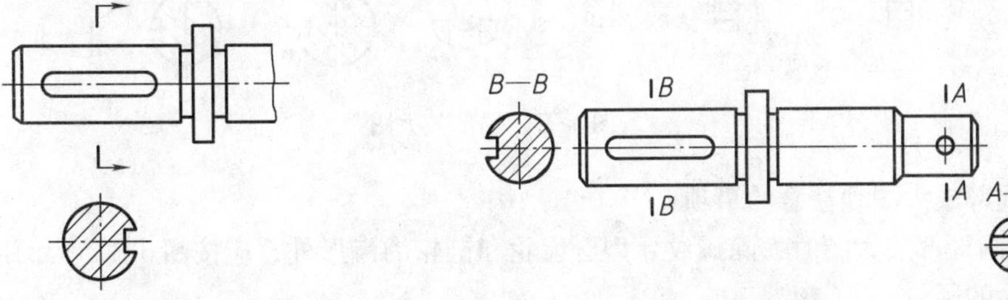

图 6-34　字母和断面图名称的省略　　图 6-35　箭头的省略

2. 重合断面图

在视图（或剖视图）之内画出的断面图称为重合断面图，如图 6-36 所示。这种表示截断面的方法只在截面形状简单、且不影响图形清晰程度的情况下才采用。

重合断面图的轮廓线用细实线绘制。当视图中的轮廓线与重合断面的图形重叠时，视图中的轮廓线仍应连续画出，不可间断。对称的重合断面图可以省略标注，如图 6-36b、c 所示；不对称的重合断面图在不引起误解时可以省略标注，如图 6-36a 所示。

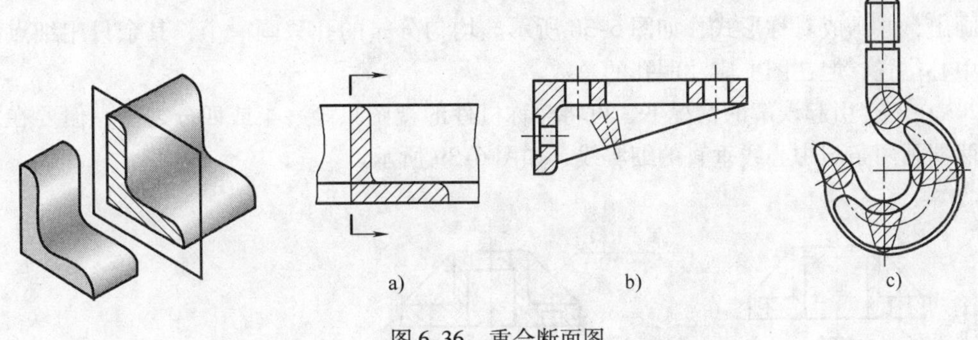

a)　b)　c)

图 6-36　重合断面图

6.4　局部放大图与简化画法

国家标准规定的其他图样画法有很多，除了上面介绍的一些表达方法之外，画图时还可依据不同的机件形状，选用以下一些表达方法。

6.4.1　局部放大图

机件上有些细小结构，在图形中由于表达不清楚，或者不便于标注尺寸，可将机件的部分结构用大于原图形所用比例画出，该图形称为局部放大图。局部放大图可以画成视图、剖视图、断面图等，而与原图所采用的表达方法无关。局部放大图应尽量配置在被放大部位的附近，如图6-37所示。

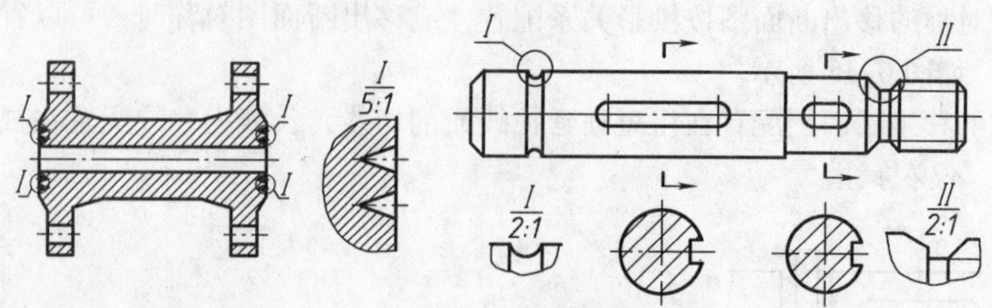

图6-37　局部放大图

画局部放大图须注意的事项：

1）画局部放大图时，除螺纹牙型、齿轮和链轮的齿形外，应按图6-37所示用细实线圈出被放大的部位。

2）当同一机件上有几个被放大的部分时，必须用罗马数字依次表明被放大的部位，并在局部放大图的上方标出相应的罗马数字和所采用的比例，如图6-37所示。

3）当机件上被放大的部分仅一处时，在局部放大图的上方只需注明所采用的比例。

4）同一机件上不同部位的局部放大图，当图形相同或对称时，只需画出一处，如图6-37所示。

6.4.2　简化画法

1）当机件回转体上均匀分布的肋、轮辐、孔等结构不在同一剖切平面上时，可按旋转剖视画出，并画成对称形式，如图6-38所示。均匀分布的孔只画一个，其余只用细点画线画出中心位置，但在图上应注明孔的总数。

2）在不会引起误解的情况下，可将对称机件的视图只画一半或四分之一，但要在对称线的两端画两条与中心线垂直的细实线，如图6-39所示。

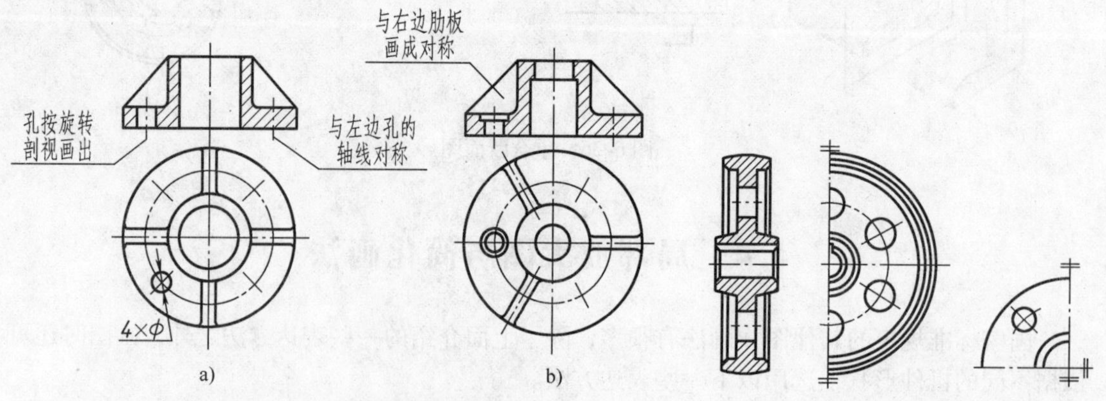

图6-38　机件上均匀分布的肋与孔的简化画法　　图6-39　对称图形的简化画法

3）当机件上具有若干相同要素并按规律分布时，可只画出几个要素，其余的用细实线连接，但在图中要注明该要素的总数，如图6-40所示。

4）较长机件沿长度方向形状一致或按一定规律变化，例如轴、杆件、连杆、型材等，

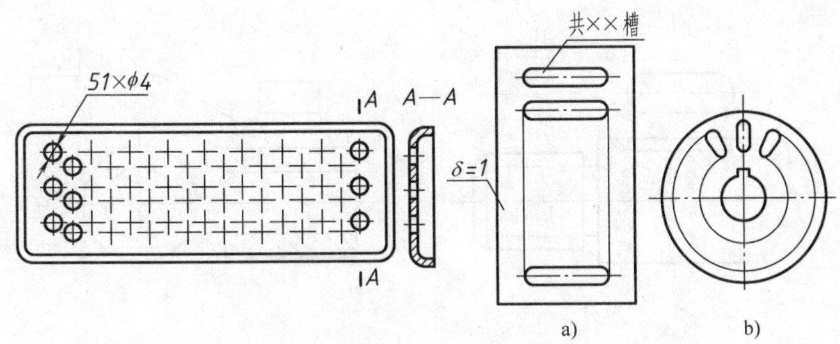

图 6-40　相同结构要素的省略画法

允许断开表达，但所标注尺寸应为实际尺寸，如图 6-41 所示。

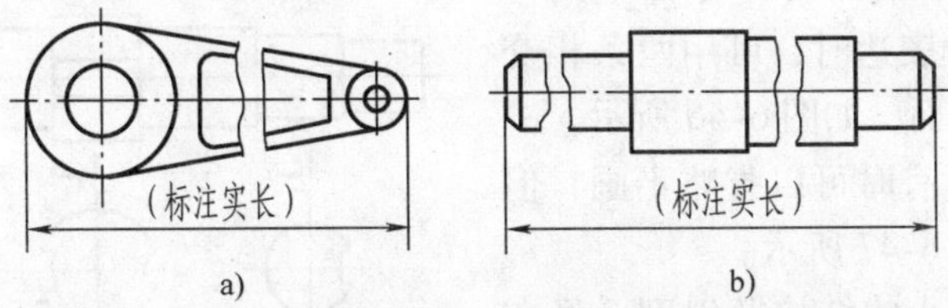

图 6-41　较长机件的折断画法

5）当圆或圆弧所在平面与投影面的倾角不大于 30°时，其投影允许用圆或圆弧来代替，如图 6-42 所示。

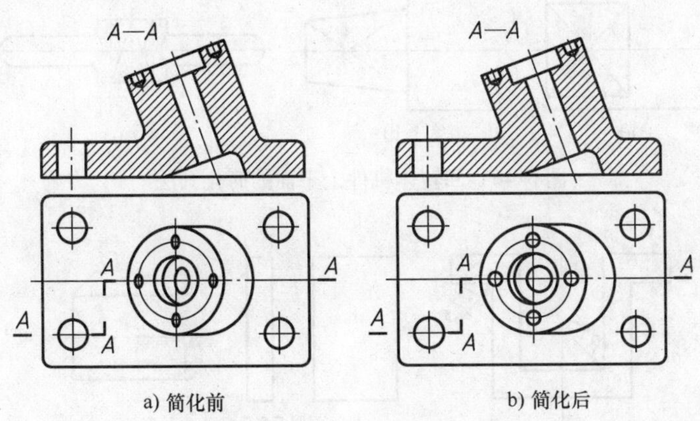

图 6-42　倾斜圆或圆弧的简化画法

6）表达网状件的网状部分及滚花件的滚花部分（图 6-43）时，只需示意地画出该结构的局部，但要在图中或技术要求中注出这些结构的具体要求。

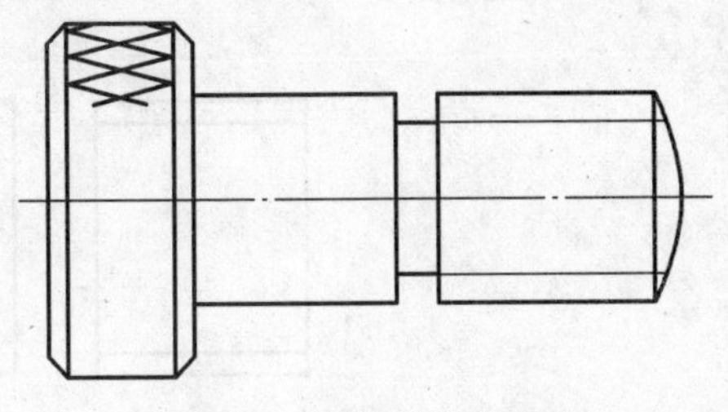

图 6-43　网状结构的画法

7）机件上的槽或槽孔所处位置如图 6-44 所示时，槽与槽孔的结构形状的局部视图可按图 6-44 所示方法绘制。当槽或槽孔较小时，视图上的相贯线或截交线可省略或简化。

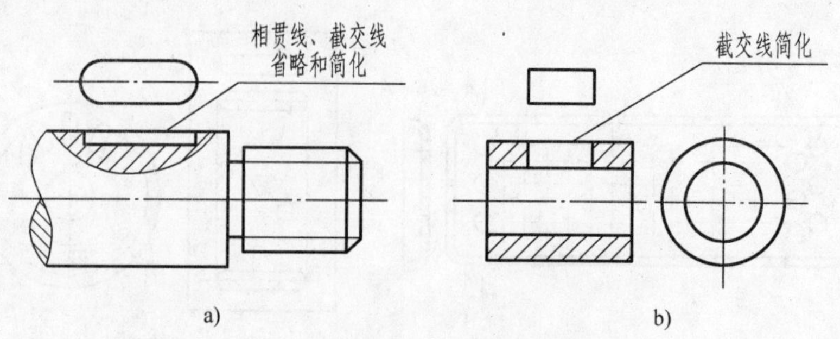

图 6-44　槽或槽孔的简化画法

8）在不会引起误解的情况下，移出断面可不画出剖面符号，如图 6-45 所示。

9）平面表示法。当回转体零件上的平面在图形中不能充分表达时，可用两条相交的细实线表示这些平面，如图 6-46 所示。

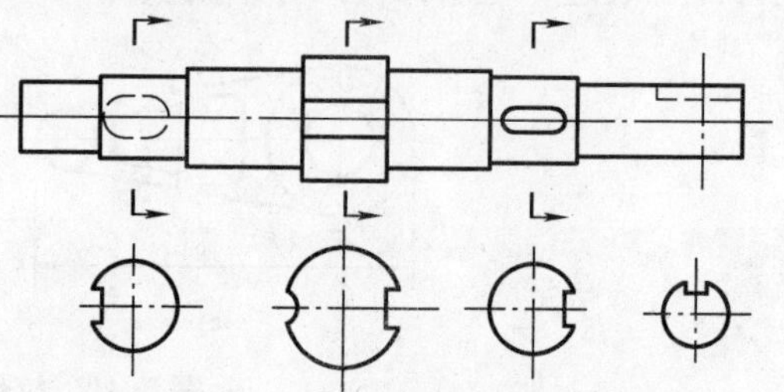

图 6-45　省略断面符号的简化画法

10）圆角和倒角有时可以省略不画，但需要注明尺寸，如图 6-47 所示。

11）当机件上较小的结构及斜度已经在一个图形上表达清楚，在其他图形上可以简化或省略，如图 6-48 所示。

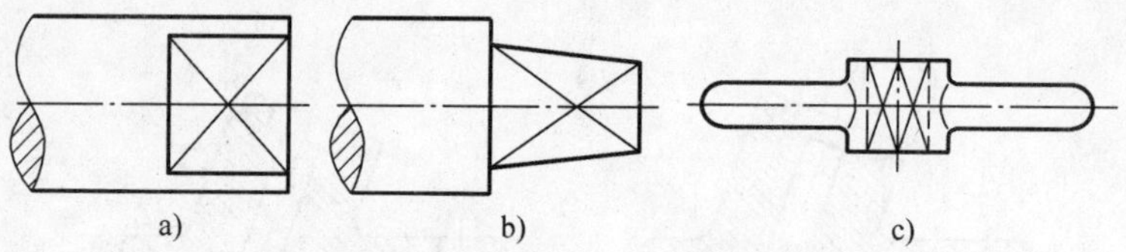

图 6-46　回转体机件上平面的简化画法

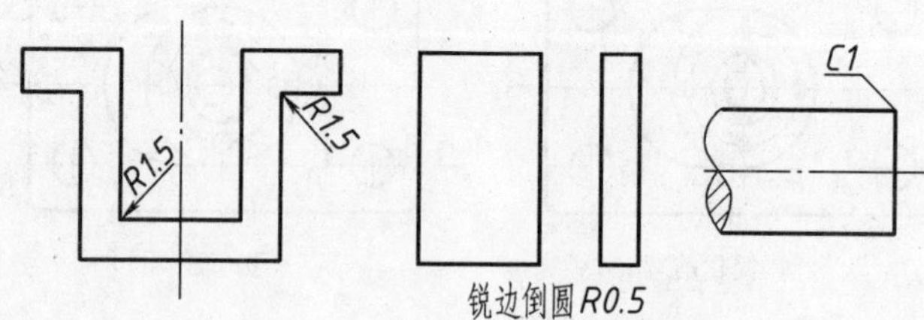

图 6-47　圆角和倒角的省略画法

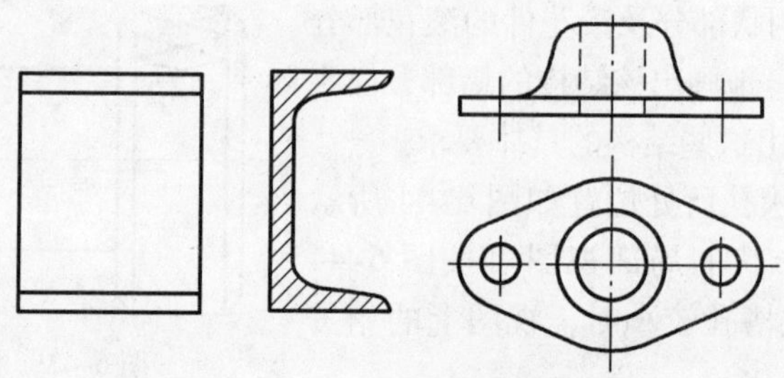

图 6-48　较小结构的简化画法

6.5 轴 测 图

在机械制图中，主要是用正投影图来表达立体的形状和大小。但正投影图缺乏立体感，因此在机械图样中有时也用一种富有立体感的轴测图作为辅助图样来表达机件立体的形状。

6.5.1 轴测图的基本知识

1. 轴测图的形成

将立体连同确定其空间位置的直角坐标系，用平行投影法投射到单一投影面上所获得的图形，称为轴测图，如图 6-49 所示。该单一投影面 P 称为轴测投影面。由于这样的图形能同时反映出立体长、宽、高三个方向的形状，所以具有立体感。

空间直角坐标系中的三根坐标轴 O_0X_0、O_0Y_0、O_0Z_0，在轴测投影面 P 上的投影 OX、OY、OZ 称为轴测轴。

相邻两轴测轴间的夹角 $\angle XOY$、$\angle XOZ$、$\angle ZOY$ 称为轴间角。

轴向伸缩系数为轴测轴上的单位长度与相应空间直角坐标轴上单位长度的比值，如图 6-50 所示，则

X 轴的轴向伸缩系数 $p=\dfrac{OA}{O_0A_0}$

Y 轴的轴向伸缩系数 $q=\dfrac{OB}{O_0B_0}$

Z 轴的轴向伸缩系数 $r=\dfrac{OC}{O_0C_0}$

轴间角和轴向伸缩系数是绘制轴测图的两个主要参数。

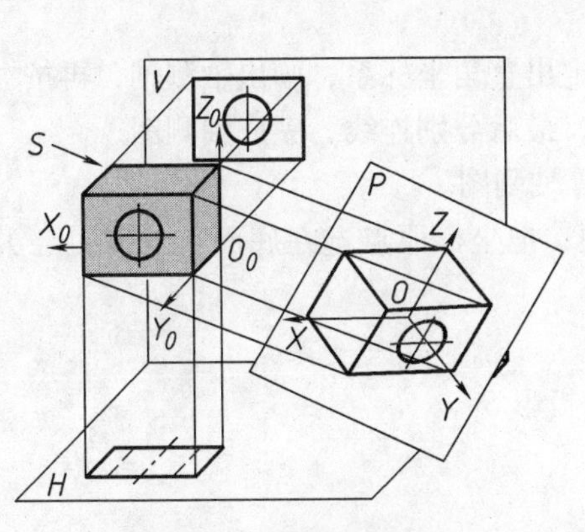

图 6-49 轴测图的形成

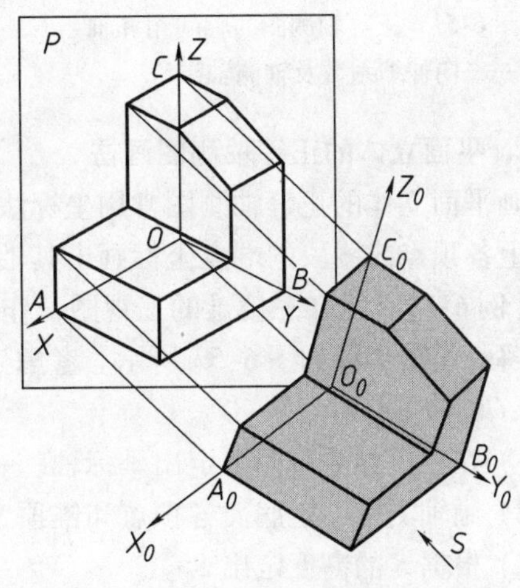

图 6-50 轴测图的形成

2. 轴测图的基本性质

1）立体上互相平行的线段，在轴测图上仍然相互平行；立体上平行于坐标轴的线段，

在轴测图上必定平行于相应的轴测轴，且具有相同的轴向伸缩系数。

2）立体上两相互平行的线段或同一条直线上两条线段的比值，在轴测图上保持不变。

在绘制轴测图时，必须沿着轴测轴或平行于轴测轴方向度量，轴测图也由此而得名。轴测图有很多种，常用的有正等轴测图和斜二轴测图两种。

6.5.2 正等轴测图

当直角坐标系的三根坐标轴与轴测投影面倾斜的角度相等时，用正投影法得到的投影图称为正等轴测图，简称正等测图。

1. 轴间角和轴向伸缩系数

正等轴测图中的轴间角均为120°，如图6-51a所示。轴测轴的画法如图6-51b所示。由于空间立体的三根坐标轴与轴测投影面的倾角均相同，所以它们的轴测投影缩短程度也相同，轴向伸缩系数 $p=q=r=0.82$。绘图时为方便起见，一般都把轴向伸缩系数简化为1，即所有与坐标轴平行的线段，在作图时其长度都取实长。这样画出的图形，其轴向尺寸均为原来的1/0.82（约1.22）倍。图形虽然大了一些，但形状和直观性都不发生变化，如图6-52所示。

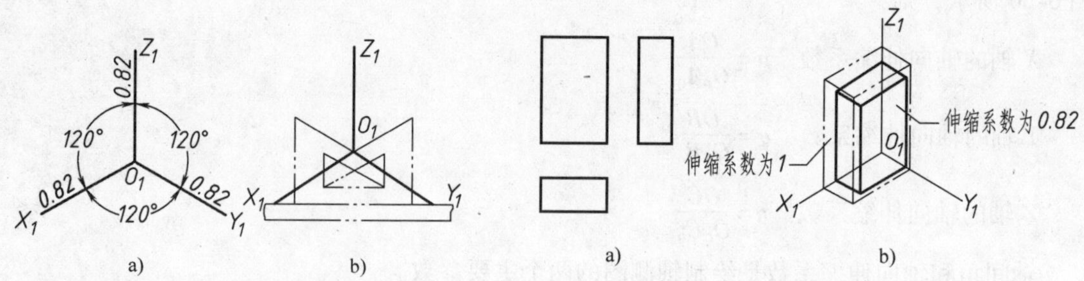

图6-51 正等轴测图的轴间角和轴向伸缩系数及轴测轴画法

图6-52 轴向伸缩系数不同的两种正等轴测图的比较

2. 平面立体的正等轴测图画法

画平面立体的正等轴测图常用坐标法。一般先定出直角坐标系，画出轴测轴，再按立体表面上各顶点或线段的端点坐标画出其轴测图投影，最后分别连线，完成轴测图。

【例6-1】 已知三棱锥的三视图，作出它的正等轴测图。

解： 作图步骤如图6-53所示。考虑到作图方便，把坐标原点选在底面上点 B 处，并使 AB 与 OX 轴重合。

1）在三棱锥的视图上定出坐标轴。

2）画轴测轴，定底面各顶点和锥顶 S 在底面的投影 S_1。

3）根据 S 的高度定出 S_1。

4）连接各顶点，描深即完成作图。

【例6-2】 作正六棱柱的正等轴测图。

解： 由于正六棱柱前后、左右对称，故选择顶面的中点作为坐标原点，棱柱的轴线作为 Z 轴，顶面的两对称线作为 X、Y 轴。作图步骤如图6-54所示。

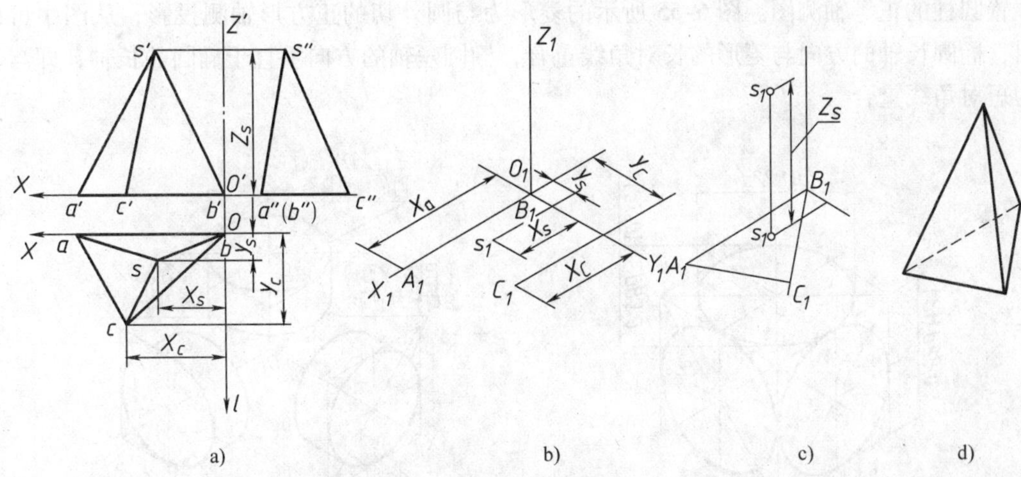

图 6-53 三棱锥正等测轴图的画法

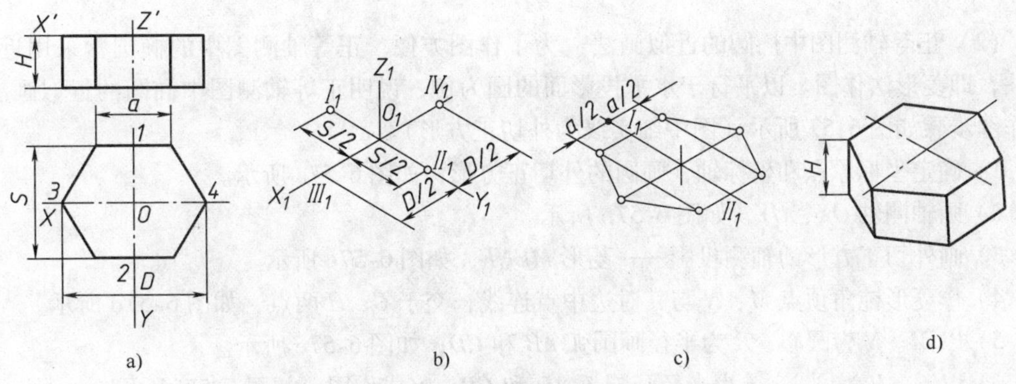

图 6-54 正六棱柱正等轴测图的画法

1）在视图上定坐标轴。

2）画轴测轴，根据尺寸 S、D 定出 I_1、II_1、III_1、IV_1点。

3）过 I_1、II_1作直线平行于 O_1X_1，并在所作两直线上各取 $a/2$ 和连接各顶点。

4）过各顶点向下画侧棱，取尺寸 H；画底面各边；描深即完成全图。

从上述两例的作图过程中，可以总结出以下两点：

1）画平面立体的轴测图时，应首先选好坐标轴并画出轴测轴；然后根据坐标确定各顶点的位置；最后依次连线，完成整体的轴测图。具体画图时，应分析平面立体的形体特征，一般总是先画出立体上一个主要表面的轴测图。通常是先画顶面，再画底面；有时需要先画前面，再画后面，或者先画左面再画右面。

2）为使图形清晰，轴测图中一般不画虚线。但有些情况下，为了相互衬托以增加图形的直观性，也可画出少量虚线，如图 6-53d 所示。

3. 回转体的正等轴测图画法

（1）圆的正等轴测图画法　平行于坐标面的圆的正等轴测图都是椭圆，如图 6-55 所示，d 为内切圆直径。除了长短轴的方向不同外，画法都是一样的。图 6-56 所示为三种不同位置圆柱的正等轴测图。图6-55所示的菱形为与圆外切的正方形轴测投影，从图中可以看出，椭圆长轴的方向与菱形的长对角线重合，椭圆短轴的方向垂直于椭圆的长轴，即与菱形的短对角线重合。

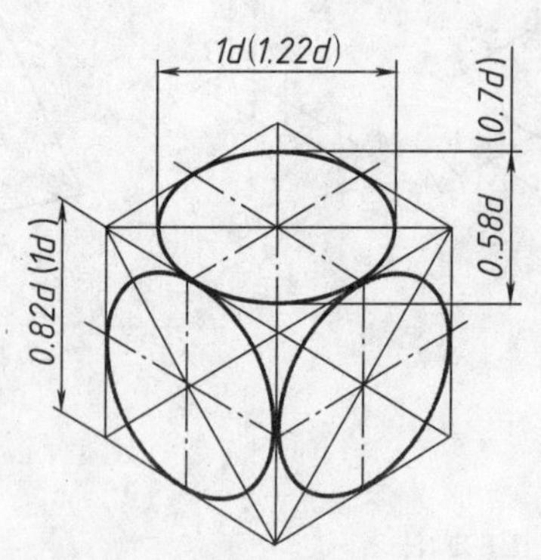

图6-55　平行于各坐标面的圆的正等轴测图

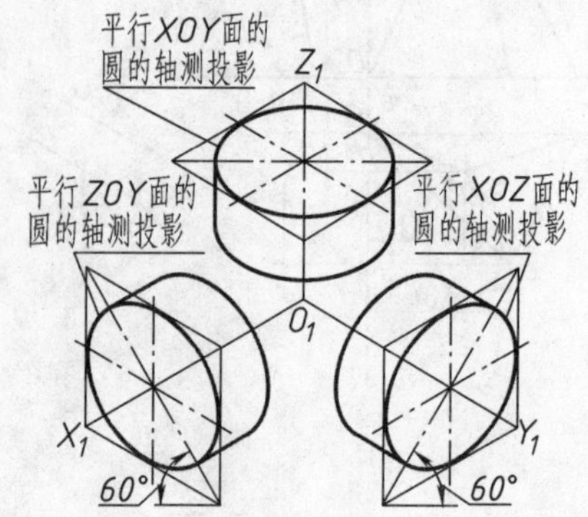

图6-56　平行于坐标面的圆柱正等轴测图

（2）正等轴测图中椭圆的近似画法　为了作图方便，正等轴测图中的椭圆常采用近似画法，即菱形法作图。以平行于水平投影面的圆为例，说明正等轴测图中椭圆的近似画法，其作图步骤如图6-57所示（图中细实线为外切正方形）。

1）确定坐标原点和坐标轴，画圆的外切正方形，如图6-57a所示。

2）画轴测轴 *OX*、*OY*，如图6-57b所示。

3）画外切正方形的轴测投影——菱形 *MENF*，如图6-57c所示。

4）作菱形钝角顶点 *M*、*N* 与其对边中点连线，交于 *G*、*H* 两点，如图6-57d所示。

5）以 *M*、*N* 为圆心，*R* 为半径画圆弧 *AB* 和 *CD*，如图6-57e所示。

6）以 *G*、*H* 为圆心，*r* 为半径画圆弧 *AD* 和 *CB*，完成作图，如图6-57f所示。

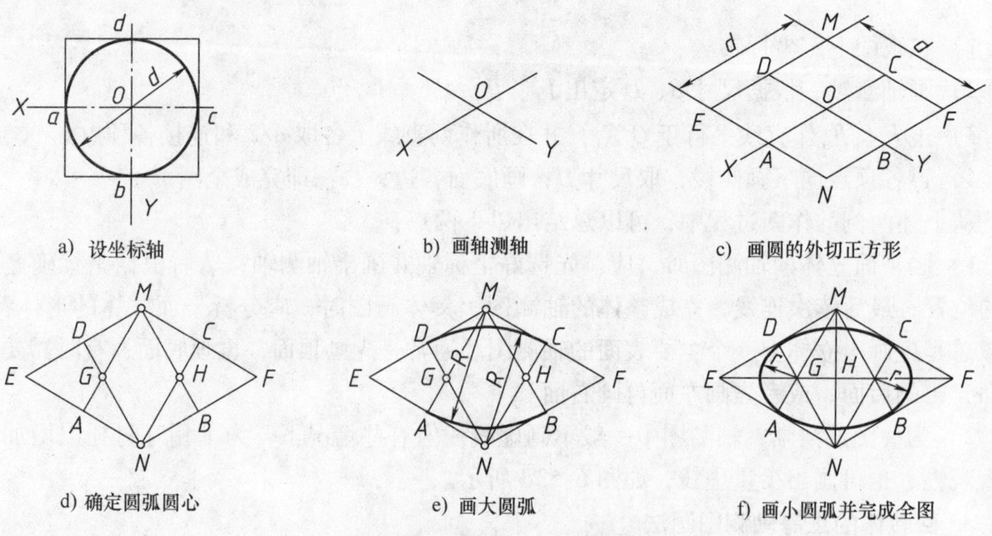

图6-57　四心法画椭圆

(3) 回转体正等轴测图的画法　在画回转体正等测轴图时，只有明确圆所在的平面与哪一个坐标面平行，才能保证画出正确的椭圆。

圆柱正等轴测图的画法如图 6-58 所示。

1) 圆柱的两视图如图 6-58a 所示。

2) 画轴测轴，定上下底圆中心，画上下底椭圆，如图 6-58b 所示。

3) 作出两边轮廓线（注意切点），如图 6-58c 所示。

4) 描深，完成全图，如图 6-58d 所示。

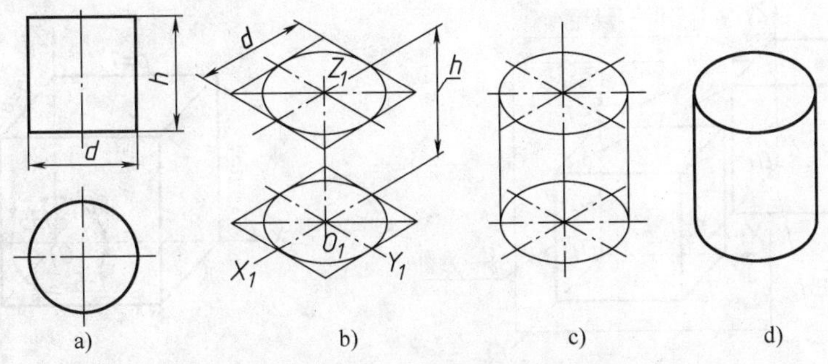

图 6-58　圆柱正等轴测图的画法

圆台正等轴测图的画法如图 6-59 所示。

1) 圆台的两视图如图 6-59a 所示。

2) 画出左右两端椭圆后，画它们的公切线，如图 6-59b 所示。

3) 描深，完成全图，如图 6-59c 所示。

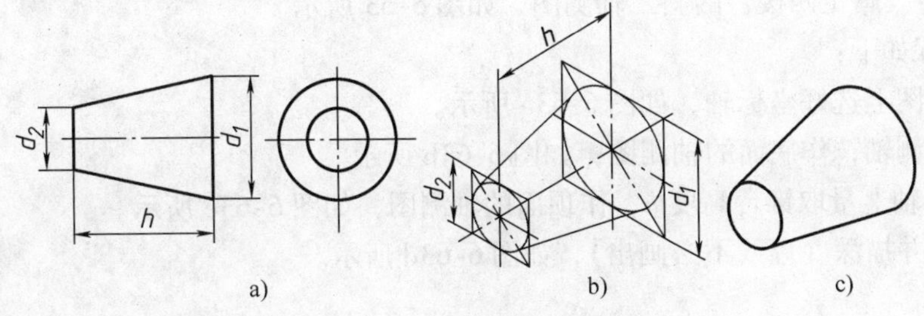

图 6-59　圆台正等轴测图的画法

(4) 圆角正等轴测图的画法　连接直角的圆弧，等于整圆的四分之一，在轴测图上，它是四分之一椭圆弧。作图时，根据已知圆角半径 R，找出切点 A_1、B_1、C_1 和 D_1，过切点分别作圆角邻边的垂线，两垂线的交点即为圆心，以此圆心到切点的距离为半径画圆弧即得上面圆角的正等轴测图。底面圆角可用移心法作图（图 6-60）。

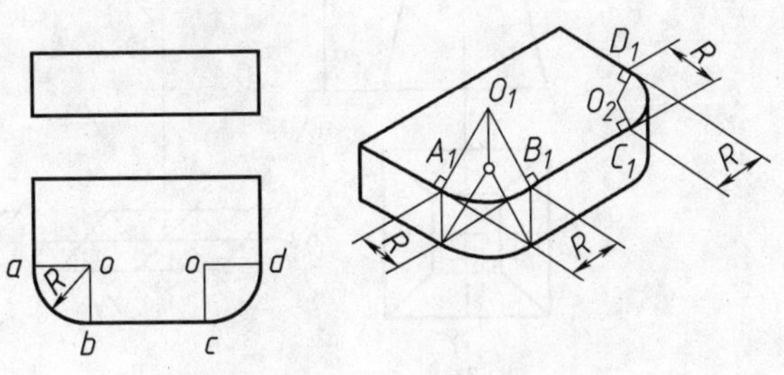

图 6-60　圆角正等轴测图的画法

6.5.3 斜二轴测图

当立体上的两个坐标轴 OX 和 OZ 与轴测投影面平行，而投射方向与轴测投影面倾斜时，所得到的轴测图称为斜二轴测图，如图 6-61 所示。

1. 轴间角和轴向伸缩系数

斜二轴测图中的 O_1X_1 与 O_1Z_1 的轴向伸缩系数为 $p=r=1$，O_1Y_1 的轴向伸缩系数通常取 $q=0.5$，轴间角为 $\angle X_1O_1Z_1=90°$、$\angle X_1O_1Y_1=\angle Z_1O_1Y_1=135°$，如图 6-62 所示。

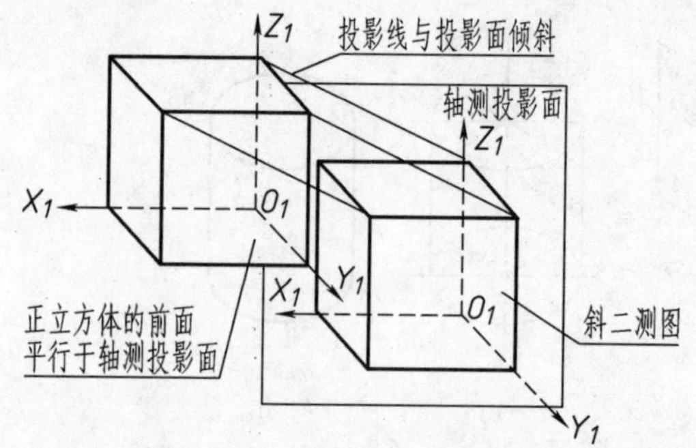

图 6-61　斜二轴测图的形成

图 6-62　斜二轴测图的轴间角及轴向伸缩系数

凡是平行于 XOZ 坐标面的平面图形，在斜二轴测图中其轴测投影均反映实形，如图 6-62 所示。正立方体前面的投影仍是正方形，这一投影特点是平行投影的基本特性所决定的。若利用这一特点来画沿单方向形状复杂的物体，常可使其轴测图简便易画。

2. 平面立体的斜二轴测图画法

【例 6-3】 画正四棱台的斜二轴测图，如图 6-63 所示。

作图步骤如下：

1）在视图上选好坐标轴，如图 6-63a 所示。

2）画轴测轴，作底面的轴测图，如图 6-63b 所示。

3）在 Z 轴上量取锥台高度 h，作顶面的轴测图，如图 6-63c 所示。

4）连线并描深（虚线不必画出），如图 6-63d 所示。

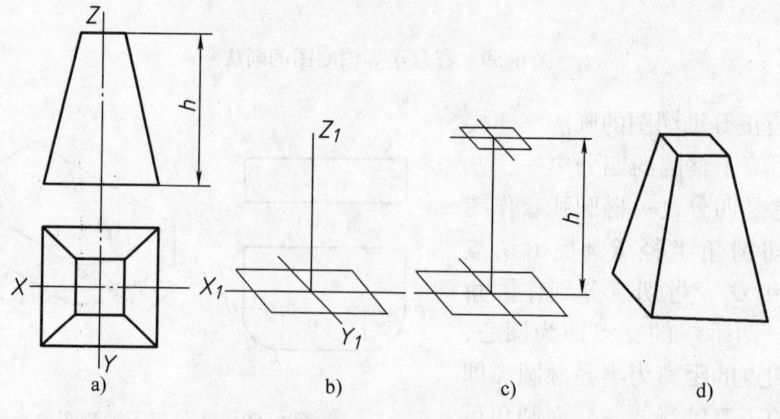

图 6-63　正四棱台的斜二轴测图的画法

3. 回转体的斜二轴测图画法

（1）圆的斜二轴测图画法　图 6-64 所示为平行于坐标面的圆的斜二轴测图。圆在 *XOY* 和 *ZOY* 面上的斜二轴测图都是椭圆，且形状相同，但长短轴方向不同，它们的长轴与圆所在坐标面上的一根轴测轴成 7°1′，在 *XOZ* 面上圆的斜二轴测图还是圆。

（2）回转体的斜二轴测图画法　由于平行于 *V* 面圆的轴测图仍是一个圆，且大小与实物的圆相同，因此当物体上具有较多平行于一个方向的圆时，画斜二轴测图比画正等轴测图简便。图 6-65 所示为应用实例。

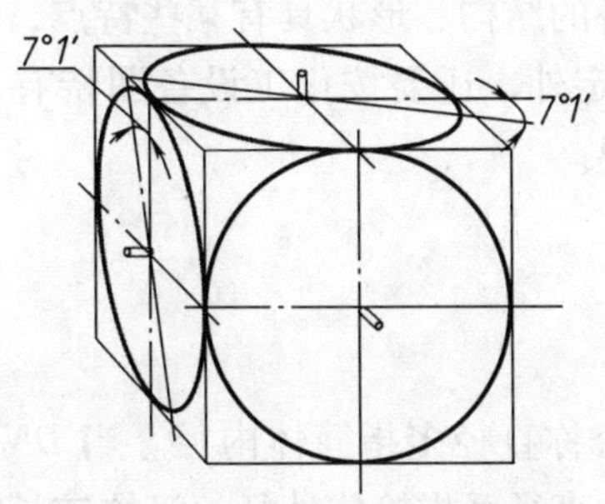

图 6-64　坐标面上圆的斜二轴测图

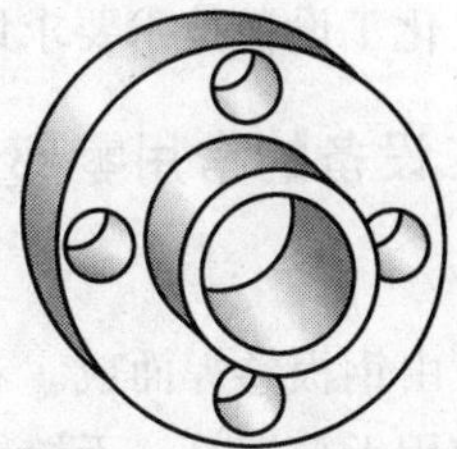

图 6-65　斜二轴测图应用实例

【例 6-4】　画空心圆台的斜二轴测图。

解：由图 6-66 可以看出，前后面及通孔的圆均平行于 *XOZ* 面，故画斜二轴测图比较简便。作图步骤如下：

1）空心圆台的两视图，如图 6-66a 所示。

2）画轴测轴，定前、后圆的中心位置，如图 6-66b 所示。

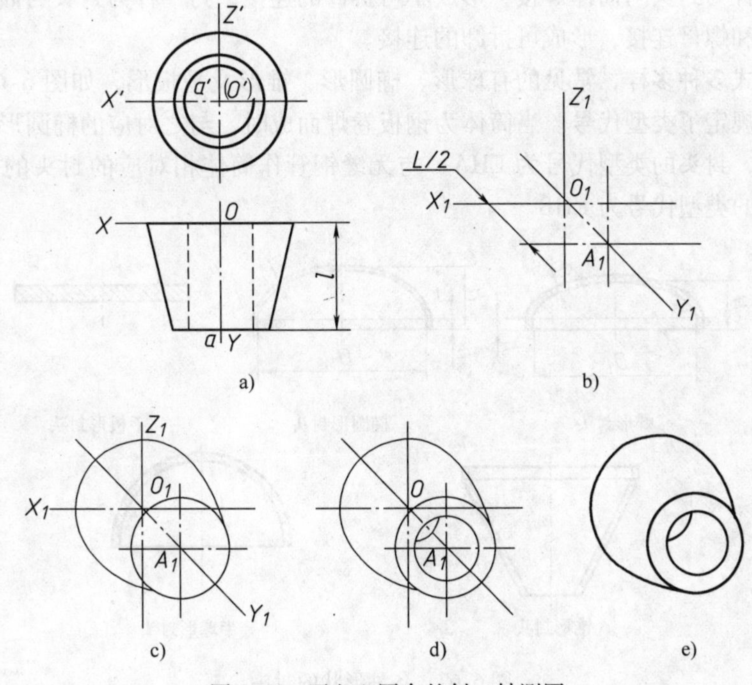

图 6-66　画空心圆台的斜二轴测图

3）画圆台，如图6-66c所示。

4）画通孔，如图6-66d所示。

5）描深、完成全图，如图6-66e所示。

6.6 化工制图表达方法

化工制图与机械制图一样也是按照正投影法和国家标准《技术制图》与《机械制图》的规定绘制。但由于化工生产的特殊要求，化工设备的结构、形状具有某些特点，在化工设备图中除了要遵守《机械制图》有关国家标准的规定外，还要按化工设备图特有的规定及内容，以满足化工设备技术要求以及图样管理的需要。

6.6.1 化工设备的常用零部件

1. 筒体

筒体一般由钢板卷焊而成。卷制而成的筒体其公称直径多指筒体内径。当 $DN \leqslant 500$mm 时，可直接使用无缝钢管。无缝钢管作筒体时，公称直径系指筒体外径。筒体较长时，可用法兰连接或由多个筒节焊接而成。筒体的主要尺寸是直径、高度、壁厚。筒体直径应符合《压力容器公称直径》中所规定的尺寸系列。

标记示例：筒体　DN1 000×10　H=2 000

表示筒体的内径为1 000mm，厚度为10mm，高度 H 为2 000mm。卧式筒体用长度 L 代替。

2. 封头

封头是化工设备的重要组成部分，它与筒体一起构成设备的壳体。封头与筒体的连接方式有两种：一种为封头与筒体焊接，形成不可拆卸的连接；另一种为封头与筒体上分别焊上法兰，用螺栓和螺母连接，形成可拆卸的连接。

封头的形式多种多样，常见的有球形、椭圆形、锥形及平板形，如图6-67所示。国标中对各种封头规定了类型代号。当筒体为钢板卷焊而成时，与之对应的椭圆形封头的公称直径为封头内径，封头的类型代号为EHA。与无缝钢管作筒体相对应的封头的公称直径为封头外径，封头的类型代号为EHB。

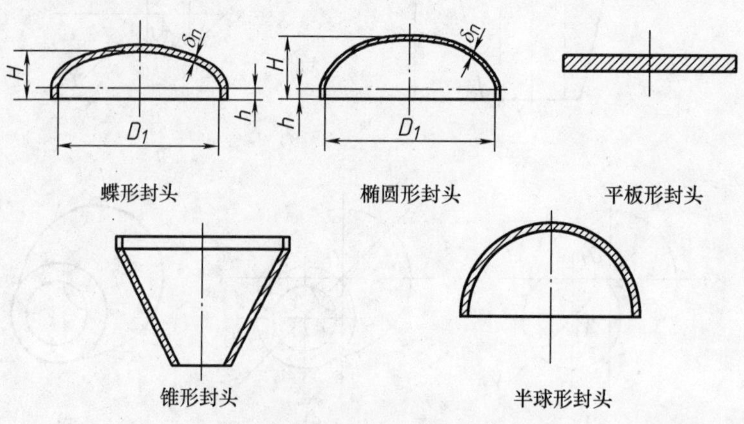

图6-67　各种形状的封头

标记示例：EHB　325 ×12-16MnR　JB/T 4746

表示公称直径为 325mm、名义厚度为 12mm、材质为 16MnR 的，以外径为基准的椭圆形封头。封头的名义厚度是指设计厚度加上钢材厚度负偏差后向上圆整至钢材标准规格的厚度。

3. 法兰

法兰是连接中的主要零件。法兰连接是由一对法兰、密封垫片和螺栓、螺母、垫圈等零件组成的一种可拆卸连接，化工设备用的标准法兰有管法兰和压力容器法兰。管法兰主要用于管道之间的连接，管法兰的公称直径为所连接管子的外径。管法兰按其与管子的连接方式分为平焊法兰（代号为 PL）、对焊法兰（代号为 WN）、螺纹法兰（代号为 Th）等多种，如图 6-68 所示。管法兰密封面的形式主要有平面（代号为 RF）、凹凸面（代号为 MFM）和榫槽面（代号为 TG）等，如图 6-69 所示。

标记示例：HG20593　法兰　PL　300-2.5　RF　20

表示管法兰的公称直径为 300mm、公称压力为 2.5MPa、平面密封、材料为 20 钢的板式平焊法兰。

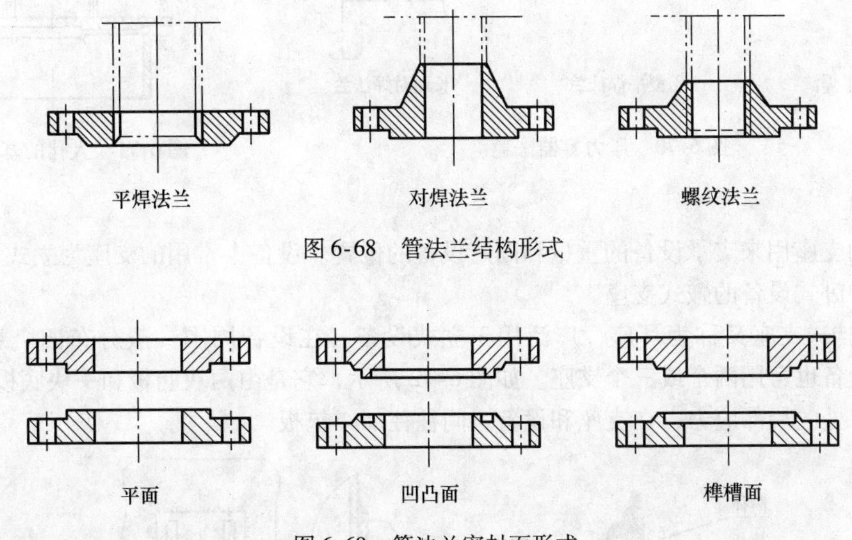

图 6-68　管法兰结构形式

图 6-69　管法兰密封面形式

压力容器法兰用于设备筒体与封头之间的连接。压力容器法兰分为甲型平焊法兰、乙型平焊法兰和长颈对焊法兰，如图 6-70 所示。压力容器法兰密封面的形式有光滑面（代号为 RF）、榫（代号为 T）槽（代号为 G）面、凹（代号为 FM）凸（代号为 M）面、环连接面（代号为 RJ）等。压力容器法兰的公称直径为所连接筒体的内径。

标记示例：法兰　RF　800-1.0　JB/T 4701—2000

表示密封面形式为平密封面、公称压力为 1.0MPa、公称直径为 800mm 的甲型平焊法兰。

4. 人孔与手孔

为便于安装、拆卸、清洗和检修设备的内部结构，在设备上开设人孔、手孔。手孔和人孔的结构基本相同，通常是在容器上接一短管，焊法兰，并盖一盲板构成。法兰与盖板之间用螺栓连接，如图 6-71 所示。手孔直径应考虑使握有工具的手能顺利通过，标准中有

DN150 与 DN250 两种。人孔应考虑人的进出方便与安全，还要考虑对设备壳体强度的削弱程度。人孔有圆形和椭圆形两种，椭圆形人孔对设备的削弱程度较小。人孔尺寸要尽量小，圆形人孔最小直径为400mm，椭圆形人孔最小尺寸为300mm×400mm。

标记示例：人孔（A-XB350） 450 HG/T 21515—2005

HG/T 21515—2005 表示常压人孔。常压人孔的密封面形式为全平面 FF，材料为 Q235-AF，紧固螺栓为8.8级的六角头螺栓，A-XB350 表示石棉橡胶板垫圈，公称直径为450mm。

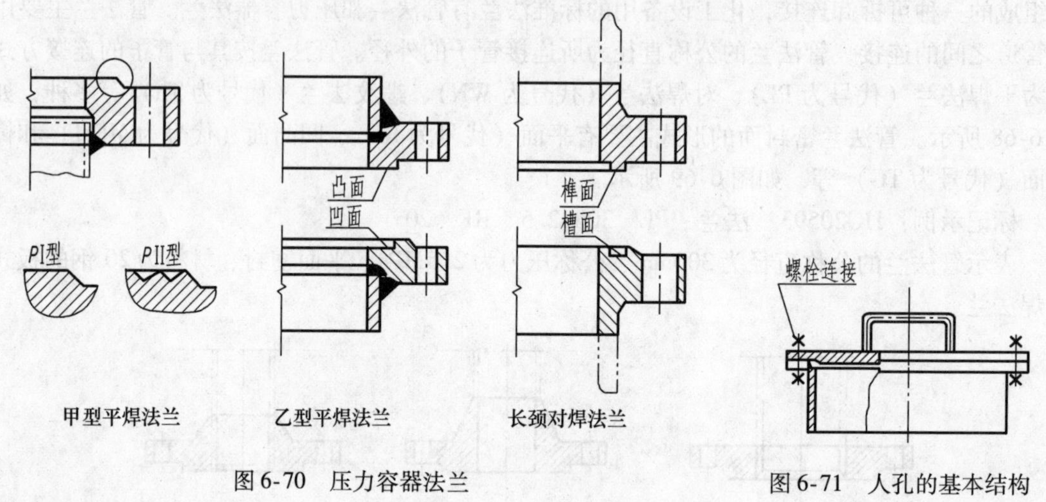

图6-70 压力容器法兰

图6-71 人孔的基本结构

5. 支座

设备的支座用来支承设备的重量和固定设备的位置。设备中常用的支座为立式设备的悬挂式支座和卧式设备的鞍式支座。

1）悬挂式支座又称为耳座，广泛用于立式设备。在设备周围一般分布四个悬挂式支座，小型设备也可用两个或三个支座。如图6-72所示，它是由两块肋板和一块底板组成的。为改善支承处的局部应力，在支座和设备之间往往加一垫板。

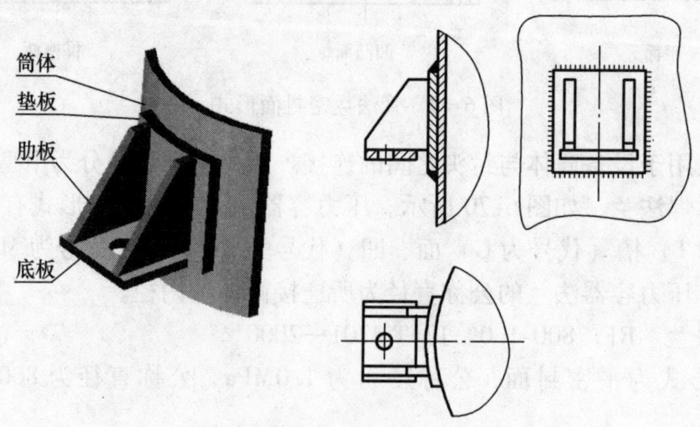

图6-72 悬挂式支座

悬挂式支座有A型、AN型（不带垫板）、B型、BN型（不带垫板）四种。A型、AN型适用于一般立式设备，B型、BN型有较宽的安装尺寸，适用于带温度层的立式设备。

标记示例：JB/T 4725—1992 悬挂式支座 B5

表示 B 型、带垫板 5 号的悬挂式支座。

2）鞍式支座广泛用于卧式设备，其结构如图 6-73 所示。卧式设备一般用两个鞍座支承。当设备较长或较重，超出支座的支承范围时，应增加支座数目。鞍式支座分轻型（代号 A）和重型（代号 B）两种。每种类型的鞍式支座又分为 F 型（固定型）和 S 型（滑动型）。F 型和 S 型的最大区别在地脚螺栓孔，F 型是圆形孔，S 型是长圆孔。二者成对使用，目的是在设备热胀冷缩时，活动支座可以调节两支座之间的距离，不至于有附加应力。

标记示例：标准编号　名称　类型　公称直径　地脚螺栓类型

例：JB/T 4712—1992　鞍座　B　800-F

表示公称直径为 800mm，重型带垫板，固定式鞍式支座。

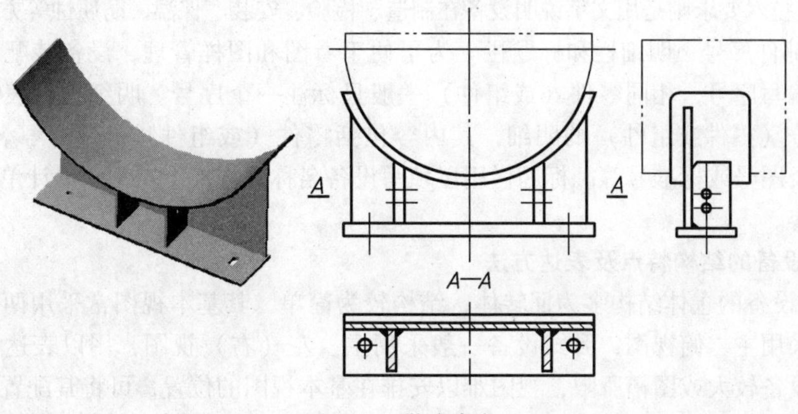

图 6-73　鞍式支座

6. 补强圈

补强圈用于加强壳体开孔过大处的强度，其结构如图 6-74 所示。补强圈的厚度和材料一般都与设备壳体相同。

标记示例：JB/T 4736—2002　补强圈 *DN*100 ×8- D—Q235B

表示厚度为 8mm、接管公称直径 *DN*100mm、坡口类型为 D 型、材料为 Q235B 的补强圈。

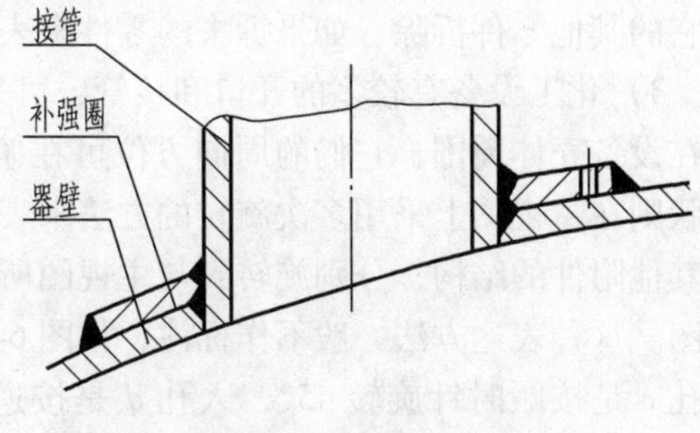

图 6-74　补强圈的结构

6.6.2　化工设备的表达方法

化工设备有动设备和静设备两类。动设备通常称为化工机器，包括压缩机、离心机、鼓风机等，这类设备除部分对防腐蚀有特殊要求外，其图样属于一般通用机械的表达范畴，在此不作讲解。而静设备通常称为化工设备，是指那些用于化工生产单元操作（如合成、分离、过滤、吸收、澄清等）的装置和设备。表示化工设备的结构形状、技术特性、各零部件之间装配关系以及必要的尺寸和制造、检验等技术要求的图样，称为化工设备图。

1. 化工设备图的内容

化工设备图由以下内容组成。

（1）一组视图　用以表达化工设备的工作原理、各零部件之间的装配关系以及主要零件的基本结构形状。

（2）必要的尺寸　化工设备装配图上的尺寸是制造、装配、安装和检验设备的重要依据，标注尺寸时，除遵守国家标准《技术制图》与《机械制图》的规定外，应结合化工设备的特点，做到完整、清晰、合理，以满足化工设备制造、检验和安装的要求。

（3）管口表　管口表是用以说明设备上所有管口的符号、用途、规格、连接面形式等内容的一种表格，供配料、制作、检验、使用时参考。

（4）技术特性表与技术要求　技术特性表是用以说明设备重要技术特性指标的一览表，其内容包括：工作压力、工作温度、容积、物料名称、传热面积，以及其他有关表示设备重要性能的资料。技术要求则是用文字说明设备在制造、检验、安装、保温、防腐蚀等方面的要求。

（5）零部件序号、明细栏和标题栏　为了便于看图和图样管理，设备装配图中所有的零部件必须编写序号，相同零件（或组件）一般只标注一个序号。明细栏是表示化工设备中各组成部分（零件或组件）的明细，其内容包括零件（或组件）的序号、名称、数量、规格、材料及图号或标准号等。标题栏用以填写设备名称、规格、比例、设计单位、图号及责任者等内容。

2. 化工设备的结构特点及表达方法

1）化工设备的主体结构多为回转体，结构较为简单，其基本视图常采用两个视图。立式设备一般采用主、俯视图，卧式设备一般采用主、左（右）视图，用以表达设备的主体结构。如果设备较大或图幅所限，视图难以安排在基本视图的位置，可将其配置在图纸的空白处或分张绘制，注明视图关系即可。

2）拆卸画法和单独表达零件。为了将某些零件的装配关系表达得更加清楚，可以将影响它的其他零件拆除。如果拆去的零件末表达清楚，可单独画出这一零件的图形。

3）化工设备有较多的开口和接管，可采用多次旋转的表达方法。各种管口或零部件分布在设备壳体周围，它们的周向方位可在俯（左）视图中确定，其轴向位置和它们的结构形状则在主视图上采用多次旋转的方法来表达。即假想将分布于设备上不同周向方位的管口及其他附件的结构，分别旋转到与主视图所在投影面平行的位置，进行投射，得到视图或剖视图。这种表达方法一般不作标注，如图6-75所示。图中人孔 a 是按顺时针方向旋转31°，人孔 c 是按顺时针旋转45°，人孔 d 是按逆时针旋转31°，在主视图上画出的。必须注意，主视图上不能出现图形重叠的现象。但这些结构的周向方位要以左视图（或俯视图）为准。如果左视图（或俯视图）不能准确地表示管口的方位，可另外绘制管口方位图，以表示各接管的方位（图6-76）。管口方位图是简化画出一个能反映设备管口方位的视图。

4）化工设备的各部分结构尺寸相差悬殊，且大量采用焊接结构。对应的表达方法有：

① 按缩小比例画出的视图中，细部结构和焊缝很难表达清楚，常采用局部放大图或夸大画法表达这部分结构。对于设备的壁厚、垫片厚等小尺寸结构，当无法按比例画出时，可不按比例，适当夸大地画出它们的厚度。

② 化工设备高度（或长度）与直径相差悬殊，采用断开和分段（层）的表达方法。较长（或较高）的设备，沿长度（或高度）方向相当部分的结构形状相同或按规律变化或重复时，可采用断开画法，即用双点画线将设备从重复结构或相同结构处断开使图形缩短，节省图幅、简化作图。当设备较高，不宜采用断开画法时，可采用分段（层）的表达方法。

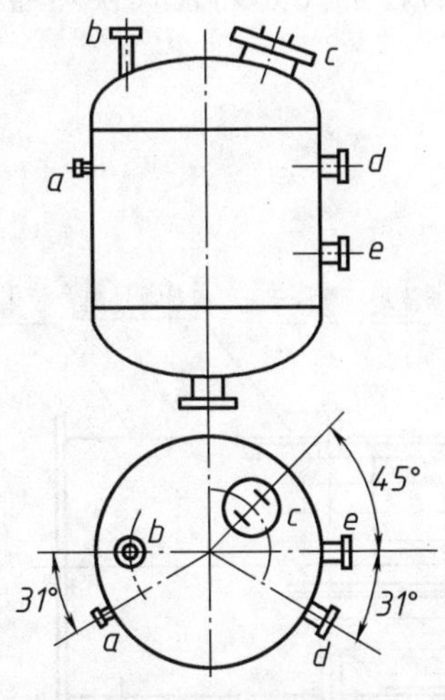

图 6-75　多次旋转的表达方法

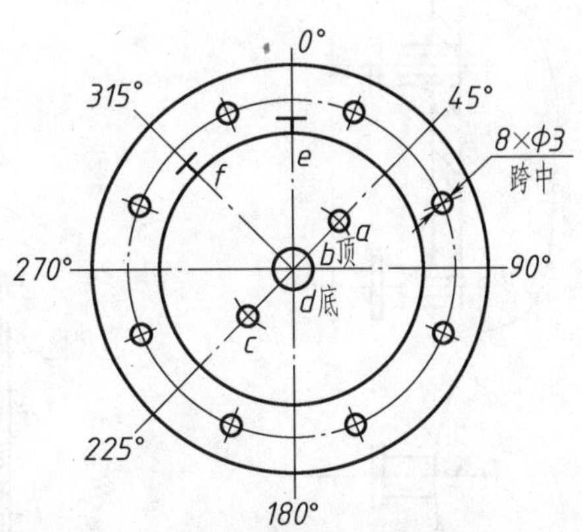

图 6-76　管口方位图

5）化工设备中的简化画法。

① 零件上常见的工艺结构（如倒角、圆角、退刀槽等），在设备图中允许不画。

② 有标准图或外购的零部件，在设备图中可按比例只画出表示特征的简单外形，如图 6-77 所示的电动机、填料箱、人孔等。但须在明细栏中注明其名称、规格、标准号等。

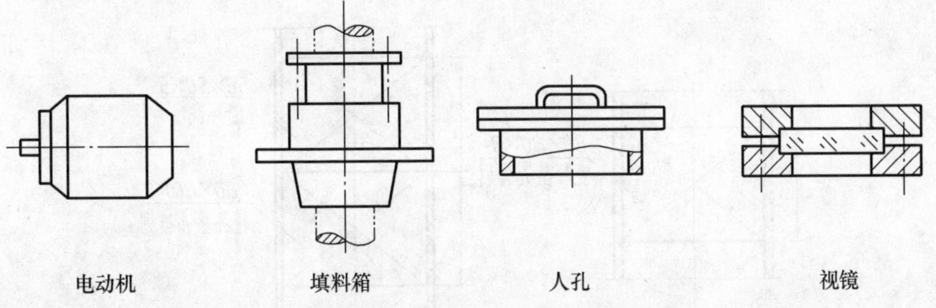

图 6-77　标准、外购零部件的简化画法

③ 设备图中的管法兰可简化画成图 6-78 所示的形式，其规格、连接面形式等则在明细栏及管口表中表示。

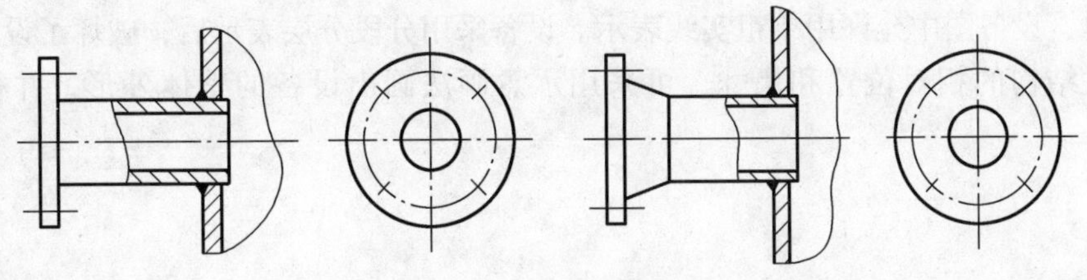

图 6-78　管法兰的简化画法

④ 设备图中带有两个接管的液面计，它的两个投影如图 6-79 所示，其中符号“+”应用粗实线画出。

⑤ 设备中可用细点画线表示密集的、按规律排列的管子（如列管式换热器中的换热管），但至少要画出其中的一根管子，如图 6-80 所示。

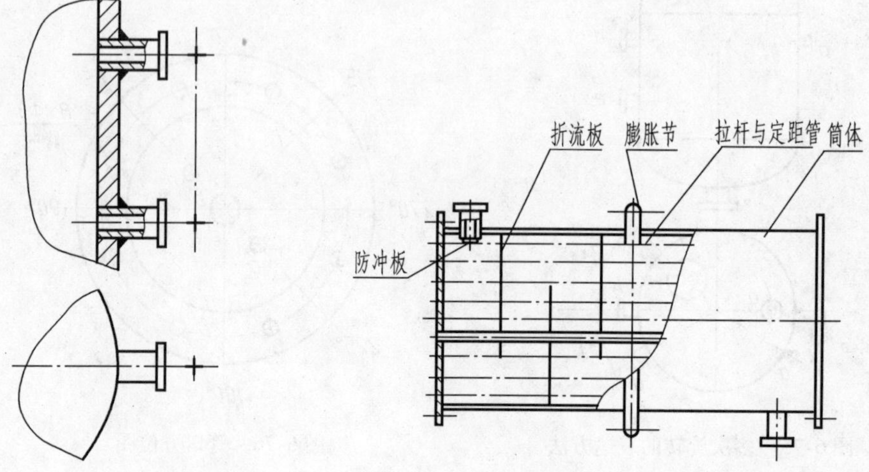

图 6-79　液面计的简化画法

图 6-80　密集管子的简化画法

⑥ 设备中相同规格、材料和堆放方法相同的填充物，可用相交细实线表示，并标注有关尺寸和文字说明，如图 6-81a 所示。不同规格或规格相同但堆放方法不同的填充物须分层表示，如图 6-81b 所示。

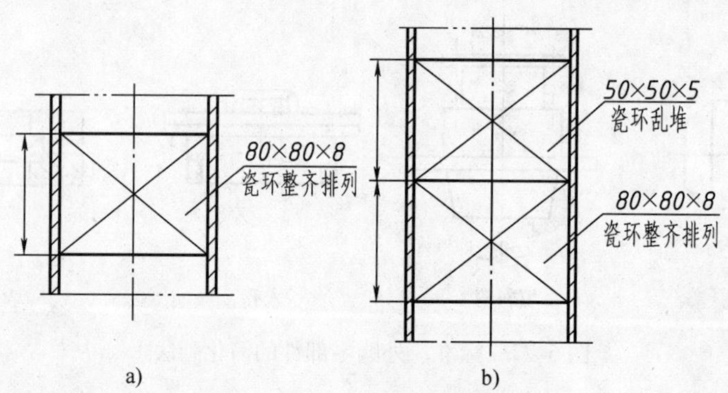

图 6-81　填充物的简化画法

6）单线示意画法。设备上的某些结构，在已有零部件图或另用剖视图、局部放大图等表达清楚时，设备图中允许用单粗实线表示。设备采用分段分层表示后，破坏了设备的整体形状，有关结构的相对位置和尺寸，可采用示意画法画出设备的整体外形，并标注有关尺寸。

第 7 章 零件图表达规则与要求

教学目标

零件是组成机器或部件不可再拆分的基本单元。零件图是零件生产加工的重要技术文件及检验依据，工程技术人员需要熟练掌握绘制和阅读零件图。零件图主要包括零件的结构形状、尺寸大小和技术要求等。

本章主要介绍零件图的作用和内容、零件的常见工艺结构和常规的技术要求，重点学习读零件图及其表达。

教学要求

能力目标	知识要点	权　重	自测分数
掌握零件图的基本概念	零件图的内容	10%	
掌握零件的分类与表达	零件图表达方法	30%	
掌握常见的工艺与技术要求	铸造、加工工艺结构，基本技术要求	30%	
掌握零件的标注以及读图要求	公差和互换性	30%	

7.1 零件图的概述

机器或部件是由若干个零件装配而成的整体，而零件又是依据零件图通过一定的制造工艺与方法制作而成的，因此零件图不仅要表达零件的内外结构形状和大小，还需要对该零件的材料、加工、检验、测量提出必要的技术要求。零件结构是指零件的组成几何特征及其相互关系；技术要求是指为保证零件功能在制造过程中应达到的质量要求。如图 7-1 所示，一张完整的零件图应具备如下内容。

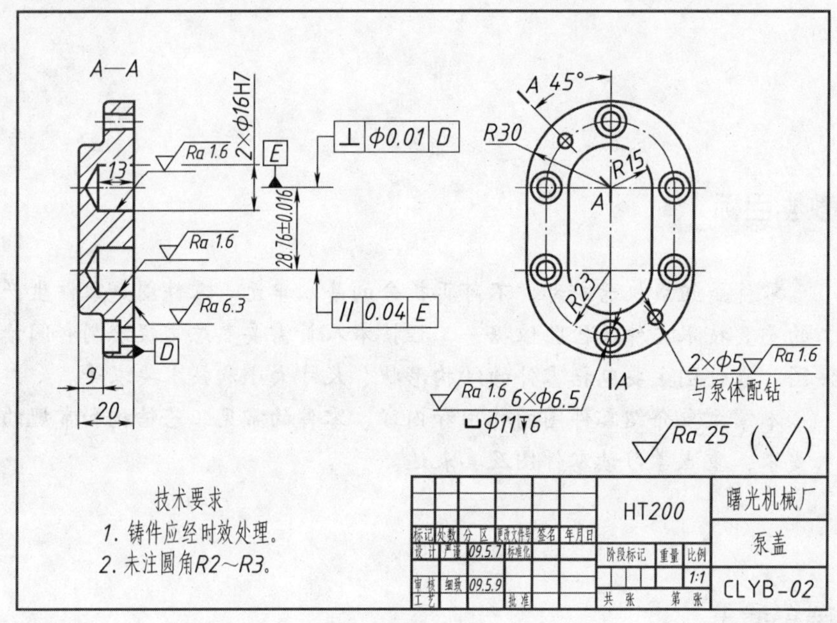

图 7-1 零件图的内容

1. 一组图形

利用必要的基本视图、剖视图、断面图及其他图样表达方法，正确、完整、清晰、简便地表达零件内外结构形状。

2. 完整的尺寸

正确、完整、清晰、合理地表达零件各部分的形状大小以及相对位置关系。

3. 技术要求

利用规定的标准代号标明、数字说明或文字说明，表达零件在加工和检验时所应达到的技术指标与要求，如图中尺寸公差、几何公差、表面粗糙度、表面处理和材料热处理等。

4. 标题栏

以表格的形式说明零件的名称、材料、数量、绘图比例、图样代号、设计和审核人员的署名及设计单位等信息内容，应符合国家标准。简易标题栏仅适于学生在校学习时使用。

7.2 零件的表达与分类

零件结构形状是零件图表达的重要内容之一。清晰、合理、完整和准确地表达零件结构形状是零件视图表达的基本原则。零件表达是以组合体形体分析法为基础、以充分了解零件结构和作用为前提、以机件表达方法为手段、以提高技术人员看图和绘图效率为目的的。

7.2.1　主视图的选择

在零件结构分析的基础上，选择一组适当的视图，正确、完整、清晰地表达出零件的全部结构形状，同时又兼顾到读图方便、绘图简单。零件摆放位置和主视图投射方向不但影响零件的表达方案，而且还直接影响零件的表达效果和技术人员看图、绘图的效率，而主视图又是最能反映零件信息的一个视图，因此在选择主视图时，应考虑以下两个因素。

（1）形状特征　利用形体分析方法，选择最能反映零件各组成部分的形状和相对位置的视图作为主视图。

（2）放置位置　主视图中，零件的放置一般应考虑加工、工作位置。加工位置是指零件在机床加工时用夹具装夹的位置，放置的主要目的是便于加工者看图，如图 7-2a 所示工作位置是指零件在机器或部件中工作的位置，放置的主要目的是便于指导技术人员装配和调试机器，如图 7-2b 所示。

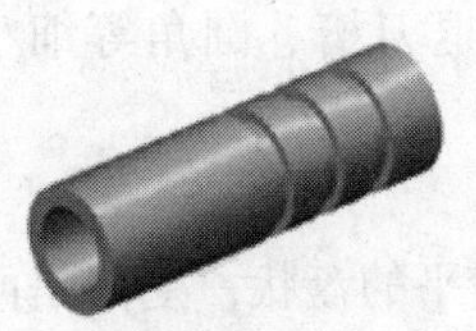

a) 按加工位置放置

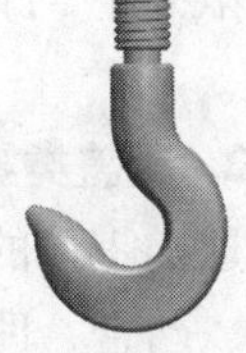

b) 按工作位置放置

图 7-2　零件的放置

7.2.2　其他视图

主视图选定以后，适当选择其他视图以补充主视图表达的不足。优先采用基本视图及从基本视图上取剖视，再用一些辅助视图（局部视图、斜视图、断面图等）表达次要结构、局部形状及细小部位。以下是一些视图表达的主要原则。

1）结合零件结构形状，利用机件表达方法，采用最少数量的视图表达。

2）相关的视图应集中放置，投影关系尽可能直观。

3）相同结构应避免重复表达。

4）突出主视图的重要性，保证辅助视图的合理性，充分利用图样幅面。

5）总体上，主次分明、重点突出、表达完整、图示清晰、层次合理。

7.2.3　典型零件的视图表达

由于零件的作用不同，故其结构形状也各不相同，但是大致可分为轴套类零件、盘盖类零件、叉架类零件、箱体类零件以及其他类零件，如薄板冲压件等，如图 7-3 所示。

1. 轴套类零件

这类零件的主体部分是同轴回转体，常带有轴肩、键槽、螺纹、退刀槽、砂轮越程槽、圆角、倒角、中心孔、销孔、挡圈槽等结构，主要是在车床、磨床上加工。套类零件是中空的。

这类零件的主视图通常按加工位置将轴线横放，并将垂直于轴线的方向作为主视图

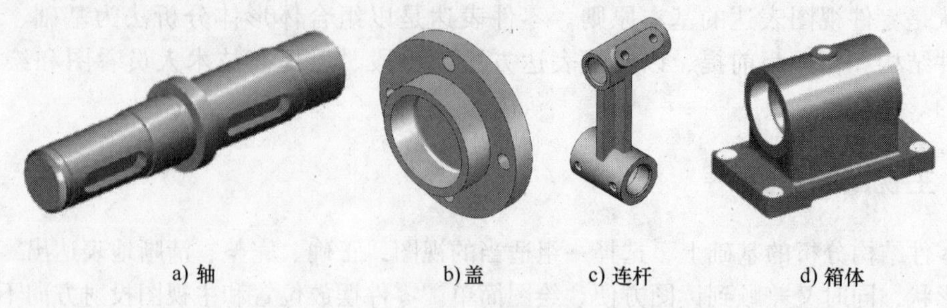

图7-3　零件分类

的投射方向，一般只用一个视图表达。对轴上的孔、键槽等结构，常用局部剖视图或断面图表示；对砂轮越程槽、退刀槽、圆角等细小结构，常用局部放大图表达，如图7-4所示。

2. 盘盖类零件

这类零件的基本形状是扁平的盘状，主体是回转体，通常还带有均布孔、肋板、轮辐、切槽、凸台、凹坑和倒角等。与轴套类零件相比，轴向尺寸相对径向要小。这类零件包括齿轮、手轮、带轮、飞轮、法兰盘、端盖等。盘盖类零件的毛坯大多系铸件和锻件，加工以车削为主。

这类零件的主视图通常按加工位置放置，但因加工工序较多，位置多变，也可按工作位置放置。主视图通常画成全剖视图和半剖视图。为了更好地将盘、盖上的孔、槽、肋板和轮辐等形状和分布及盖板的形状表达清晰，一般还要选择一个左视图或右视图，如图7-5所示。

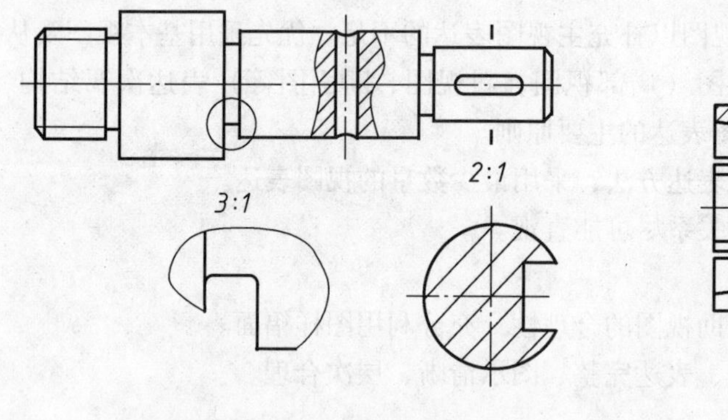

图7-4　轴零件的视图表达

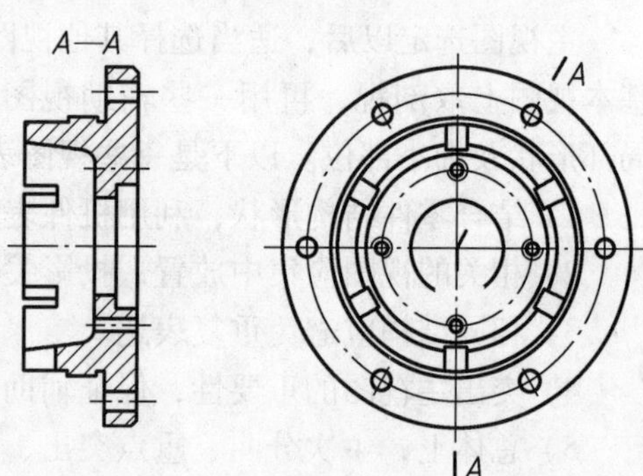

图7-5　端盖零件的视图表达

3. 叉架类零件

这类零件的主要作用是支承、连接、操纵等，典型零件包括拨叉、支架、连杆、摇臂等。其结构形状多样化，但主体结构一般都是由支承部分、连接部分和安装部分组成的。

由于叉架类零件的加工位置多变，选择主视图时主要考虑工作位置和形状特征，常采用两个或两个以上的基本视图表示；根据结构特点再辅以断面图、局部视图、斜视图等适当的表达方法，如图7-6所示。

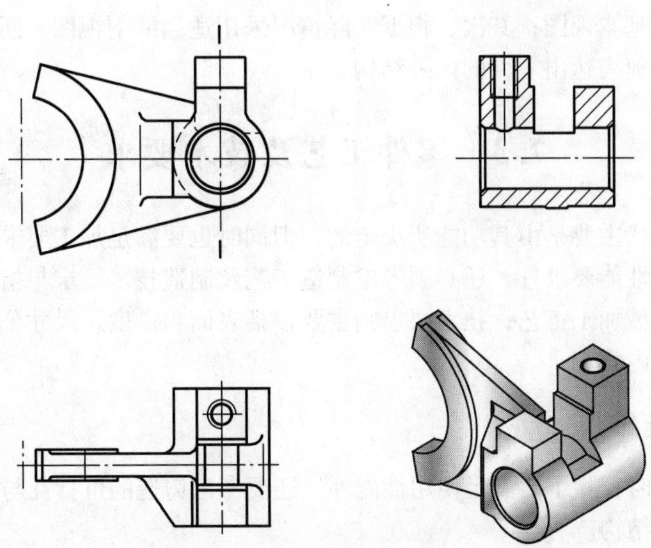

图 7-6　拨叉零件的视图表达

4. 箱体类零件

这类零件一般用来支承和包容其他零件，其结构、形状比较复杂，常有空腔、轴孔、支承壁、肋板、凸台、光孔、沉孔、安装板、螺纹孔等结构。常见的箱体类零件是泵体、阀体、减速器箱体和机座等。

对于这类零件，在选择主视图时主要考虑工作位置和形状特征，通常采用三个或三个以上的视图，并选择适当的剖视图、断面图、局部视图和斜视图等，清晰地表达出零件的内外结构，如图 7-7 所示。

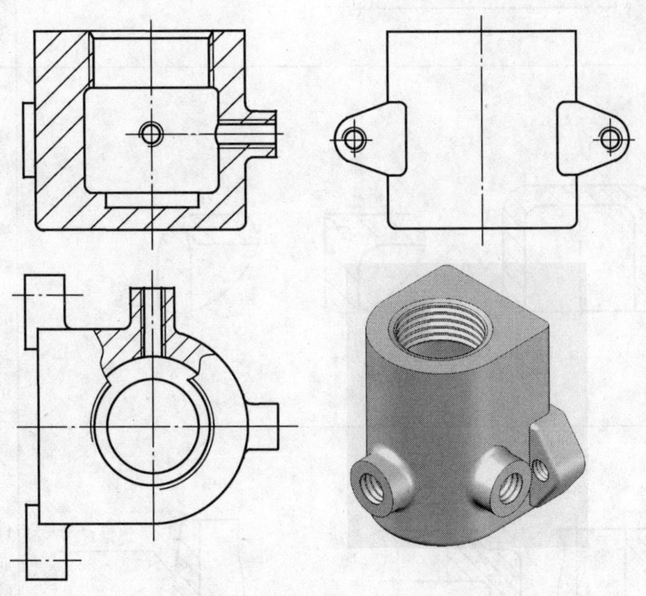

图 7-7　泵体零件的视图表达

5. 其他类零件

除上述四类零件之外的其他类零件，应先进行零件结构形状特征与加工、工作位置分析，决定主视图等基本视图；其次，根据实际情况采用适当的剖视图、断面图、局部视图和斜视图等，以清晰地表达出零件的内外结构。

7.3 零件工艺及技术要求

零件的结构形状主要是由其功能所决定的，但同时也要满足加工要求，因此在零件设计时，除了考虑工作性能要求外，还必须考虑制造工艺及制造技术要求与指标。制造工艺主要包括铸造工艺与机械加工工艺；技术要求则主要包括表面粗糙度、尺寸公差、几何公差、热处理和表面处理等内容。

7.3.1 铸造工艺结构

设计铸造零件时，除了要满足使用性能外，还要考虑铸造的可行性与经济性。表7-1是铸件常采用的工艺结构。

表7-1 铸件常见的工艺结构

结构	图 例	说 明
起模斜度	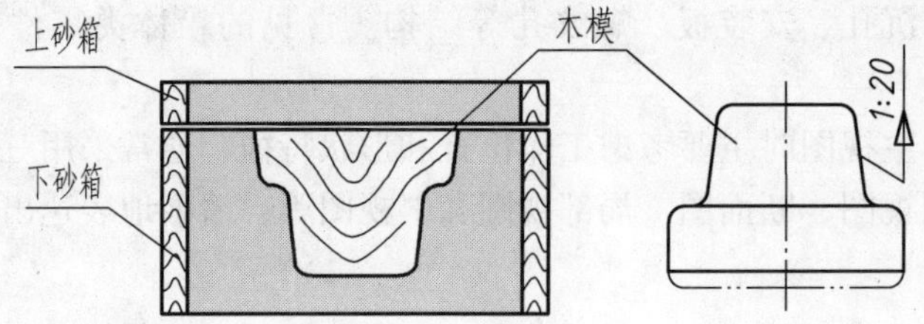 上砂箱 木模 下砂箱 1:20	铸造零件的毛坯时，为了便于将木模从砂型中取出，一般沿木模的起模方向作成约1:20斜度的起模斜度，铸件也有相应的斜度。图上起模斜度可以不标注，也可不画出。必要时可在技术要求中作说明
铸造圆角	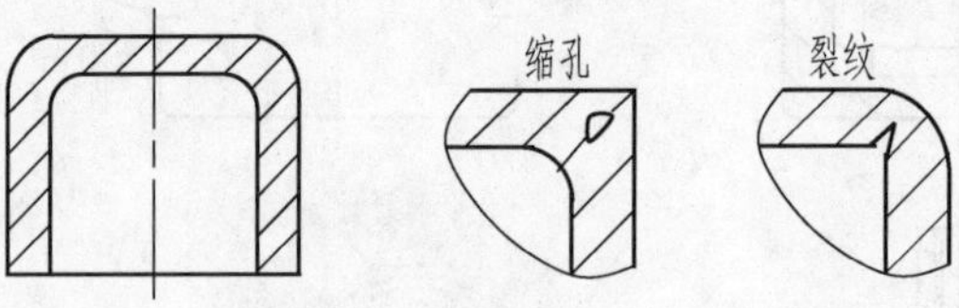 缩孔 裂纹	铸造表面转角处要作成小圆角，其作用是便于起模和防止在浇注时铁液将砂型转角处冲坏，也可以避免铸件在冷却时产生裂纹或缩孔。铸造圆角半径一般不在图上注出，而是写在技术要求中。圆角半径一般取 $R=3\sim5\text{mm}$，也可查阅手册
铸件均匀壁厚	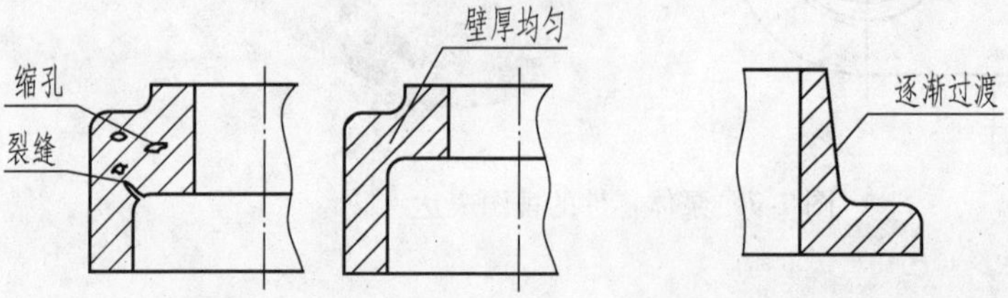 缩孔 裂缝 壁厚均匀 逐渐过渡	浇注成型时，为避免零件各部分因冷却速度不同而产生缩孔或裂纹，铸件的壁厚应保持大致均匀或采用渐变的方法，并尽量保持壁厚均匀

（续）

结构	图　例	说　明
过渡线	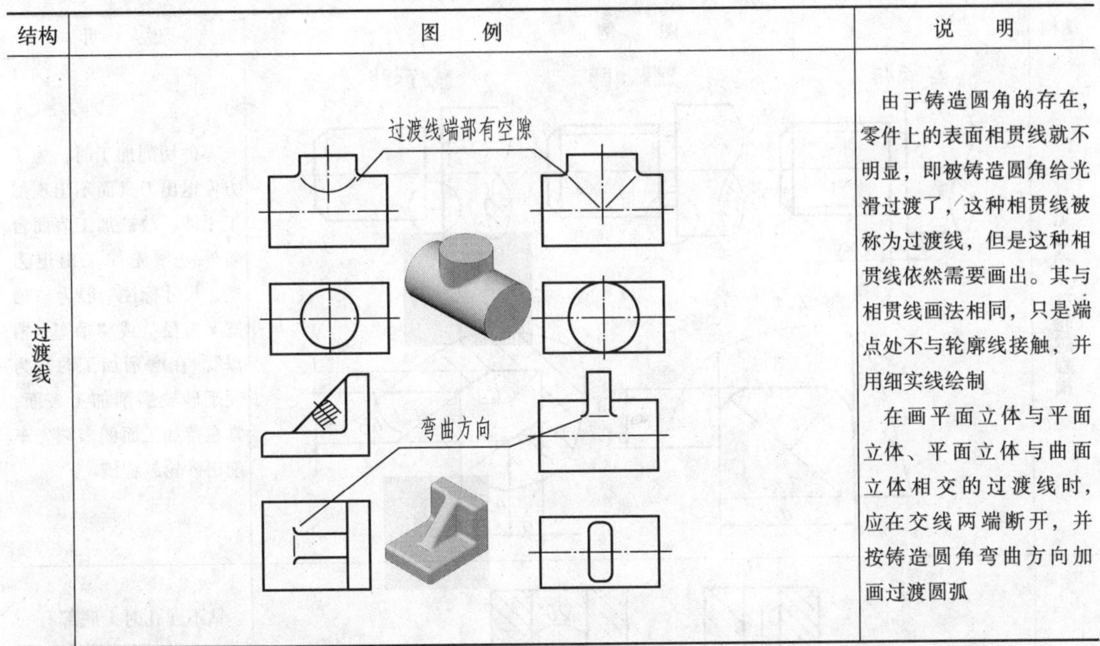	由于铸造圆角的存在，零件上的表面相贯线就不明显，即被铸造圆角给光滑过渡了，这种相贯线被称为过渡线，但是这种相贯线依然需要画出。其与相贯线画法相同，只是端点处不与轮廓线接触，并用细实线绘制 在画平面立体与平面立体、平面立体与曲面立体相交的过渡线时，应在交线两端断开，并按铸造圆角弯曲方向加画过渡圆弧

7.3.2　机械加工工艺结构

设计机械加工成形零件时，通常需要考虑加工的可行性，如刀具退刀时留有的退刀槽、砂轮越程槽等；安装的可行性，如倒角；避免应力集中，如倒圆等。还需要考虑加工的经济性，如为减小加工面积而设计的退台等。表 7-2 是零件常见的机械加工工艺结构。

表 7-2　零件常见的机械加工工艺结构

结构	图　例	说　明
倒角与倒圆	C1 C1	为了便于零件装配并消除飞边或锐边，在轴和孔的端部都作出倒角。为减少应力集中，轴肩处往往制成圆角过渡形式的倒圆。45°倒角用 C 表示，其后的数字表示加工直角边的长度，其他倒角需要分别标注角度及加工直角边的长度。圆角用“R 半径数值”标注

（续）

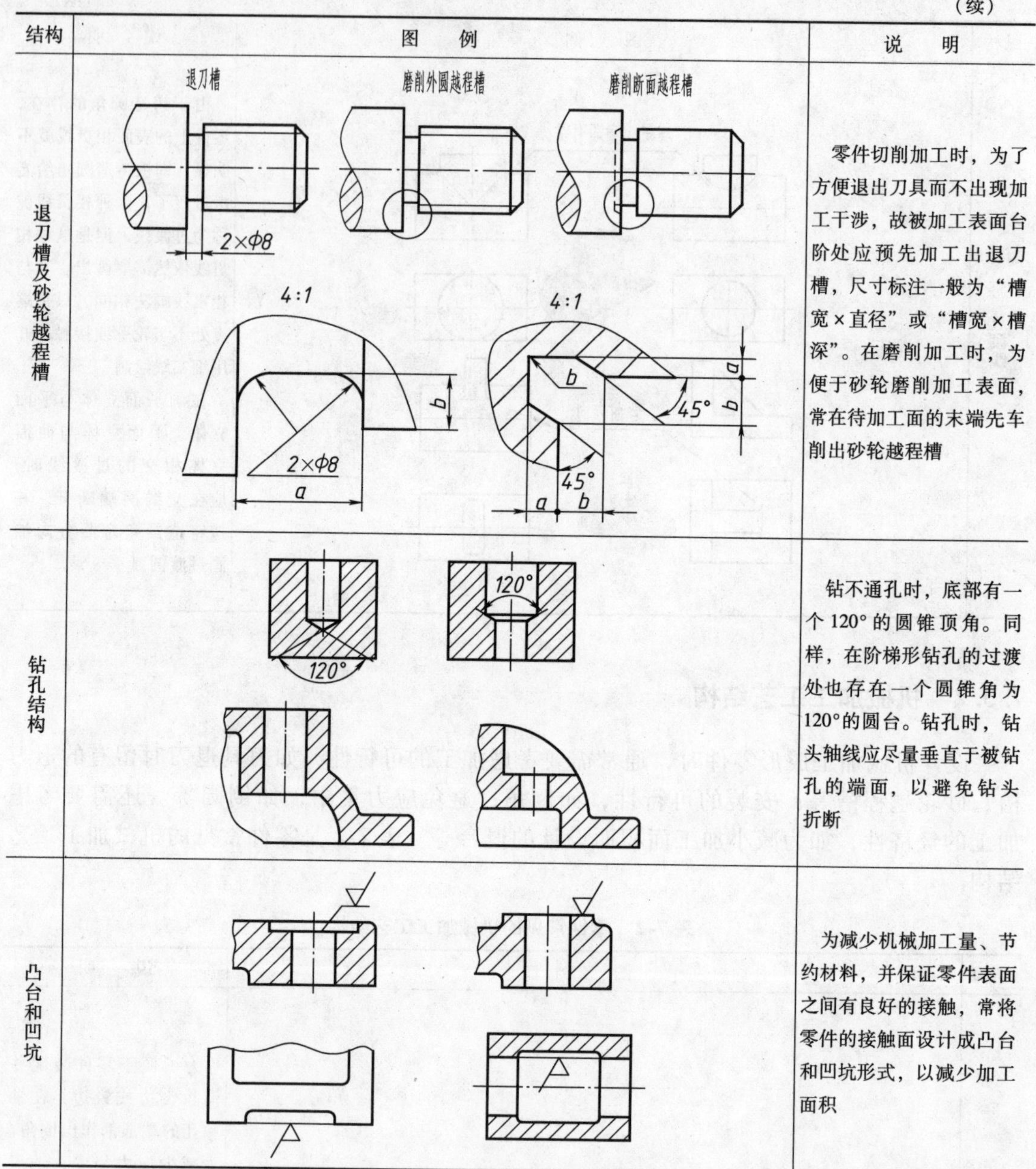

结构	图例	说明
退刀槽及砂轮越程槽		零件切削加工时，为了方便退出刀具而不出现加工干涉，故被加工表面台阶处应预先加工出退刀槽，尺寸标注一般为“槽宽×直径”或“槽宽×槽深”。在磨削加工时，为便于砂轮磨削加工表面，常在待加工面的末端先车削出砂轮越程槽
钻孔结构		钻不通孔时，底部有一个120°的圆锥顶角。同样，在阶梯形钻孔的过渡处也存在一个圆锥角为120°的圆台。钻孔时，钻头轴线应尽量垂直于被钻孔的端面，以避免钻头折断
凸台和凹坑		为减少机械加工量、节约材料，并保证零件表面之间有良好的接触，常将零件的接触面设计成凸台和凹坑形式，以减少加工面积

7.4 公差与互换性

7.4.1 极限与配合

为使零件具有互换性，必须保证零件的尺寸、几何形状和相互位置，以及表面特征要求的技术一致性。就尺寸而言，互换性要求尺寸的一致性，但并不是要求零件都准确地制成一个指定的尺寸，而只是要求尺寸在某一合理的范围内。对于相互结合的零件，这个范围既要保证相互结合的尺寸之间形成一定的关系，以满足不同的使用要求，又要在制造上是经济合理的。这样就形成了"极限与配合"的概念。由此可见，"极限"用于协调机器零件使用要求与制造经济性之间的矛盾，"配合"则反应零件组合时相互之间的关系。

尺寸极限与配合的标准化是一项综合性的技术基础工作，是推行科学管理、推动企业技术进步和提高企业管理水平的重要技术手段。标准化的极限与配合制，有利于机器的设计、制造、使用与维修，有利于保证产品精度、使用寿命，也有利于刀具、量具、夹具和机床等工艺装备的标准化。为适应科学技术的飞速发展，适应国际贸易、技术和经济交流以及采用国际标准装配的需要，我国已经与国际标准接轨。国家技术监督局不断发布、实施新标准，代替旧标准，已初步建立并形成了与国际标准相适应的基础公差体系，以满足经济发展和对外交流的需要。

7.4.2　术语及定义

1. 公称尺寸

公称尺寸是设计者根据使用要求，考虑零件的强度、刚度和结构后，经过计算、圆整给出的尺寸。公称尺寸一般都尽量选取标准值，以减少定制刀具、夹具和量具的规格和数量。孔的公称尺寸用大写字母"D"表示，轴的公称尺寸用小写字母"d"表示。

2. 实际尺寸

实际尺寸是经过测量得到的尺寸。在测量过程中总是存在测量误差，而且测量位置不同所得的测量值也不相同，所以真值虽然客观存在，但是无法测量出来，只能用一个近似真值的测量值来代替真值，即实际尺寸具有不确定性。孔的实际尺寸用"D_a"表示，轴的实际尺寸用"d_a"表示。

3. 极限尺寸

极限尺寸是尺寸要素允许的尺寸的两极端。尺寸要素允许的最大尺寸称为上极限尺寸，孔和轴的上极限尺寸分别用"D_{max}"和"d_{max}"来表示；尺寸要素允许的最小尺寸称为下极限尺寸，孔和轴的下极限尺寸分别用"D_{min}"和"d_{min}"来表示。极限尺寸是用来限制实际尺寸的。实际尺寸在极限尺寸范围内，表明工件合格；否则为不合格。

4. 尺寸偏差（简称偏差）

尺寸偏差是某一尺寸减去它的公称尺寸所得的代数差。它可分为实际偏差和极限偏差。

1）实际偏差。实际尺寸减去它的公称尺寸所得的偏差称为实际偏差。

2）极限偏差。用极限尺寸减去它的公称尺寸所得的代数差称为极限偏差。极限偏差有上极限偏差和下极限偏差两种。上极限偏差是上极限尺寸减去公称尺寸所得的代数差，下极限偏差是下极限尺寸减去公称尺寸所得的代数差。偏差值是代数值，可以为正值、负值或零，计算或标注时除零以外都必须带正、负号。孔和轴的上极限偏差分别用"ES"和"es"表示，孔和轴的下极限偏差分别用"EI"和"ei"表示。

极限偏差可用下列公式计算：

孔的上极限偏差　$ES = D_{max} - D$

孔的下极限偏差　$EI = D_{min} - D$

轴的上极限偏差　$es = d_{max} - d$

轴的下极限偏差　$ei = d_{min} - d$

3）基本偏差。详见 7.4.3 节。

5. 尺寸公差（简称公差）与标准公差

1）尺寸公差。尺寸公差是允许尺寸的变动量。尺寸公差等于上极限尺寸减下极限尺寸之差，也等于上极限偏差减下极限偏差之差。公差是没有符号的绝对值，不能为负值，也不能为零（公差为零，零件将无法加工）。

2）标准公差。国家标准规定的、用来确定公差带大小的公差值。

6. 公差带图

为了能更加直观地分析和说明公称尺寸、偏差和公差三者之间的关系，提出了公差带图。公差带图由零线和尺寸公差带组成。

1）零线。公差带图中，零线是表示公称尺寸的一条直线，它是用来确定极限偏差的基准线。极限偏差位于零线上方为正值，位于零线下方为负值，位于零线上为零。在绘制公差带图时，应注意绘制零线、标注零线的公称尺寸线、标注公称尺寸值和符号“0”“+”“–”，如图 7-8a 所示。

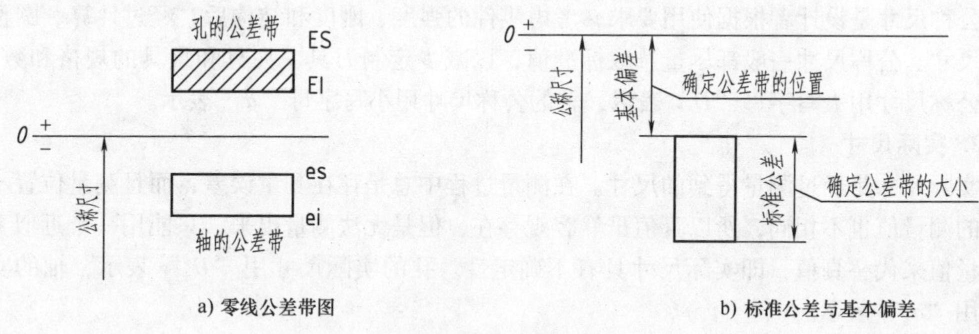

图 7-8　公差带图

2）尺寸公差带。在公差带图中，表示上、下极限偏差的两条直线之间的区域称为尺寸公差带。公差带有两个参数：公差带的位置和公差带的大小。公差带的位置由基本偏差确定，公差带的大小（指公差带的纵向距离）由标准公差确定，如图 7-8b 所示。公差带的位置和大小应按比例绘制；公差带的横向宽度没有实际意义，可在图中适当选取。公差带图中，公称尺寸和上、下极限偏差的量纲可省略不写，公称尺寸的量纲默认为 mm，上、下极限偏差的量纲默认是 μm。

7.4.3　标准公差和基本偏差

为了便于生产，实现零件的互换性及满足不同的使用要求，国家标准规定了标准公差系列和基本偏差系列的组成。

1. 标准公差（IT）

根据公差系数等级的不同，国家标准把公差等级分为 20 个，用 IT（ISO Tolerance 的简写）加阿拉伯数字表示，即 IT01、IT0、IT1、IT2、…、IT18。公差等级逐渐降低，而相应的公差值逐渐增大。

2. 基本偏差

基本偏差是指两个极限偏差当中靠近零线或位于零线的那个偏差，它是用来确定公差带位置的参数。为了满足各种不同配合的需要，国家标准对孔和轴分别规定了 28 种基本偏差（图 7-9），它们用拉丁字母表示，其中孔用大写拉丁字母表示，轴用小写拉丁字母表示。在 28 个基本偏差代号中，JS 和 js 的公差带是关于零线对称的，并且逐渐代替近似对称的基本偏差 J 和 j，它的基本偏差和公差等级有关，而其他基本偏差和公差等级无关。

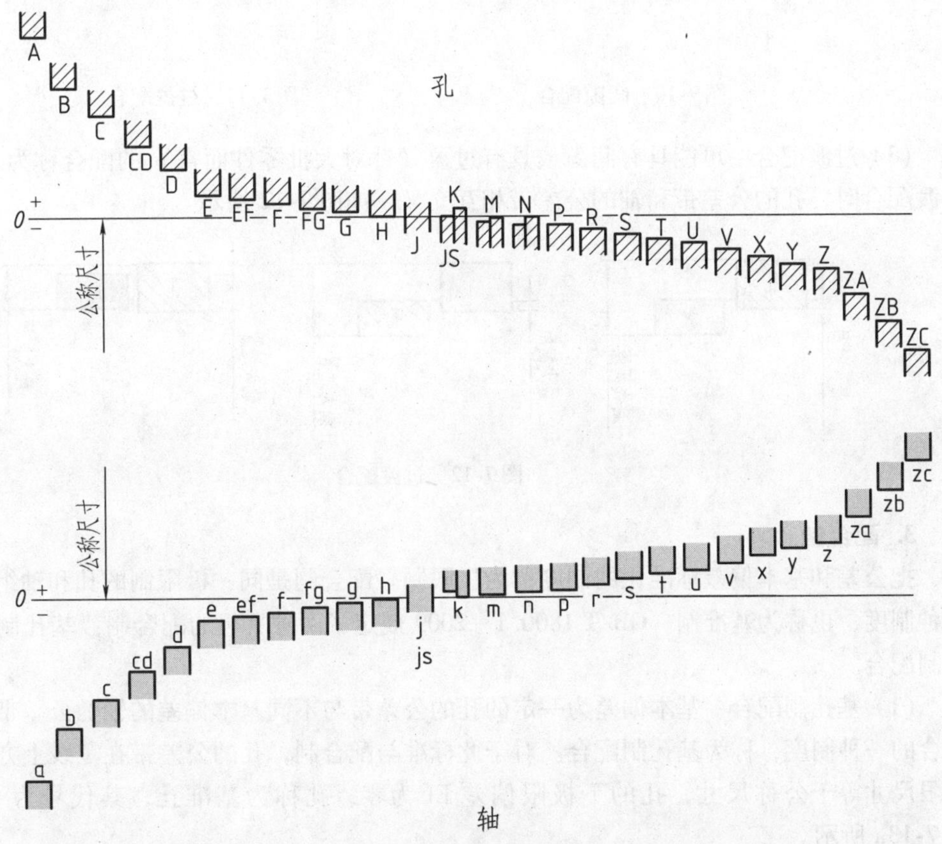

图 7-9　基本偏差系列

7.4.4　配合

1. 配合、间隙和过盈的定义

1）配合。配合是指公称尺寸相同的相互结合的轴与孔公差带之间的关系。

2）间隙。孔的尺寸减去相配合的轴的尺寸之差为正时，称为间隙。

3）过盈。孔的尺寸减去相配合的轴的尺寸之差为负时，称为过盈。

2. 配合的种类

（1）间隙配合　具有间隙的配合（包括间隙为零）称为间隙配合。间隙配合时，孔的公差带在轴的公差带上方，如图 7-10 所示。

（2）过盈配合　具有过盈的配合（包括过盈为零）称为过盈配合。过盈配合时，孔的公差带在轴的公差带下方，如图 7-11 所示。

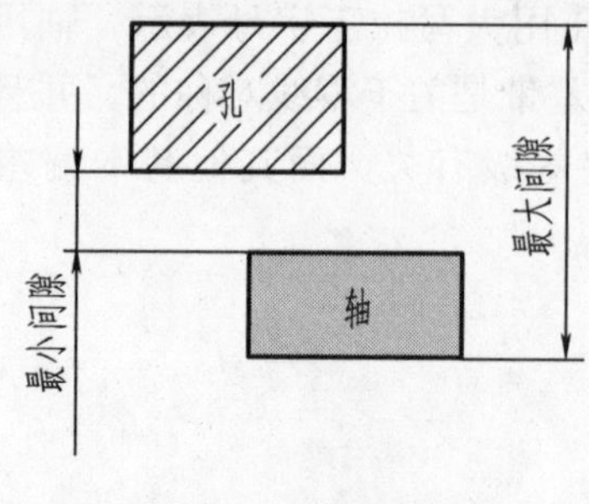

图 7-10　间隙配合

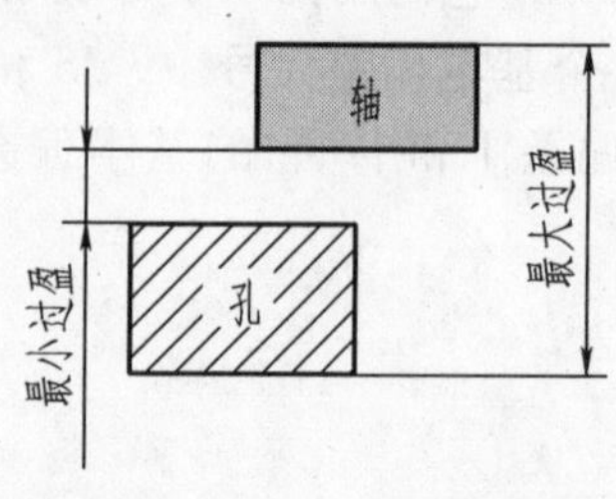

图 7-11　过盈配合

（3）过渡配合　可能具有间隙或具有过盈（针对大批零件而言）的配合称为过渡配合。过渡配合时，孔的公差带和轴的公差带相互交叉，如图 7-12 所示。

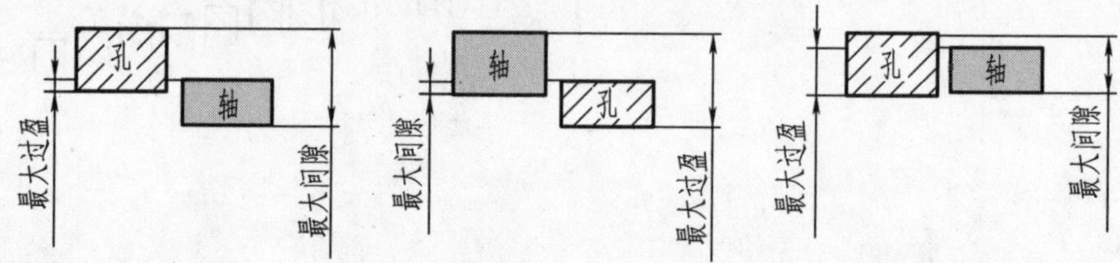

图 7-12　过渡配合

3. 配合制

把公差和基本偏差标准化的制度称为极限制。配合制是同一极限制的孔和轴组成配合的一种制度，也称为基准制。GB/T 1800. 1—2009 规定了两种平行的配合制：基孔制配合和基轴制配合。

（1）基孔制配合　基本偏差为一定的孔的公差带与不同基本偏差的轴的公差带形成各种配合的一种制度，称为基孔制配合。对于此标准与配合制，孔的公差带在零线上方，孔的下极限尺寸等于公称尺寸，孔的下极限偏差 EI 为零，孔称为基准孔，其代号为“H”，如图 7-13a 所示。

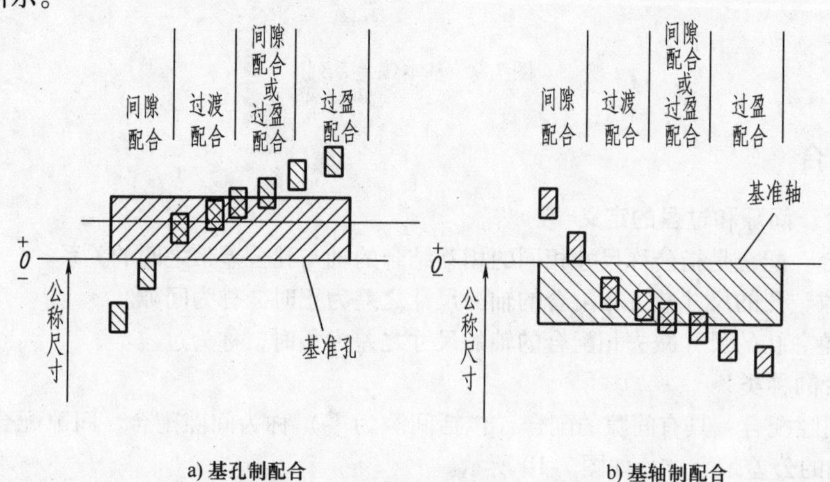

a) 基孔制配合　　b) 基轴制配合

图 7-13　基孔制配合与基轴制配合

（2）基轴制配合　基本偏差为一定的轴的公差带与不同基本偏差的孔的公差带形成各种配合的一种制度，称为基轴制配合。对于此标准与配合制，轴的公差带在零线下方，轴的上极限尺寸等于公称尺寸，轴的上极限偏差 es 为零，轴称为基准轴，其代号为“h”，如图 7-13b 所示。

4. 配合代号

配合代号由孔和轴的公差带代号组成，写成分数形式，分子为孔的公差带代号，分母为轴的公差带代号。通常分子中含有 H 为基孔制配合，分母中含有 h 为基轴制配合。

【例 7-1】 ϕ25H7/g6 的含义是指公称尺寸为 ϕ25、基孔制的间隙配合，基准孔的公差带为 H7（基本偏差为 H，公差等级为 7 级），轴的公差带为 g6（基本偏差为 g，公差等级为 6 级）。

【例 7-2】 ϕ25N7/h6 的含义是指公称尺寸为 ϕ25、基轴制的过渡配合，基准轴的公差带为 h6（基本偏差为 h，公差等级为 6 级），孔的公差带为 N7（基本偏差为 N，公差等级为 7 级）。

而如 ϕ25H6/h6，根据国家标准优先选用基孔制的原则，应考虑为基孔制的配合。

5. 常用公差带及配合

国家标准提供了 20 种公差等级和 28 种基本偏差代号，其中基本偏差 j 限用于 4 个公差等级，基本偏差 J 限用于 3 个公差等级，由此可组成孔的公差带有 543 种、轴的公差带有 544 种，孔和轴又可以组成大量的配合。为减少定值刀具、量具和设备等的数目，对公差带和配合应该加以限制。在公称尺寸≤500mm 的常用尺寸段范围内，国家标准推荐了孔、轴的一般、常用和优先选用的公差带（表 7-3、表 7-4）。

表 7-3　基孔制优先、常用配合（GB/T 1801—2009）

基准孔	轴																				
	a	b	c	d	e	f	g	h	js	k	m	n	p	r	s	t	u	v	x	y	z
	间隙配合								过渡配合			过盈配合									
H6						H6/f5	H6/g5	H6/h5	H6/js5	H6/k5	H6/m5	H6/n5	H6/p5	H6/r5	H6/s5	H6/t5					
H7						H7/f6	**H7/g6**	**H7/h6**	H7/js6	**H7/k6**	H7/m6	**H7/n6**	**H7/p6**	H7/r6	**H7/s6**	H7/t6	**H7/u6**	H7/v6	H7/x6	H7/y6	H7/z6
H8					H8/e7	**H8/f7**	H8/g7	**H8/h7**	H8/js7	H8/k7	H8/m7	H8/n7	H8/p7	H8/r7	H8/s7	H8/t7	H8/u7				
				H8/d8	H8/e8	H8/f8		H8/h8													
H9			H9/c9	**H9/d9**	H9/e9	H9/f9		**H9/h9**													
H10			H10/c10	H10/d10				H10/h10													
H11	H11/a11	H11/b11	**H11/c11**	H11/d11				**H11/h11**													
H12		H12/b12						H12/h12	黑体为优先配合												

注：$\frac{H6}{n5}$、$\frac{H7}{p6}$在公称尺寸小于或等于 3mm 和$\frac{H8}{r7}$在小于或等于 100mm 时，为过渡配合。

表 7-4　基轴制优先、常用配合（GB/T 1801—2009）

基准轴	孔																				
	A	B	C	D	E	F	G	H	JS	K	M	N	P	R	S	T	U	V	X	Y	Z
	间隙配合								过渡配合			过盈配合									
h5						$\frac{F6}{h5}$	$\frac{G6}{h5}$	$\frac{H6}{h5}$	$\frac{JS6}{h5}$	$\frac{K6}{h5}$	$\frac{M6}{h5}$	$\frac{N6}{h5}$	$\frac{P6}{h5}$	$\frac{R6}{h5}$	$\frac{S6}{h5}$	$\frac{T6}{h5}$					
h6						$\frac{F7}{h6}$	$\frac{\mathbf{G7}}{\mathbf{h6}}$	$\frac{\mathbf{H7}}{\mathbf{h6}}$	$\frac{JS7}{h6}$	$\frac{\mathbf{K7}}{\mathbf{h6}}$	$\frac{M7}{h6}$	$\frac{\mathbf{N7}}{\mathbf{h6}}$	$\frac{\mathbf{P7}}{\mathbf{h6}}$	$\frac{R7}{h6}$	$\frac{\mathbf{S7}}{\mathbf{h6}}$	$\frac{T7}{h6}$	$\frac{\mathbf{U7}}{\mathbf{h6}}$				
h7					$\frac{E8}{h7}$	$\frac{\mathbf{F8}}{\mathbf{h7}}$		$\frac{\mathbf{H8}}{\mathbf{h7}}$	$\frac{JS8}{h7}$	$\frac{K8}{h7}$	$\frac{M8}{h7}$	$\frac{N8}{h7}$									
h8				$\frac{D8}{h8}$	$\frac{E8}{h8}$	$\frac{F8}{h8}$		$\frac{H8}{h8}$													
h9				$\frac{\mathbf{D9}}{\mathbf{h9}}$	$\frac{E9}{h9}$	$\frac{F9}{h9}$		$\frac{\mathbf{H9}}{\mathbf{h9}}$													
h10				$\frac{D10}{h10}$				$\frac{H10}{h10}$													
h11	$\frac{A11}{h11}$	$\frac{B11}{h11}$	$\frac{\mathbf{C11}}{\mathbf{h11}}$	$\frac{D11}{h11}$				$\frac{\mathbf{H11}}{\mathbf{h11}}$													
h12		$\frac{B12}{h12}$						$\frac{H12}{h12}$													

注：黑体为优先配合。

6. 未注公差

未注公差（也称为一般公差）是指在普通工艺条件下，普通机床设备一般加工能力就可达到的公差，它代表工厂车间的一般加工精度。

国家标准将未注公差规定了四个等级。这四个公差等级分别为：精密级（f）、中等级（m）、粗糙级（c）和最粗级（v）。线性尺寸的极限偏差数值见表 7-5。

表 7-5　线性尺寸的极限偏差数值　（单位：mm）

公差等级	尺寸分段							
	0.5～3	>3～6	>6～30	>30～120	>120～400	>400～1 000	>1 000～2 000	>2 000～4 000
f（精密级）	±0.05	±0.05	±0.1	±0.15	±0.2	±0.3	±0.5	—
m（中等级）	±0.1	±0.1	±0.2	±0.3	±0.5	±0.8	±1.2	±2
c（粗糙级）	±0.2	±0.3	±0.5	±0.8	±1.2	±2	±3	±4
v（最粗级）	—	±0.5	±1	±1.5	±2.5	±4	±6	±8

7. 公差与配合在图样上的标注

1）装配图中配合代号的标注。在装配图中标注的配合代号，是在公称尺寸右边以分式的形式注出。分子和分母分别为孔和轴的公差带代号，其标注格式如图 7-14a 所示。

2）在零件图中极限的标注。如图 7-14 所示，在零件图上标注尺寸公差有三种形式：只注出公差带代号，只注极限偏差数值，同时注出公差带代号和极限偏差数值。

7.4.5　几何公差

1. 形位误差的基本概念

零件加工后，不仅存在尺寸误差，而且会产生几何形状及相互位置的误差。如图 7-15a、b所示的轴，加工后其形体发生了弯曲，这种形状上的不准确，属于形状误差。

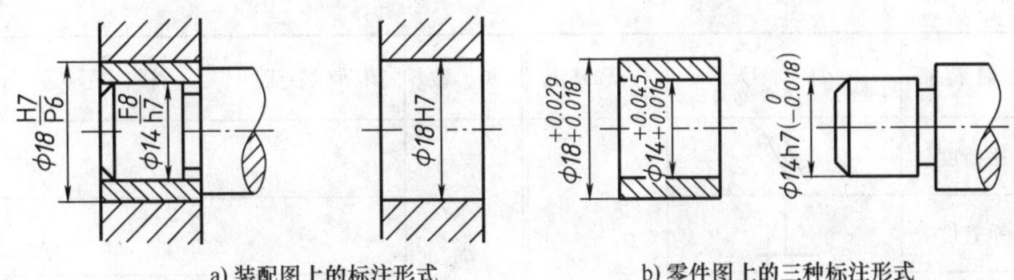

a) 装配图上的标注形式　　b) 零件图上的三种标注形式

图 7-14　图样上尺寸公差与配合的标注方法

再如图 7-15c、d 所示，ϕ20H8 和 ϕ15H8 两孔轴线要求在同一直线上，加工后，两孔轴线出现了偏差这种两孔轴线在相互位置上的偏移，属于位置误差。形状公差是指实际形状对理想形状的允许变动量，位置公差是指实际位置对理想位置的允许变动量，两者简称几何公差。

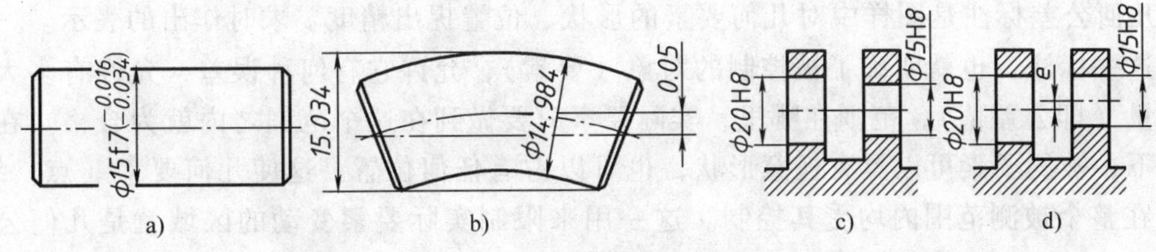

a)　b)　c)　d)

图 7-15　形状和位置误差

2. 几何公差的项目及其代号

GB/T 1182—2008 规定用代号来标注形状和位置公差。国家标准将几何公差分为 14 个项目，其中形状公差为 4 个项目，轮廓公差为 2 个项目，定向公差为 3 个项目，定位公差为 3 个项目及跳动公差为 2 个项目。几何公差的每一项目都规定了专门的符号，见表 7-6。

表 7-6　几何公差的项目及其代号

类　型	几何特征	符　号	有无基准	类　型	几何特征	符　号	有无基准
形状公差	直线度	—	无	位置公差	同心度（用于中心点）	◎	有
	平面度	▱			同轴度（用于轴线）	◎	
	圆度	○			对称度	⌯	
	圆柱度	⌭			位置度	⌖	
	线轮廓度	⌒			线轮廓度	⌒	
	面轮廓度	⌓			面轮廓度	⌓	

（续）

类　型	几何特征	符　　号	有无基准	类　型	几何特征	符　　号	有无基准
方向公差	平行度	//	有	跳动公差			有
	垂直度	⊥					
	倾斜度	∠			圆跳动	↗	
	线轮廓度	⌒			全跳动	⌰	
	面轮廓度	⌓					

3. 几何公差带的基本概念

几何公差标注是图样中对几何要素的形状、位置提出精度要求时作出的表示。一旦有了这一标注，也就明确了被控制的对象（要素），允许它有何种误差，允许有多大的变动量（即公差值），范围在哪里，实际要素只要做到在这个范围之内就为合格。在此前提下，被测要素可以具有任意形状，也可以占有任何位置。这使几何要素（点、线、面）在整个被测范围内均受其控制。这一用来限制实际要素变动的区域就是几何公差带。既然是一个区域，则一定具有形状、大小、方向和位置四个特征要素，如图 7-16 所示。

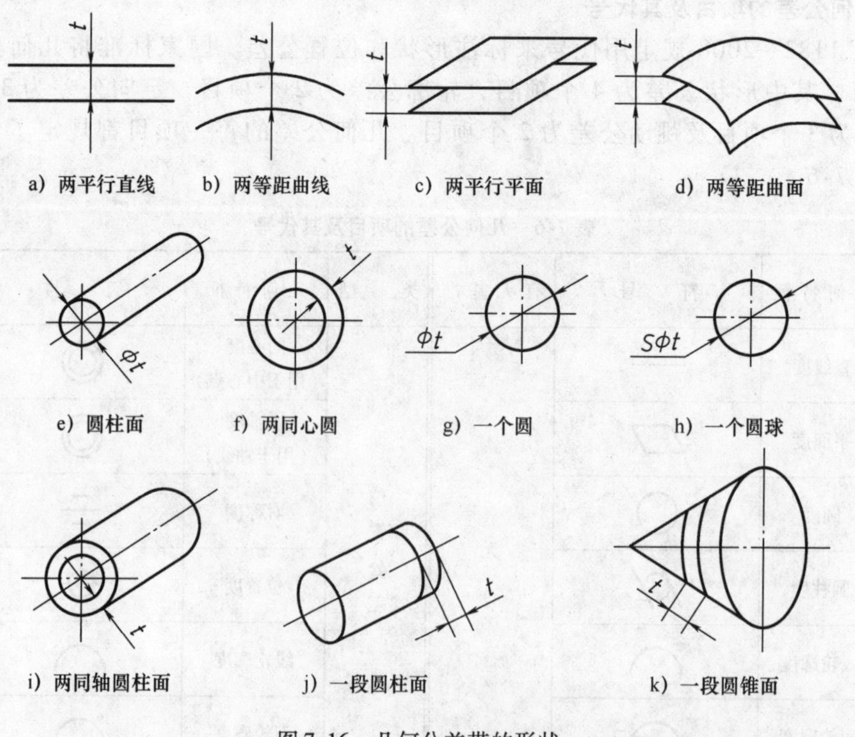

a）两平行直线　b）两等距曲线　c）两平行平面　d）两等距曲面

e）圆柱面　f）两同心圆　g）一个圆　h）一个圆球

i）两同轴圆柱面　j）一段圆柱面　k）一段圆锥面

图 7-16　几何公差带的形状

公差带的宽度或直径值是控制零件几何精度的重要指标。一般情况下，应根据 GB/T 1184—2009 来选择标准数值，如有特殊需要，也可另行规定。

4. 几何公差的标注

几何公差代号由几何公差符号、框格、公差值、指引线、基准符号和其他有关符号组成。

（1）公差框格及填写的内容　如图 7-17 所示，公差框格在图样上一般应水平放置，若有必要，也允许竖直放置。对于水平放置的公差框格，应由左往右依次填写几何公差特征符号、公差值及有关符号、基准字母及有关符号。基准可多至三个，但先后有别，基准字母代号前后排列不同将有不同的含义。对于竖直放置的公差框格，应该由下往上填写有关内容。公差框格的个数一般为 2 ~5 格，由需要填写的内容确定。

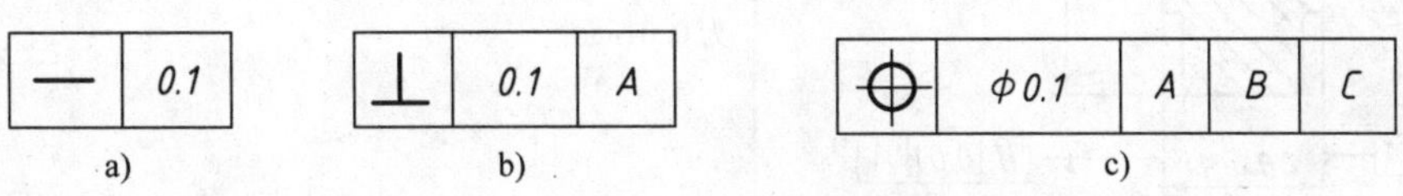

图 7-17　公差框格

（2）基准符号与基准代号　几何公差框格和基准符号如 7-18 所示，框格中字体的高度与图样中的尺寸数字等高，框格的高度为字体高度的两倍，框格的一端连指引线，指引线通过箭头与被测要素相连。

被测要素相关的基准用一个大写字母表示。字母标注在基准方格内，与一个涂黑的或空白的三角形相连以表示基础，如图 7-18 所示。涂黑的和空白的基准三角形含义相同。

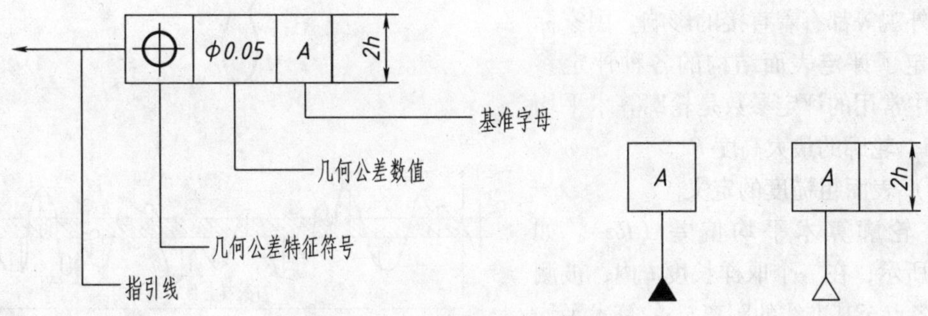

图 7-18　几何公差符号及基准符号

（3）几何公差的标注方法

1）当被测要素是轮廓线或表面时，箭头指在被测要素的轮廓线或其延长线上；当被测要素是轴线或中心平面时，指引线的箭头与该要素的尺寸线对齐。

2）基准要素是轴线或中心平面时，则基准符号中的细线与该要素的尺寸线对齐，如表 7-7 中的基准 *B*；在其他情况下应与尺寸线明显错开，如表 7-7 中的基准 *A*。

表 7-7 几何公差的标注

标注示例	图中几何公差含义
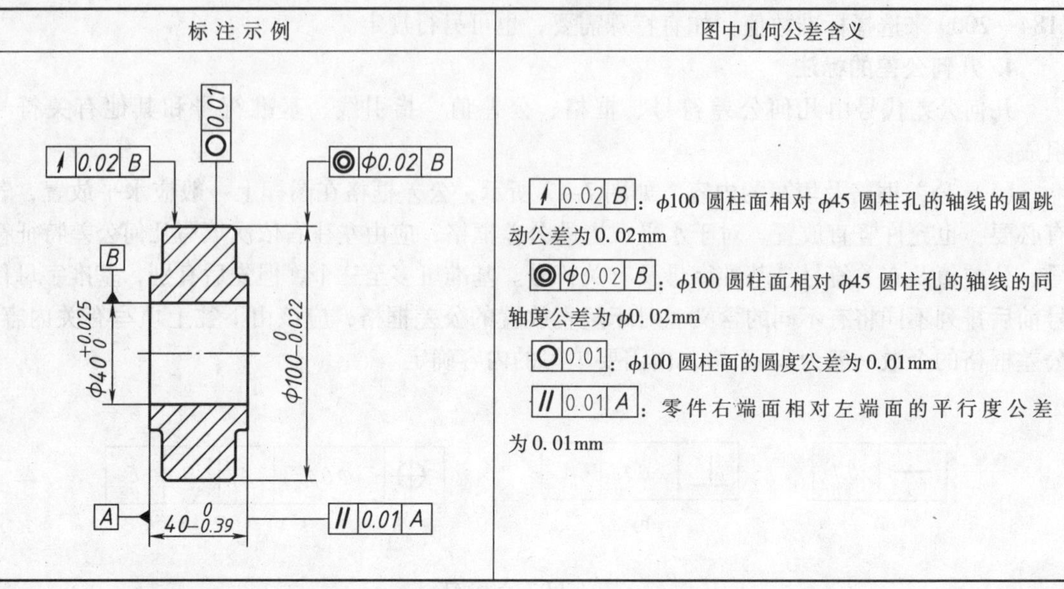	↗ 0.02 B：ϕ100 圆柱面相对 ϕ45 圆柱孔的轴线的圆跳动公差为 0.02mm ◎ ϕ0.02 B：ϕ100 圆柱面相对 ϕ45 圆柱孔的轴线的同轴度公差为 ϕ0.02mm ○ 0.01：ϕ100 圆柱面的圆度公差为 0.01mm // 0.01 A：零件右端面相对左端面的平行度公差为 0.01mm

7.4.6 表面粗糙度

零件加工表面无论采用何种加工方法，其微观表面都会呈现高低不平的形状，如图 7-19 所示，而用于评定这种微观几何形状特性的指标被称为表面粗糙度。表面粗糙度反映的是零件表面的光滑程度，也是评定零件表面质量的重要技术指标之一。它对零件的耐磨性、抗腐蚀性、密封性、抗疲劳能力、外观等都有着直接的影响。国家标准中规定了评定表面结构的各种评定参数，其中常用的评定参数是轮廓算术平均偏差 *Ra*、轮廓的最大高度 *Rz*。

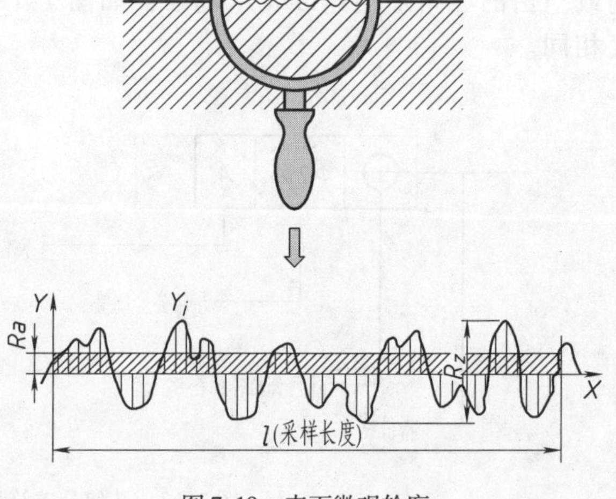

图 7-19 表面微观轮廓

（1）表面粗糙度的定义

1）轮廓算术平均偏差（*Ra*）。如图 7-19所示，在一个取样长度 l 内，被测轮廓上各点至基准线的距离 y_i 的算术平均值，即 $Ra = \frac{1}{l}\int_0^l |y(x)|\mathrm{d}x \approx \frac{1}{n}\sum_{i=1}^{n}|y_i|$。

2）轮廓最大高度（*Rz*）。如图 7-19 所示，在一个取样长度内，最大轮廓峰高和最大轮廓谷深之间的高度。

很显然，数值越大，表面越粗糙；数值越小，表面越光滑。零件表面越平整、光滑，其加工成本就越高。因此，在保证机器性能的前提下，应尽量降低生产成本。表 7-8 是第一系列表面粗糙度 *Ra* 值。

表 7-8　第一系列表面粗糙度 *Ra* 值及其应用

Ra/μm	加工方法	表面特征	应用举例
50	传统加工	明显可见刀痕	粗加工表面，一般很少使用
25		可见刀痕	
12.5		微见刀痕	非接触面、不重要接触面，如螺钉孔、倒角、机座表面等
6.3		可见加工痕迹	没有相对运动的零件接触面，如箱、盖、套筒的要求紧贴的表面，键和键槽工作表面；相对运动速度不高的接触面，如支架孔、衬套、带轮轴孔的工作表面等
3.2		微见加工痕迹	
1.6		看不见加工痕迹	
0.8	精密加工	可辨加工痕迹的方向	要求很好密合的接触面，如与滚动轴承配合的表面、锥销孔等；相对运动速度较高的接触面，如滑动轴承的配合表面、齿轮轮齿的工作表面等
0.4		微辨加工痕迹的方向	
0.2		不可辨加工痕迹的方向	
0.1		暗光泽面	精密量具的表面、极重要零件的摩擦面，如气缸的内表面、精密机床的主轴颈、坐标镗床的主轴颈等
0.05		亮光泽面	
0.025	超精密加工	镜状光泽面	
0.012		雾状镜面	
0.006		镜面	超精密医疗设备、微型设备等
0.001			
<0.001	纳米加工	超镜面	特种设备

（2）表面粗糙度的符号　表面粗糙度符号的规定画法如图 7-20、表 7-9 所示。标注表面粗糙度要求时的图形符号种类、名称及其意义，见表 7-10。表 7-11 列举了由完整图形符号、参数代号（如 *Ra*、*Rz*）和参数值组成的表面粗糙度代号及其含义。

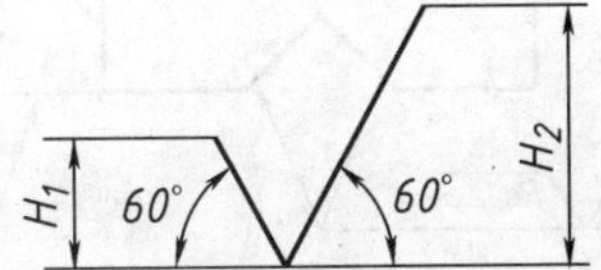

图 7-20　表面粗糙度图形符号的画法

表 7-9　表面粗糙度符号中附加标注的尺寸　（单位：mm）

数字和字母的高度 h	2.5	3.5	5	7	10	14	20
符号线宽 d	0.25	0.35	0.5	0.7	1	1.4	2
高度 H_1	3.5	5	7	10	14	20	28
高度 H_2（最小值）	7.5	10.5	15	21	30	42	60

表 7-10　表面粗糙度符号

符号名称	符号	意义及说明
基本符号		表示表面未指定工艺方法，没有补充说明时不能单独使用
扩展符号		表示表面是用去除材料的方法获得。如：车、钻、铣、刨、磨、剪切、抛光、气割等
		表示表面是用不去除材料的方法获得。如：铸、锻、冲压、热轧、冷轧、粉末冶金等，或者保持上道工序的状况或原供应状况
完整符号		在上述三个图形符号的长边加一横线，表示用于标注表面结构的补充信息
		带有补充注释的完整图形符号。在完整图形符号上加一圆圈，表示在某个视图上构成封闭轮廓的各表面有相同的表面粗糙度要求

表7-11　表面粗糙度代号及其含义

代　号	说　明	代　号	说　明
Ra 3.2	未指定工艺方法，*Ra* 的上限值为3.2μm	Ra 3.2	表示去除材料，*Ra* 的上限值为3.2μm
Ra max 3.2	表示去除材料，*Ra* 的最大值为3.2μm	U Ra 3.2 L Ra 1.6	表示去除材料，*Ra* 的上限值为3.2μm，*Ra* 的下限值为1.6μm
Ra 3.2	表示不去除材料，*Ra* 的上限值为3.2μm	Rz 3.2	表示去除材料，*Rz* 的上限值为3.2μm

（3）表面粗糙度的标注方法　表面粗糙度在图样上的标注方法及说明，见表7-12。

表7-12　表面粗糙度的标注方法

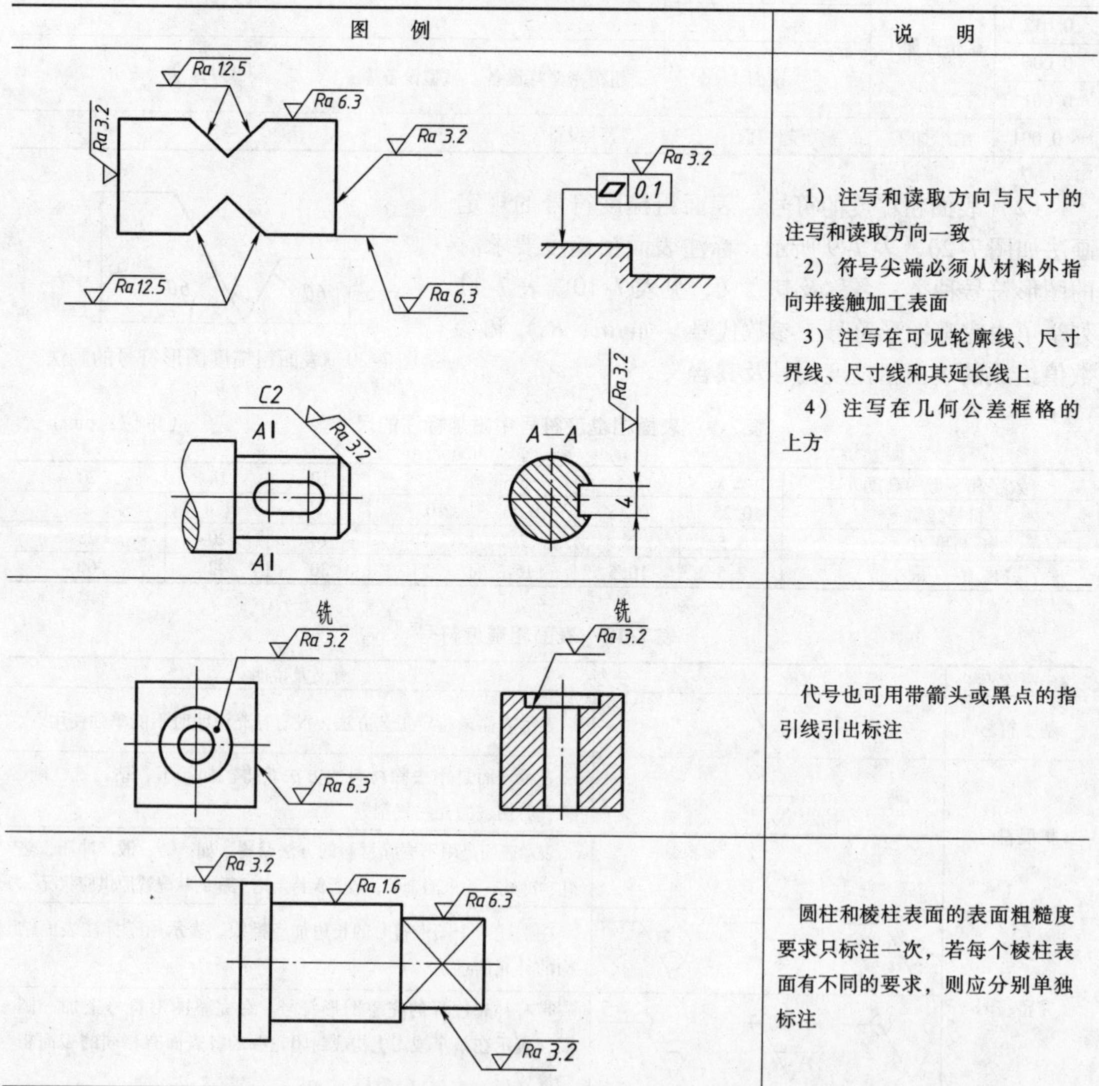

图　例	说　明
	1）注写和读取方向与尺寸的注写和读取方向一致 2）符号尖端必须从材料外指向并接触加工表面 3）注写在可见轮廓线、尺寸界线、尺寸线和其延长线上 4）注写在几何公差框格的上方
	代号也可用带箭头或黑点的指引线引出标注
	圆柱和棱柱表面的表面粗糙度要求只标注一次，若每个棱柱表面有不同的要求，则应分别单独标注

（续）

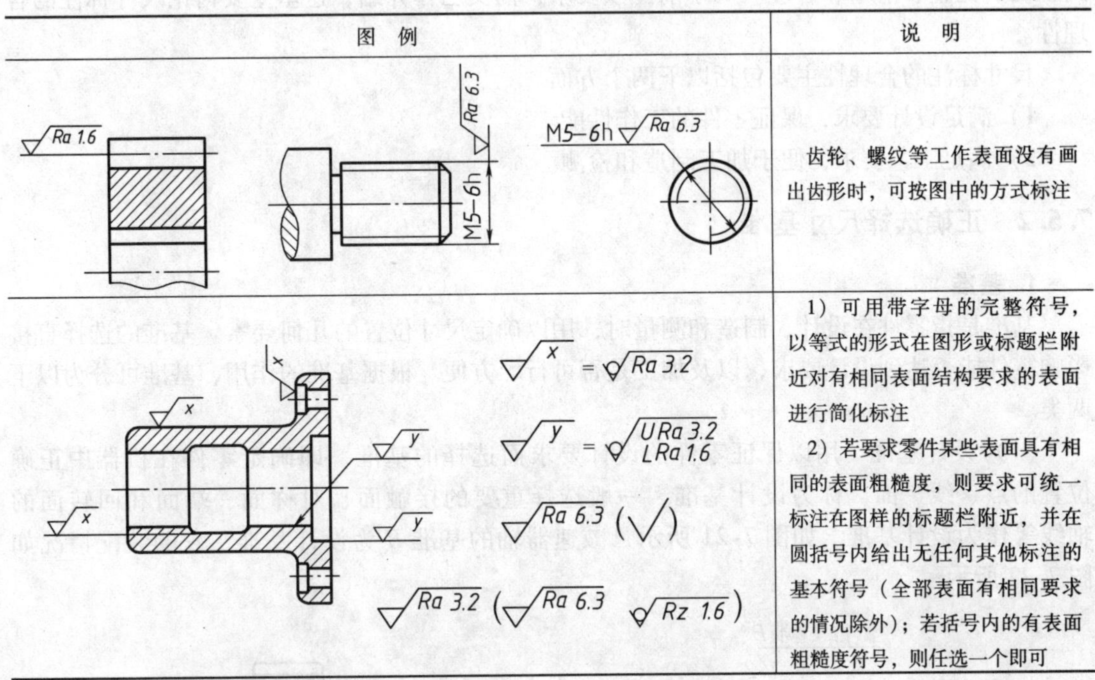

图　例	说　明
	齿轮、螺纹等工作表面没有画出齿形时，可按图中的方式标注
	1）可用带字母的完整符号，以等式的形式在图形或标题栏附近对有相同表面结构要求的表面进行简化标注 2）若要求零件某些表面具有相同的表面粗糙度，则要求可统一标注在图样的标题栏附近，并在圆括号内给出无任何其他标注的基本符号（全部表面有相同要求的情况除外）；若括号内的有表面粗糙度符号，则任选一个即可

7.4.7　其他技术要求

除了前述的基本要求外，技术要求还应包括以下几点。

（1）零件毛坯的要求　有些零件是先通过铸造、锻造或焊接形成毛坯后再进行后续加工形成的，那么应有必要的技术说明。常见的有铸件圆角的尺寸要求，对气孔、缩孔、裂纹等的限制，锻件去除氧化皮，焊接件焊缝的质量要求等。

（2）零件热处理的要求　热处理是将金属零件毛坯或半成品加热到一定温度以后，保持一段时间，再以不同方式、不同速度冷却，以改变金属材料的内部组织，从而改善材料力学性能（强度、硬度、韧性等）和切削性能的方法。对热处理的技术要求主要是处理方法和指标（如硬度值）等内容，如调质处理、淬火等工艺。

（3）零件表面处理　一般是在零件表面增加镀（涂）层，以提高其抗腐蚀性、耐磨性或使其表面美观。常用的方法有涂漆、电镀（如锌、银）和发黑（发蓝）等。

有时还要对零件提出检测、试验条件与方法的要求。

以上技术要求一般注写在图样空白处（通常为标题栏上方），第一行要注写“技术要求”字样，字号大于下边正文字号。注写文字要准确和简明扼要，所用代号和表示方法要符合国家标准的规定。

7.5　零件图尺寸标注

7.5.1　零件图尺寸标注的基本要求

零件上各部分的大小是按照图样上标注的尺寸进行制造和检验的。零件的尺寸标注要做

到正确、完整、清晰、合理。对于前三项要求，前文已作介绍，这里主要讨论尺寸标注的合理性。

尺寸标注的合理性主要包括以下两个方面。

1）满足设计要求，保证零件的工作性能。

2）满足工艺要求，便于加工制造和检测。

7.5.2 正确选择尺寸基准

1. 基准

基准是指零件在设计、制造和测量时，用以确定尺寸位置的几何要素。基准的选择直接影响零件能否达到设计要求，以及加工是否可行、方便。根据基准的作用，基准可分为以下两类。

（1）设计基准　用以保证零件的设计要求而选择的基准，即确定零件在机器中正确位置的点、线、面，称为设计基准。一般选择重要的接触面、对称面、端面和回转面的轴线等作为设计基准。如图7-21所示，减速器轴的基准 B 为设计基准，它的装配情况如图7-22所示。

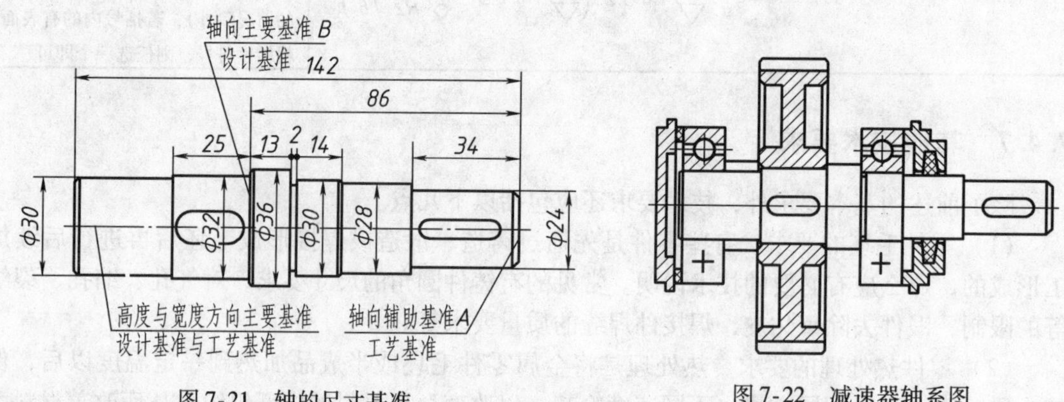

图7-21　轴的尺寸基准　　　图7-22　减速器轴系图

（2）工艺基准　工艺基准是指确定零件在机床上加工时的装夹位置，以及测量零件尺寸时所利用的点、线、面。如图7-21所示，轴的基准 A 为工艺基准，此基准便于测量。该图中的轴线既是设计基准又是测量径向尺寸的工艺基准。

任何一个零件都有长、宽、高三个方向的尺寸，因而在每一个方向上至少应当选择一个基准，这些基准一般称为主要基准。除主要基准外，为了测量方便，还要附加一些基准，称为辅助基准。主要基准和辅助基准之间应有尺寸联系，如图7-21中的尺寸86。图7-21中指出了轴三个方向的主要基准。

（3）基准的选择　从设计基准出发标注尺寸，能保证设计要求；从工艺基准出发标注尺寸，则便于加工和检测。在选择基准时，最好使设计基准与工艺基准重合，如不能重合时，所标注的尺寸应在保证设计要求的前提下，满足工艺要求。

一般在长、宽、高三个方向上各选一个设计基准作为主要基准，影响零件在机器中的工作性能、装配精度的主要定位尺寸和功能尺寸必须直接从设计基准直接注出。如图7-23中轴承孔的中心高度 a 是一功能尺寸，应直接以底面为基准标注出来，而不应将其代之为 b 和

e，避免因加工制造时产生的误差累积到功能尺寸上来，超出设计要求。同样，为了保证安装时底板上两个安装孔与机座的两个螺孔能准确定位，也应该按图 7-23a 所示直接注出两个安装孔的中心距 c，而图 7-23b 所示的注法是不合理的。

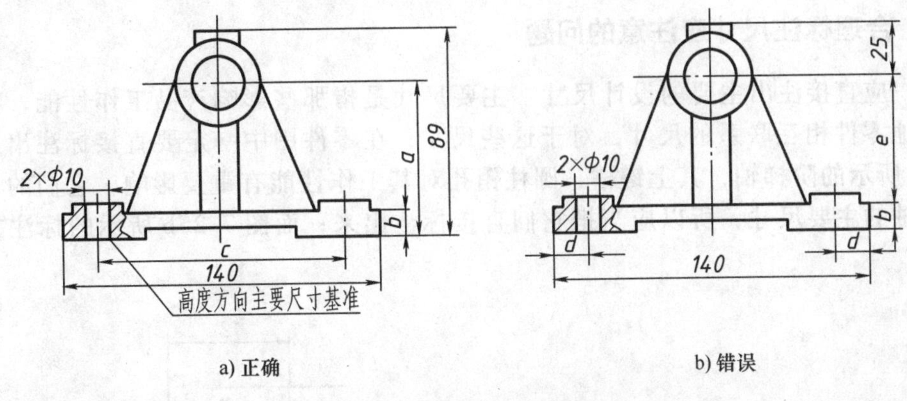

a) 正确　　b) 错误

图 7-23　功能尺寸直接标注

2. 尺寸分类

按照零件图上尺寸的作用，尺寸可分为功能尺寸和非功能尺寸两类。

（1）功能尺寸　保证零件在机器或机构中具有正确位置和装配精度的尺寸，这类尺寸直接影响产品的性能。例如零件的规格尺寸、配合尺寸、连接尺寸和安装尺寸等。

（2）非功能尺寸　一般用来保证零件的力学性能（如强度、刚度等），满足工艺（如退刀槽、凸台、凹坑、沟槽等）、质量、装饰以及使用、装拆方便要求的尺寸。

根据零件的几何特征，尺寸又可分为定形尺寸和定位尺寸。区分定形尺寸、定位尺寸有利于保证尺寸标注的完整性。

3. 尺寸标注的几种形式

在图样上标注零件的尺寸，通常采用下列三种形式。

（1）链式　链式是把同一方向的尺寸逐段首尾相接地注写成链状，如图 7-24a 所示。其优点是，每段的加工误差只影响其本身，而不受其他误差的影响；缺点是，任意两段或更多段的尺寸误差等于这几段的误差之和。在机械制造中，链式常用于标注孔中心之间的距离、阶梯状零件中尺寸要求十分精确的各段以及用组合刀具加工的零件等。

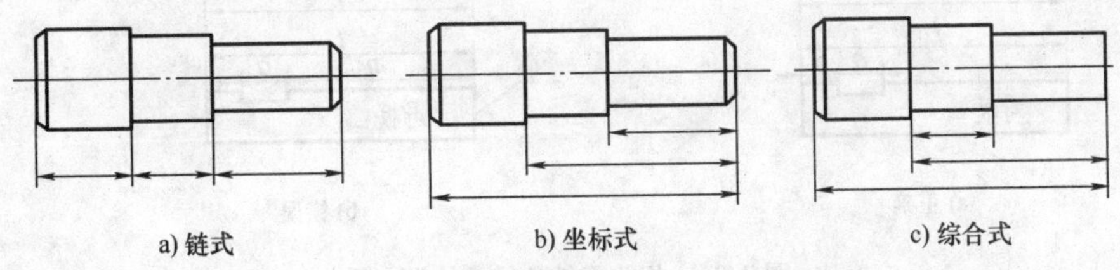

a) 链式　　b) 坐标式　　c) 综合式

图 7-24　标注零件尺寸的三种形式

（2）坐标式　坐标式是同一方向的尺寸都从同一基准注起，如图 7-24b 所示。其优点是，能保证每一尺寸的精确性；缺点是，两相邻尺寸间的那段误差，取决于两相邻尺寸的误差之和。坐标式常用于标注从一个基准定出一组精确尺寸的零件。

（3）综合式　综合式标注尺寸是链式和坐标式的综合。它具有上述两种形式的优点，因而能更好地适应零件的设计和工艺要求，实际中应用最多，如图 7-24c 所示。

7.5.3　合理标注尺寸应注意的问题

（1）应直接注出主要的设计尺寸　主要尺寸是指那些影响产品工作性能、精度以及与其他零件相互联系的尺寸，对于这些尺寸，在零件图中一定要直接标注出来。如图 7-25 所示的阶梯轴，其上键槽、圆柱销孔对其工作性能有重要影响，它们的尺寸就是阶梯轴的主要尺寸，所以应当把它们直接标注出来；而图 7-25b 所示的标注方法就不正确。

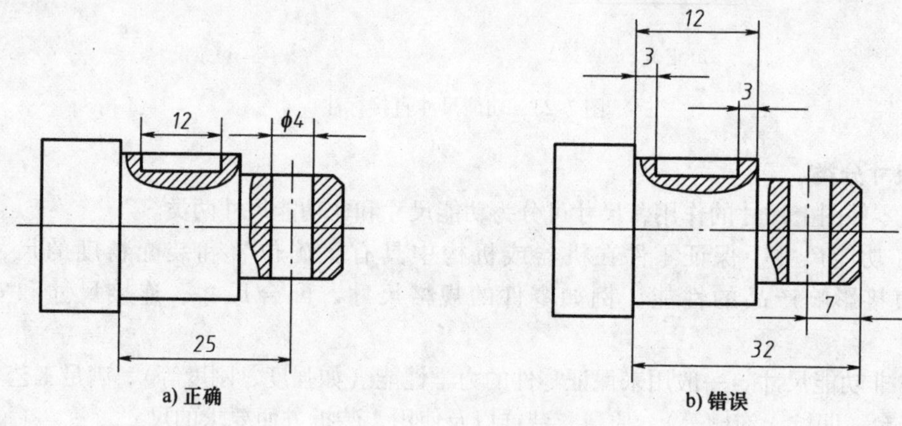

图 7-25　主要尺寸直接注出

（2）相关零件的尺寸要协调一致　对部件中有相互配合、连接、传动等关系的零件，在尺寸标注时应尽可能做到尺寸基准、尺寸标注形式及其内容等协调一致（孔和轴配合，内、外螺纹连接，键和键槽配合），如图 7-26 所示的尾座与导板。

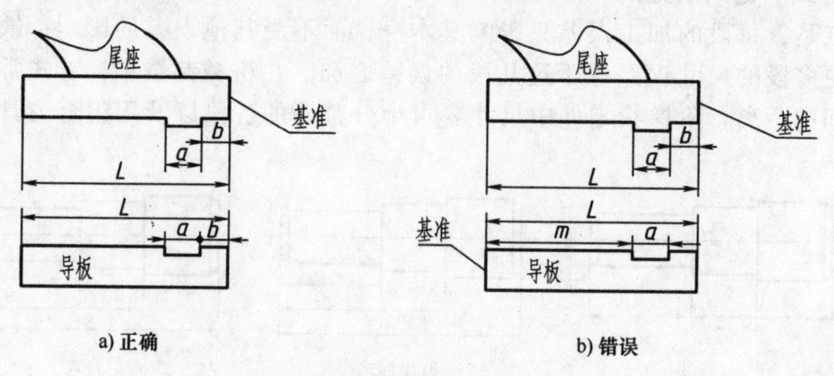

图 7-26　相关零件的尺寸协调一致

（3）避免注成封闭尺寸链　一组首尾相连的链状尺寸称为封闭尺寸链，组成尺寸链的每一个尺寸称为尺寸链的环。图 7-27a 中的 a、b、c、d 尺寸就组成一个封闭尺寸链，当要

确保 a、b 和 c 尺寸精确时，这三个尺寸在加工过程中产生的误差就会累积起来集中反映到 d 尺寸上，将导致 d 尺寸无法保证精度要求。因此，可将其中不重要的尺寸 c 作为参考尺寸，不作标注，如图 7-27b 所示。

（4）标注尺寸要便于测量　在没有结构上或其他重要的要求时，标注尺寸要尽量考虑便于加工和测量，且易保证加工精度。在满足设计要求的前提下，所标注尺寸应尽量做到使用普通量具就能测量，以减少专用量具的设计和制造，如图 7-28 所示。

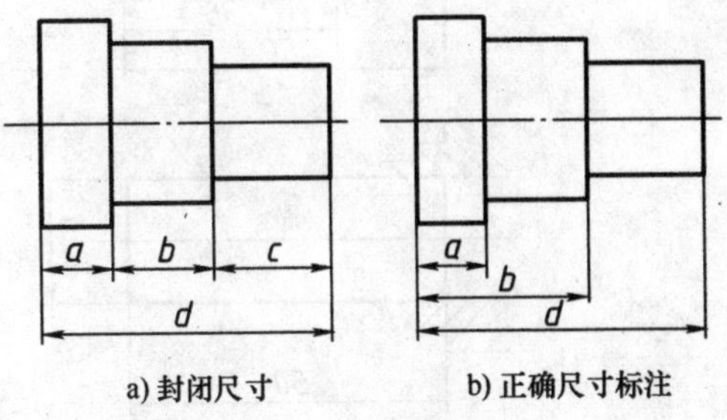

a) 封闭尺寸　　b) 正确尺寸标注

图 7-27　避免封闭尺寸链

（5）考虑加工方法和加工顺序　区分不同的加工方法，对属于同一加工阶段的尺寸，最好组成一组，并且使其中一个尺寸与其他尺寸联系起来。这样配置尺寸，清晰易找，加工时读图方便。不加工面的尺寸精度也能从工艺上保证设计要求。

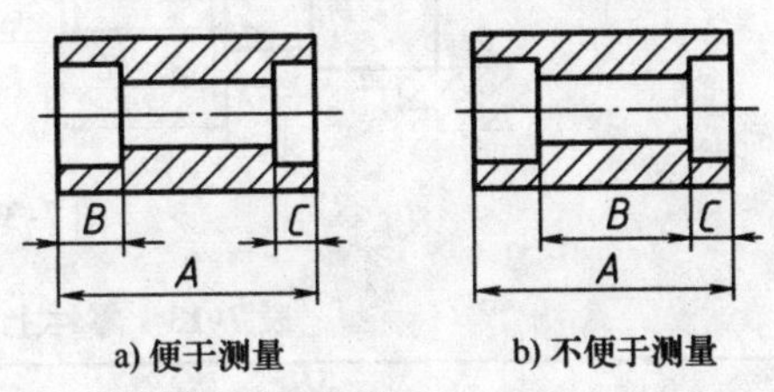

a) 便于测量　　b) 不便于测量

图 7-28　便于测量的尺寸标注

如图 7-29a 所示，因为铸件、锻件的不加工面（毛坯面）的尺寸精度只能由铸造、锻造时来保证，如果同一加工面与多个不加工面都有尺寸联系，即以同一加工面为基准面来同时保证这些不加工面的尺寸精度要求，将使加工制造不便，实际上也是不可能的。所以在标注零件毛坯面的尺寸时，在同一方向上的加工面与毛坯面之间，一般只能有一个尺寸联系，其余则为毛坯面与毛坯面之间或加工面与加工面之间的联系。这样，不仅加工表面的尺寸精度要求易保证，未加工表面的尺寸精度也能从工艺上保证设计要求。

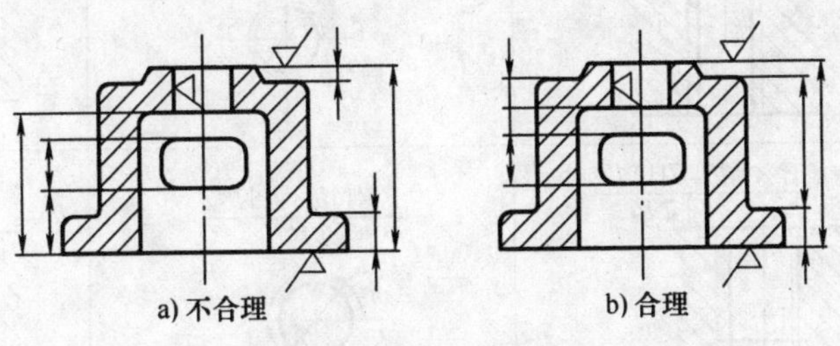
a) 不合理　　b) 合理

图 7-29　毛坯面的尺寸标注

标注尺寸要符合加工顺序，方便加工和测量，从而易于保证工艺要求，便于读图。图 7-30 所示为一个阶梯轴，车削加工后即铣键槽。从图上的加工顺序可知，为了便于看图加工，当车削轴上某一结构时，应让车工从图上直接看到结构的定形和定位尺寸，不需做任何计算。因此退刀槽的尺寸要从左侧起点开始标注。

（6）尺寸标注要符合国家标准　尺寸标注必须符合国家标准《技术制图》和《机械制图》中有关尺寸标注的规定。零件图上常见结构的尺寸标注见表 7-13。

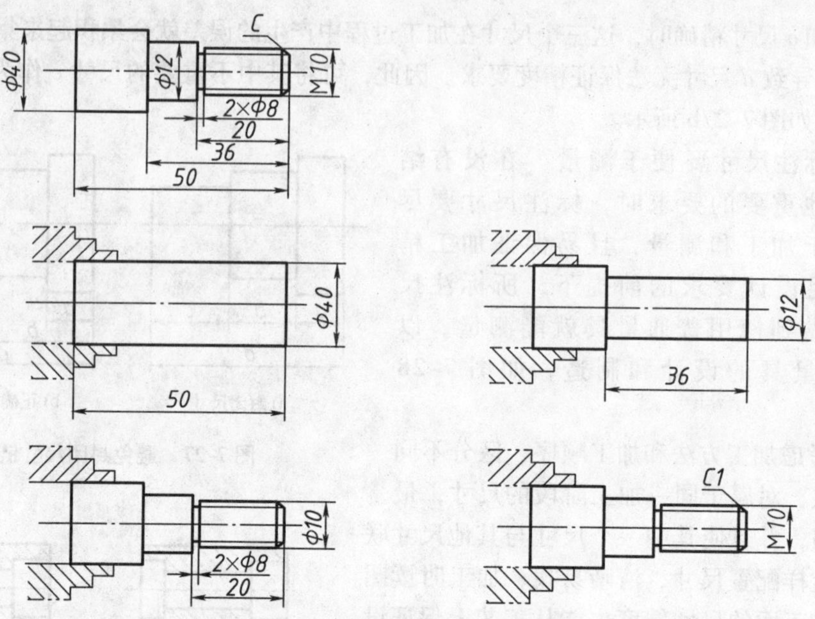

图 7-30　阶梯轴的加工顺序

表 7-13　零件上常见结构的尺寸标注及简化注法

类　型	简化标注法	一般标注法	
光孔	4×Φ8↧14	4×Φ8↧14	4×Φ8 14
螺孔	3×M8-7H	3×M8-7H	3×M8-7H
	3×M10-7H↧12 孔↧14	3×M10-7H↧12 孔↧14	3×M10 12 14
沉孔	6×Φ7 ⌵Φ13×90°	6×Φ7 ⌵Φ13×90°	90° 13 6×Φ7

（续）

类　型	简化标注法	一般标注法	
沉孔	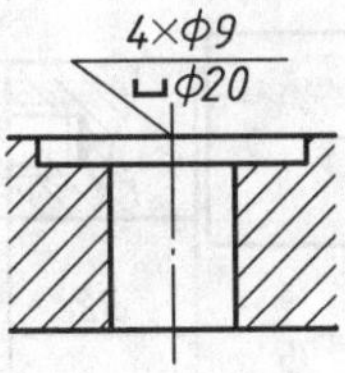 4×ϕ9 ⌴ϕ20	4×ϕ9 ⌴ϕ20	⌴ϕ20 4×ϕ9
	4×ϕ6.4 ⌴ϕ12↧4.5	4×ϕ6.4 ⌴ϕ12↧4.5	12 4.5 4×ϕ6.4
45°倒角		C1	C1
30°倒角		30° 1.6	30° 1.6
退刀槽、越程槽		2×1 2×1	2×ϕ8

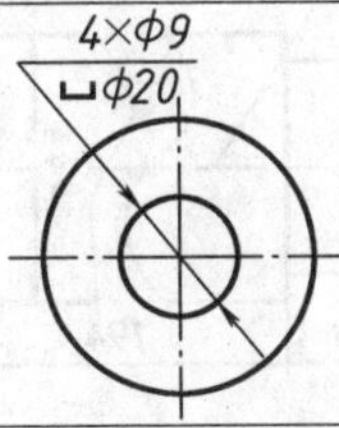

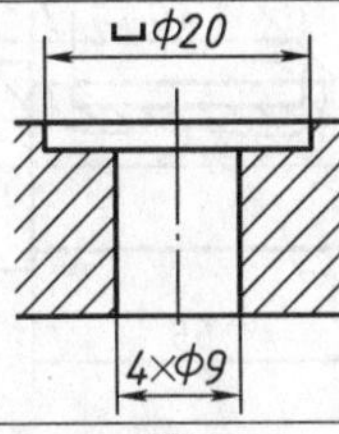

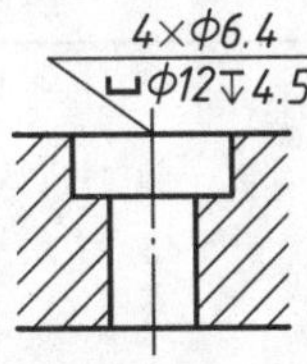

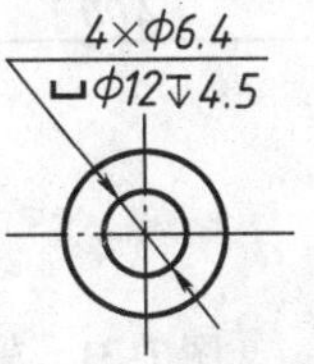

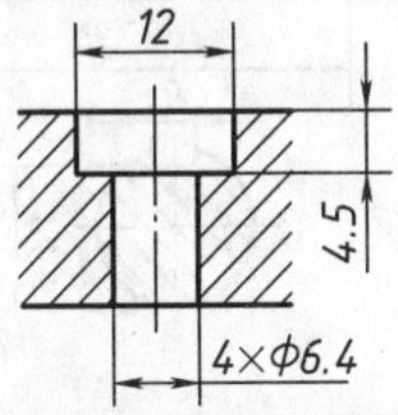

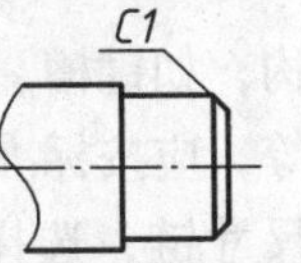

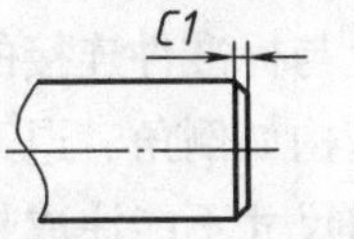

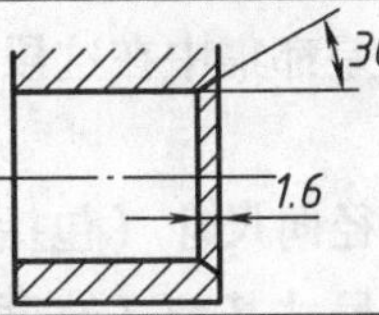

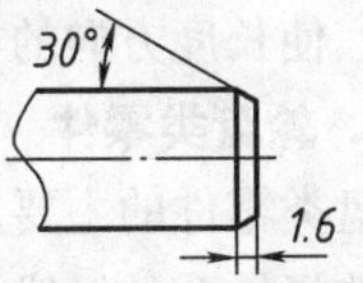

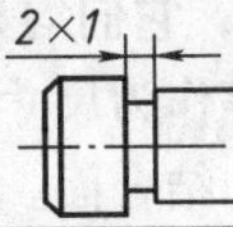

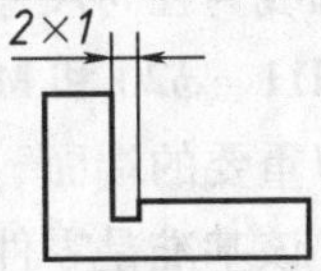

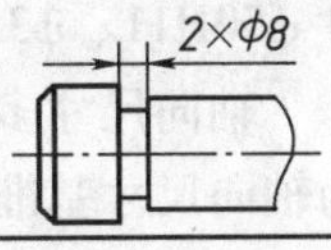

（7）零件尺寸标注的方法步骤

1）对零件进行结构分析，从装配图或装配体上了解零件的作用，弄清该零件与其他零件的装配关系。

2）选择尺寸基准和标注功能尺寸。

3）考虑工艺要求，结合形体分析法标全其余尺寸。

4）检查。认真检查尺寸的配合与协调，是否满足设计与工艺要求，是否遗漏了尺寸，是否有多余和重复尺寸。

7.5.4　典型零件尺寸标注

1. 轴套类零件

轴套类零件的尺寸主要分为径向尺寸和轴向尺寸。通常以水平放置的轴线方向为径向尺寸基准（也就是宽度、高度方向的尺寸基准）。如图 7-31 所示，以轴线为径向基准，由此直接注出与安装在轴上的零件（带轮、滚动轴承）的轴孔有配合要求的轴段尺寸，如 ϕ28k7、ϕ35k6、ϕ25h6 等。

轴向尺寸基准（即长度方向尺寸基准）一般选定在重要轴肩面，如图 7-31 所示，以中间最大直径段的端面为轴向主要尺寸基准，由此注出尺寸 23、95、194；再以轴的左、右端面以及 *M* 端面为长度方向的辅助基准，由右端面注出尺寸 32，由左端面注出尺寸 55；尺寸 400 是总体尺寸。

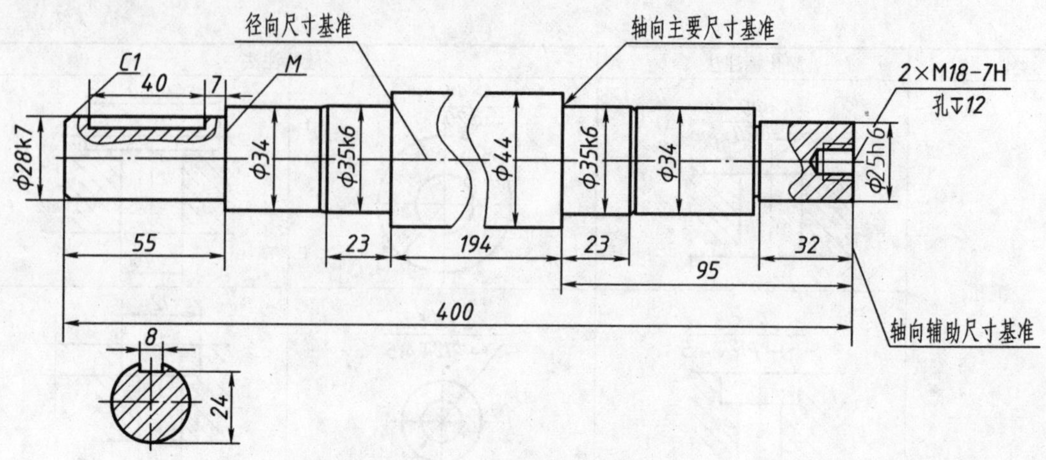

图 7-31　轴的尺寸标注

轴上与标准件连接的结构，如键槽、销孔、螺纹孔的尺寸，可查相应的标准获得。轴上的标准结构如倒角、退刀槽等，应按标准结构尺寸标注，如倒角 1×45°的注法为 *C*1。

轴向尺寸不能注成封闭尺寸链，选择不重要的轴段 ϕ34 为尺寸开口环，不注长度方向尺寸，使长度方向的加工误差都集中在这段。

2. 轮盘类零件

盘类零件的主要尺寸是径向尺寸（包括外形尺寸）和轴向尺寸。图 7-32 所示的阀盖零件可选择轴孔的轴线为径向尺寸基准（宽度、高度方向的尺寸基准），标注水平方向直径尺寸 ϕ50H11、ϕ35H11、ϕ20 和 M36×2 等，它们均为主要尺寸。

轴向尺寸多以重要的端面、接触面等作为尺寸基准，图 7-32 中以右边 ϕ50h11 的端面作为轴向尺寸基准，该基准是零件安装时的结合面。轴向尺寸 $4^{+0.18}_{0}$、$44^{0}_{-0.39}$ 和 $5^{+0.18}_{0}$ 为轴向定位尺寸，应从轴向主要基准面直接标注。左端孔深 5 及右端孔深 7 分别以两端面开始标注，以符合零件的加工顺序及便于测量。

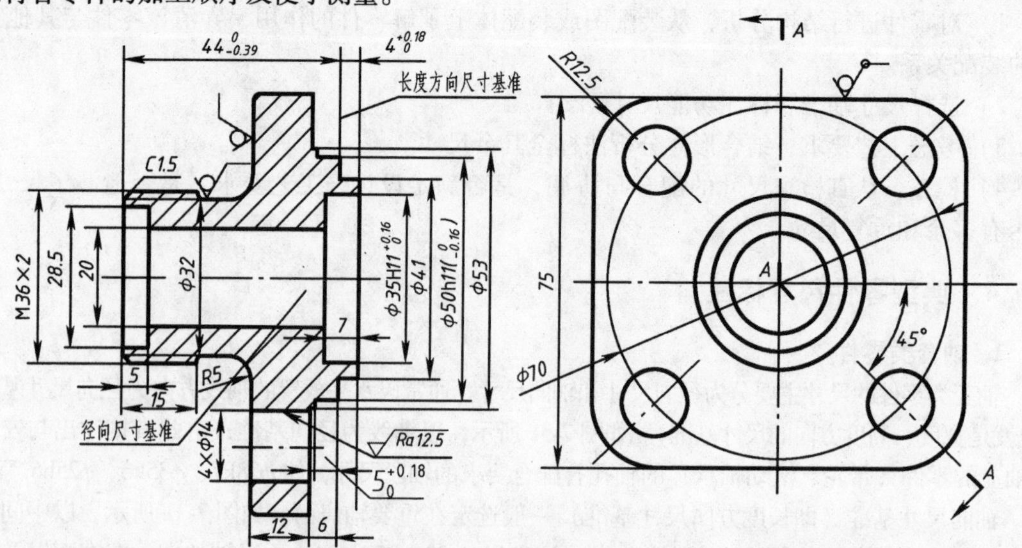

图 7-32　阀盖零件的尺寸标注

3. 叉架类零件

叉架类零件常以主要孔的轴线作为尺寸的主要基准。叉架零件如图 7-33 所示，下面分析尺寸标注。零件的左端孔 ϕ9 的轴线为长度和高度方向的主要基准；圆筒 ϕ16 的前端面为宽度方向的主要基准。叉、杆类零件各孔的中心距和相对位置一般是主要尺寸，应从主要基准直接注出，如图中的 28、50、75°等尺寸。其他尺寸应按形体分别注出。

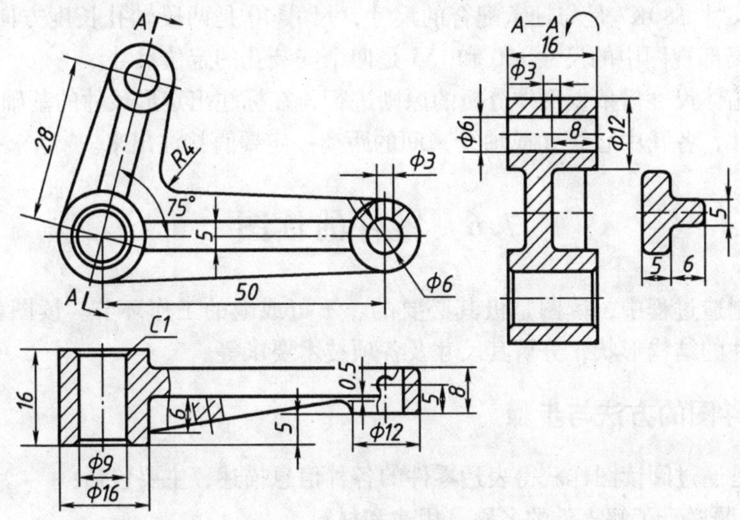

图 7-33　叉架零件尺寸标注

4. 箱体类零件

箱体类零件在尺寸标注时，通常选用设计要求上的轴线、重要的安装面、接触面（或加工面）、箱体主要结构的对称中心面等作为主要尺寸基准。箱体零件如图 7-34 所示。对于

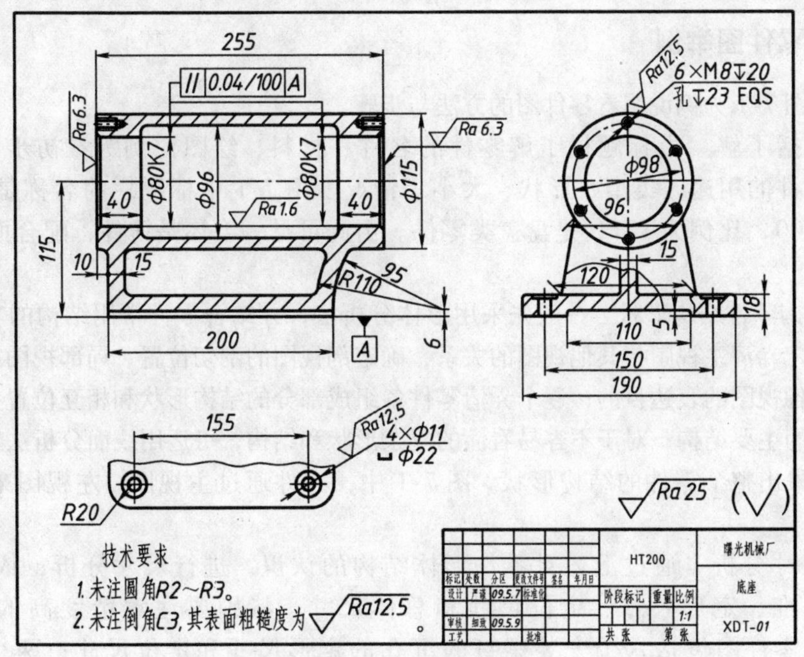

图 7-34　箱体零件

箱体上需要切削加工的部分，应尽可能按便于加工和检验的要求来标注尺寸。

箱体类零件的尺寸基准，常按设计要求选择轴线、对称平面、安装面以及重要接触面等。在图7-34中，选择箱体底面为高度方向的主要尺寸基准，上部圆柱筒的任一端面为长度方向的主要尺寸基准，前后对称面为宽度方向的主要尺寸基准。

直接注出定位尺寸和有配合要求的尺寸，如主视图中的尺寸115是确定上部圆柱筒轴线的定位尺寸，尺寸ϕ80K7是与轴承配合的尺寸，尺寸40是两段轴孔长度方向的定位尺寸。左视图和*A*向局部视图中的尺寸150和155是四个安装孔的定位尺寸。

完整标注箱体尺寸需依据形体分析的原则进行，在标注出定形尺寸的基础上，注意还有较多的定位尺寸，各孔中心线（或轴线）间的距离一定要直接注出来。

7.6 零件的读图

在设计、制造过程中，读图是极其必要的、不可或缺的工作环节。读图就是根据零件图，重构该零件的结构形状，分析其尺寸及各项技术要求等。

7.6.1 读零件图的方法与步骤

读零件图是通过阅读图样获得表达零件的各种信息描述，主要包括：

1）通过标题栏，了解零件的名称、用途和材料。

2）通过各个视图，分析组成零件各部分结构、形状及其相对位置关系和作用。

3）通过各个视图，分析零件的定形尺寸、定位尺寸和尺寸基准。

4）熟悉零件的各项技术要求。

5）综合以上信息，形成对零件的整体认识。

7.6.2 读零件图举例

下面以图7-1为例说明看零件图的方法与步骤。

（1）概括了解　由标题栏了解零件的名称、材料、绘图比例等；初步浏览视图，概括了解零件的用途、类型、形状、大小等情况。图7-1中标题栏的名称是“泵盖”，材料为HT200，比例为1∶1，是盘盖类零件。由此可见，毛坯是铸件，配合面需机械加工成形。

（2）重构零件结构形状　一般先采用形体分析法，并结合零件常用结构的功能，先从主视图入手，弄清主视图与其他视图的关系，确定剖视图的剖切位置、局部视图或斜视图的方向，分析各视图的表达目的；逐个弄清零件各组成部分的结构形状和相互位置关系，然后重构出零件的主要结构；对于不容易看懂的复杂形状和结构，可运用线面分析法进行投影分析，最后想象出整个零件的结构形状。图7-1中，零件通过主视图、左视图来表达结构特征。

（3）尺寸分析　通过上述对零件形体结构的认识，进行尺寸分析，依次确定零件的尺寸基准、定形尺寸、定位尺寸和总体尺寸，特别要注意精度高的尺寸。在图7-1中，零件图包括六个安装螺钉的沉孔的定形尺寸和定位尺寸；两个ϕ16孔，既有尺寸公差要求，又有平行度和垂直度要求，由此可知，这两个孔是非常重要的配合特征。两个 $\phi5$ 孔注明“与泵体配钻”，表明是销钉孔，在装配时用于定位。其余结构尺寸由图可以明确认定。

（4）技术要求　零件的尺寸公差、几何公差、表面粗糙度和其他技术要求，并考虑适当的加工方法。两个 $\phi16$ 轴孔公差均为 H7；平行度公差是 0.04，其表面粗糙度值为 $Ra1.6\mu m$，一个孔与泵盖右端面 D 有垂直度要求，其公差为 $\phi0.01$，未标注的表面粗糙度值为 $Ra25\mu m$，未注表面无需加工。

第 8 章 常用标准件及表达

教学目标

常用标准件是工程制图中标准化、系列化的零部件。在国家标准中，对其结构要素、尺寸大小、规格等都做了相应的规定。本章具体介绍螺纹和螺纹紧固件、键、销、轴承、齿轮、弹簧等标准件的画法、代号、标记及其在装配图中的表达方法。

教学要求

能力目标	知识要点	权重	自测分数
掌握螺纹基本概念、表达方法	螺纹要素、概念、结构特点	15%	
掌握螺纹紧固件的表达方法	螺纹紧固件的连接画法	15%	
掌握键、销的表达方法	各类键、销的特点；键、销的画法和标注方法	20%	
掌握轴承的表达方法	轴承的代号、特点；轴承的表达方法	20%	
掌握齿轮的表达方法	齿轮传动的特点；齿轮结构及不同的表达方法	20%	
掌握弹簧的表达方法	弹簧的种类、表达方法	10%	

在机器和设备中，经常大量使用一些零件，例如螺钉、螺栓、螺母、垫圈、键、齿轮等，如图8-1所示。为了便于生产和使用，国家标准对这类零件的结构、尺寸以及成品质量等各方面都实行了标准化。完全符合国家标准的零件称为标准件，如螺纹紧固件、键、销、滚动轴承等。只是部分重要结构和尺寸标准化的零件称为常用件，如齿轮、弹簧等。国家标准对标准件和常用件的画法和标记都做了统一的规定，绘图时，必须严格遵守。

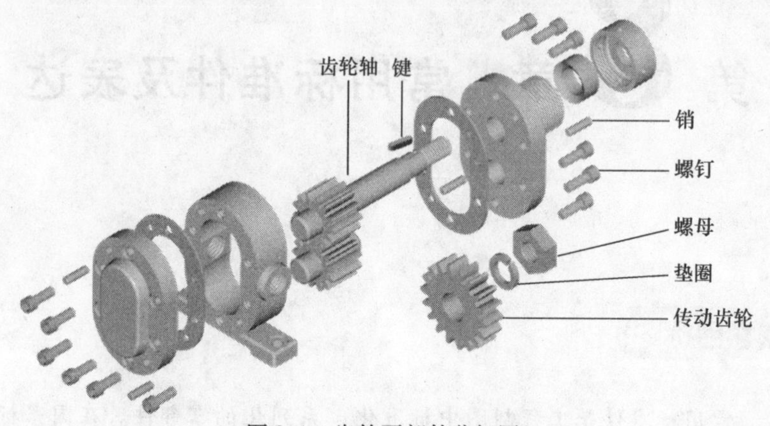

图8-1　齿轮泵部件分解图

8.1　螺　　纹

8.1.1　螺纹的基本要素和分类

1. 圆柱螺纹线与螺纹的形成

圆柱面上一点绕其轴线做均匀旋转运动，同时沿素线做匀速直线运动所形成的复合轨迹称为圆柱螺旋线。

螺纹是指在圆柱或圆锥表面上，沿着螺旋线所形成的具有相同剖面的连续凸起和凹槽。在圆柱表面上形成的螺纹为圆柱螺纹，在圆锥表面上形成的螺纹为圆锥螺纹。

在外表面加工的螺纹称为外螺纹，如图8-2a所示；在内表面加工的螺纹称为内螺纹，如图8-2b所示。

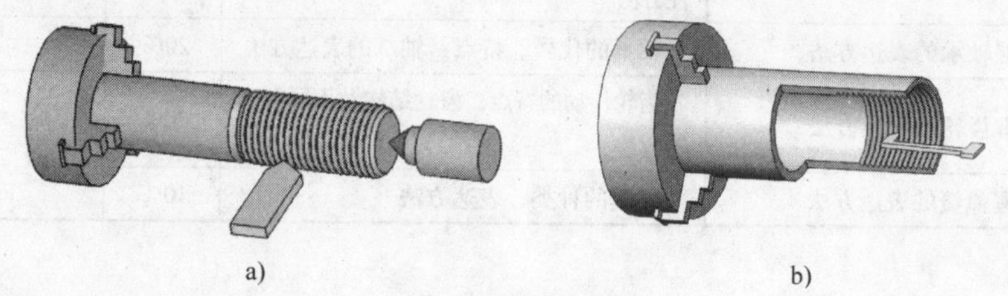

图8-2　螺纹的形成

2. 螺纹的基本要素

（1）牙型　通过轴线纵向剖切时螺纹的轮廓形状称为螺纹牙型。常见标准螺纹的牙型有三角形、梯形、锯齿形，如图8-3所示。

（2）大径、小径和中径

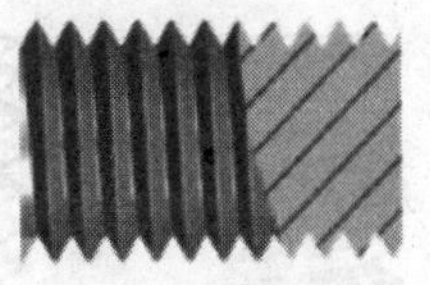
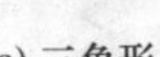
a) 三角形

b) 梯形

c) 锯齿形

图 8-3　螺纹的牙型

1）大径：螺纹最大的直径，也称为公称直径。对外螺纹为牙顶所在圆的直径，用 d 表示；对内螺纹为牙底所在圆的直径，用 D 表示。

2）小径：螺纹最小的直径。对外螺纹为牙底所在圆的直径，用 d_1 表示；对内螺纹为牙顶所在圆的直径，用 D_1 表示。

3）中径：假想圆柱的直径，该圆柱的母线通过牙型上沟槽和凸起宽度相等的地方，此假想圆柱称为中径圆柱。外螺纹用 d_2 表示，内螺纹用 D_2 表示。

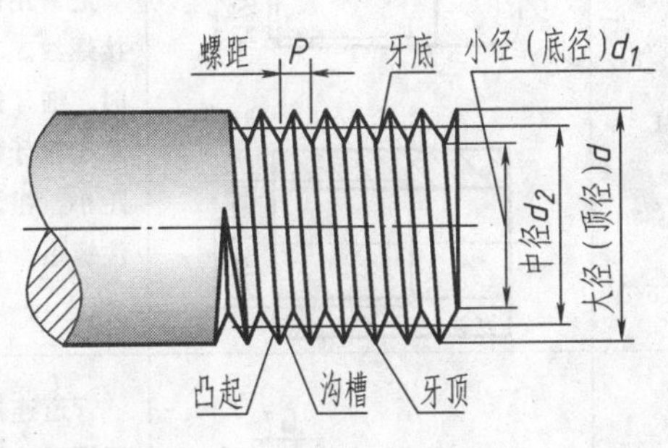

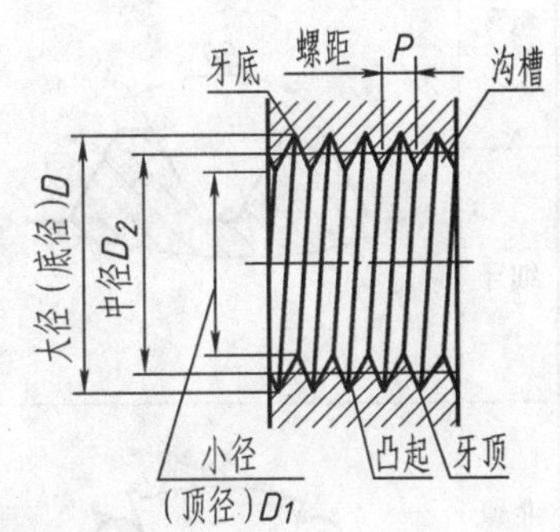

图 8-4　螺纹的大径、小径和中径

（3）线数（n）　线数即在同一回转面加工螺纹的数量，用 n 表示。

加工一条螺线的称为单线螺纹，加工两条螺线的称为双线螺纹，加工两条以上螺线的称为多线螺纹，如图 8-5 所示。

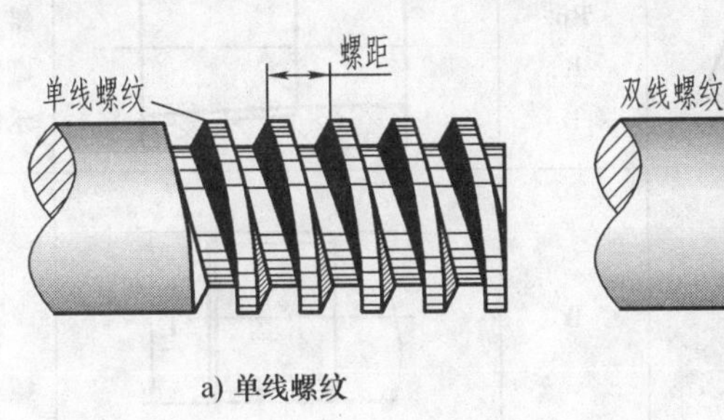

a) 单线螺纹　　b) 双线螺纹

图 8-5　螺纹线数

（4）螺距（P）、导程（Ph）

1）螺距 P：相邻两牙在中径线上对应点之间的轴向距离。

2）导程 Ph：同一条螺旋线上相邻两牙在中径线上对应点之间的轴向距离，如图 8-5 所示。

导程与螺距之间的关系为 $Ph = nP$。

（5）旋向　螺纹有左旋、右旋两种。顺时针旋入的为右旋，工程上用得最多。逆时针旋入的为左旋。判断方法如图 8-6 所示。

内、外螺纹需成对配合使用，只有当内、外螺纹的基本要素完全相同，它们才能旋合在一起。

3. 螺纹的种类

螺纹按用途可分为连接螺纹和传动螺纹两类。常用标准螺纹的种类及用途可参看表 8-1。

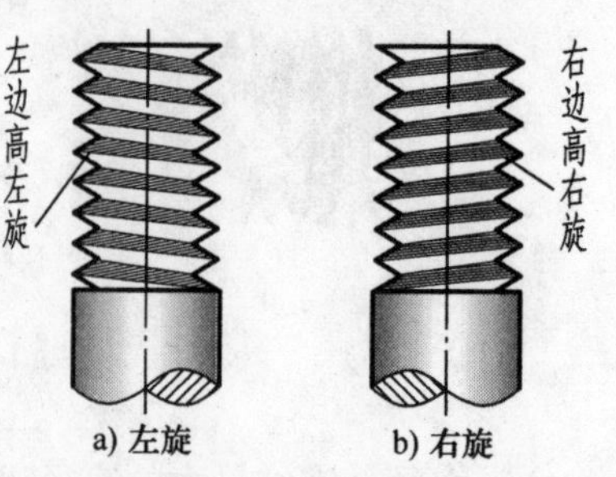

a) 左旋　b) 右旋

图 8-6　螺纹旋向

表 8-1　常用螺纹的种类和标注

类型		牙型放大图	代号	标准示例	用途及说明
普通螺纹	粗牙	60°	M	M16-5g6g	最常用的一种连接螺纹。直径相同时，细牙螺纹的螺距比粗牙螺纹的螺距小，粗牙螺纹不注螺距
	细牙			M16-5g6g	
管螺纹	非螺纹密封	55°	G	G1	管道连接中的常用螺纹，螺距及牙型均较小，其尺寸代号单位为寸制，近似地等于管子的孔径。螺纹的大径应从有关标准中查出。代号 *R* 表示圆锥外螺纹，*Rc* 表示圆锥内螺纹，*Rp* 表示圆柱内螺纹
	螺纹密封	55°	Rc Rp R	Rc1/2	
梯形螺纹		30°	Tr	Tr20	常用的两种传动螺纹，用于传递运动和动力。梯形螺纹可传递双向动力，锯齿形螺纹用来传递单向动力
锯齿形螺纹		3° 30°	B	B20	

8.1.2　螺纹的规定画法

1. 螺纹的规定画法

螺纹的真实投影是比较复杂的。为了简化作图，国家标准规定，不管螺纹的种类如何，螺纹的画法均按规定绘制。

表 8-2　螺纹的规定画法

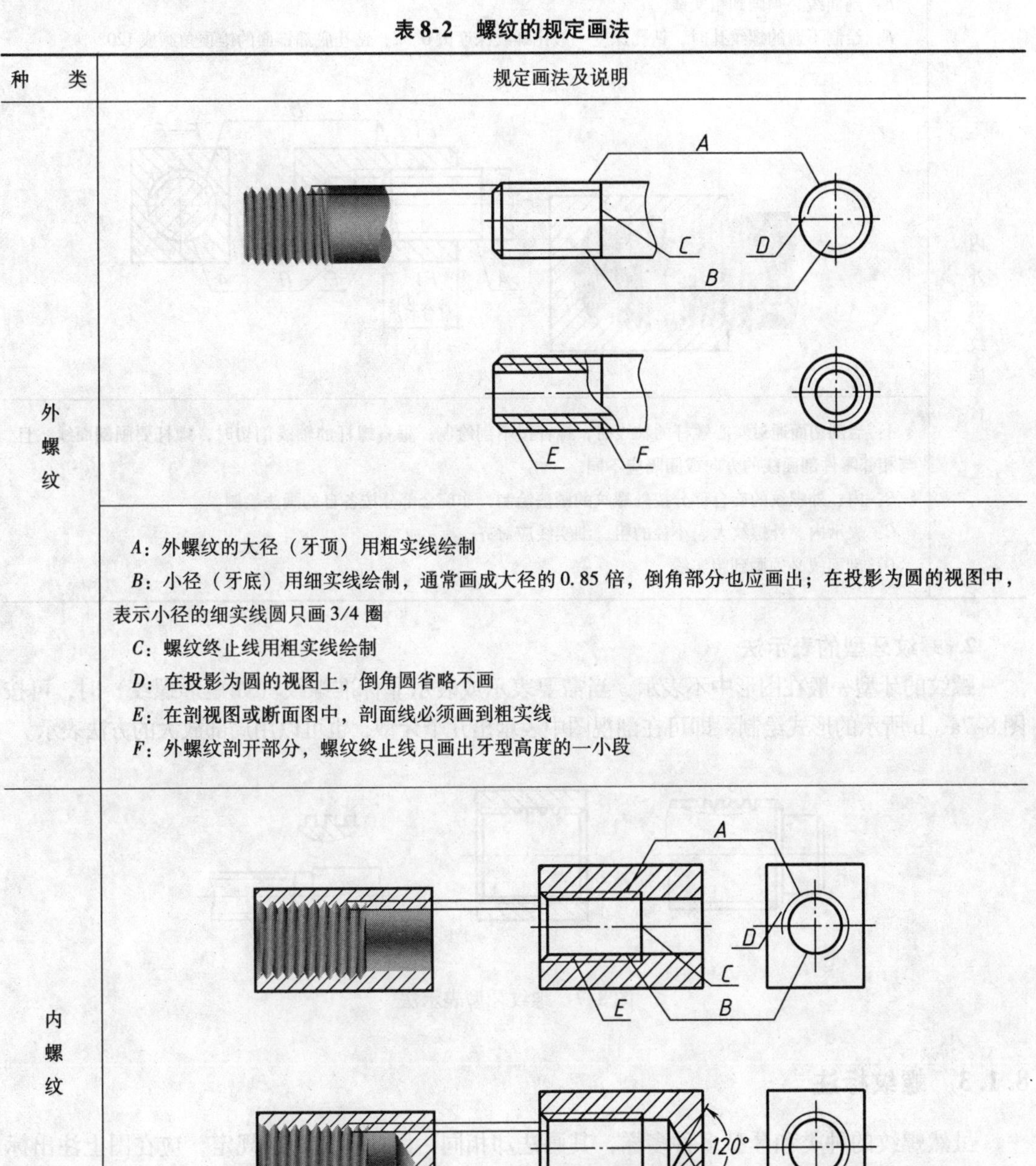

种　类	规定画法及说明
外螺纹	A：外螺纹的大径（牙顶）用粗实线绘制 B：小径（牙底）用细实线绘制，通常画成大径的 0.85 倍，倒角部分也应画出；在投影为圆的视图中，表示小径的细实线圆只画 3/4 圈 C：螺纹终止线用粗实线绘制 D：在投影为圆的视图上，倒角圆省略不画 E：在剖视图或断面图中，剖面线必须画到粗实线 F：外螺纹剖开部分，螺纹终止线只画出牙型高度的一小段
内螺纹	

（续）

种　类	规定画法及说明
内螺纹	*A*：在剖视图中，大径（牙底）用细实线绘制；在投影为圆的视图中，大径只画 3/4 圈细实线圆 *B*：小径（牙顶）用粗实线绘制 *C*：螺纹终止线用粗实线绘制 *D*：在投影为圆的视图中，倒角圆省略不画 *E*：剖面线必须画到粗实线 *F*：绘制不通的螺纹孔时，钻孔深度一般比螺纹深度大 0.5*d*，钻孔底部锥面的锥顶角画成 120°
内外螺纹旋合	B F↑　F—F A　F↑　C　D　A 旋合长度 *A*：当剖切面通过实心螺杆的轴线时，螺杆按不剖绘制；垂直螺杆的轴线剖切时，螺杆要画剖面线，且与相邻零件剖面线的方向或间隔应不同 *B*：内、外螺纹的旋合部分按外螺纹的画法绘制，非旋合部分按各自的画法绘制 *C*：表示内、外螺纹大、小径的粗、细实线应对齐 *D*：剖面线必须画到粗实线

2. 螺纹牙型的表示法

螺纹的牙型一般在图形中不表示，当需要表示或表示非标准螺纹（如矩形螺纹）时，可按图 8-7a、b 所示的形式绘制，即可在剖视图中表示出几个牙型，也可以用局部放大的方法表示。

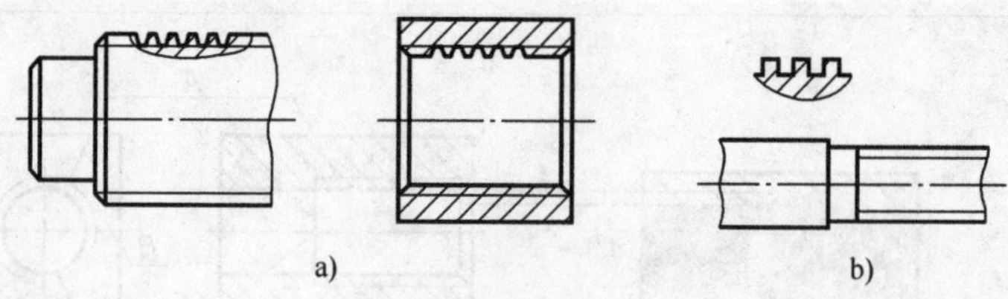

图 8-7　螺纹牙型表示法

8.1.3　螺纹标注

虽然螺纹的种类和牙型多种多样，其画法却相同，因此国家标准规定，应在图上注出标准螺纹的相应代号，以区别不同种类的螺纹。

螺纹的标记由螺纹代号、螺纹公差带代号和螺纹旋合长度组成。它们之间各用一短画线隔开，称为螺纹的标记。

各种螺纹的标注方法，见表 8-3。

表 8-3　螺纹的标注方法

螺纹类别	牙型代号	标注示例	标注含义
普通螺纹	M	M10	粗牙普通螺纹，公称直径 10mm，右旋
		M10-LH	粗牙普通螺纹，公称直径 10mm，左旋
		M10×1-LH	细牙普通螺纹，公称直径 10mm，螺距 1mm，左旋
		M10×1-5g6g-S	细牙普通螺纹，公称直径 10mm，螺距 1mm，右旋，中径公差带代号为 5g，顶径公差带代号为 6g，短旋合长度
梯形螺纹	Tr	Tr32×6-7H	梯形螺纹，单线，公称直径 32mm，螺距 6mm，右旋，中径公差带代号为 7H
		Tr32×12(P6)-LH	梯形螺纹，双线，公称直径 32mm，螺距 6mm，导程 12mm，左旋
管螺纹	G R_1 R_2 Rc Rp	G1/2	非螺纹密封的外管螺纹，尺寸代号 1/2 英寸，右旋，查表得螺距 1.814mm，公称直径 20.95mm
		G1/2A-LH	非螺纹密封的内管螺纹，尺寸代号 1/2 英寸，左旋，查表得螺距 1.814mm，公称直径 20.95mm，公差等级为 A 级
		Rc1/2	螺纹密封的锥管内螺纹，尺寸代号 1/2 英寸，右旋
锯齿形螺纹	S	B32×6	锯齿形螺纹，公称直径 32mm，螺距 6mm，右旋

8.2　螺纹紧固件及其连接画法

螺纹紧固件就是运用一对内、外螺纹的连接作用将两个或两个以上的零件连接在一起的零件。常用的螺纹紧固件有螺栓、螺柱、螺钉、螺母和垫圈等，如图 8-8 所示。

螺纹紧固件属于标准件，其结构、形式、尺寸等均已标准化，都是标准件，在设计时不需画出它们的零件图，只需在装配图中注明其标记即可。

图 8-8　常用螺纹紧固件

8.2.1　常用螺纹紧固件的标记及其画法

1. 标记

螺纹紧固件都是标准件，其材料、结构和加工制造方面的要求等都有具体的标准和规定，它们的尺寸也有系列标准，一般由专门的生产厂家加工制造。因此在设计制图时，无需单独绘制它们的零件图，而是根据设计需要按相应的国家标准选取，这就要求熟悉它们的结构形式并掌握其标记方法。通过标记，可查阅相关标准，了解具体的结构尺寸。常用螺纹紧固件的结构形式和标记示例见表 8-4。

表 8-4　螺纹紧固件及其标记示例

名　称	图　例	标记及说明	用　途
六角头螺栓	M12 30	螺栓 GB/T 5780—2000 M12×30 名称：螺栓 国标代号：GB/T 5780—2000 螺纹规格：M12 公称长度：30mm	用于被连接零件允许钻成通孔的情况

（续）

名　称	图　例	标记及说明	用　途
双头螺柱	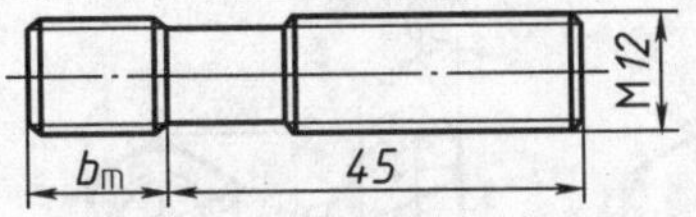 注：旋入端的长度 *bm* 由被旋入零件的材料决定	螺柱　GB/T 898—1988　M12×45 名称：螺柱 国标代号：GB/T 898—1988 螺纹规格：M12 公称长度：45mm	用于被连接零件之一较厚或不允许钻成通孔的情况
开槽圆柱头螺钉	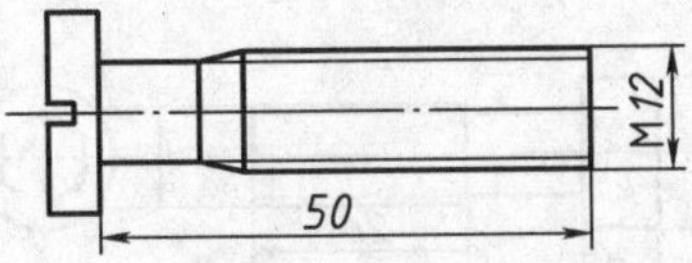	螺钉　GB/T 65—2000　M12×50 名称：螺钉 国标代号：GB/T 65—2000 螺纹规格：M12 公称长度：50mm	用于不经常拆开和受力较小的连接
开槽沉头螺钉	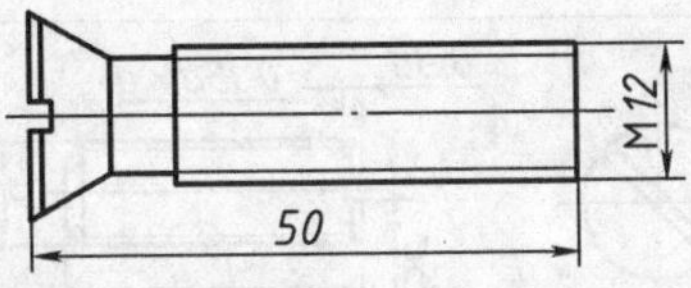	螺钉　GB/T 68—2000　M12×50 名称：螺钉 国标代号：GB/T 68—2000 螺纹规格：M12 公称长度：50mm	
紧定螺钉	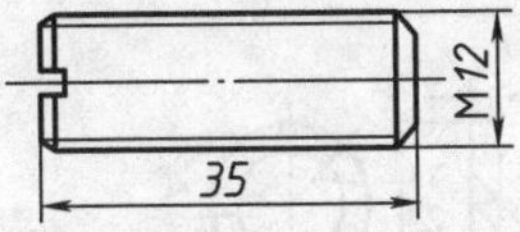	螺钉　GB/T 71—1985　M12×35 名称：螺钉 国标代号：GB/T 71—1985 螺纹规格：M12 公称长度：35mm	
六角螺母	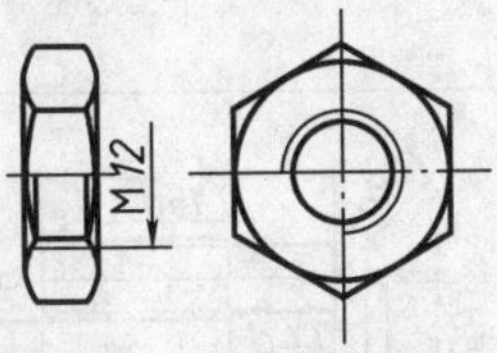	螺母　GB/T 6170—2000　M12 名称：螺母 国标代号：GB/T 6170—2000 螺纹规格：M12	与螺栓或双头螺柱等一起进行连接
平垫圈	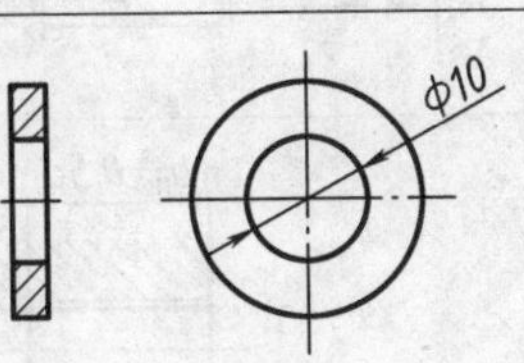	垫圈　GB/T 97.1—2002 10 名称：垫圈 国标代号：GB/T 97.1—2002 规格：10 硬度等级：200HV	垫圈一般放在螺母下面，可避免旋紧螺母时损伤被连接零件的表面
弹簧垫圈	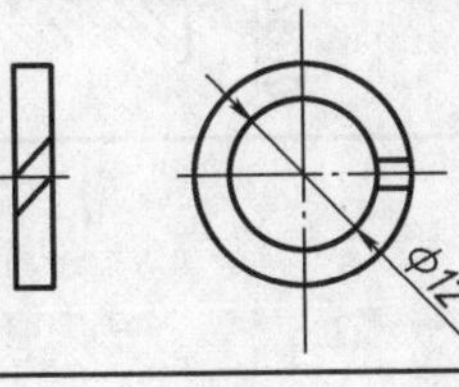	垫圈　GB/T 93—1987　12 名称：垫圈 国标代号：GB/T 93—1987 规格：12	弹簧垫圈可防止螺母松动、脱落

2. 比例画图

为了提高画图速度，螺纹紧固件各部分的尺寸（除公称长度外）都可按 d（或 D）的一定比例画出，称为比例画法（也称为简化画法）。画图时，螺纹紧固件的公称长度 l 仍由被连接零件的有关厚度决定。

各种常用螺纹紧固件的比例画法见表 8-5。

表 8-5　各种常用螺纹紧固件的比例画法

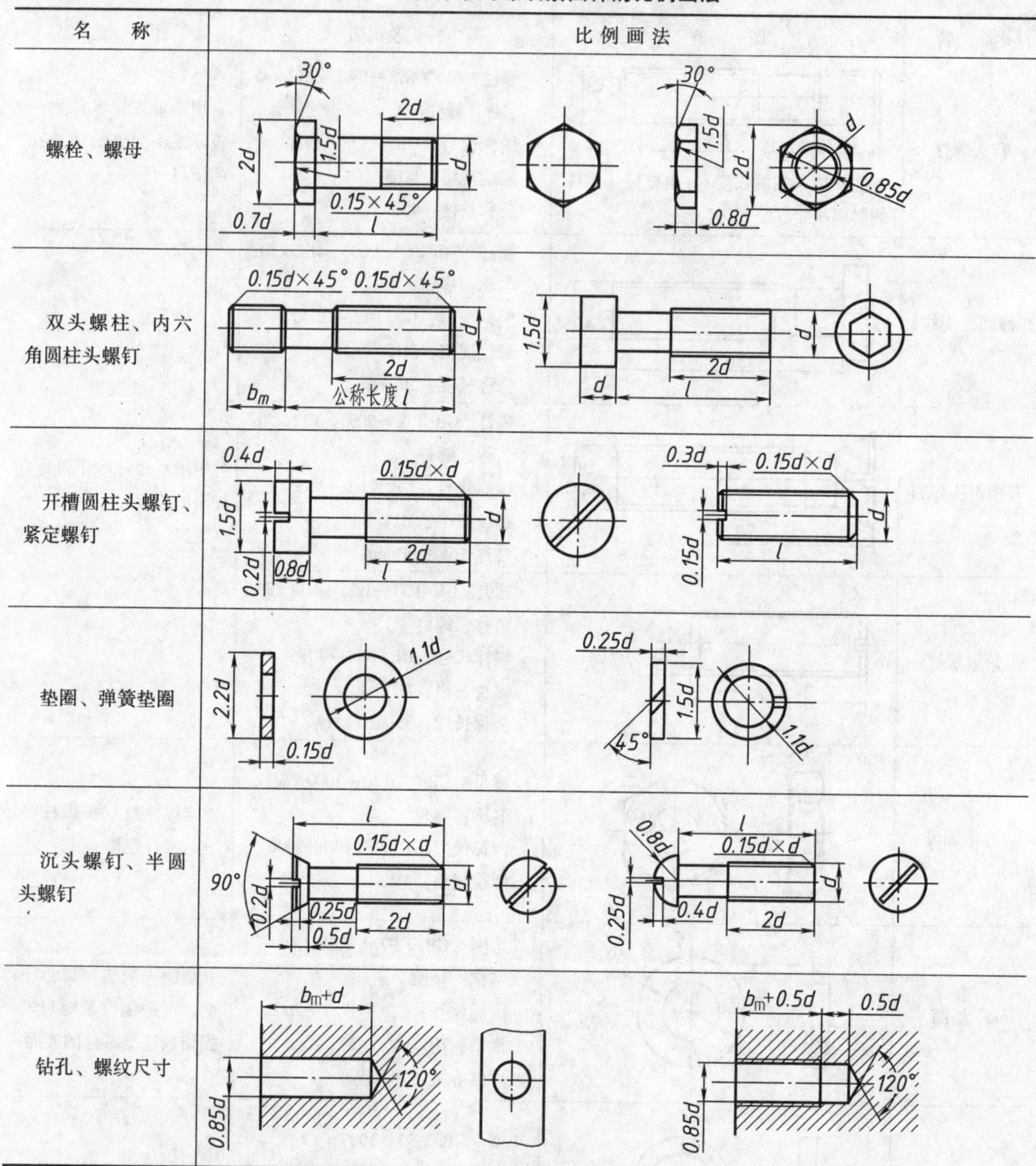

名　称	比例画法
螺栓、螺母	30° 2d 1.5d 2d d 0.15×45° 0.7d l 30° 1.5d d 2d 0.85d 0.8d
双头螺柱、内六角圆柱头螺钉	0.15d×45° 0.15d×45° d 2d b_m 公称长度 l 1.5d d 2d d l
开槽圆柱头螺钉、紧定螺钉	0.4d 0.15d×d 1.5d d 2d 0.2d 0.8d l 0.3d 0.15d×d d l 0.15d
垫圈、弹簧垫圈	1.1d 2.2d 0.15d 0.25d 1.5d 45° 1.1d
沉头螺钉、半圆头螺钉	l 0.15d×d 90° d 0.2d 0.25d 2d 0.5d l 0.8d 0.15d×d d 0.25d 0.4d 2d
钻孔、螺纹尺寸	b_m+d 120° 0.85d b_m+0.5d 0.5d 120° 0.85d

8.2.2　螺纹紧固件的连接画法

1. 螺栓连接

螺栓常用于不太厚的零件之间的连接。被连接件上钻有通孔，装配时，为了避免碰伤螺纹、便于安装，通孔直径应略大于螺栓大径（约1.1d）。螺栓装入后，再套上垫圈，拧紧螺母，如图 8-9 所示。

其中，垫圈的作用是增加接触面，防止损伤被连接零件的表面。

为连接不同厚度的零件，螺栓有各种长度规格。螺栓公称长度 l 可按下式估算：

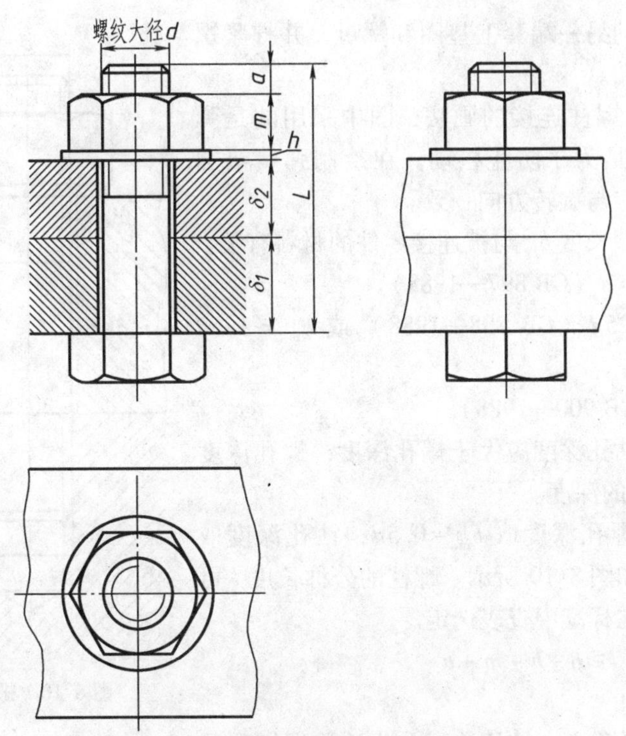

图 8-9 螺栓连接的画法

$$l \geqslant \delta_1 + \delta_2 + h + m + a$$

式中 δ_1、δ_2——被连接件厚度；

h——垫圈厚度；

m——螺母厚度；

a——螺栓伸出长度，一般取 $a = 0.2 \sim 0.3d$。

根据上式计算出的螺栓长度，还需从相应的螺栓公称长度系列中选取与它相近的标准值。螺栓 l 的长度系列为 6、8、10、12、16、20、25、30、35、40、50、55、60、70 ~ 160，查出与其最接近的数值，即为最终取值。

绘制螺纹紧固件连接装配图，应遵守以下基本规定。

1）凡是不接触的相邻表面，或两相邻表面公称尺寸不同，不论其间隙大小（如螺杆与通孔之间），需画两条轮廓线（若间隙过小时可夸大画出）。两零件接触表面处只画一条轮廓线。

2）在剖视图和剖面图中，相邻两零件的剖面线，应画成不同方向或同一方向但不同间距来加以区别。且同一零件在各个剖视图和剖面图中，其剖面线方向和间距必须完全一致。

3）在剖视图中，当剖切平面通过实心轴或标准件的轴线时，这些零件按不剖画出，即只画其外形。

4）若主视图中已表达出装配的内部结构，则左视图可以按外形视图绘制，如图 8-9 所示。

2. 螺柱连接

螺柱常用在被连接零件中有一个较厚不允许钻成通孔，或因拆卸频繁不宜用螺钉的场合。螺柱的两端都有螺纹，在较厚的机件上加工螺孔，在较薄的零件上加工通孔。将螺柱的一端旋入螺孔中，该端称为旋入端。为保证连接的可靠性，旋入端应全部旋紧在螺孔中，一般不再旋出。螺柱的另一端套上垫圈和螺母，并拧紧螺母，该端称为紧固端。

图 8-10 所示为螺柱连接的画法，图中采用的是弹簧垫圈，它的作用是为了防止松动。在绘制弹簧垫圈时，注意斜口方向应与旋转方向一致。

双头螺柱旋入端长度 b_m 与被连接零件的材料有关。

钢或青铜：$b_m = d$（GB 897—1988）。

铸铁：$b_m = 1.25d$（GB 898—1988）或 $b_m = 1.5d$（GB 899—1988）。

铝：$b_m = 5d$（GB 900—1988）。

螺柱连接图中钻孔深度应大于螺孔深度，螺孔深度又应大于旋入端 b_m 的深度。

画图时，一般螺孔深度取 $b_m + 0.5d$；钻孔深度取 $b_m + 0.5d + 0.5d$，如图 8-10 所示。螺柱的公称长度 l 可通过下式计算后，在标准中查表选定。

$$l \geqslant \delta + h + m + a$$

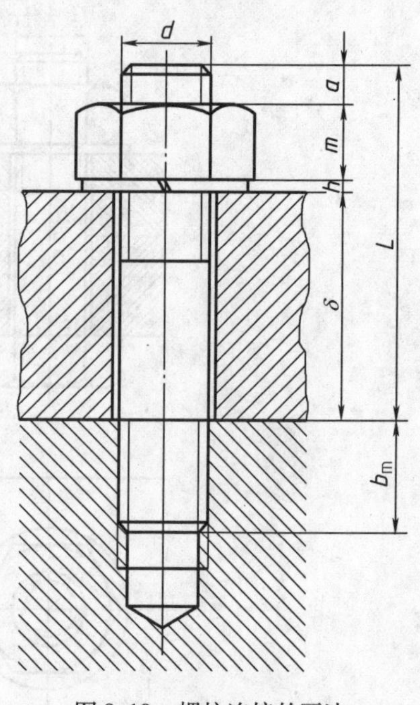

图 8-10　螺柱连接的画法

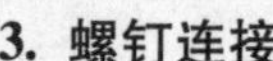

3. 螺钉连接

螺钉连接的种类很多，按用途可分为连接螺钉和紧定螺钉两类。

（1）连接螺钉　连接螺钉常用在受力不太大且不经常拆卸的地方。螺钉穿入零件的通孔（孔径约 1.1d），与另一零件的螺孔旋合，它不需要螺母，而是靠自身的螺纹将零件连接起来，如图 8-11 所示。螺钉旋入螺孔的深度 b_m 与螺柱旋入端 b_m 的长度取法相同，它与被连接件的材料有关。为了保证连接的可靠性，螺钉上螺纹的长度 b 应大于螺孔的深度。在反映圆的视图中，螺钉头部的一字槽应与水平成 45°画出。圆柱头螺钉和沉头螺钉的比例画法如图 8-11 所示。

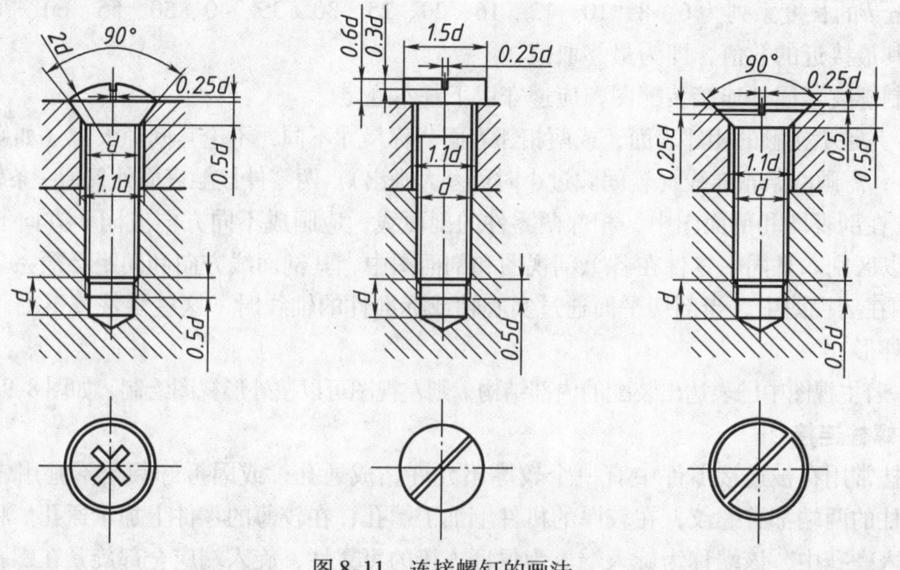

图 8-11　连接螺钉的画法

螺钉的公称长度 l 可按下式计算，然后从长度系列中选取标准值。

$$l \geqslant \delta + b_m$$

（2）紧定螺钉　紧定螺钉可以用来防止两个零件之间产生相对运动，起固定的作用。如图 8-12 所示，用紧定螺钉旋入轮毂的螺纹，使螺钉尾部 90°的锥坑压紧，从而固定了轴和轮子的相对位置，使它们不能产生相对移动。

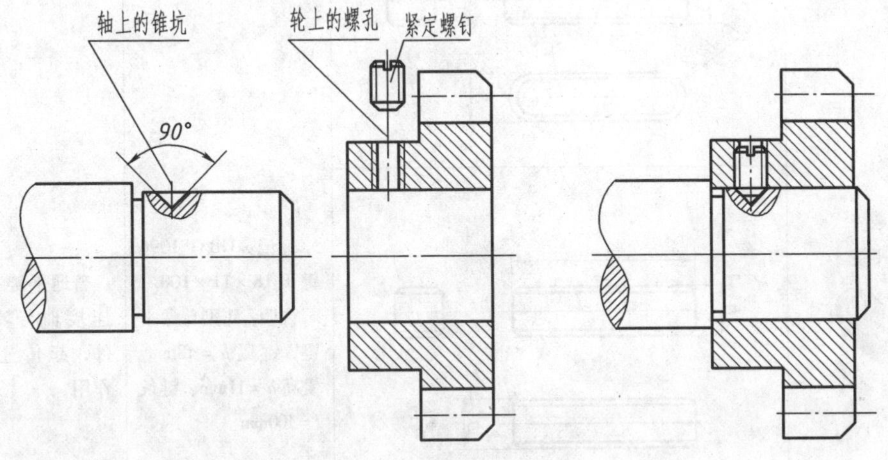

图 8-12　紧定螺钉的画法

8.3　键　和　销

8.3.1　键及其连接

1. 作用、种类及标记

键主要用于轴和轴上零件（如齿轮、带轮）间的周向连接，以传递转矩。如图 8-13 所示，在被连接的轴上和轮毂孔中制出键槽，先将键嵌入轴上的键槽内，再对准轮毂孔中的键槽（该键槽是穿通的槽），将它们装配在一起，便可达到连接目的。

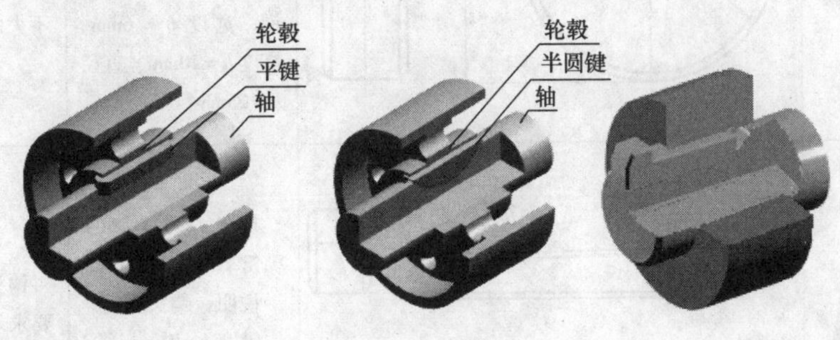

图 8-13　键连接

键是标准件，常用的键有普通平键、半圆键、钩头楔键和花键。键的标记由名称、规格、国家标准代号三部分组成。常用键的结构形式及其标记示例见表 8-6。

表 8-6　键的结构形式及其标记示例

名　称	图　例	标记及说明	用　途
普通平键 	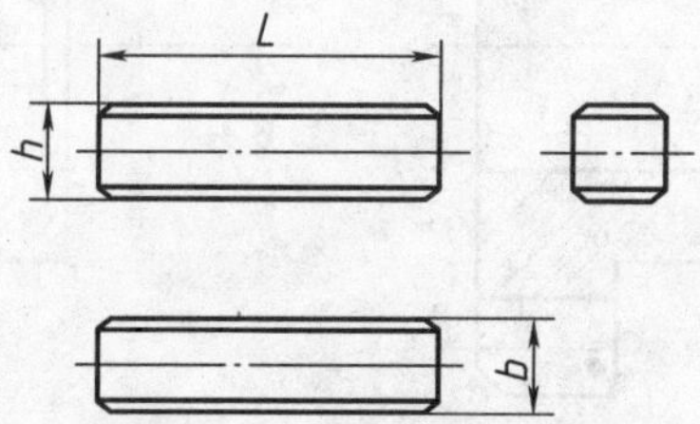 A 型 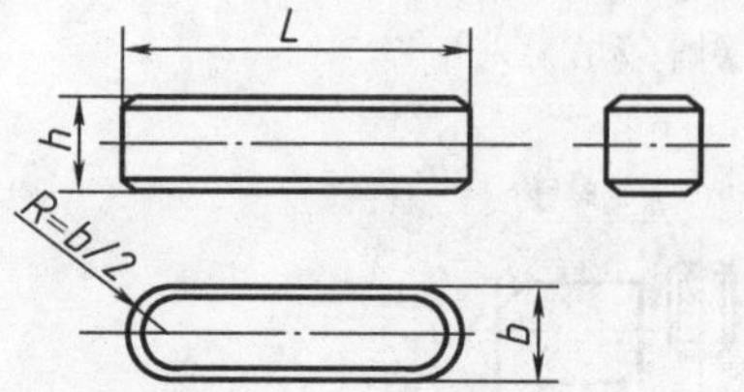 L h R=b/2 b B 型 L h b C 型 L h R=b/2 b 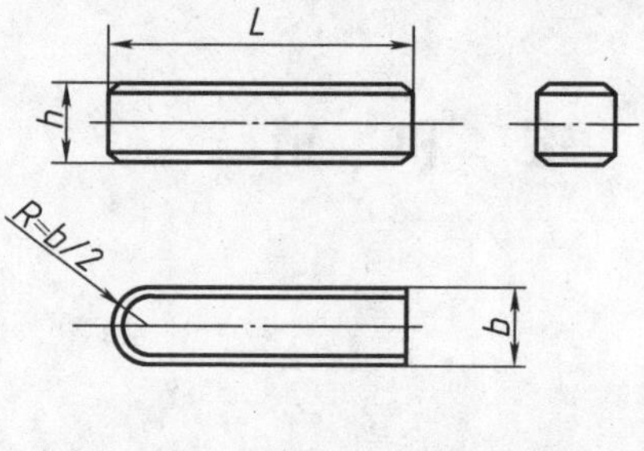	标记：GB/T 1096 键 B 18×11×100 说明：B 型普通平键，键宽 b = 18mm、键高 h = 11mm、键长 l = 100mm	普通平键主要用于连接轴与轴上的零件，起传递转矩的作用
半圆键 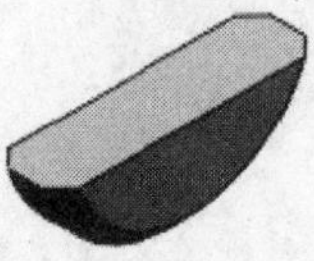	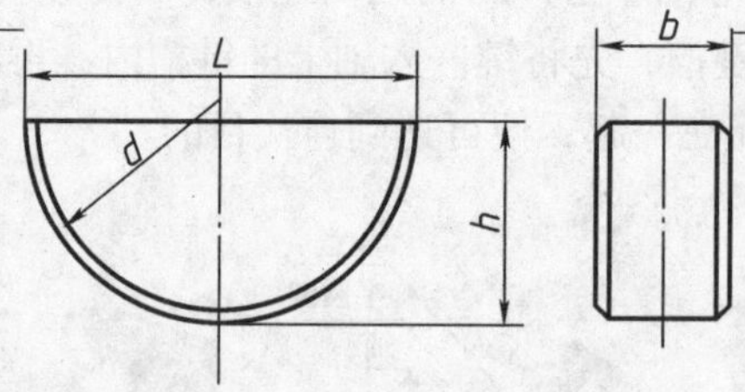 L d h b	标记：GB/T 1099.1 键 6×10×25 说明：普通型半圆键，宽度 b = 6mm、高度 h = 10mm、直径 D = 25mm	半圆键常用于载荷不大的传动轴上
钩头楔键 	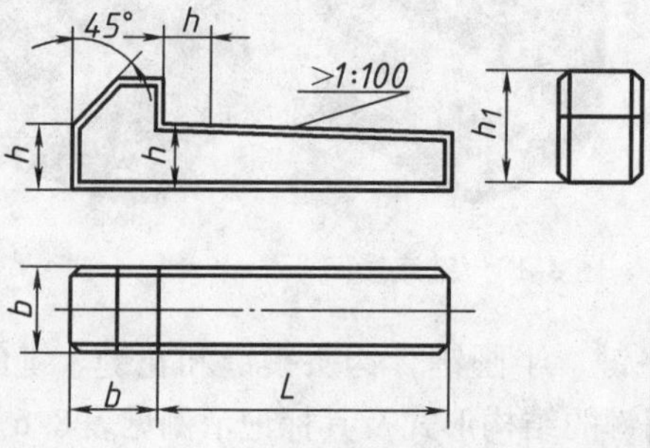 45° h >1:100 h h h1 b b L	标记：GB/T 1564 键 16×100 说明：钩头楔键，键宽 b = 16mm、键高 h = 10mm、键长 l = 100mm	钩头锲键用于精度要求不高、载荷平稳和低速的场合

（续）

名　称	图　例	标记及说明	用　途
花键	B　D　d	标记代号应包括：N（键数），d（小径），D（大径），B（键宽），基本尺寸及配合公差和标准号。 外矩形花键标记：6 × 23f7 × 26a11 × 6d10 GB/T 1144—2001	常用于传递较大的转矩和定心精度要求高的静连接和动连接

2. 键连接的画法

采用普通平键连接时，要在轴、轮的接触面处各开一键槽，将平键嵌入键槽。普通平键的两侧面为工作面，因此它的两侧面应与轴、轮毂的键槽两侧面紧密接触。键的顶面为非工作面，应与轮毂键槽顶面留一定的间隙。

轴、轮毂上的键槽是标准结构要素，它的尺寸应根据轴径查阅相应标准。

半圆键的工作面是两侧面，连接情况与平键相似。

钩头楔键的顶部有 1∶100 的斜度，连接时沿轴向将键打入键槽内，直至打紧为止。因此钩头楔键的上、下两面为工作面，两侧面为非工作面。

键连接的画法如图 8-14a 所示，键槽的画法如图 8-14b 所示。

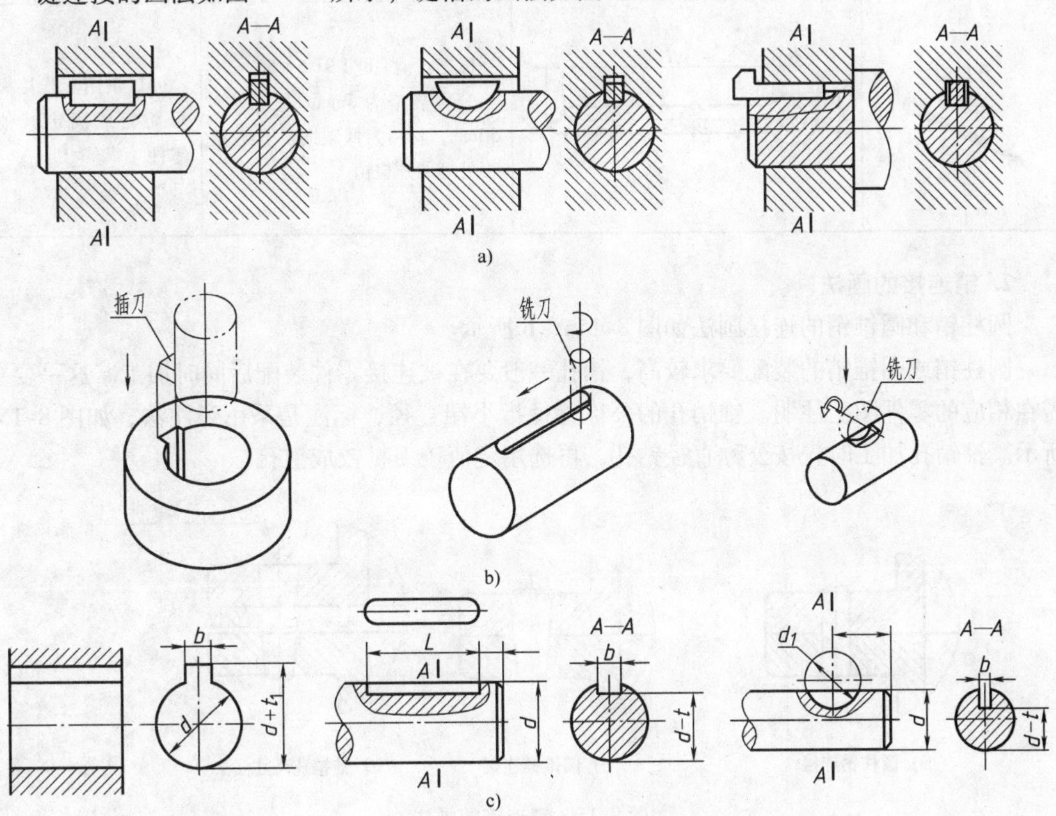

图 8-14　键连接的画法

8.3.2 销及其连接

1. 作用、种类及标记

销是标准件。常用的销有圆柱销、圆锥销和开口销等。销的标记内容与键的标记类似，各种销的标记见表8-7。

表8-7 销的结构形式及其标记示例

名　称	图　例	标记及说明	用　途
圆柱销		标记：销 GB/T 119.1 8m6×60 公称直径 d = 8mm，公差为m6，长度 l = 60mm，材料35钢，热处理硬度28～38HRC，表面氧化处理的圆柱销	圆柱销和圆锥销主要用于零件之间的连接和定位
圆锥销		标记：销 GB/T 117 10×60 公称直径 d = 10mm，长度 l = 60mm，材料35钢，热处理硬度28～38HRC，表面氧化处理的A型圆锥销	
开口销		标记：销 GB/T 91 5×50 公称规格为5mm，长度 l = 50mm，材料为低碳钢，不经表面处理的开口销	开口销用于连接螺母防松或固定其他零件

2. 销连接的画法

圆柱销和圆锥销的连接画法如图8-15a、b所示。

圆柱销或圆锥销的装配要求较高，销孔一般要在被连接零件装配后同时加工。这一要求需在相应的零件图上注明。锥销孔的公称直径指小端直径，标注是采用旁注法，如图8-15c所示。锥销孔加工时先按公称直径钻孔，再选用定值铰刀扩铰成锥孔。

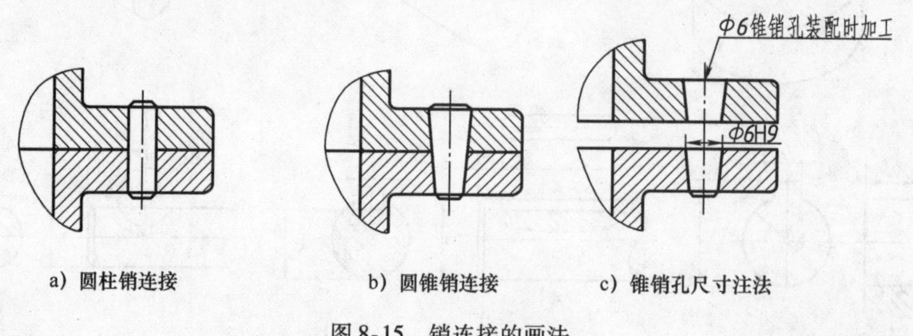

a）圆柱销连接　　b）圆锥销连接　　c）锥销孔尺寸注法

图8-15 销连接的画法

带销孔螺杆和槽形螺母用开口销锁紧防松的连接，如图 8-16 所示。

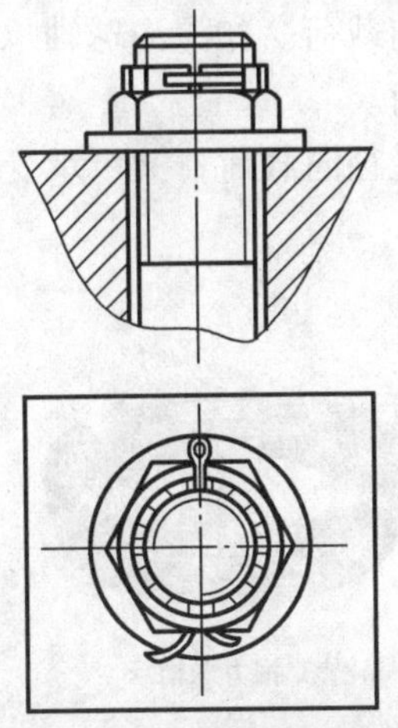

图 8-16　开口销连接

8.4　滚 动 轴 承

滚动轴承是一种支承旋转轴的组件。它具有结构紧凑、摩擦阻力小、能量损耗少等优点，已被广泛用于机器或部件中。滚动轴承也是标准件。

1. 结构、种类及标记

滚动轴承是用作支承传动轴的标准件，如图 8-17 所示。

滚动轴承一般由外圈、内圈、滚动体和保持架四部分组成，如图 8-18 所示。其中，滚动体可做成滚珠（球）或滚子（圆柱、圆锥或针状）形状。常见滚动体的形状如图 8-19 所示。

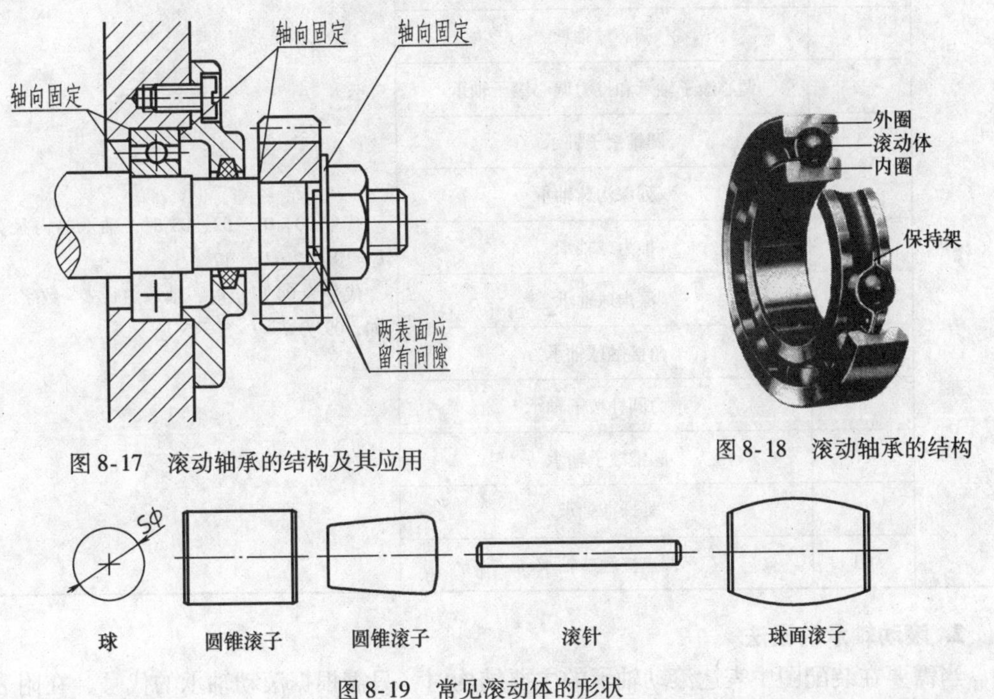

图 8-17　滚动轴承的结构及其应用

图 8-18　滚动轴承的结构

图 8-19　常见滚动体的形状

按可承受载荷的方向，滚动轴承分为以下三类，如图8-20所示。

1）向心球轴承：主要承受径向载荷。如深沟球轴承。

2）推力轴承：只承受轴向载荷。

3）向心推力球轴承：既可承受径向载荷，又可承受轴向载荷。

a）向心球轴承

b）推力球轴承

c）向心推力球轴承

图8-20　滚动轴承的类型

滚动轴承是标准部件，因此不必画出其零件图，而只需根据需要确定型号即可。

滚动轴承的型号常用四位数字的代号表示。从右至左第一、二位数字表示轴承内径代号，第三位数字表示轴承直径系列，第四位数字表示轴承类型，具体内容见表8-8。

表8-8　滚动轴承代号意义

从右至左		第四位数	第一、二位数
数字代表的意义		轴承类型	轴承内径
	0	双列角接触球轴承	
	1	调心球轴承	
	2	调心滚子轴承和推力调心滚子轴承	
	3	圆锥滚子轴承	
	4	双列深沟球轴承	
代号	5	推力球轴承	代号00、01、02、03时，轴承的内径分别为 $d=10$、12、15、17 代号为04以上时，轴承内径 $d=$ 数字 $\times 5$，例如，09为 $d=9\times 5=45$
	6	深沟球轴承	
	7	角接触球轴承	
	8	推力圆柱滚子轴承	
	N	圆锥滚子轴承	
	U	外球面轴承	
	QJ	四点接触球轴承	

2. 滚动轴承的画法

当需要在装配图中表达滚动轴承的主要结构时，只需根据滚动轴承的代号，在附表中查

出外径 D、内径 d 和宽度 B 等几个重要尺寸，按规定画法画出即可。常用滚动轴承的规定画法和特征画法见表 8-9。

表 8-9　常用滚动轴承的规定画法和特征画法

轴承类别	深沟球轴承 60000 型 GB/T 276—1994	圆锥滚子轴承 30000 型 GB/T 297—1994	推力球轴承 51000 型 GB/T 28697—2012
结构形式			
规定画法	B/2　A/2　A　A/2　60°　D　d　B　2A/3　2B/3	C　A/2　T/2　A　A/4　15°　A/2　D　d　B　2B/3　2A/3　T	60°　T/2　A　T/2　A/2　D　d　T　2B/3　2A/3
特征画法	2B/3　B/6　D　d　B	2B/3　30°　D　d　T	A/6　A　2A/3　D　d　T

8.5　齿　　轮

齿轮是机械传动中应用非常广泛的一种传动件，它可以用来传递运动和动力，能够改变转速和旋转方向。

依据两啮合齿轮轴线在空间的相对位置不同，常见的齿轮传动可分为以下三种形式，如图 8-21 所示。

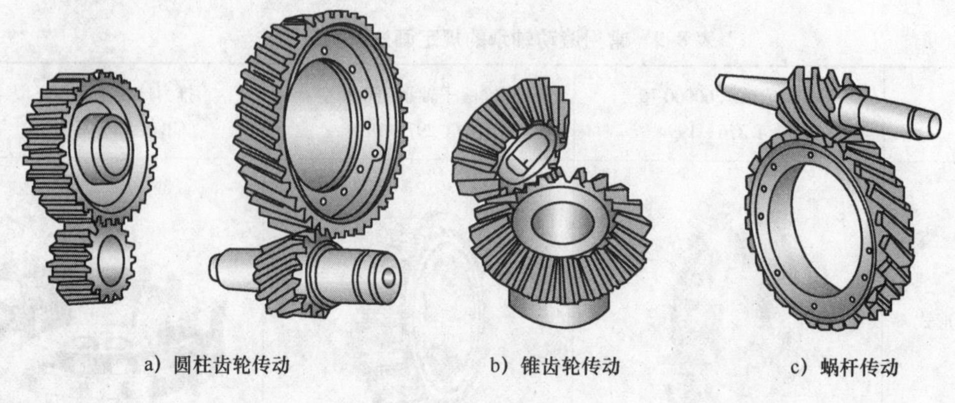

a）圆柱齿轮传动　　b）锥齿轮传动　　c）蜗杆传动

图 8-21　齿轮传动

圆柱齿轮：用于平行两轴之间的传动。

锥齿轮：用于相交两轴之间的传动。

蜗杆副：用于交叉两轴之间的传动。

根据齿轮齿廓形状又可分为渐开线齿轮、摆线齿轮、圆弧齿轮。

8.5.1　圆柱齿轮

圆柱齿轮的轮齿有直齿、斜齿和人字齿，如图 8-22 所示。由于直齿圆柱齿轮应用较广，本节主要介绍直齿圆柱齿轮的基本参数和规定画法。

a）直齿圆柱齿轮　　b）斜齿圆柱齿轮　　c）人字齿圆柱齿轮

图 8-22　圆柱齿轮

1. 直齿圆柱齿轮各部分的名称及有关参数

（1）齿顶圆 d_a　通过轮齿顶部的圆称为齿顶圆。

（2）齿根圆 d_f　通过轮齿根部的圆称为齿根圆。

（3）分度圆 d　齿轮设计和加工时计算尺寸的基准圆称为分度圆，它位于齿顶圆和齿根圆之间，是一个约定的假想圆。

（4）节圆 d'　两齿轮啮合时，位于连心线 O_1O_2 上的两齿廓接触点 C，称为节点。分别以 O_1、O_2 为圆心，O_1C、O_2C 为半径所作的两个相切的圆称为节圆。

（5）齿高 h　轮齿在齿顶圆与齿根圆之间的径向距离称为齿高。齿高 h 分为齿顶高 h_a、

齿根高 h_f 两段（$h = h_a + h_f$）。

齿顶高 h_a：齿顶圆与分度圆之间的径向距离。

齿根高 h_f：齿根圆与分度圆之间的径向距离。

（6）齿距 p　分度圆上相邻两齿廓对应点之间的弧长称为齿距。对于标准齿轮，分度圆上齿厚 s 与槽宽 e 相等，故 $p = s + e = 2s = 2e$，或 $s = e = p/2$。

（7）齿数 z　齿数即轮齿的个数，它是齿轮计算的主要参数之一。

（8）模数 m　由于分度圆周长 $\pi d = pz$，所以 $d = pz/\pi$，令 $p/\pi = m$，则 $d = mz$。模数以 mm 为单位。

模数是设计、制造齿轮的重要参数。由于模数 m 与齿距 p 成正比，而 p 决定了轮齿的大小，因此模数大，轮齿就大，在其他条件相同的情况下，齿轮的承载能力也就大；反之承载能力就小。此外，模数相等的两个齿轮才能成对配合。加工齿轮也须选用与齿轮模数相同的刀具，因而模数又是选择刀具的依据。

为了便于设计和制造，减少加工齿轮的刀具数量，国家标准对齿轮模数做了统一的规定，其值见表 8-10。

表 8-10　标准模数

第一系列	1，1.25，1.5，2，2.5，3，4，5，6，8，10，12，16，20，25，32，40，50
第二系列	1.75，2.25，2.75，3.5，4.5，5.5，（6.5），7，9，11，14，18，22，28，36，45

注：选用模数时，应优先采用第一系列，其次是第二系列。括号内的模数尽可能不采用。

（9）传动比 i　主动齿轮转速 n_1（r/min）与从动轮转速 n_2（r/min）之比，即 $i = n_1/n_2$。由于转速与轮齿数成反比，所以

$$i = n_1/n_2 = z_2/z_1$$

（10）压力角 δ　如图 8-23 所示，轮齿在分度圆上啮合点 C 处的受力方向（即渐开线齿廓曲线的法线方向）与该点的瞬时速度方向（分度圆的切线方向）所夹的锐角 δ 称为压力角。我国规定的标准压力角 $\delta = 20°$。

（11）中心距 a　两圆柱齿轮轴线之间的最短距离称为中心距。装配准确的标准齿轮，其中心距

$$a = (d_1 + d_2)/2 = m(z_1 + z_2)/2$$

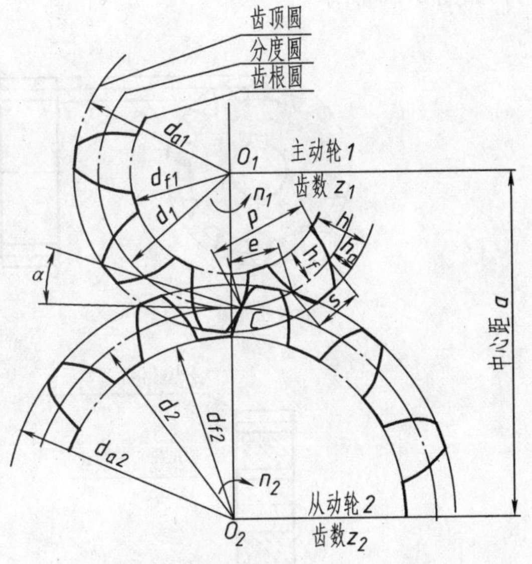

图 8-23　圆柱齿轮各部分的名称和代号

2. 标准直齿圆柱齿轮各部分的尺寸与模数的关系

标准直齿圆柱齿轮各部分的尺寸，都是根据模数来确定的，计算公式见表 8-11。

表 8-11　直齿圆柱齿轮各部分的尺寸关系

名称及代号	公　式
模数 m	$m = p/\pi = d/z$
齿顶高 h_a	$h_a = m$
齿根高 h_f	$h_f = 1.25m$
齿高 h	$h = h_a + h_f$
分度圆直径 d	$d = mz$
齿顶圆直径 d_a	$d_a = d + 2h_a = m(z+2)$
齿根圆直径 d_f	$d_f = d + 2h_f = m + (z-2.5)$
齿距 p	$p = \pi m$
中心距 a	$a = (d_1 + d_2)/2 = m(z_1 + z_2)/2$

8.5.2　直齿圆柱齿轮的画法

国家标准对齿轮轮齿部分的画法有以下规定：在投影为圆的视图中，分别用齿顶圆、分度圆和齿根圆表示；在非圆视图中，分别用齿顶线、分度线和齿根线表示。

1. 单个齿轮的画法

国家标准规定，表示齿轮一般用两个视图或者用一个视图和一个局部视图。在剖视图中，当剖切平面通过齿轮的轴线时，轮齿一律按不剖处理，此时，齿根线用粗实线画出。对于斜齿和人字齿，还需在外形图上画出三条与齿形线方向一致的细实线，以表示齿向和倾角，如图 8-24 所示。

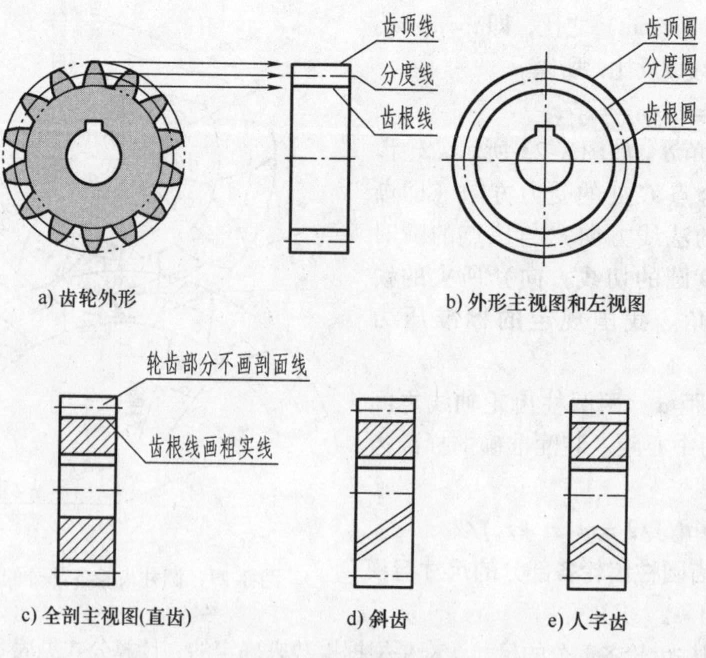

图 8-24　圆柱齿轮的画法

2. 啮合齿轮的画法

在画齿轮啮合图时，必须注意啮合区的画法。国家标准中对齿轮啮合画法的规定如下。

1）在垂直于圆柱齿轮轴线的投影面的视图中，两节圆应相切；啮合区的齿顶圆均用粗实线绘制，也可省略不画，齿根圆全部不画，如图 8-25 所示。

2）在平行于齿轮轴线的投影面的视图（非圆视图）中，当采用剖视且剖切平面通过两齿轮的轴线时，在啮合区，将一个齿轮的轮齿用粗实线绘制，另一个齿轮的轮齿被遮挡的部分用虚线绘制，虚线也可以省略，如图 8-25 所示。

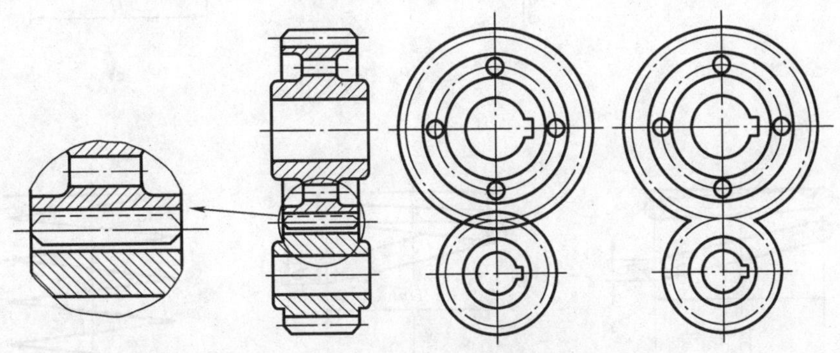

图 8-25　直齿圆柱齿轮的啮合画法

8.6　弹　　簧

弹簧是一种储存能量的零件，具有功和能转换的特性，可用来减振、压紧与复位、调节和测力等。其主要特点是当外力去除后，可立刻恢复原状。

弹簧的种类很多，如图 8-26 所示。本节只介绍圆柱螺旋压缩弹簧的有关画法。

图 8-26　常见的弹簧

8.6.1　圆柱螺旋压缩弹簧各部分的名称及尺寸计算

图 8-27 所示为圆柱螺旋压缩弹簧的参数及画法。

（1）材料直径 d　制造弹簧用的金属丝直径。

（2）弹簧外径 D　弹簧的最大直径。

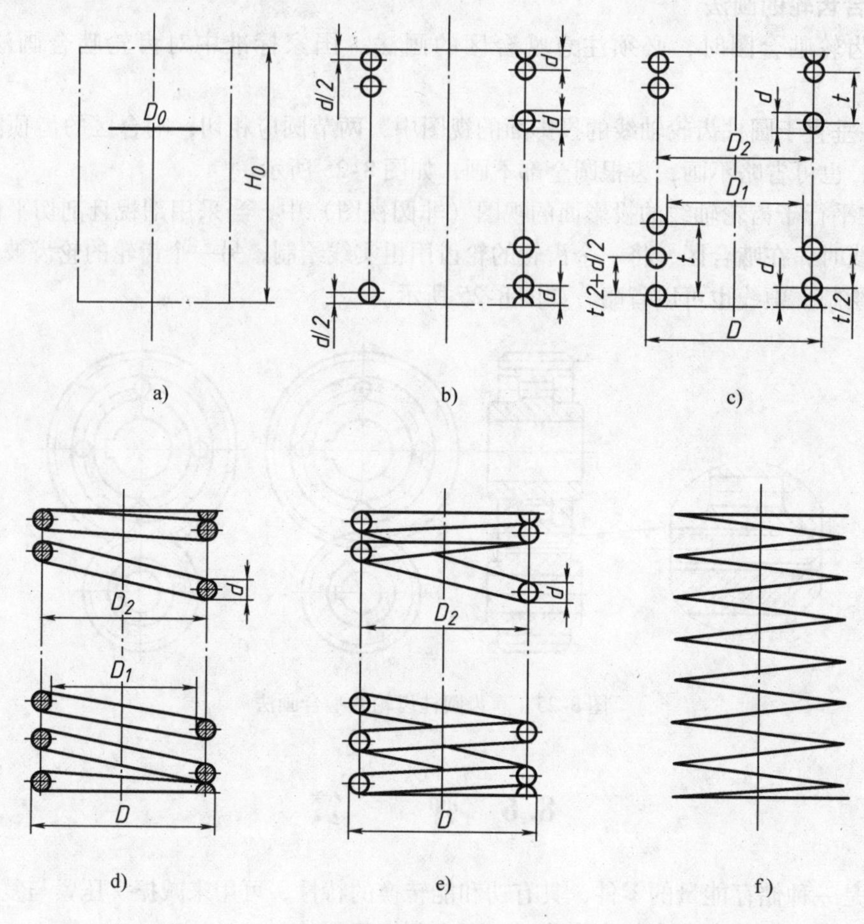

图 8-27　弹簧的画图步骤

弹簧内径 D_1　弹簧的最小直径，$D_1 = D - 2d$。

弹簧中径 D_2　弹簧的平均直径，$D_2 = (D + D_1)/2 = D_1 + d = D - d$。

（3）支承圈数 n_2、有效圈数 n、总圈数 n_1　为了使弹簧工作平稳、端面受力均匀，制造时需将弹簧每一端的 3/4 ~ 5/4 圈并紧磨平，这些并紧磨平的圈不参加工作，仅起支承作用，此称为支承圈。支承圈圈数 n_2 一般为 1.5、2 或 2.5，常用 2.5 圈。其余保持相等节距的圈数，称为有效圈数，支承圈数与有效圈数之和称为总圈数，即 $n_1 = n_2 + n$。

（4）节距 t　相邻两有效圈上对应点间的轴向距离。

（5）自由高度 H_0　未受载荷时的弹簧高度（或长度）。

$$H_0 = nt + (n_2 - 0.5)d$$

式中　　nt——有效圈的自由高度；

$(n_2 - 0.5)\ d$——支承圈的自由高度。

（6）展开长度 L　制造弹簧时所需金属丝的长度。按螺旋线展开可得

$$L \approx n_1 \sqrt{(\pi D_2)^2 + t^2}$$

（7）旋向　螺旋弹簧分为右旋和左旋两种。

8.6.2　螺旋弹簧的规定画法

1. 单个弹簧的画法

1）无论支承圈的圈数是多少，均可按 2.5 圈的形式绘制。

2）在非圆视图上，各圈的轮廓应画成直线。

3）当弹簧有效圈数大于 4 圈时，可只画两端的 1～2 圈，中间各圈可省略不画，且允许适当缩短图形的长度。

4）弹簧均可画成右旋，但对左旋弹簧，无论画成左旋或是右旋，必须加注“左”字。

弹簧的画图步骤如图 8-27 所示。

2. 装配图中弹簧的画法

1）被弹簧挡住的结构一般不画出，可见部分应从弹簧的外轮廓或从弹簧钢丝断面的中线画起，如图 8-28a 所示。

2）当弹簧钢丝直径等于或小于 2mm 时，其断面可以涂黑，而且不画各圈的轮廓线，如图 8-28b 所示。

3）当弹簧钢丝直径等于或小于 2mm 时，允许采用示意画法，如图 8-28c 所示。

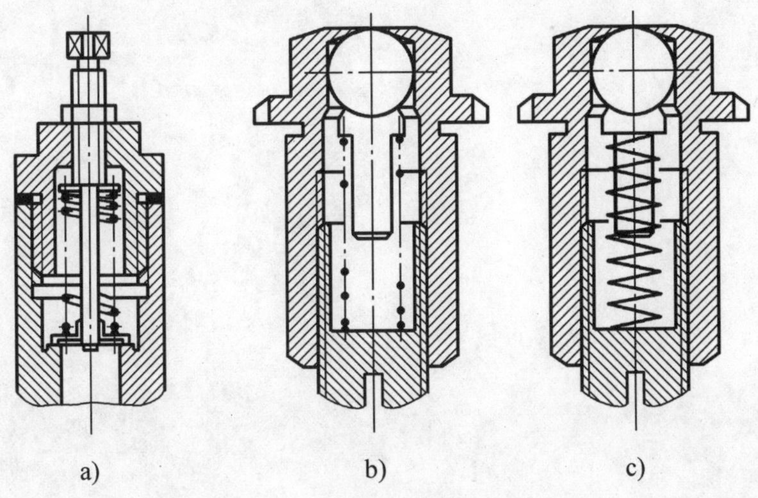

图 8-28　装配图中弹簧的画法

第9章 零件装配与技术表达

教学目标

零件的装配是机械制造中不可缺少的部分。零件的制造以及机器的装配都需要零件图以及装配图来指导完成。本章首先介绍了零件在装配过程中的一些技术要求，然后重点介绍装配图的画法。

教学要求

能力目标	知识要点	权　重	自测分数
了解零件装配的技术要求	零件装配的技术要求	20%	
掌握由零件图画装配图	由零件图画装配图的方法和步骤	40%	
掌握由装配图拆画零件图	由装配图拆画零件图的方法和步骤	40%	

9.1 机械产品装配图

任何机器或部件都是由一些零件，根据其性能和工作原理，按一定的装配关系和技术要求装配而成的。装配图表达了一部机器或部件的工作原理、性能要求和零件之间的装配关系等，是机器或部件进行装配、调整、使用和维修时的依据。装配图的作用和内容如下。

装配图是用来表达机器或部件的组成零件、装配关系、工作原理、主要零件结构形状等信息和技术要求，用以指导机器或部件的装配、检验、调试、安装、维修等。

在产品设计中，通常是先画出产品的装配图，再根据装配图设计零件，画出零件图；在产品制造中，要以装配图为依据，将零件组装成机器或部件；在机器的使用和维修中，则要通过装配图来了解机器的结构，进行部件和机器的拆卸、分解和再装配。因此，装配图是指导产品设计、检测、安装、使用和维修中必不可少的技术文件。

从装配图的作用，并参照图 9-1，可以看出一张完整的装配图应具有下列内容。

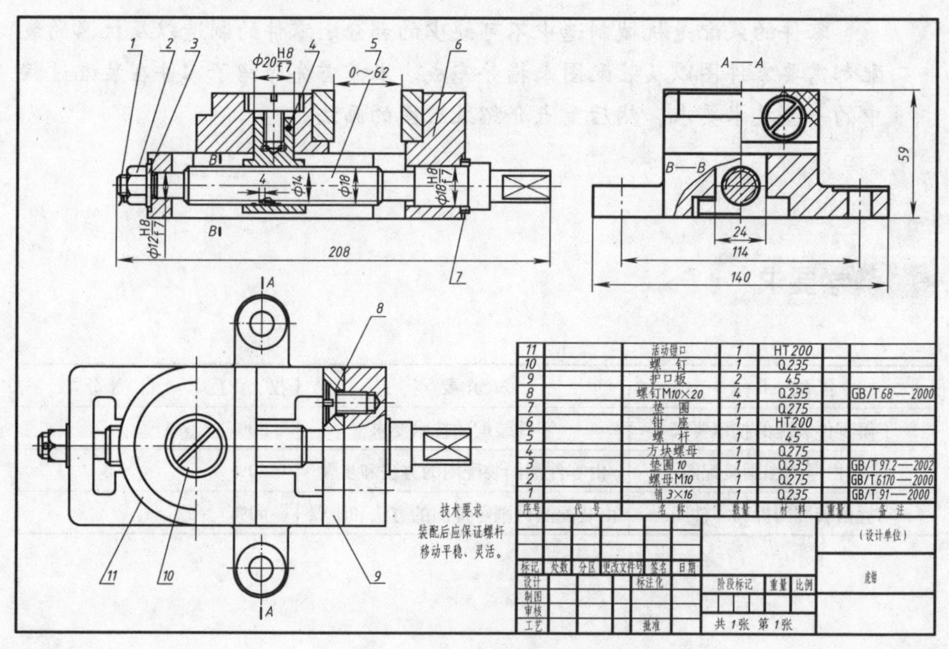

图 9-1 虎钳装配图

1. 一组视图

装配图由一组视图组成，用以表达各组成零件的相互位置和装配关系、部件（或机器）的工作原理和结构特点。前面学过的各种基本的表达方法，如视图、剖视图、断面图、局部放大图等，都可用来表达装配体。

2. 几类尺寸

装配图与零件图的作用不一样，因此对尺寸标注的要求也不一样。零件图是加工制造零件的主要依据，要求零件的尺寸必须完整。而装配图主要是表达产品装配关系、工作原理的图样，因此不用标注每个零件的所有尺寸，一般只需要标注规格（性能）尺寸、装配尺寸、安装尺寸、总体尺寸和其他重要尺寸。

3. 技术要求

用文字说明机器或部件的装配、安装、检验、实验、运输和使用的技术要求，包括表达装配方法，装配后的要求，对机器和部件工作性能的要求，指明检验、实验的方法和条件，指明包装、运输、操作以及维修保养应注意的问题。

4. 标题栏、序号和明细栏

（1）标题栏　标题栏注明机器或部件的名称、图号、比例及必要的签署等内容；序号用来对装配图中的每一种零（组）件按顺序编号；明细栏则用来说明装配图中全部零（组）件的序号、代号、名称、材料、数量及备注等。

（2）序号及其编排方法　序号由指引线、小圆点(或箭头)和序号数字所组成，如图9-2所示。

1）指引线应从零、部件的可见轮廓线内用细实线引出，端部画一小圆点；对于很薄的零件或涂黑的剖面，可用箭头代替，箭头指在该零件的轮廓线上，如图 9-2b 所示。

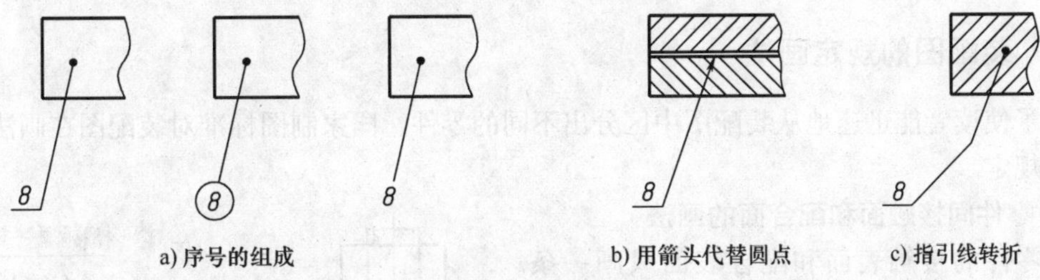

图 9-2　序号的编号形式

2）序号数字注写在指引线末端的横线上或圆圈内，也可以在指引线附近直接注写，如图 9-2a 所示；序号的字高应比尺寸数字大一号或两号。

3）指引线不能相交，当通过剖面线区域时，不应与剖面线平行。必要时指引线可转折一次，如图 9-2c 所示。

4）对于一组紧固件以及装配关系清楚的零件组，允许采用公共指引线，如图 9-3 所示。

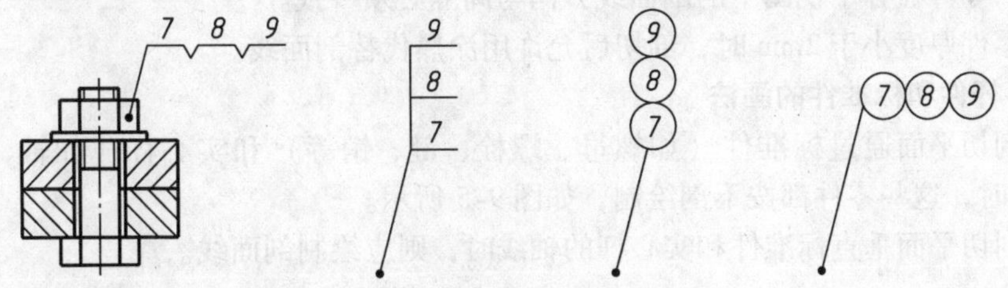

图 9-3　公共指引线的编注形式

5）相同的零件只编写一个序号，其数量填写在明细栏中。

6）序号应按顺时针或逆时针方向顺序编号，并沿水平或垂直方向整齐地排列在一条直线上，如图 9-3 所示。

（3）明细栏　明细栏是装配图中全部零件的详细目录，其内容包括：零件的序号、代号、名称、数量、材料、备注等。国家标准对明细栏的格式做了规定，如图 9-4 所示。

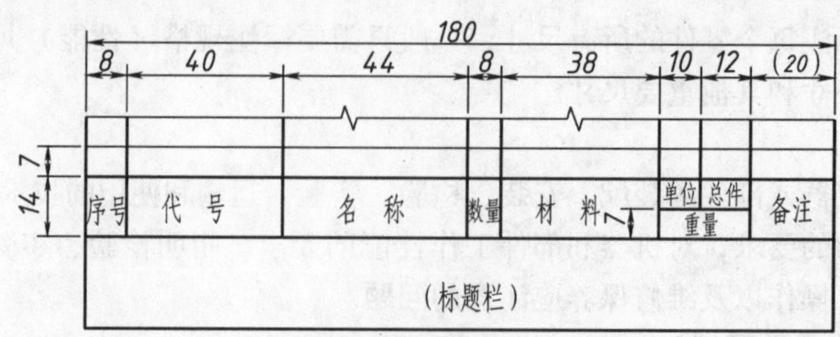

图 9-4　明细栏的格式与尺寸

明细栏置于标题栏的上方，并与标题栏相连。序号自下而上按顺序填写。若位置有限，可紧靠标题栏左侧继续填写。明细栏的序号应与该零件的序号一致。

9.2　装配图的规定画法和特殊画法

装配图的表达方法，除了机件的常用表达方法（如视图、剖视图、断面图、局部放大图等）外，还有一些规定画法和特殊画法。

9.2.1　装配图的规定画法

为了使读者能迅速地从装配图中区分出不同的零件，国家制图标准对装配图在画法上作了如下规定。

1. 零件间接触面和配合面的画法

两零件的接触表面和配合表面只画一条线。对于非接触表面或不配合表面，即使间距很小，也应画两条线，如图 9-5 所示。

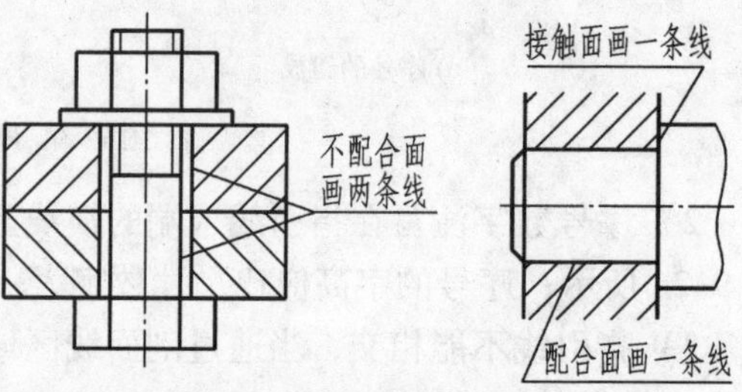

图 9-5　接触面和配合面的画法

2. 零件剖面线的画法

1）为区分零件，在剖视图中两个相邻零件的剖面线应方向相反，如图 9-5 所示。如有第三个零件相邻，则采用不同间距的剖面线。

2）同一零件在各个视图中的剖面线方向与间隔必须一致。

3）当零件厚度小于 2mm 时，剖切后允许用涂黑代替剖面线。

3. 实心杆件和标准件的画法

1）当剖切平面通过标准件（如螺母、螺栓、键、销等）和实心杆（如轴、杆、手柄等）的轴线时，这些零件都按不剖绘制，如图 9-5 所示。

2）当剖切平面垂直标准件和实心杆的轴线时，则应绘制剖面线。

9.2.2　装配图的特殊画法

为了清晰地表达机器或部件的工作原理和装配关系，国家制图标准对装配图在画法上作了如下特殊规定。

1. 沿结合面剖切画法

在装配图中，为表达某些内部结构，可沿零件间的结合面处剖切，然后进行投射，这种表达方法称为沿结合面剖切画法。结合面不画剖面线，但螺钉等实心零件，若垂直轴线剖切，则应绘制剖面线，如图 9-6 所示。

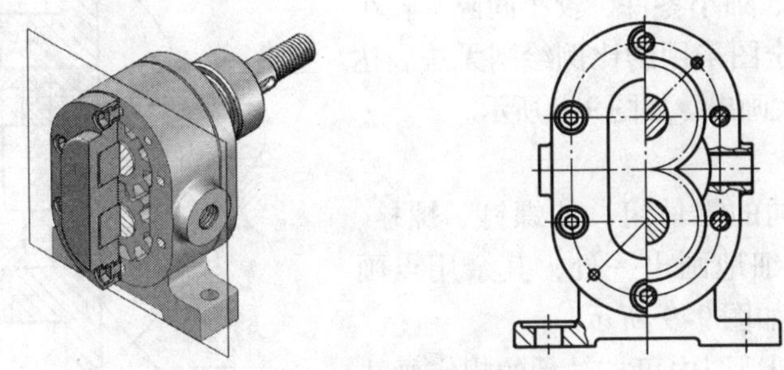

图 9-6　沿结合面剖切画法

2. 拆卸画法

在装配图的某一视图中，如果所要表达的部分被某个零件遮住，或某零件无需重复表达时，可假想将其拆去不画。采用拆卸画法时该视图的上方需注明"拆去 × ×"，如图 9-7 所示旋塞阀的左视图（A 向），就是在拆去定位块和扳手后绘制的。

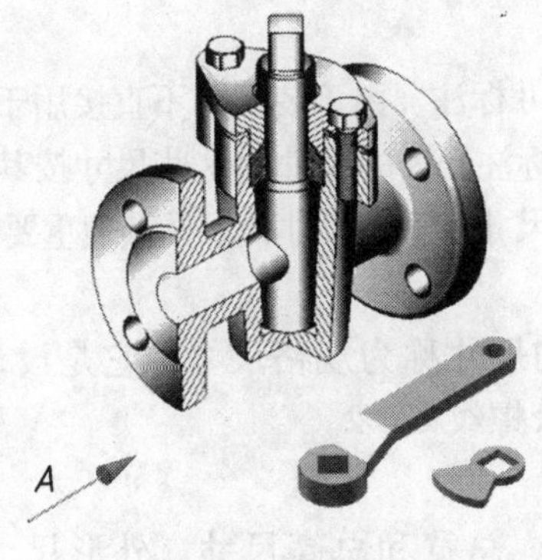

a) 旋塞阀立体图

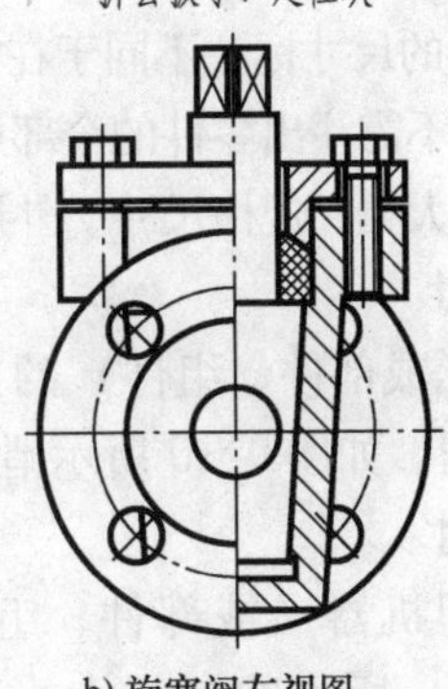

b) 旋塞阀左视图

图 9-7　拆卸画法

3. 假想画法

为了表示本部件与其他零件的安装和连接关系，可把与本部件有密切关系的其他相关零件，用双点画线画出。如图 9-8a 所示，为了表示车刀夹与车刀的连接关系，可在车刀夹的装配图中将车刀用双点画线画出；当需要表示运动零件的极限位置时，也可用双点画线画出，如图 9-8b 中的双点画线表示扳手的极限位置。

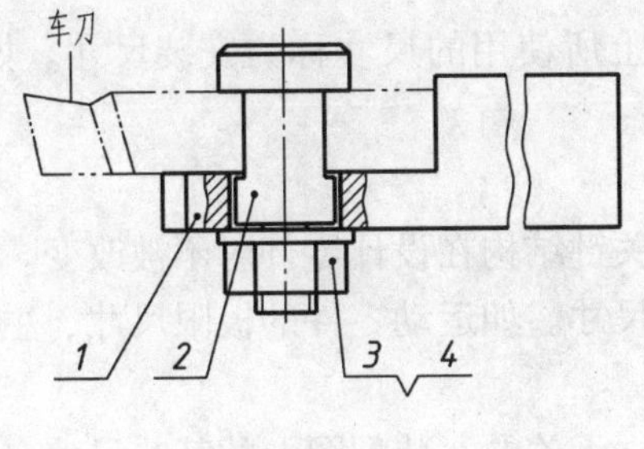

a) 车刀夹装配图

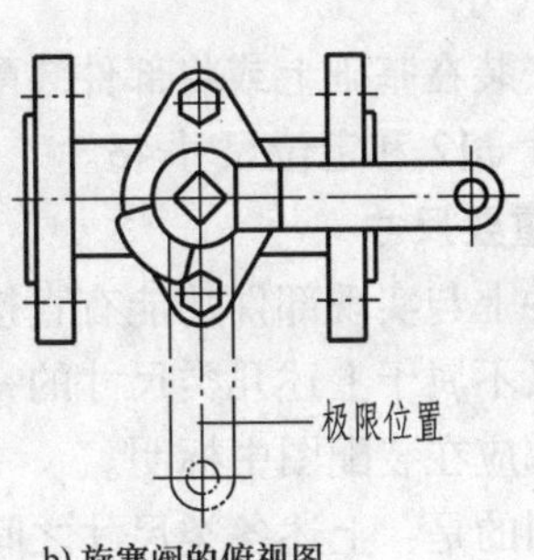

b) 旋塞阀的俯视图

图 9-8　假想画法

4. 夸大画法

装配图中的薄片、细小零件、较小间隙、较小的斜度或锥度，若按全图采用的比例绘制无法表达清楚时，允许将其夸大画出，如图9-9所示。

5. 简化画法

1）对于若干相同的零件组，如螺钉、螺栓、螺柱连接等，可只详细地画出一处，其余用点画线表明其中心位置，如图9-9所示。

2）滚动轴承在剖视图中可按轴承的规定画法或特征画法绘制，如图9-9所示。

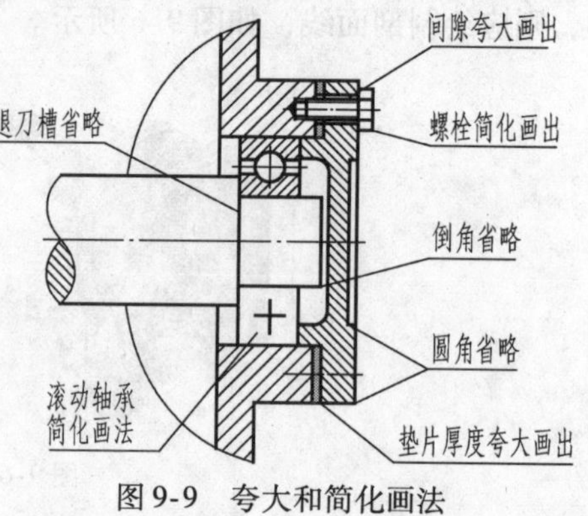

图9-9　夸大和简化画法

3）在装配图中，零件的工艺结构，如小圆角、倒角、退刀槽等允许省略不画，螺栓、螺母头部可采用简化画法，如图9-9所示。

9.3　装配图尺寸标注

在装配图中的尺寸标注不同于在零件图中的尺寸标注。由于装配图不直接用于零件的生产制造，因此装配图不需注出零件的全部尺寸，而只需标注必要的尺寸。这些尺寸按其作用不同，大致可分为以下五大类：规格尺寸、外形尺寸、装配尺寸、安装尺寸，以及其他重要尺寸。

1. 规格尺寸

说明机器（或部件、组件）的规格或性能的尺寸称为规格尺寸，它是设计和用户选用产品的主要依据。如图9-10所示泄气阀的圆柱管螺纹G1/2。

2. 外形尺寸

外形尺寸即机器（或部件、组件）的总长、总宽和总高尺寸。外形尺寸表明了机器（或部件、组件）所占的空间大小，提供安装和包装、运输的参考，如图9-10中的总长116、总宽56、总高85。

3. 装配尺寸

标明部件内部零件间装配关系的尺寸称为装配尺寸，主要包括以下两项。

1）配合尺寸—表示零件之间配合要求的尺寸。如图9-10中的M30×1.5-6H/6g、M16×1-7H/6f、ϕ10H7/h6。

2）相对位置尺寸—在装配时必须保证的相对位置尺寸，如图9-10中的58。

4. 安装尺寸

将机器安装在基础上或将部件装配在机器上所使用的尺寸称为安装尺寸。如图9-10中的安装孔尺寸ϕ12和定位尺寸48。

5. 其他重要尺寸

确保零件上与实现部件功能有直接关系的关键结构在设计零件时不被改变。它们是在设计中确定，又不属于上述几类尺寸的一些重要尺寸。如运动零件的极限尺寸、主要零件的重要尺寸等，都应在装配图中标明。

需要说明的是：上述各类尺寸之间不是孤立无关的，装配图上的某些尺寸有时兼有几种意义，同样，一张装配图中也不一定都具有上述五类尺寸。在标注尺寸时，必须明确每个尺

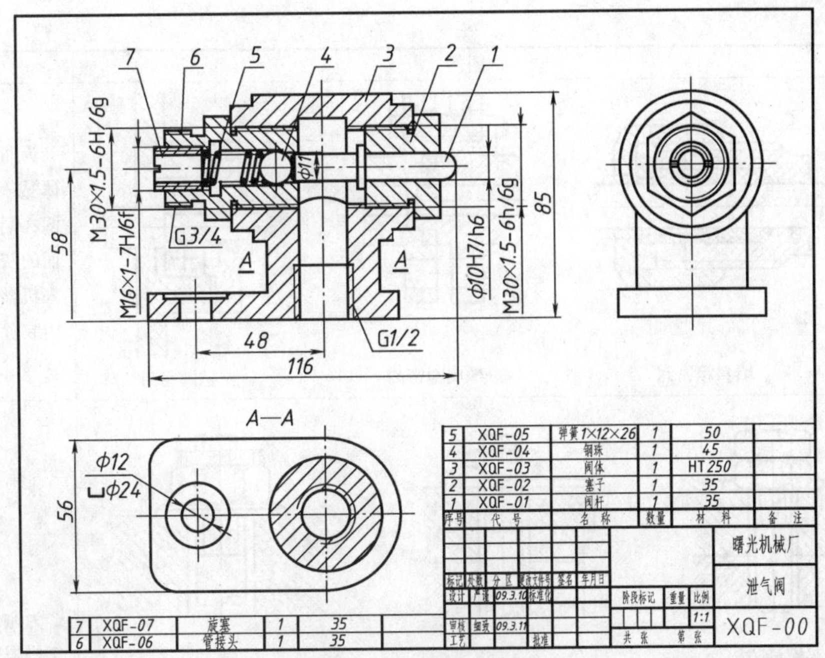

图 9-10　泄气阀的装配图

寸的作用，对装配图没有意义的结构尺寸不需要注出。

9.4　装配结构合理性简介

在设计和绘制装配图过程中，应考虑到装配结构的合理性，以保证机器和部件的性能，并给零件的加工和装拆带来方便。确定合理的装配结构，必须具有丰富的实际经验，并作深入细致的分析比较。现将常见的装配结构及其正误对比列于表 9-1 中，以便学习参考。

表 9-1　常见的装配结构及其正误对比

	图例			说　明
接触面	长度方向	合理	不合理	两零件应避免在同一方向上同时有两对表面接触。孔或轴上带有倒角或退刀槽、砂轮越程槽，可保证装配时有良好的接触
	轴线方向	合理	不合理	
	半径方向	合理	不合理	

（续）

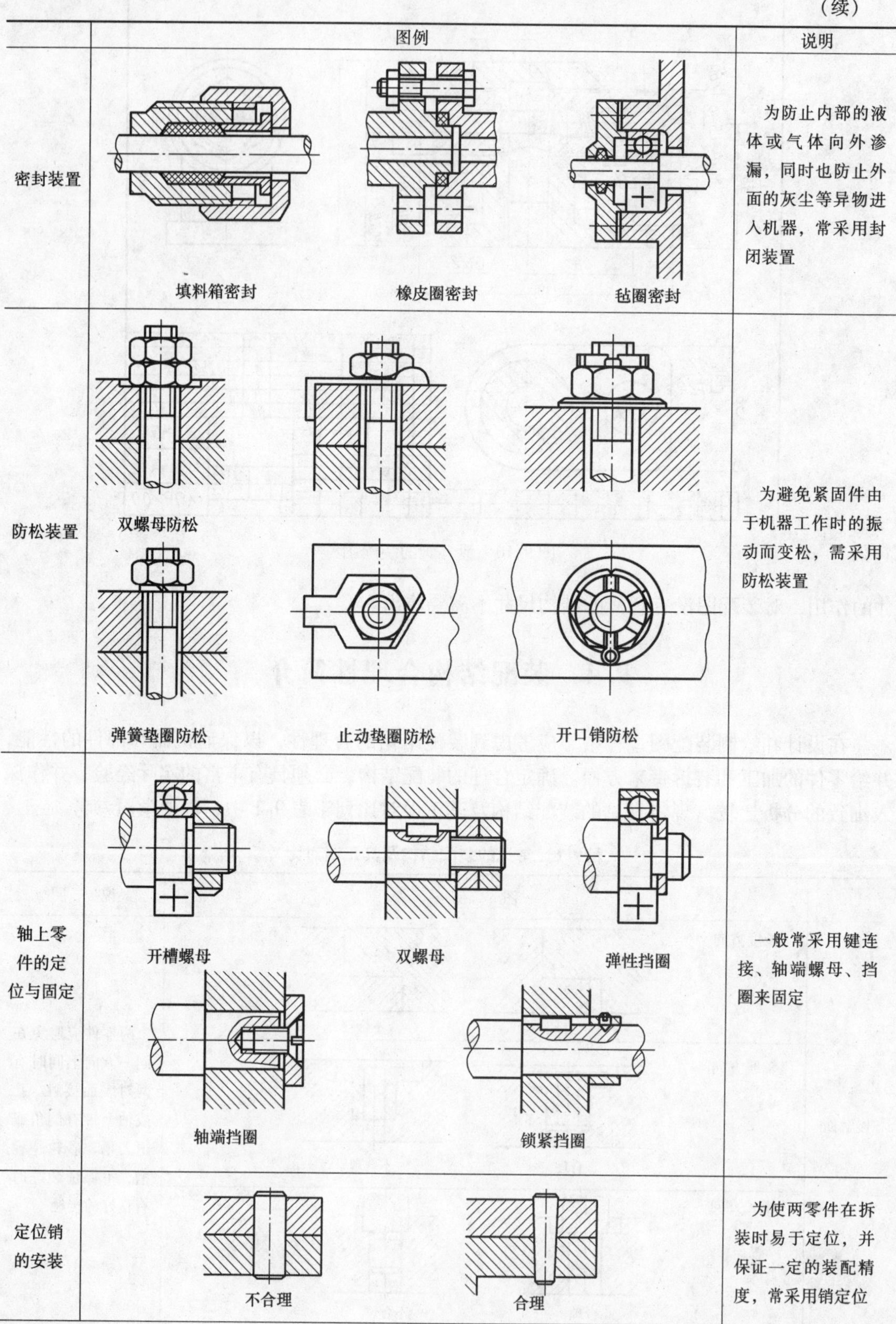

	图例	说明
密封装置	填料箱密封　橡皮圈密封　毡圈密封	为防止内部的液体或气体向外渗漏，同时也防止外面的灰尘等异物进入机器，常采用封闭装置
防松装置	双螺母防松　弹簧垫圈防松　止动垫圈防松　开口销防松	为避免紧固件由于机器工作时的振动而变松，需采用防松装置
轴上零件的定位与固定	开槽螺母　双螺母　弹性挡圈　轴端挡圈　锁紧挡圈	一般常采用键连接、轴端螺母、挡圈来固定
定位销的安装	不合理　合理	为使两零件在拆装时易于定位，并保证一定的装配精度，常采用销定位

（续）

	图　例	说　明
	距离过小 不合理　合理	改进前螺钉位置距机壁太近，无法使用扳手，改进后，扳手活动空间增大，便于拧紧或松开螺钉
预留拆装工艺结构，便于装配	L 不合理　合理	改进前空间小于螺钉长度，无法装入螺钉
	不合理　合理	改进前连接机体和底座的螺栓安装困难，若结构允许，可在底座上设计出装螺栓的工艺孔，或在底座上加工螺纹孔，用螺柱连接两件

9.5　由零件图画装配图

1. 了解和分析所画的部件

在进行产品或部件设计时，先要根据设计要求，画出产品或部件的装配图。在完成零件设计后，要根据零件图拼画出部件的装配图。现以球阀为例说明由零件图画装配图的方法和步骤。

图 9-11 所示的球阀是用于启闭和调节流体流量的部件，它的阀芯是球形的。球阀的装配关系是：阀体 1 和阀盖 2 均带有方形的凸缘，它们用四个双头螺柱 6 和螺母 7 连接，并用合适的调整垫 5 调节阀芯 4 与密封圈 3 之间的松紧程度。在阀体上部有阀杆 12，阀杆下部有凸块，榫接阀芯 4 上的凹槽。为了密封，在阀体与阀杆之间加进填料垫 8、填料 9 和 10，并且旋入填料压紧套 11。

球阀的工作原理是：扳手 13 的方孔套进阀杆 12 上部的四棱柱，当扳手处于图示的位置时，阀门全部开启，管道畅通；当扳手按顺时针方向旋转 90°时，阀门全部关闭，管道断流。

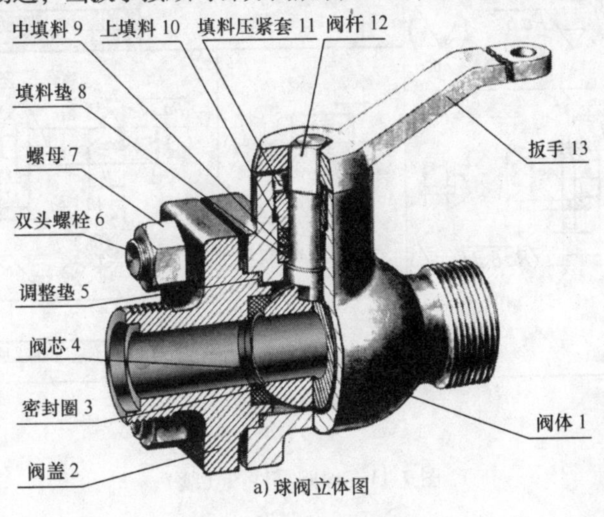

a) 球阀立体图

图 9-11　球阀零件图

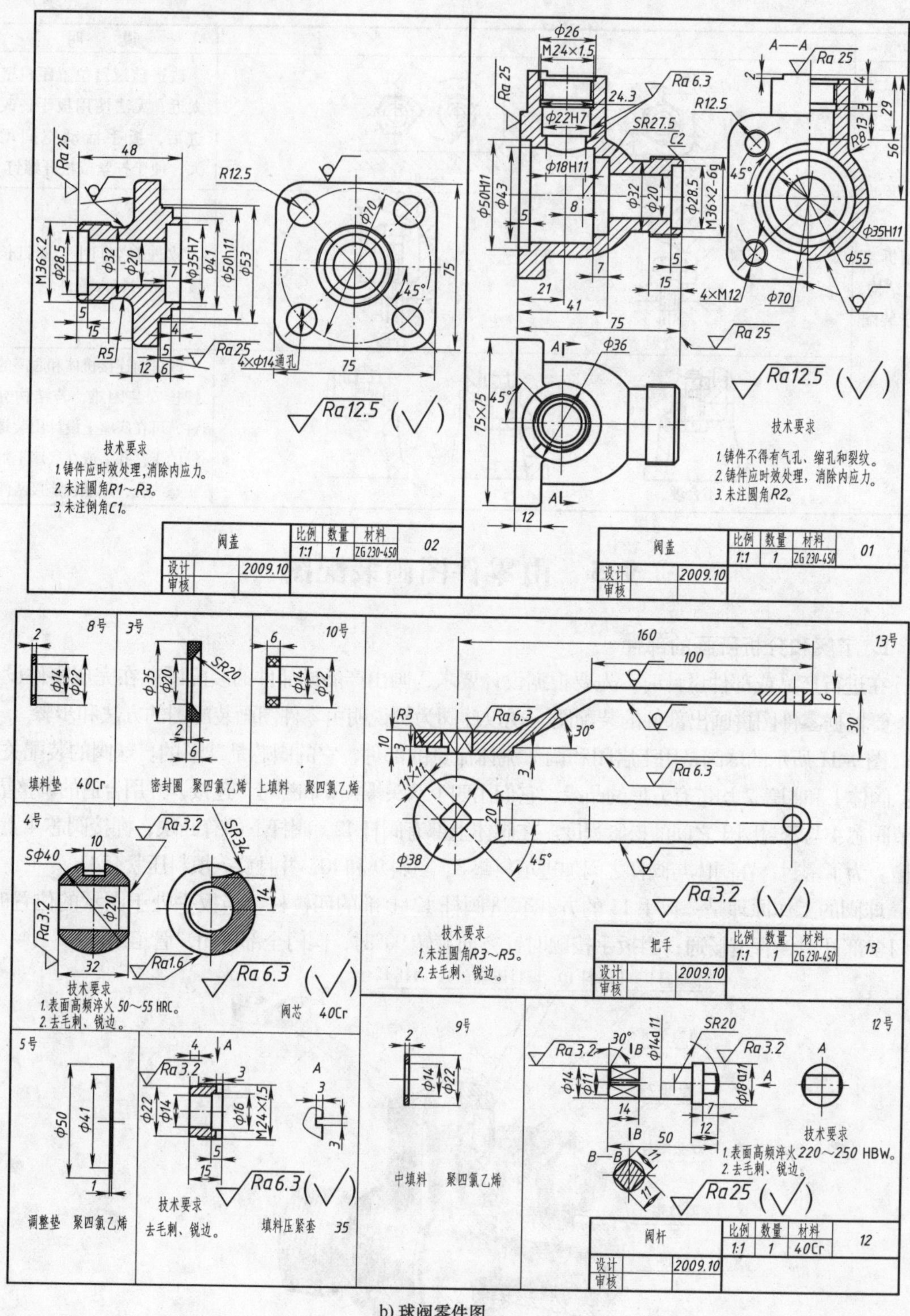

b) 球阀零件图

图9-11 球阀零件图（续）

2. 确定表达方案

根据前面学过的机件的各种表达方法（包括装配图的一些特殊表达方法），考虑选用何种表达方案，才能较好地反映部件的装配关系、工作原理和主要零件的结构形状。

画装配图与画零件图一样，应先确定表达方案，也就是视图选择。

（1）主视图的选择　部件的安放位置，应与部件的工作位置相符合，这样对于设计和指导装配都会带来方便。如球阀的工作位置情况多变，但一般是将其通路放成水平位置。当部件的工作位置确定后，接着就选择部件的主视图方向。经过比较，应选用能清楚地反映主要装配关系和工作原理的那个视图作为主视图，并采取适当的剖视，比较清晰地表达各个主要零件以及零件间的相互关系。图 9-16 所选定的球阀的主视图，就体现了上述选择主视图的原则。

（2）其他视图的选择　根据确定的主视图，再选取能反映其他装配关系、外形及局部结构的视图。球阀沿前后对称面剖开的主视图，虽清楚地反映了各零件间的主要装配关系和球阀工作原理，但是球阀的外形结构以及其他一些装配关系还没有表达清楚。于是选取左视图，补充反映了它的外形结构；选取俯视图，并作 *B—B* 局部剖视图，反映扳手与定位凸块的关系。

3. 画装配图

在确定了部件的视图表达方案后，要根据该方案以及部件的大小与复杂程度，选取适当比例，安排各视图的位置，并选定图幅，然后着手画图。在安排各视图位置时，要注意留有供编写零、部件的序号、明细栏，以及注写尺寸和技术要求的位置。

画图时，应先画出各视图的主要轴线（装配干线）、对称中心线和作图基线（某些零件的基面或端面）。由主视图开始，几个视图配合进行。画剖视图时，以装配干线为准，由内向外逐个画出各个零件，也可由外向里画，视作图方便而定。

上述底稿线完成后，需经校核，再加深，画剖面线，并标注尺寸。最后，编写零、部件序号，填写明细栏，再经校核，签署姓名。

1）画出各视图的主要轴线，对称中心线及作图基线，如图 9-12 所示。

2）先画阀体的轮廓线，三个视图要联系起来画，如图 9-13 所示。

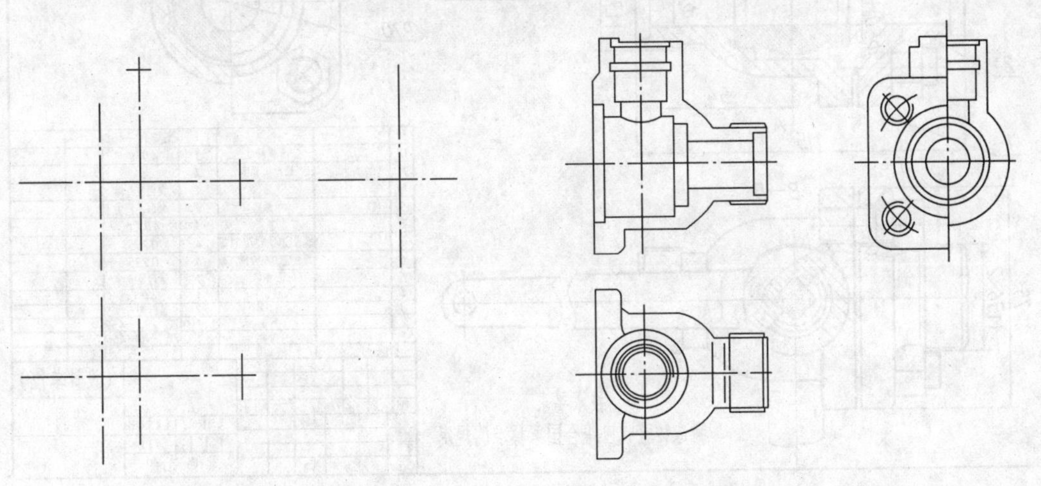

图 9-12　视图的主要轴线

图 9-13　阀体的轮廓线

3）根据阀盖和阀体的相对位置画出三视图，如图 9-14 所示。

4）画出其他零件，再画出扳手的极限位置，如图 9-15 所示。

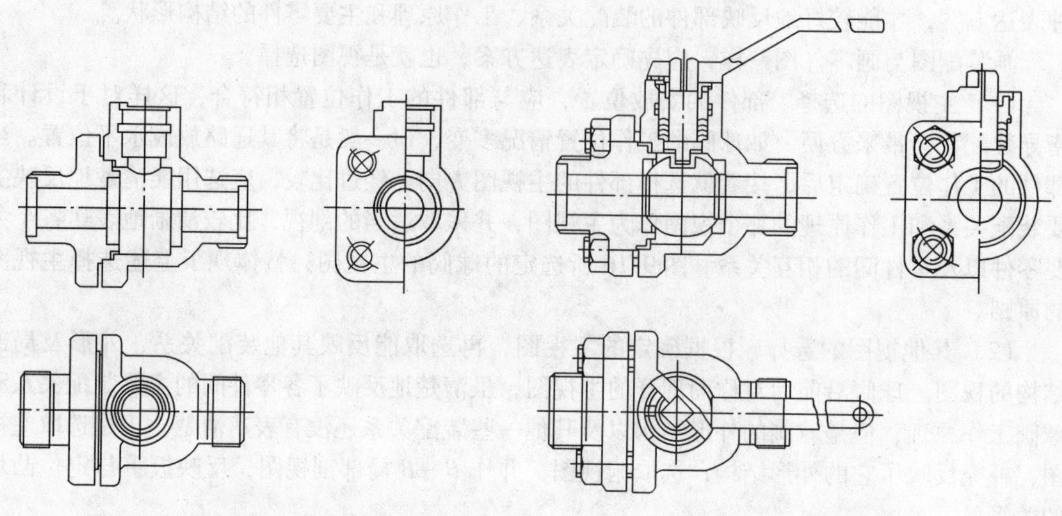

图 9-14　阀盖和阀体的三视图　　　　图 9-15　其他零件的三视图

5）完成底稿后，经校核加深，画剖面线，标注尺寸，注写技术要求，编零、部件序号，最后填写明细栏及标题栏，即完成装配图，如图 9-16 所示。

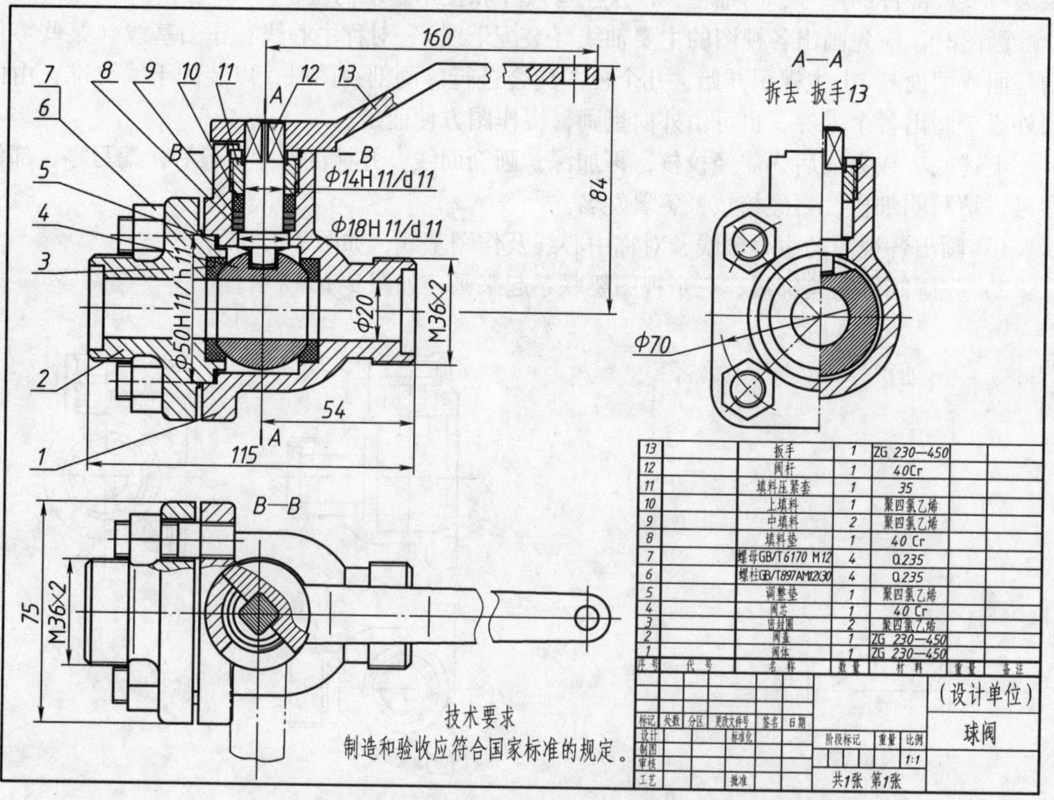

序号	代号	名称	数量	材料	重量	备注
13		扳手	1	ZG 230—450		
12		阀杆	1	40Cr		
11		填料压紧套	1	35		
10		上填料	1	聚四氯乙烯		
9		中填料	2	聚四氯乙烯		
8		填料垫	1	40 Cr		
7		螺母GB/T6170 M12	4	Q235		
6		螺柱GB/T897AM12X30	4	Q235		
5		调整垫	1	聚四氯乙烯		
4		阀芯	1	40 Cr		
3		密封圈	2	聚四氯乙烯		
2		阀盖	1	ZG 230—450		
1		阀体	1	ZG 230—450		

标记	处数	分区	更改文件号	签名	日期		（设计单位）
设计			标准化			阶段标记　重量　比例	球阀
制图						1:1	
审核							
工艺			批准			共1张 第1张	

技术要求

制造和验收应符合国家标准的规定。

图 9-16　球阀装配图

【例 9-1】　由轴承座零件图画装配图。

（1）工作原理　滑动轴承是用来支承轴及轴上零件的一种装置。轴的两端分别装入滑动轴承的轴孔中转动，以传递转矩。

（2）装配关系　轴承座上的凹槽与轴承盖下的凸起配合定位，而轴衬与轴承座孔的装配关系为：在轴向方向由轴衬两端凸缘定位，在径向方向依靠轴衬外表面配合及销套定位。

轴承座与轴承盖用螺柱、螺母、垫圈连接固定，各零件的相对位置关系如图 9-17 所示。

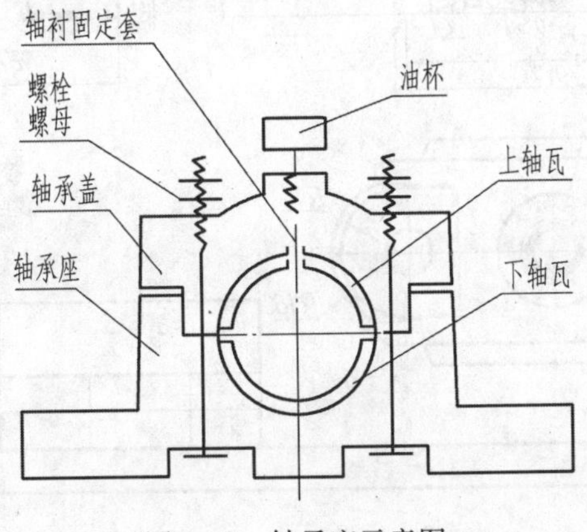

图 9-17　轴承座示意图

（3）轴承座中主要零件　轴承座中的主要零件如图 9-18 所示，其余标准件参阅国家标准。

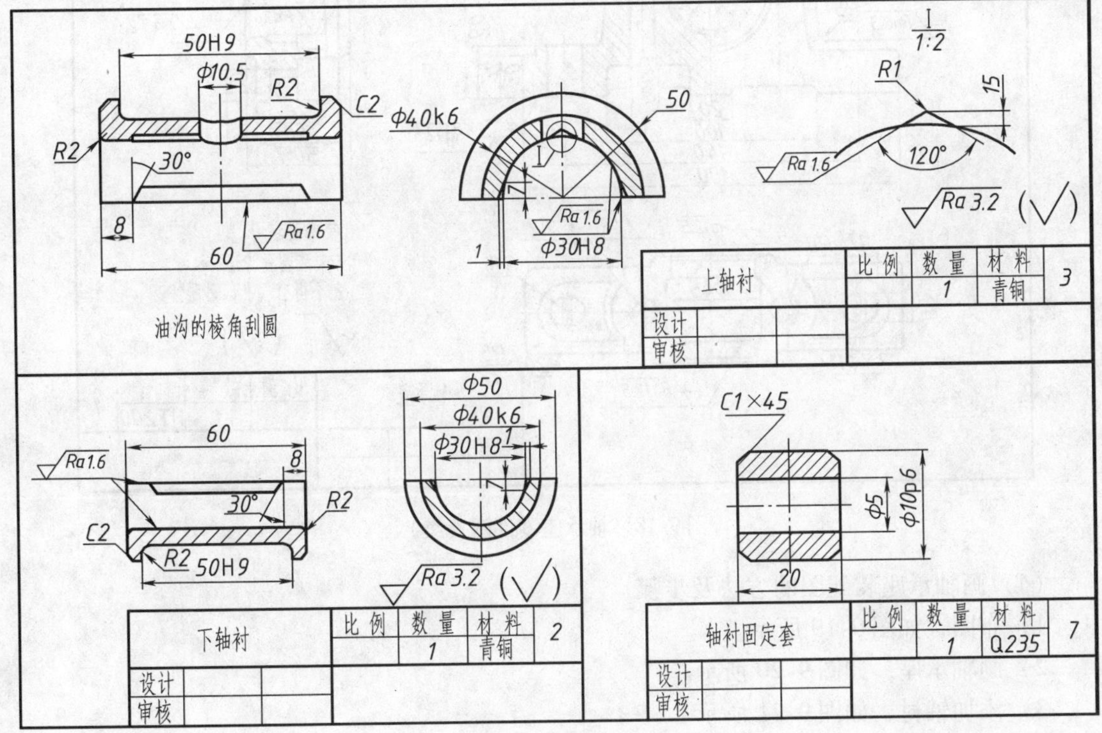

图 9-18　轴承座零件图

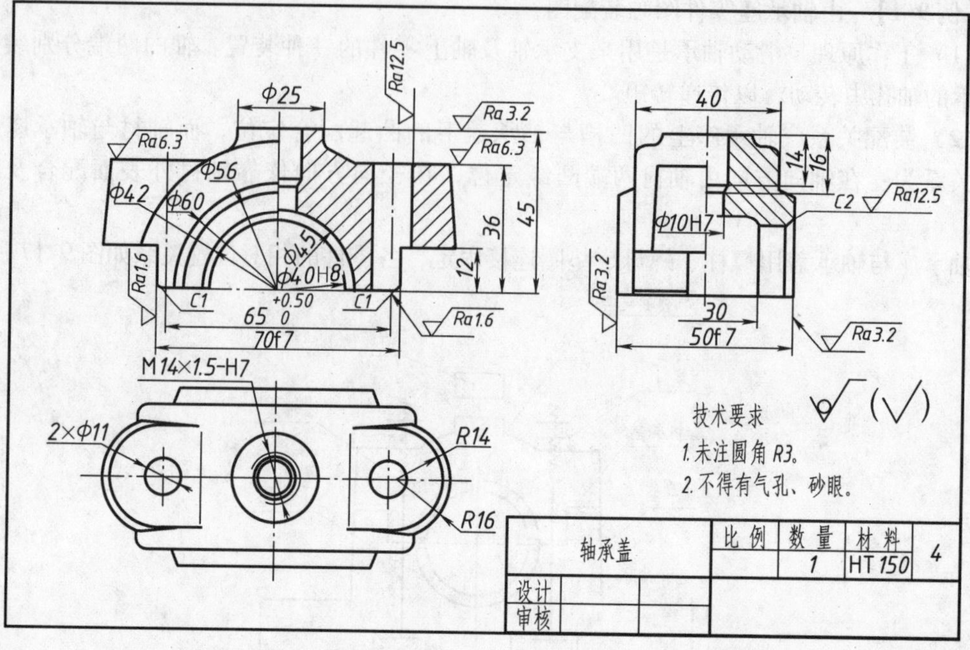

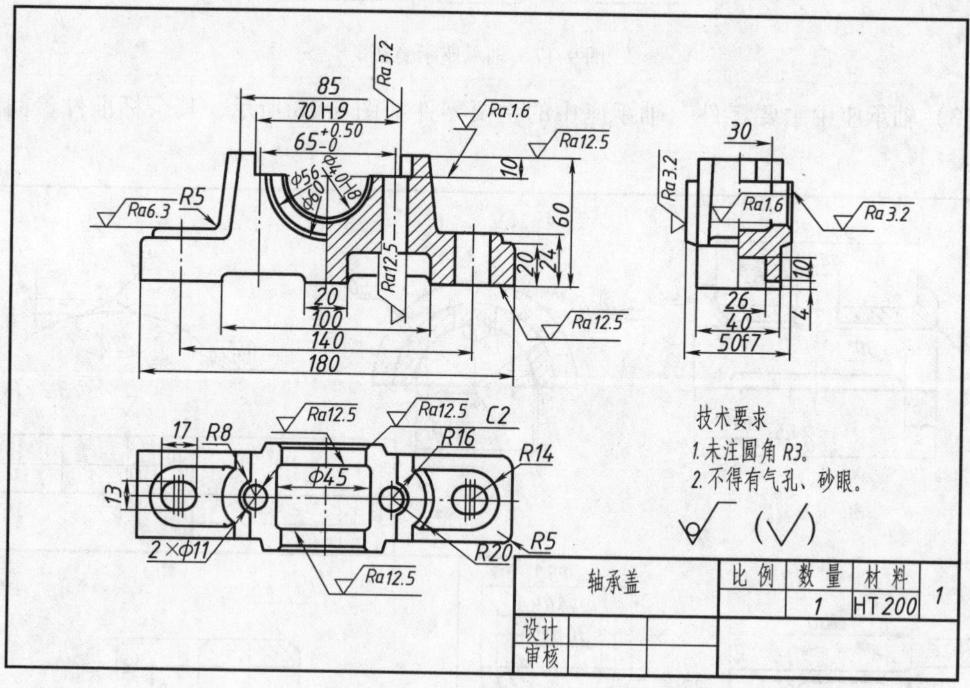

图9-18　轴承座零件图（续）

（4）画轴承座装配图的方法及步骤

1）布图，如图9-19所示。

2）画轴承座，如图9-20所示。

3）添加轴衬，如图9-21所示。

4）添加轴承盖，如图9-22所示。

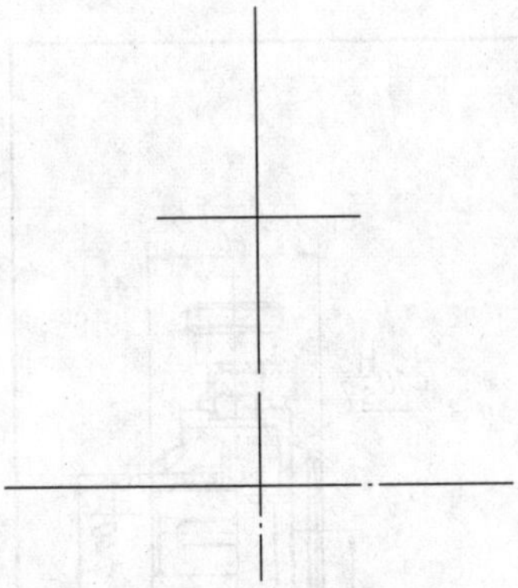

图 9-19　布图

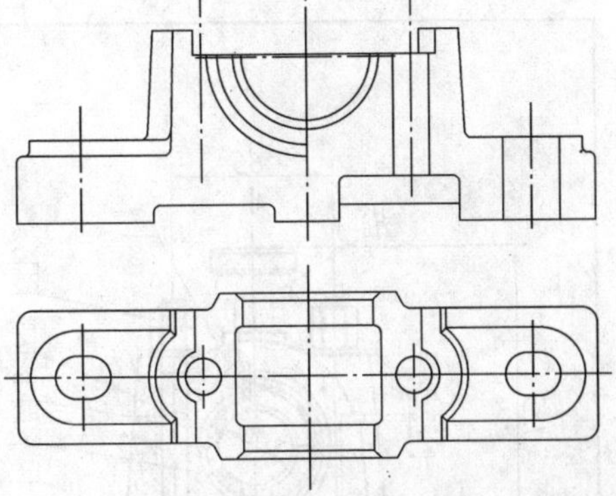

图 9-20　画轴承座

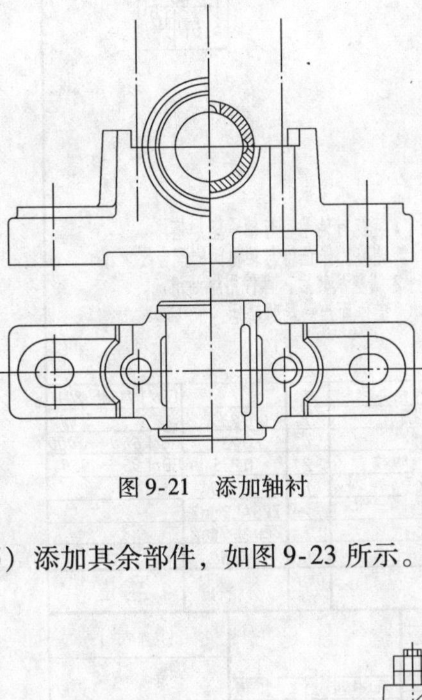

图 9-21　添加轴衬

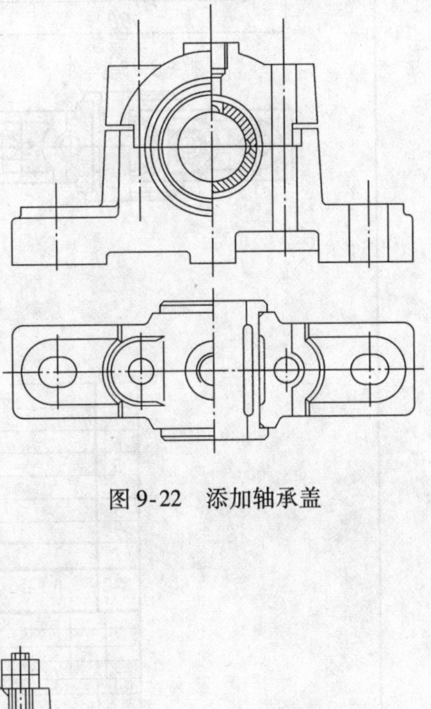

图 9-22　添加轴承盖

5）添加其余部件，如图 9-23 所示。

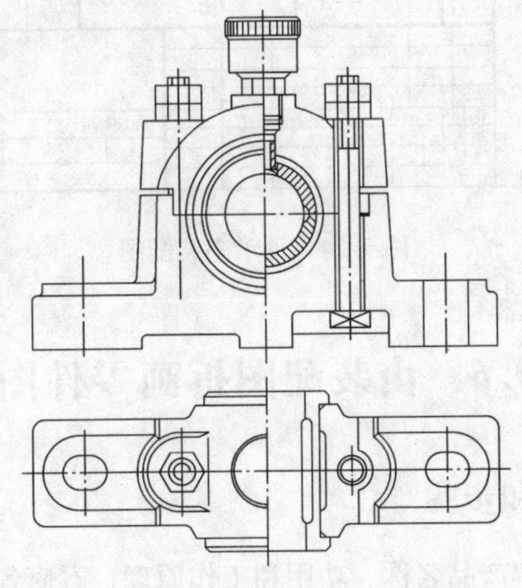

图 9-23　添加其余部件

6）画剖面线，加深，并标注，完成装配图，如图 9-24 所示。

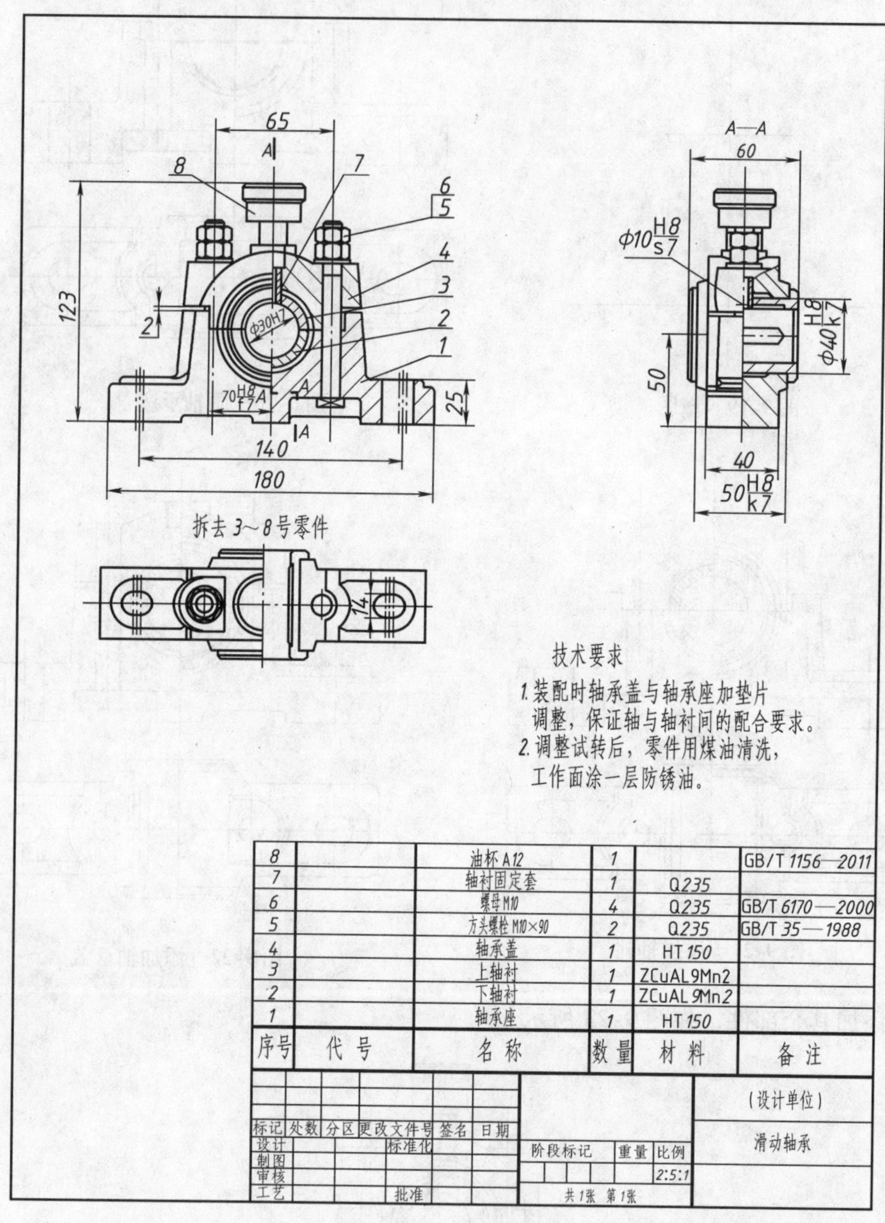

图 9-24　轴承座装配图

9.6　由装配图拆画零件图

9.6.1　读装配图的方法和步骤

阅读装配图的目的是了解产品名称、功用和工作原理，看懂各零件的主要结构、作用、零件之间的相互位置、装配连接关系以及装拆顺序等。它也是装配图绘制工作的一个逆过程。

1. 读装配图的一般方法和步骤

1）分析视图关系，认识部件概貌。

2）通过调查并阅读明细栏和说明书，获知零件的名称和用途。

3）对照零、部件序号在装配图上查找这些零、部件的位置，了解标准和非标准零、部件的名称与数量。

4）对视图进行分析，根据装配图上视图的表达情况，找出各个视图、剖视图、断面图等配置的位置及投射方向，从而理解各视图的表达重点。

2. 分析装配干线，看懂各零件特别是主要零件的形状及其装配关系，了解工作原理

对照视图分析研究装配关系和工作原理，是读装配图的一个重要环节。通常看图是从反映装配关系比较明显的视图入手，再配合其他视图进行分析。首先分析装配干线，其次分离零件，看懂零件形状。分离零件是依据装配图的各视图对应关系、剖视图上零件的剖面线以及零件序号的标注范围来进行的。当零件在装配图中表达不完整，可对有关的其他零件仔细观察分析后，再进行结构分析，从而确定零件的内外形状。在分析零件形状的同时，还应分析零件在部件中的运动情况，零件之间的配合要求、定位和连接方式等，从而了解工作原理。

3. 综合各部分结构，想象总体形状

在进行了以上分析后，还应该返回来对装配图重新研究，参考下列问题，综合各部分的结构，想象总体形状。

1）对反映机器或部件工作原理的装配关系和各运动部分的动作是否完全看懂。

2）是否看懂该机器或部件中全部零件（特别是主要零件）的基本结构形状和作用。

3）分析所注尺寸在装配图上所起的作用。

4）该机器或部件的拆装顺序。

读图时，上述几个步骤是不能截然分开的，常常要穿插进行。

9.6.2　由装配图拆画零件图

由装配图拆画零件图是设计工作的一个重要环节，也是一项细致的工作，它是在全面看懂装配图的基础上进行的。拆图时，应对所拆零件的作用进行分析，然后分离该零件（即把零件从与其组装的其他零件中分离出来）。具体方法是首先在装配图中各视图的投影轮廓中找出该零件的范围，将其从装配图中“分离”出来，再结合分析结果，补齐所缺的轮廓线，然后根据零件图的视图表达要求，重新安排视图。选定和画出零件的各视图以后，按零件图的要求，注写尺寸及技术要求。这种由装配图画出零件图的过程就称为拆画零件图，简称拆图。

1. 拆画零件图的一般方法和步骤

（1）看懂装配图　拆图前必须认真阅读装配图，全面深入了解设计意图，分析清楚装配关系、技术要求和各个零件的主要结构。

（2）确定视图表达方案　看懂零件的结构形状后要根据零件在装配图中的工作位置或零件的加工位置，重新选择视图，确定表达方案。此时可以参考装配图的表达方案，但要注意不应受原装配图的限制。

（3）补全工艺结构　在装配图上，零件的细小工艺结构，如倒角、倒圆、退刀槽等往往被省略。拆图时，这些结构必须补全，并加以标准化。

（4）标注尺寸　由于装配图上给出的只是必要的尺寸，而在零件图上则要求完整、正确、清晰、合理地注出零件各组成部分的全部尺寸，所以很多尺寸是在拆画零件图时才确定的。因此在拆画出的零件图上标注尺寸时，一般按以下步骤进行。

1）抄：凡装配图上已注出的有关该零件的尺寸，应直接照抄，不能随意改变。

2）查：零件上某些尺寸数值（如与螺纹紧固件连接的零件通孔直径和螺纹尺寸；与键、销连接的尺寸；标注结构要素的倒角、倒圆、退刀槽等），应从明细栏或有关标准中查得。

3）算：如所拆零件是齿轮、弹簧等传动零件或常用件，则其设计时所需参数，如齿轮的分度圆和齿顶圆、弹簧的自由高度和展开长度等，应根据装配图中所提供的参数，通过计算来确定。

4）量：在对所画的零件进行整体尺寸分析后，按照“正确、完全、清晰、合理”的基本要求，对装配图中没有标注出的该零件的其他尺寸，可在装配图中直接测量并按装配图的绘图比例换算、圆整后标出。

拆画零件图是一种综合能力训练，它不仅需要具有看懂装配图的能力，而且还应具备有关的专业知识。随着计算机绘图技术的普及，拆画零件图的方法将会变得更加容易。如果是由计算机绘出的机器或部件的装配图，可对被拆画的零件进行复制，然后加以整理，并标注尺寸，即可画出零件图。

【例9-2】　从图9-25所示的蝴蝶阀装配图中拆画阀体的零件图。

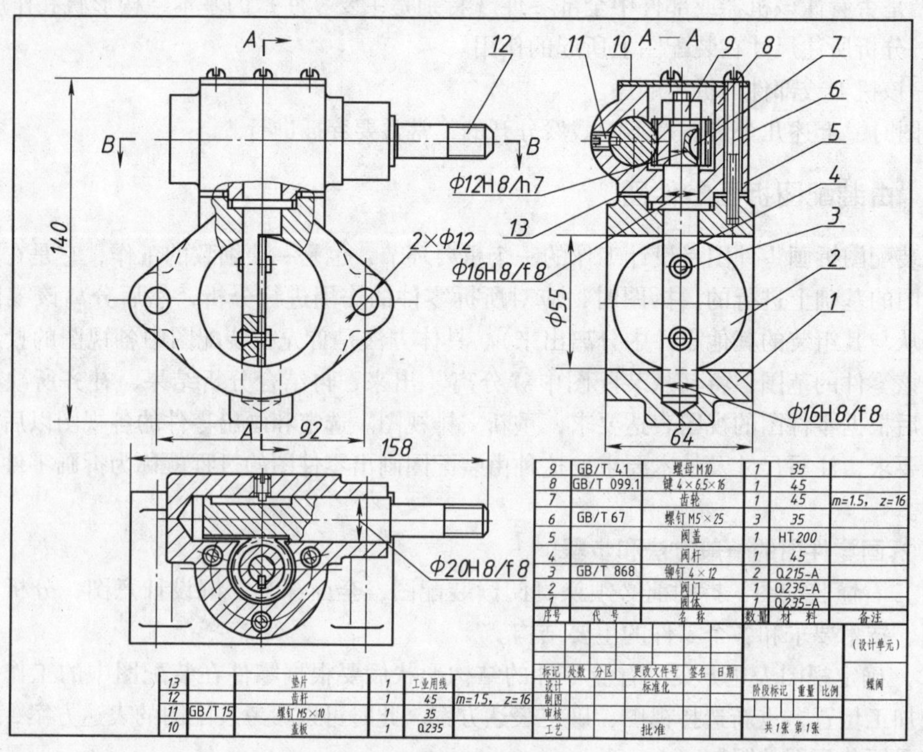

图9-25　蝴蝶阀装配图

（1）分离零件　找出该零件的各投影位置；假想拆去相邻零件，补全轮廓线；想象出零件形状，添加必要的工艺结构。如图 9-26 所示。

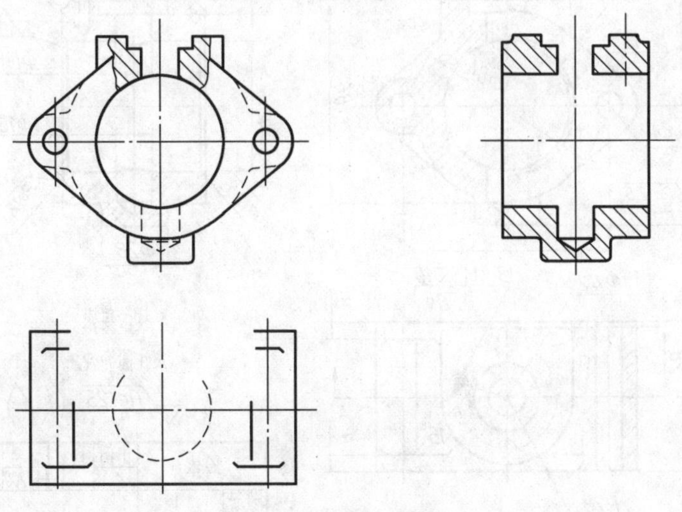

图 9-26　分离零件

（2）确定表达方案　将主视图改为半剖视图；安装孔作局部剖视。如图 9-27 所示。

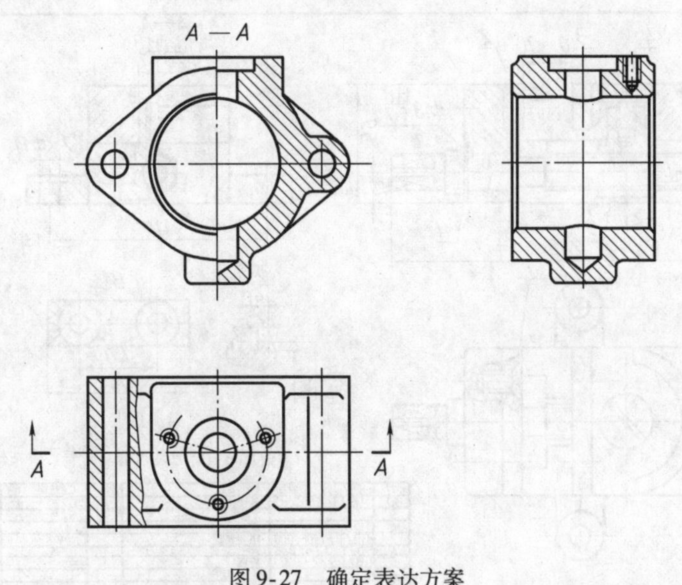

图 9-27　确定表达方案

（3）标注尺寸　选择尺寸基准，注出全部尺寸线，填写尺寸数字。

（4）标注表面粗糙度和技术要求　完成的阀体零件图。如图 9-28 所示。

【例 9-3】　从图 9-29 所示的机用虎钳装配图中拆画出固定钳座的零件图。

（1）分析　机用虎钳是一种在机床工作台上用来夹持工件、以便对工件进行加工的夹具。从机用虎钳装配图中可知：主视图沿前、后对称中心面剖开，采用全剖视图，表达机用虎钳的工作原理；左视图为 *A—A* 半剖视图，表达主要零件的装配关系；俯视图为局部剖图，表达机用虎钳的外形及钳口板 2 与固定钳座的装配关系。由图中分析得到：机用虎钳由

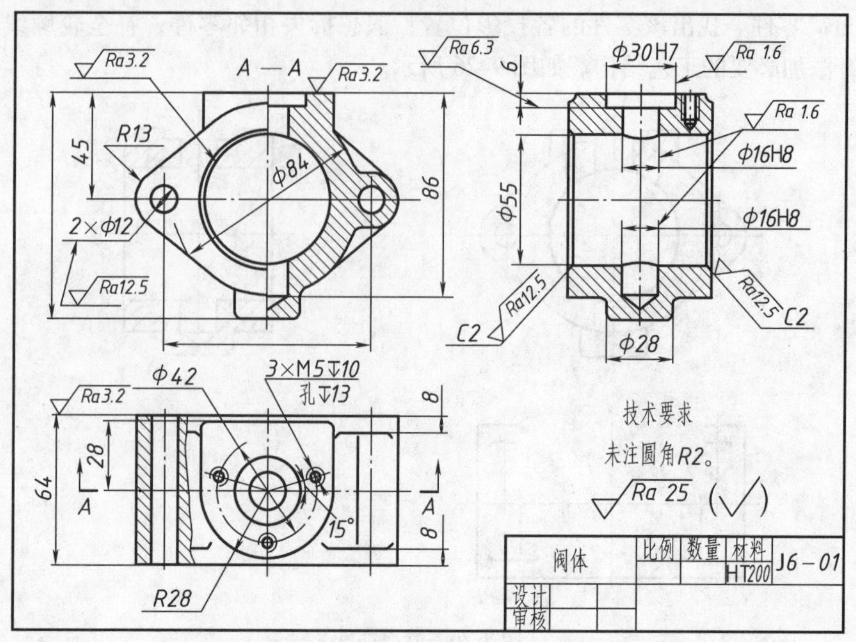

图 9-28　阀体零件图

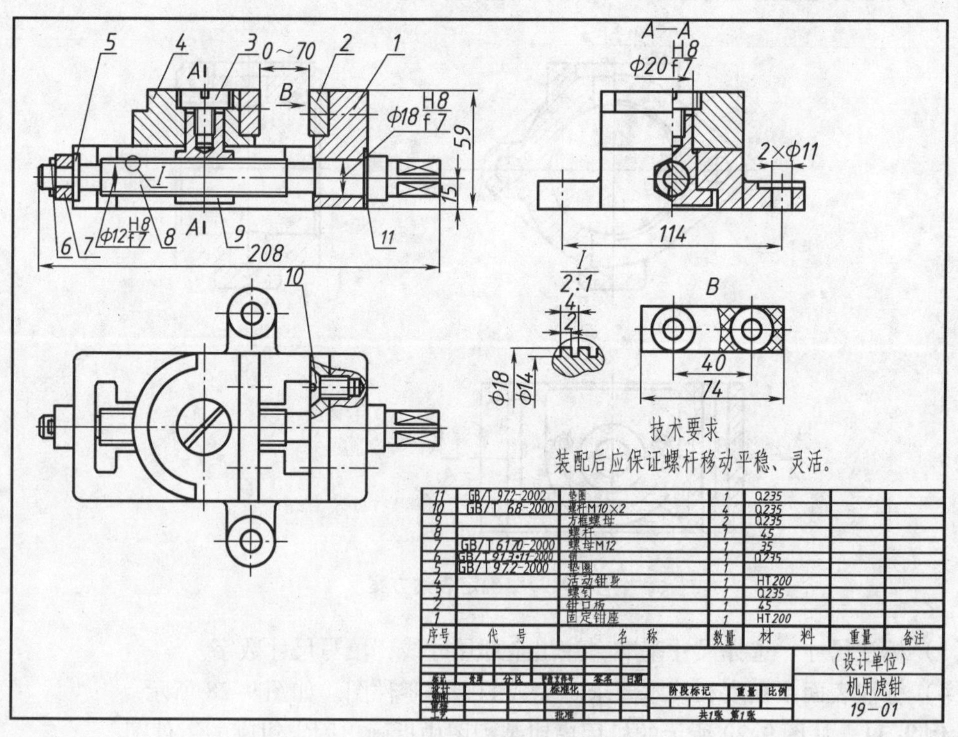

图 9-29　机用虎钳装配图

固定钳座 1、钳口板 2、活动钳身 4、螺杆 8 和方块螺母 9 等零件组成。当用扳手转动螺杆 8 时，由于螺杆 8 的左边用开口销卡住，使它只能在固定钳座 1 的两圆柱孔中转动，而不能沿轴向移动，这时螺杆 8 就带动方块螺母 9，使活动钳身 4 沿固定钳座 1 的内腔作直线运动。

方块螺母 9 与活动钳身 4 用螺钉 3 连成整体，这样使钳口闭合或开放，便于夹紧和卸下零件。从主视图可以看到机用虎钳的活动范围为 0 ~ 70mm。两块钳口板 2 分别用沉头螺钉 10 紧固在固定钳座 1 和活动钳身 4 上，以便磨损后更换，如俯视图所示。固定钳座 1 在装配件中起支承钳口板 2、活动钳身 4、螺杆 8 和方块螺母 9 等零件的作用，螺杆 8 与固定钳座 1 的左、右端分别以 ϕ12H8/f7 和 ϕ18H8/f7 间隙配合。活动钳身 4 与方块螺母 9 以 ϕ20H8/f7 间隙配合。固定钳座 1 的左、右两端是由 ϕ12H8 和 ϕ18H8 水平的两圆柱孔组成，它支承螺杆 8 在两圆柱孔中转动，其中间是空腔，使方块螺母 9 带动活动钳身 4 沿固定钳座 1 作直线运动。为了使机用虎钳固定在机床工作台上用来夹持工件，固定钳座 1 的前、后有两个凸台，凸台中的两圆孔 2 × ϕ11 的中心距为 114mm。由 *B* 向视图表达了钳口板 2 的结构形状，钳口板 2 宽为 74mm，两孔中心距为 40mm。为了便于拆画螺杆零件图，在装配图中用局部放大图 *I* 表达了螺杆 8 的螺纹尺寸。通过分析可得机用虎钳三维装配图，如图 9-30 所示。

图 9-30　机用虎钳三维装配图

（2）作图　从装配图中分离出固定钳座 1 的轮廓，如图 9-31 所示。根椐零件图的视图表达方案，主视图按装配图中主视图的投射方向，沿前、后对称中心线采用全剖视画出；左视图采用 *C—C* 半剖视图。俯视图主要表达固定钳座 1 的外形，并采用局部剖视表达螺孔的结构。其立体图如图 9-32 所示。补全视图中的漏线，画出零件的细部结构补全尺寸、表面粗糙度、公差配合及几何公差、技术要求等。完成的零件图如图 9-33 所示。

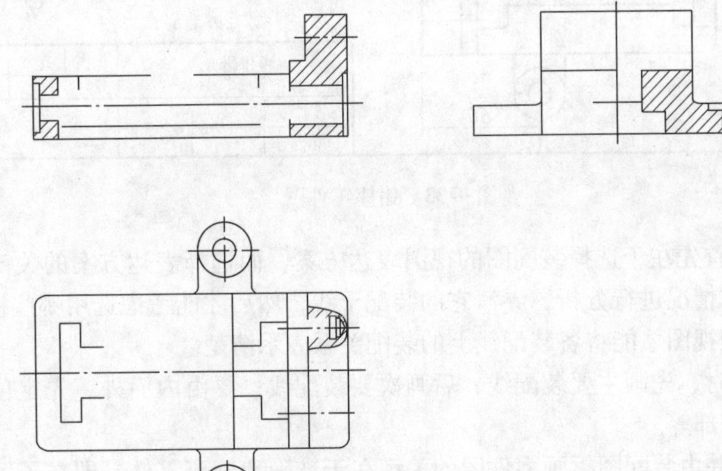

图 9-31　分离固定钳座轮廓

画装配图和读装配图是从不同途径对形体表达能力和分析想象力的培养，同时也是一种综合运用制图知识、投影理论和制图技能的训练。因此，在绘制装配图和读装配图时应掌握以下要领。

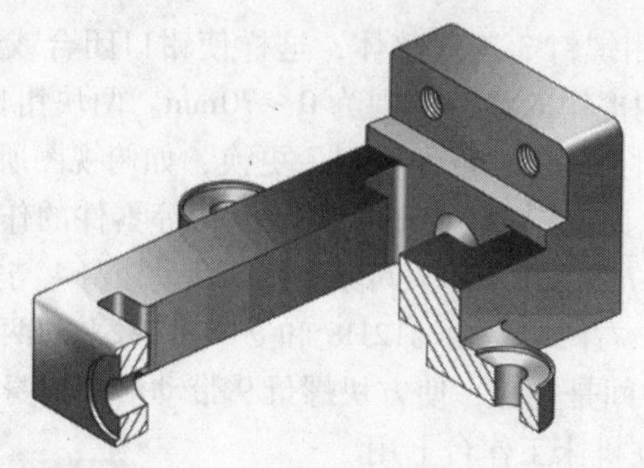

图 9-32　钳座三维图

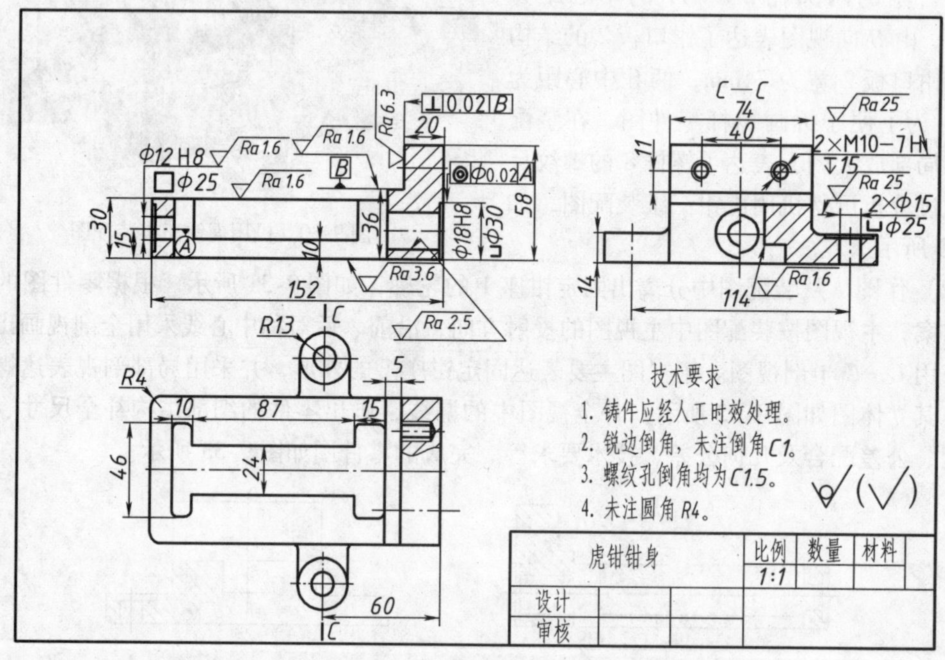

图 9-33　钳座零件图

1）画装配图首先在于选择装配图的视图表达方案，而选择表达方案的关键在于对部件的装配关系和工作情况进行分析，弄清它的装配干线，然后才能考虑选用哪些视图，在各视图上应采用什么剖视图才能将各装配线上的装配关系表示清楚。

2）画装配图时，先画主要装配线，后画次要装配线；要由内而外，先定位置后画结构形状，先大体后细部等。

3）读装配图并由装配图拆画零件图的关键在于准确地分离零件。即在了解装配体的工作原理、对照明细栏认识各零件及其相互关系的前提下，根据轮廓线、剖面线及零件序号所标注的范围，将所要拆画的零件从装配图中“剥离”下来。然后才能根据零件的类型去进行视图选择、尺寸和技术要求的标注等工作。

第10章 焊接制图

教学目标

在机器制造中，经常需要将两个或多个零件连接起来，焊接就是一种较常用的、不可拆卸的连接方法。目前，随着焊接技术的发展，逐步形成了以焊代铆、以焊代铸的趋势。本章主要介绍常用的焊缝符号、画法及标记方法。

教学要求

能力目标	知识要点	权　重	自测分数
焊接图包含的内容	焊接图与一般工程图的区别	20%	
焊接图的作用	焊缝符号	25%	
焊缝符号表达	焊缝表示方法	35%	
焊接图表达	焊接图中接头形式及画法	20%	

1. 焊接接头的基本形式

按照焊接过程中金属所处的状态，焊接方法可分为熔化焊、压焊、钎焊三类，其中熔化焊中的焊条电弧焊和气焊用得较多。根据被连接两零件的接头形式分为对接接头、T形接头、角接接头、搭接接头四种；按焊缝结合形式可分为对接焊缝、角焊缝及塞焊缝三种，如图 10-1 所示。

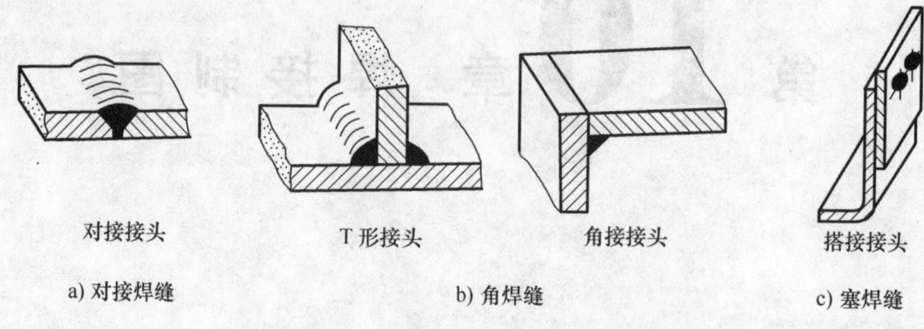

图 10-1　常用的焊缝形式及接头形式

2. 焊缝图示表示方法

国家标准规定，焊接图中的焊缝用一系列细实线短画表示（图 10-2a），这些细实线可徒手绘制，也允许用粗实线表示焊缝（图 10-2b），该粗实线的宽度是可见轮廓线宽度的 2～3倍。但在同一图样上，只允许采用上述两种表示法中的一种。在表示焊缝的端面视图中，用粗实线画出焊缝的轮廓，如图 10-2c 所示，必要时可用细实线画出焊接前焊缝坡口的形状。用图示法表示焊缝时，应加注相应的标注，或者另有说明，如图 10-2d 所示。在剖视图或断面图上，焊缝的金属熔焊区通常应涂黑表示，如图 10-2e 所示。为了使图样清晰和减轻绘图工作量，一般不按图示法画出焊缝，而是采用一些符号进行标注，以表明焊缝的特征。

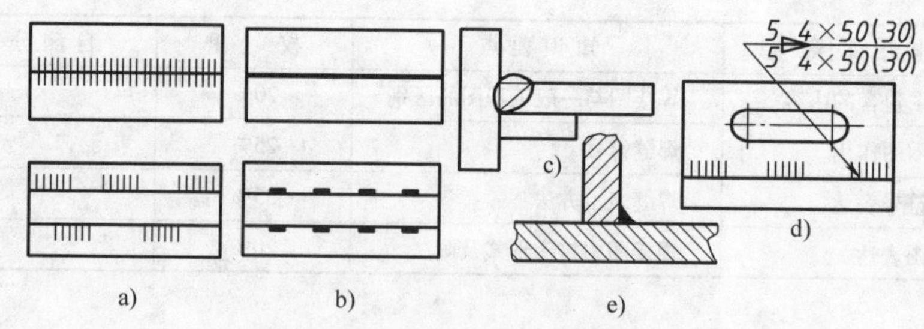

图 10-2　焊缝的图示表示法

3. 焊缝符号

焊缝符号一般由基本符号与指引线组成，必要时还可加上辅助符号、补充符号和焊缝尺寸等。

（1）基本符号　基本符号是表示焊缝横截面形状的符号，它采用近似于焊缝横断面形状的符号来表示。图 10-3 所示为常见焊缝的基本符号。

（2）辅助符号　辅助符号是表示焊缝表面形状特征的符号，它随基本符号标注在相应的位置上。若不需要确切地说明焊缝的表面形状时，可以不用辅助符号。图 10-4 所示为焊

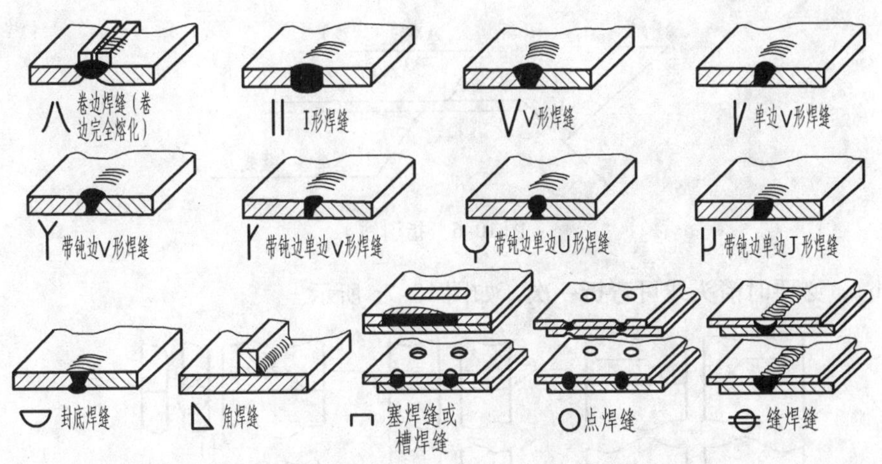

图 10-3　焊缝基本符号

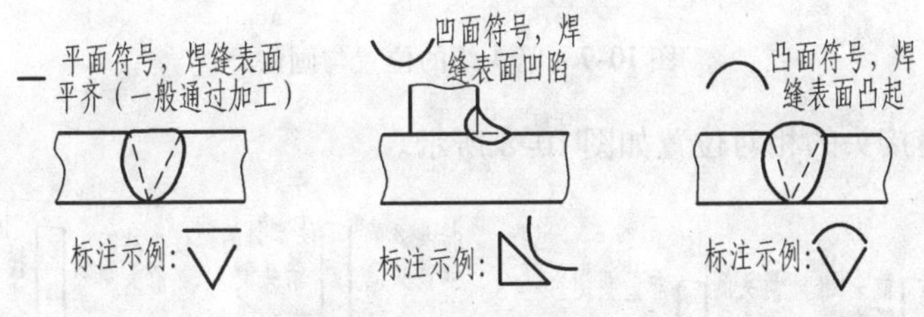

图 10-4　焊接辅助符号及标注示例

接辅助符号及标注示例。

（3）补充符号　补充符号是为了补充说明焊缝的某些特征而采用的符号，如果需要可随基本符号标注在相应的位置上。图 10-5 所示为焊缝补充符号及标注示例。

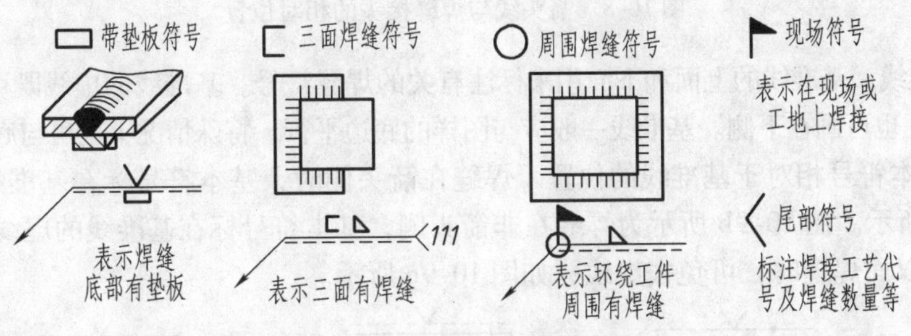

图 10-5　焊缝补充符号及标注示例

4. 符号在图样上的位置

（1）指引线的画法　指引线一般由带有箭头的指引线（简称箭头线）和两条基准线（一条为实线，一条为虚线）组成，如图 10-6 所示。

1）箭头线。箭头线用来将整个符号指到图样上的有关焊缝上，箭头线相对于焊缝的位置一般没有特殊要求，可以画在焊缝的正面或背面，上方或下方，如图 10-7a 所示。但在标注单边 V 形焊缝、带钝边单边 V 形焊缝、J 形焊缝时，箭头应指向工件上焊缝带坡口的一侧

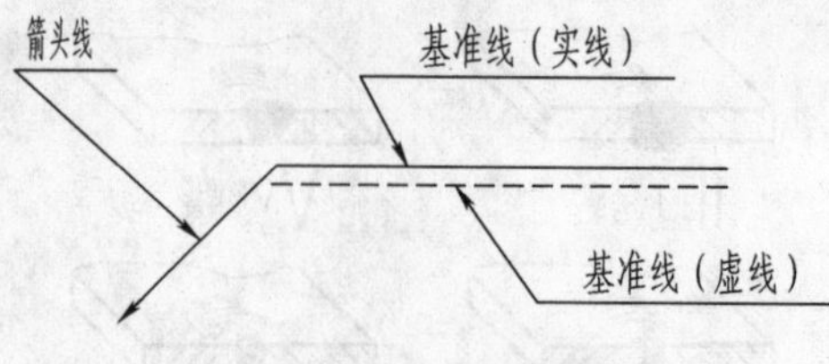

图 10-6　指引线

（图 10-7b），必要时箭头线可弯折一次，如图 10-7c 所示。

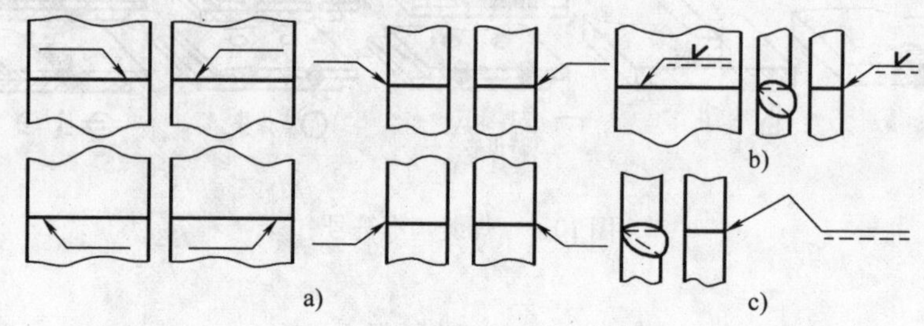

图 10-7　箭头线的位置与画法

箭头线与焊缝接头的相对位置如图 10-8 所示。

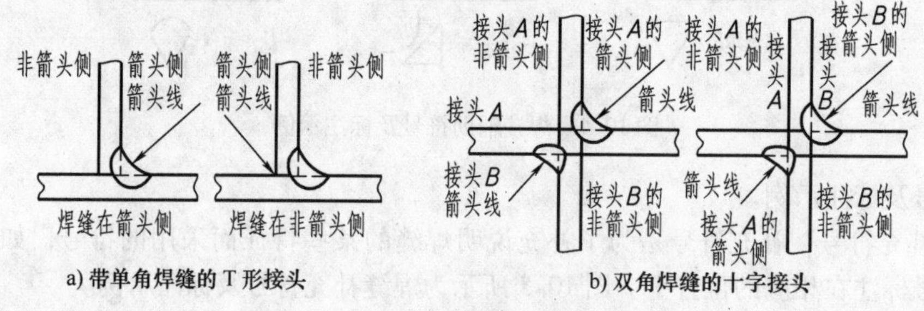

图 10-8　箭头线与焊缝接头的相对位置

2）基准线。基准线的上面和下面用来标注有关的焊缝符号。基准线的虚线既可画在基准线实线的上侧，也可画在下侧。基准线一般应与图样的底边平行，特殊情况下也可与底边垂直。

（2）基本符号相对于基准线的位置　焊缝在箭头侧时，基本符号标在基准线的实线侧，如图 10-9a 所示。图 10-9b 所示为焊缝在非箭头侧，基本符号标在基准线的虚线侧。当标注对称焊缝及双面焊缝时，可免去虚线，如图 10-9c 所示。

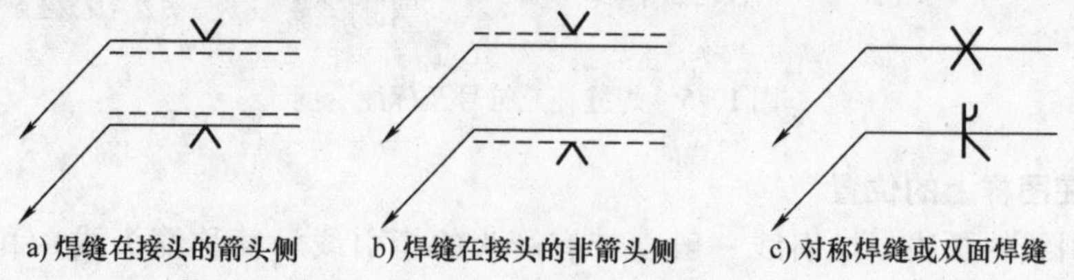

图 10-9　基本符号相对于基准线的位置

（3）焊缝尺寸符号及其标注方法

1）焊缝尺寸符号。焊缝尺寸在需要时才标注。标注时焊缝尺寸随基本符号标注在规定的位置上，如图 10-10 所示。

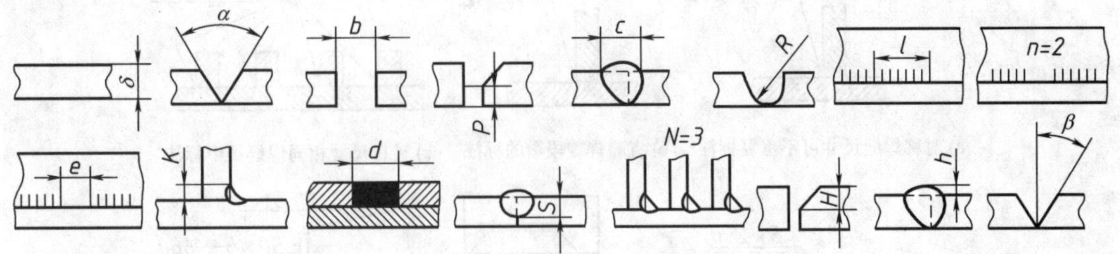

图 10-10　焊缝尺寸符号

图 10-10 中，δ 为工件厚度，α 为坡口角度，b 为根部间隙，P 为钝边高度，c 为焊缝宽度，R 为根部半径，l 为焊缝长度，n 为焊缝段数，e 为焊缝间距，K 为焊脚尺寸，d 为熔核直径，S 为焊缝有效厚度，N 为相同焊缝数量，H 为坡口深度，h 为余高，β 为坡口面角度。

2）焊缝尺寸符号的标注。焊缝尺寸的标注规定如图 10-11 所示。

α·β·b
p·H·K·h·S·R·c·d（基本符合）n×l(e)
N
p·H·K·h·S·R·c·d（基本符合）n×l(e)
α·β·b

图 10-11　焊缝尺寸的标注规定

① 焊缝横截面上的尺寸标注在基本符号的左侧。

② 焊缝长度方向尺寸标注在基本符号的右侧。

③ 坡口角度、坡口面角度、根部间隙等尺寸标注在基本符号的上侧或下侧。

④ 相同焊缝数量标在尾部。

⑤ 必要时也可将焊接方法代号标注在尾部。

⑥ 当需要标注的尺寸数据较多又不易分辨时，可在数据前面增加相应的尺寸符号。当箭头线方向变化时，上述原则不变。

（4）焊缝的简化标注

1）在同一图样中，当焊接方法完全相同时，焊接方法的代号可以省略不注，但必须在技术要求项内或其他技术文件中注明“全部焊缝均采用……焊”等字样；当大部分焊接方法相同时，可在技术要求项内或其他技术文件中注明“除图中注明的焊接方法外，其余焊缝采用……焊”字样。

2）标注交错对称焊缝的尺寸时，允许在基准线上只标注一次，可不重复标注。如图 10-12a所示，35×50、(30) 没有在基准线下侧重复标注。图中的“Z”符号表示交错断续焊缝。

3）对于断续焊缝、对称断续焊缝及交错断续焊缝的段数无严格要求时，允许省略焊缝段数的标注，如图 10-12b 所示，省略了段数“35”。

4）对于若干条坡口尺寸相同的同一形式焊缝，可采用图 10-12c 的方法集中标注；若这些焊缝在接头中的位置都相同时，也可在尾部符号内注出焊缝数量，简化标注，但其他形式的焊缝，需分别标注。

5）为了使图样清晰或当标注位置受到限制时，可以采用简化代（符）号代替通用符号进行焊缝标注，但必须在该图下方或标题栏附近说明这些简化代（符）号的意义，如图 10-12e所示，简化代（符）号的大小应是图样中所注符号的 1.4 倍。

6）在不致引起误解的前提下，当箭头线指向焊缝，而非箭头侧又无焊缝要求时，可省

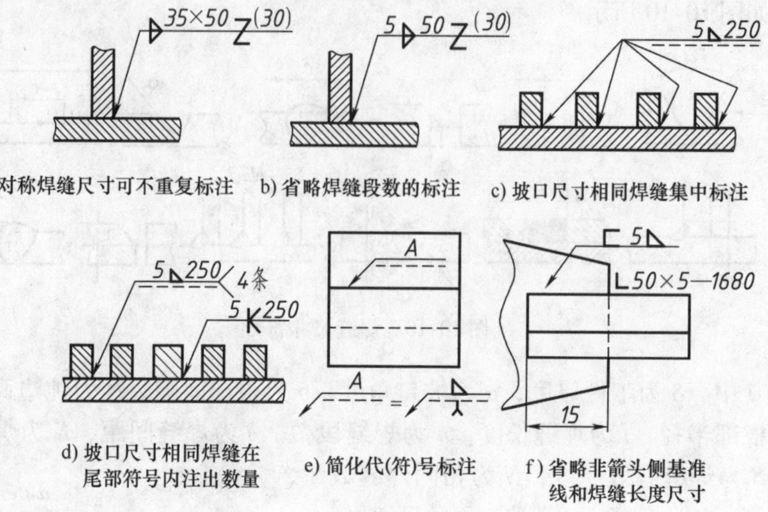

a) 对称焊缝尺寸可不重复标注　b) 省略焊缝段数的标注　c) 坡口尺寸相同焊缝集中标注

d) 坡口尺寸相同焊缝在尾部符号内注出数量　e) 简化代(符)号标注　f) 省略非箭头侧基准线和焊缝长度尺寸

图 10-12　焊缝的简化标注

略非箭头侧的基准线（虚线），如图 10-12f 所示。

7）当焊缝的起始和终止位置明确时，允许省略焊缝长度尺寸，如图 10-12f 所示。

5. 金属焊接件图

图 10-13 所示为轴承挂架的焊接图。立板 1 与横板 2 采用双面焊接，上面为单边 V 形平

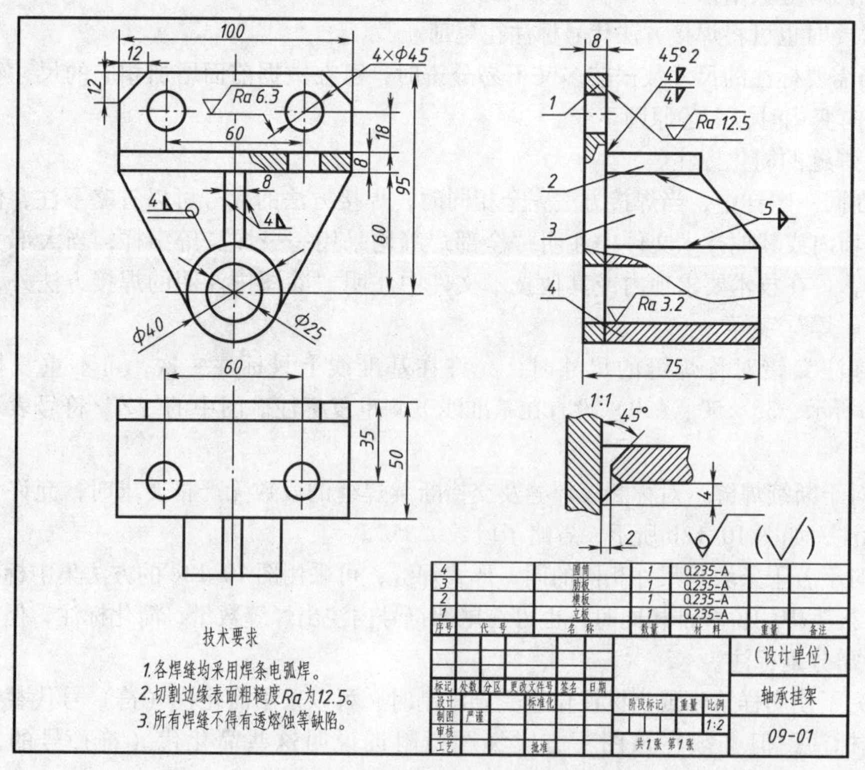

图 10-13　轴承挂架的焊接图

口焊缝，钝边高为 4mm，坡口角度为 45°，根部间隙为 2mm；下面为角焊缝，焊脚高为 4mm。肋板 3 与横板 2 及圆筒 4 采用焊脚高为 5mm 的角焊缝，与立板 1 采用焊脚高为 4mm 的双面角焊缝。圆筒 4 与立板 1 采用焊脚高为 4mm 的周围角焊缝。

焊接图与零件图的区别在于各相邻零件的剖面线的倾斜方向不相同，且在焊接图中需对各构件进行编号，并需填写零件明细栏。这样，焊接图从形式上看就很像装配图，但它与装配图也有所不同，因装配图表达的是部件或机器，而焊接图表达的仅仅是一个零件（焊接件）。因此，通常说焊接图是装配图的形式，零件图的内容。

对于复杂的焊接构件，应单独画出主要构成件的零件图，由板料弯曲成的构件，可以画出展开图；个别小构件可附于结构总图上。在大型焊接结构总图中，应画出各构成件的零件图。

第11章 AutoCAD基础

教学目标

本章主要介绍AutoCAD绘图的相关基础知识，帮助了解AutoCAD操作界面的基本布局，掌握如何设置系统参数，熟悉文件管理方法，学会各种输入操作方式，熟练进行图层设置以及应用各种绘图辅助工具等，特别是通过二维图形的编辑操作，配合绘图命令的使用，更好地完成复杂图形对象的绘制工作。

教学要求

能力目标	知识要点	权重	自测分数
AutoCAD的界面与操作方法	AutoCAD常用命令	10%	
AutoCAD的绘图环境设置	操作流程与图层设置	10%	
AutoCAD二维绘图命令	二维绘图命令的操作	20%	
AutoCAD二维编辑命令	二维编辑命令的操作	20%	
AutoCAD尺寸与文字的标注	尺寸标注样式与命令	20%	
AutoCAD机械图的绘制	零件图与装配图的绘制	20%	

11.1　计算机绘图概述

计算机绘图是近年来发展最迅速、最引人注目的技术之一。随着计算机技术的迅猛发展，计算机绘图技术已被广泛应用于机械、建筑、电子、冶金、纺织等多个工程领域，并发挥着越来越大的作用。由 Autodesk 公司开发的 AutoCAD 是当前最为流行的计算机绘图软件之一。由于 AutoCAD 具有使用方便、体系结构开放等特点，深受广大工程技术人员的青睐。

计算机绘图是一门实践性很强的课程。实践的主要形式就是上机操作，多做练习。本书选用绘图软件 AutoCAD 2012，介绍计算机绘图的基本概念以及计算机二维绘图功能。但受篇幅限制，书中仅介绍了 AutoCAD 2012 的常用操作和命令，如需更详细或更深入地了解 AutoCAD 2012 操作和命令时，可参考 AutoCAD 2012 的有关使用手册。

11.2　交互绘图屏幕菜单与输入法

11.2.1　AutoCAD 操作界面简介

操作界面是 AutoCAD 显示、绘制及编辑图形的区域。一个完整的 AutoCAD 操作界面如图 11-1所示，它包括标题栏、快速访问工具栏、交互信息工具栏、菜单栏、功能区、绘图区（包括十字光标、坐标系等）、工具栏、命令行窗口、布局标签、状态栏、状态托盘和滚动条等。

1. 标题栏

在 AutoCAD 2012 中文版操作界面的最上端是标题栏，其中显示了系统当前正在运行的应用程序（AutoCAD 2012）和用户正在使用的图形文件。在用户第一次启动 AutoCAD 2012 时，标题栏中将显示系统在启动时创建并打开的图形文件的名称 Drawing1. dwg，如图 11-1 所示。

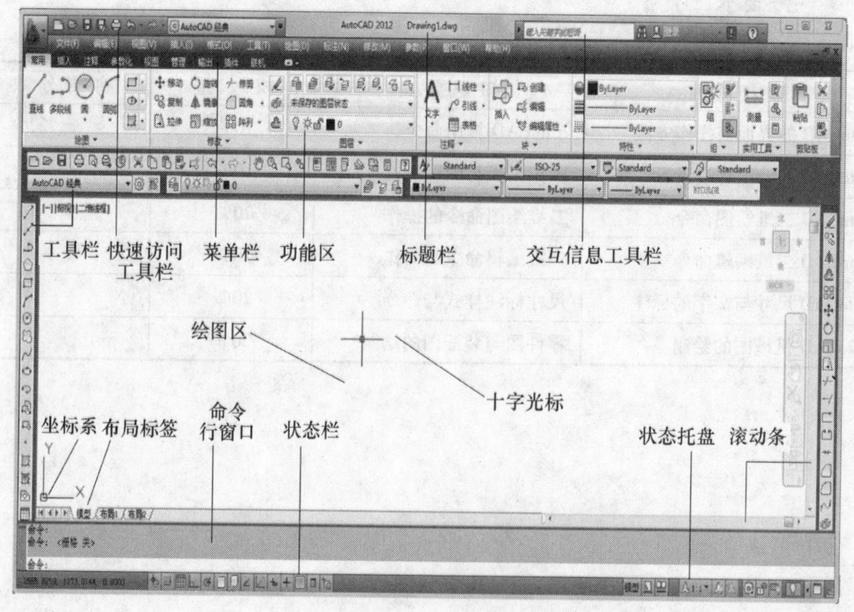

图 11-1　AutoCAD 2012 中文版操作界面

2. 快速访问工具栏和交互信息工具栏

(1) 快速访问工具栏　该工具栏中主要包括“新建”、“打开”、“保存”、“另存为”、“放弃”、“重做”和“打印”等几个最常用的工具。用户也可以单击其后面的下拉按钮设置需要的常用工具。

(2) 交互信息工具栏　该工具栏中主要包括“搜索”、“Autodesk Online 服务”、“交换”和“帮助”等几个常用的数据交互访问工具。

3. 菜单栏

菜单栏位于标题栏的下方，其中包括“文件”、“编辑”、“视图”、“插入”、“格式”、“工具”、“绘图”、“标注”、“修改”、“参数”、“窗口”和“帮助”12 个菜单项。菜单几乎囊括了 AutoCAD 2012 的所有绘图命令。

4. 功能区

在菜单栏的下方是功能区，其中包括“常用”、“插入”、“注释”、“参数化”、“视图”、“管理”、“输出”、“插件”和“联机”九个选项卡，每个选项卡都集成了大量与该功能相关的操作工具，以方便用户使用。用户可以单击选项卡后面的按钮，以控制功能区的展开和收缩。

5. 绘图区

在操作界面中，中间大片的空白区域便是绘图区（有时也称为绘图窗口）。用户使用 AutoCAD 2012 绘制、编辑图形的主要工作都是在该区域中完成的。绘图窗口内有一个十字形光标，其交点反映当前光标的位置，主要用于定位点和选择对象。

6. 工具栏

工具栏是 AutoCAD 以图标形式提供的一种快速输入和执行命令的集合，其中的每个按钮均代表 AutoCAD 的一条命令，用户只需单击某个按钮，AutoCAD 就会执行相应的命令。AutoCAD 2012 中配置了二十多个工具栏，用户可以根据需要打开或者关闭某个工具栏，如果需要使用某个工具栏，可以在已有的工具栏上右击鼠标，在弹出的快捷菜单中选择需要显示的工具栏即可。

7. 命令行窗口

命令行窗口默认位于绘图区的下方，是供用户输入命令和显示命令提示的区域。该窗口是 AutoCAD 和用户进行命令式交互的窗口。

8. 布局标签

在绘图区左下方，系统默认显示一个名为“模型”的模型空间布局标签和两个名为“布局 1”、“布局 2”的图纸空间布局标签。在 AutoCAD 2012 中，系统默认打开模型空间，用户可以通过单击布局标签选择需要的布局。

9. 状态栏

状态栏位于操作界面的底部，左侧显示的是绘图区中光标定位点的 X、Y、Z 坐标值，右侧显示的依次是 14 个功能开关按钮，如图 11-1 所示。单击这些按钮，可以实现相应功能的开关。

10. 状态托盘

状态托盘中集中放置了一些常见的显示工具和注释工具，通过这些按钮可以控制图形或绘图区的状态。

11. 滚动条

在绘图区的下方和右侧还提供了用来浏览图形的水平和竖直方向的滚动条。在滚动条中单击鼠标或拖动滑块，可以在绘图区中按水平或竖直方向浏览图形。

11.2.2 AutoCAD命令的输入法

在命令提示区出现“命令:”的状态下，表明AutoCAD此时处于命令状态并准备接受命令。用户可以下列任何一种方式输入命令。

1. 从键盘输入

从键盘输入命令，简单地输入命令名，接着按<Enter>键（又称“回车键”）或单击鼠标右键完成输入。

2. 从图标菜单输入

将鼠标移到屏幕上的图标菜单，选择菜单项，并单击鼠标左键即可。

3. 从下拉菜单输入

使用鼠标将光标移至屏幕的固定菜单行。左右移动光标，选择所需要的项目，然后单击鼠标左键，即出现下拉菜单。鼠标上下移动，以选择所需的命令。

4. 重复命令

无论使用哪一种方法输入一个命令，都可以在下一个“命令:”提示符出现后，通过按空格键或回车键或单击鼠标右键来重复这个命令。

5. 命令的取消

在命令执行的任何时刻，都可以按<Esc>键取消和终止命令的执行。

6. 鼠标的使用

三键滚轮鼠标的功能如表11-1所示：

表11-1 三键滚轮鼠标的功能

鼠标按键	功能	操作说明
左键（MB1）	选择菜单栏、快捷菜单和工具栏等对象，也可在绘图过程中指定点和选择图形对象等	单击鼠标左键（MB1）
滚轮（MB2）	放大或缩小图形	转动滚轮，可以将模型放大或缩小，默认缩放量为10%
	旋转图形	按下<Shift+MB2>组合键并移动光标
	平移图形	按下<MB2>保持不放并拖动鼠标
右键（MB3）	弹出快捷菜单	单击鼠标右键（MB3）
	<Enter>键	单击鼠标右键并选择“确认”选项

11.2.3 AutoCAD数据的输入方法

当调用一条命令时，通常还需提供某些附加信息，指明执行动作的方式、位置和对象等。AutoCAD在需要输入信息时会给出提示。

1. 数值的输入

许多提示要求输入数值。从键盘输入这些值时，可用字符：+、-、0、1、2、3、4、

5、6、7、8、9、E。

数值如：-29.5，8.4E+6，3.2E-3。

2. 点的输入

当 AutoCAD 出现“点：”提示时，它需要作图过程中某一点的坐标。点是输入数据最常用的方式。

AutoCAD 接受三维点（x，y，z），但用户可省略 z 值，AutoCAD 会根据用户设置的当前高度自动填入 z 值。

AutoCAD 指定点的方法有：

1）用键盘直接在命令行窗口中输入坐标后，按空格键或回车键。

2）用鼠标等定位设备移动光标并单击，在屏幕上直接取点，这时的数据往往不是很精确的整数。

3）利用捕捉、对象捕捉等辅助绘图工具捕捉屏幕上已有图形的特殊点（如端点、中点、中心点、插入点、交点、切点、垂足点等）。

4）先用光标拖拉出橡皮筋线确定方向，然后用键盘输入距离，这样有利于准确控制对象的长度等参数。

3. 距离值的输入

在 AutoCAD 命令中，有时需要提供高度、宽度、半径、长度等距离值。AutoCAD 提供了两种输入距离值的方式：一种是用键盘在命令行窗口中直接输入数值；另一种是在屏幕上直接拾取两点，以两点的距离值定出所需数值。

4. 角度值的输入

角度值的输入和距离值的输入相似。系统提供了两种方式：一种是在命令行或动态输入工具栏提示中输入数值；另一种是在屏幕上点取两点，以第一点与第二点的连线与正 X 轴夹角即为所需要数值。

11.2.4　AutoCAD 中的坐标

1. 绝对坐标

1）笛卡儿（直角）坐标：（x，y，z）。

在二维绘图中，z 坐标通常可以省略，即（x，y）。实际输入时不加小括号。如 x 坐标为3.5，y 坐标为6.6，则输入格式是：3.5，6.6。

2）极坐标：距离<角度。

用户可以输入某点至当前用户坐标系（UCS）原点的距离及它在 XY 平面中的角度来确定该点，两值用“<”隔开。规定以 X 轴正向为基线，逆时针方向角度值为正值，顺时针方向角度值为负值。如：“7.5<45”表示离原点的距离为7.5，相对于 X 轴的夹角为45°。

2. 相对坐标

1）相对笛卡尔（直角）坐标：@dx，dy。

如前所述，绝对坐标是对当前的用户坐标系统来说的。用户可以指出某一点到已知前一个坐标的相对距离，为此需要在点值前输入一个“@”。如已知前一点的坐标是（10，6），如果输入“@2.5，-1.3”，相对指定该点的绝对坐标是（12.5，4.7）。

2）相对极坐标：@距离<角度。

这是以某一点为基准，以该点至下一点连线的距离及该连线与 X 轴正向的角度来表示。如输入“@8.03<65”，表示离前一点距离为8.03，两点连线相对于 X 轴的夹角为65°。

3. 上一次坐标

输入@符号本身相当于输入相对坐标“@0，0”，它指明与最后点的偏移为0。

下面以图11-2中绘制直线 AB 时 A、B 两点坐标的输入，在表11-2中介绍它们的四种输入方式。

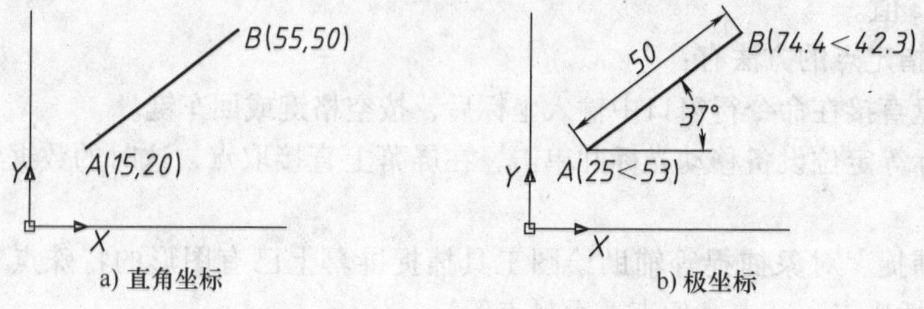

图11-2 点的坐标输入方式

表11-2 坐标输入方式

绝对直角坐标方式	相对直角坐标方式
指定 A 点：15，20 指定 B 点：55，50	指定 A 点：15，20 指定 B 点：@40，30
绝对极坐标方式	相对极坐标方式
指定 A 点：25<53 指定 B 点：74.4<42.3	指定 A 点：25<53 指定 B 点：@50<37

11.2.5 AutoCAD文件操作命令

1. 创建新图形文件

启动AutoCAD 2012后，系统将使用默认样板文件中的设置，自动地新建一个名为“Drawing1.dwg”的图形文件。

若用户需要创建一个新的图形文件，可单击“标准”工具栏上的【新建】按钮🗋，或选择【文件】|【新建】选项，弹出【选择样板】对话框。该对话框提供了多种图形的样板文件，供用户选择，如图11-3所示。

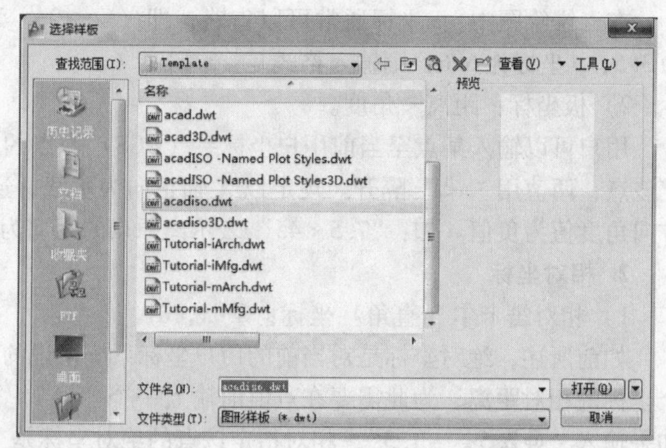

图11-3 【选择样板】对话框

2. 打开已有图形文件

单击“标准”工具栏上的【打开】按钮🗁，或选择【文件】|【打开】选项，弹出【选择文件】对

话框。选择文件后，可以在右边看到该文件的预览图形，单击【打开】按钮，即可打开该文件。

3. 保存图形文件

单击“标准”工具栏上的【保存】按钮，或选择【文件】|【保存】选项（也可选择【文件】|【另存为】选项），弹出【图形另存为】对话框。在【文件名】文本框内输入图形文件的名称，不必输入扩展名（默认为 dwg 文件），并单击【保存】按钮，即可保存当前的图形文件。

4. 文件的退出

文件的退出可以单击【文件】下拉菜单中的【退出】按钮，也可以单击用户界面上的关闭按钮。如果图形是新绘制或已修改的图形，AutoCAD 会提示是否保存图形。

11.3 AutoCAD 绘图环境的设置

11.3.1 AutoCAD 绘图的一般操作流程

第一步，设置绘图环境，准备绘图。

1）根据图形大小用 1:1 的比例设置绘图界限。

2）执行【缩放】|【全部】命令，将新的“区域”数值应用于新图中。

3）根据图元性质设置若干层，如点画线层、粗线层、剖面线层、虚线层、尺寸层等。

4）用“Ltscale”命令设置合适的线型比例，用以显示点画线、虚线等。

5）设置文字样式和尺寸标注样式。

第二步，图形存盘。要养成随时存盘的习惯，以避免因死机或其他原因等带来的损失。

第三步，绘制或调用图框和标题栏。

第四步，绘制图形与编辑修改图形。

第五步，剖面线、尺寸标注、技术要求等。

第六步，图形存盘或绘图输出。用“Save”命令保存图形，用“Plot”命令将图形打印输出。

11.3.2 设置绘图环境

1. 设置图形单位

在默认条件下，新建文件将采用样板文件的绘图单位。用户也可根据需要重新设置绘图单位。

选择【格式】|【单位】选项，弹出图 11-4 所示的【图形单位】对话框，通过该对话框可设置长度、角度的单位和精度。如设置【长度类型】为“小数”，【精度】为“0.0000”；设置角度【类型】为“十进制度数”，【精度】为“0”。

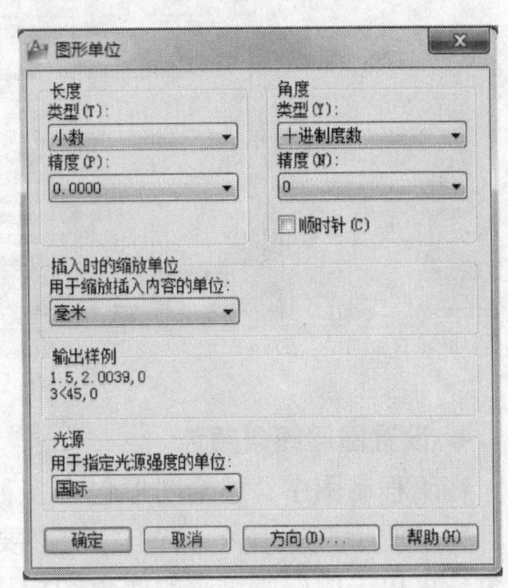

图 11-4 【图形单位】对话框

2. 设置图形界限

在绘制图形前，应根据图纸的规格（国家标准规定的图纸幅面）设置绘图范围，即绘图界限。下

面以设置一张 A4 幅面的图纸为例，介绍设置图形界限的操作过程。

命令:_limits	//启动命令
重新设置模型空间界限:	
指定左下角点或[开(ON)/关(OFF)]<0.000 0,0.000 0>:	//指定左下角点的坐标
指定右上角点<420.000 0,297.000 0>:210,297	//指定右上角点的坐标
命令:zoom	//启动命令
指定窗口的角点,输入比例因子(nX 或 nXP),或者[全部(A)/中心(C)/动态(D)/范围(E)/上一个(P)/比例(S)/窗口(W)/对象(O)]<实时>:a	//选择【全部】选项,使所设绘图范围充满绘图窗口
正在重新生成模型	//完成设置

3. 设置新图层

图层（Layer）是 AutoCAD 提供的组织图形的强有力工具。所有的图形对象必须绘制在某一图层上。图层可以想象成是一张没有厚度的透明纸，上面画着该层的图形对象，所有的图层叠在一起，就组成了一幅 AutoCAD 的完整图形。

对图层的各种操作主要是通过【图形特性管理器】对话框来完成的。单击图标，或选择【格式】|【图层】选项，弹出图 11-5 所示的【图形特性管理器】对话框。在图层属性设置中，主要涉及图层名称、关闭/打开图层、冻结/解冻图层、锁定/解锁图层、图层线条颜色、图层线条线型、图层线条宽度、图层打印样式以及图层是否打印等九个参数。

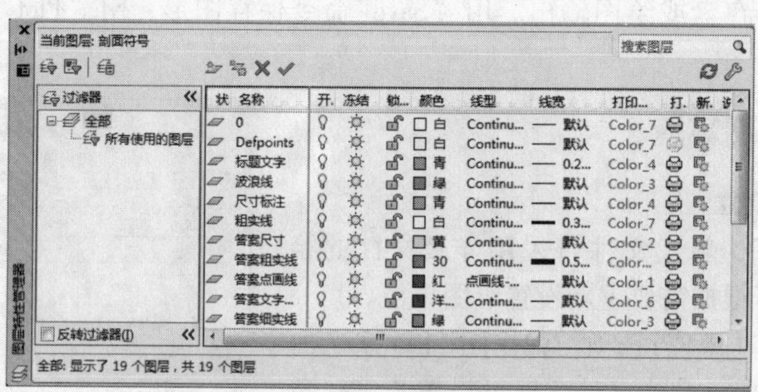

图 11-5 【图层特性管理器】对话框

4. 设置图层线条颜色

在工程制图中，整个图形包含多种不同功能的图形对象，如实体、剖面线与尺寸标注等。为了便于直观地区分它们，有必要针对不同的图形对象使用不同的颜色。若要更改图层颜色，可单击图层所对应的颜色图标，弹出【选择颜色】对话框（图 11-6），即可针对颜色进行相应的设置。

5. 设置图层线型

线型是指作为图形基本元素的线条的组成和显示方式，如实线、点画线等。在绘图工作中，常常以线型划分图层。为某一个图层设置适合的线型后，在绘图时只需将该图层设为当前工作层，即可绘制出符合线型要求的图形对象，极大地提高了绘图的效率。

单击图层所对应的线型图标，弹出【选择线型】对话框，如图 11-7 所示。默认情况下，在【已加载的线型】列表框中，系统只列出了“Continuous”线型。单击【加载（L)】按钮，打开图 11-8 所示的【加载或重载线型】对话框，可以看到 AutoCAD 还提供许多其他线型，用鼠标选择所需线型，然后单击【确定】按钮，即可把该线型加载到【选择线型】对话框的【已加载的线型】列表框中。

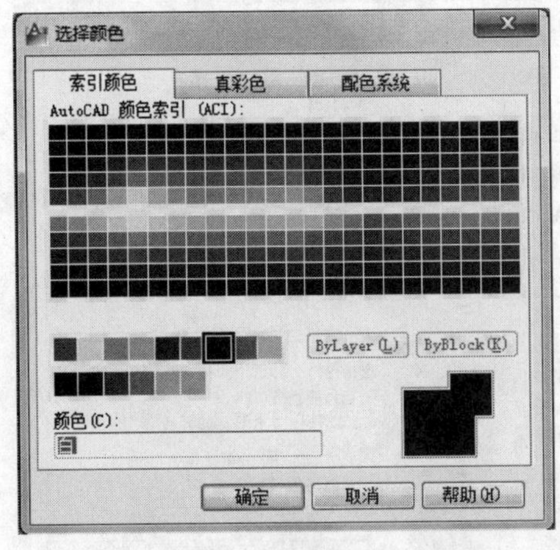

图 11-6 【选择颜色】对话框

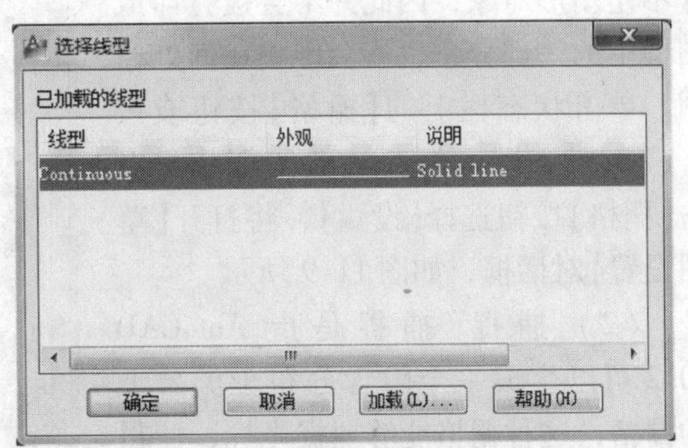

图 11-7 【选择线型】对话框

6. 设置图层线宽

线宽设置就是改变线条的宽度。用不同宽度的线条表现图形对象的类型，可以提高图形对象的表达能力和可读性。使用线宽特性，用户可以创建粗细不一样的线条。任何小于 0.25mm 的对象可以以一个像素单位显示。在绘图时，状态工具栏上的【线宽】按钮呈按下状态时才显示粗线的线宽。

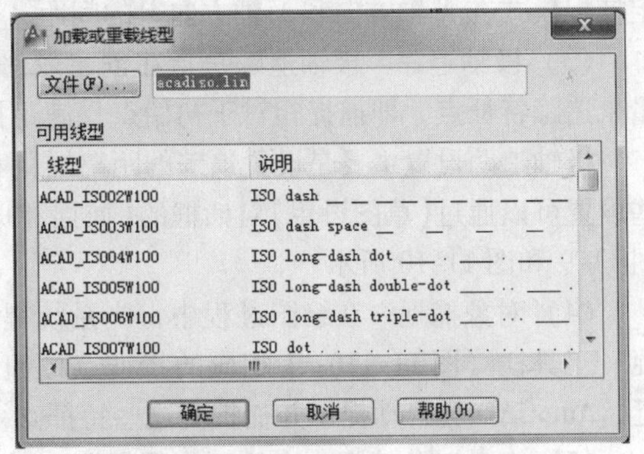

图 11-8 【加载或重载线型】对话框

7. 设定线型比例

有时在图层上设置中心线或虚线时，显示在屏幕上的线型看起来却是实线，这是因为线型比例太小或太大，这时可改变【线型比例】的值。单击“标准”工具条中的【对象特性】按钮，选择中心线或虚线图层，修改线型比例值，或用“Ltscale”命令修改。

8. 设置文字样式

单击下拉菜单【格式】|【文字样式】，出现【文字样式】对话框，单击【新建】按钮，出现【新建文字样式】对话框，输入样式名如“wenzi”，选择【SHX 字体】为“gbetic. shx”（数字、

英文字体)，选择【大字体】为“gbcbig. shx”（汉字字体)，【字高】设为5。

11.3.3 绘图辅助工具

要快速、顺利地完成图形绘制工作，有时需要借助一些辅助工具，例如用于确定绘制位置的精确定位工具和调整图形显示范围与方式的图形显示工具等。下面简略介绍一下这两种非常重要的辅助绘图工具。

1. 精确定位工具

（1）栅格　AutoCAD 的栅格由有规则的点的矩阵组成，延伸到指定为图形界限的整个区域。如果放大或缩小图形，则可能需要调整栅格间距，使其更适合新的比例。虽然栅格在屏幕上是可见的，但它并不是图形对象，因此并不会被打印成图形中的一部分，也不会影响在何处绘图。单击状态栏上的【栅格】按钮或按 <F7> 键，即可打开或关闭栅格。右击【栅格】按钮选择【设置】，将打开【草图设置】对话框，如图 11-9 所示。

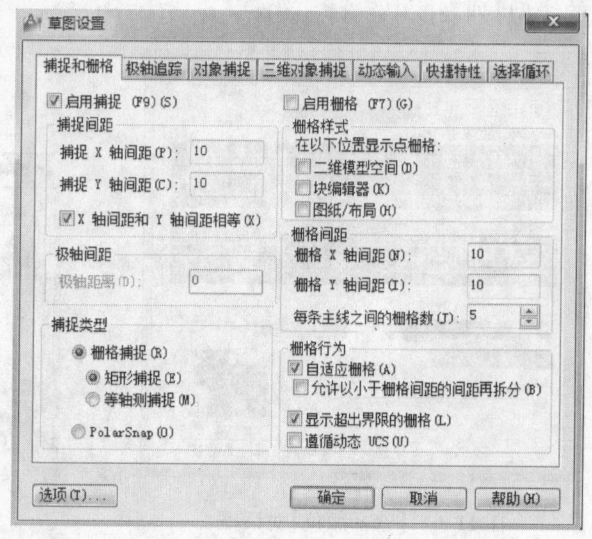

图 11-9　【草图设置】对话框

（2）捕捉　捕捉是指 AutoCAD 2012 可以生成一个隐含分布于屏幕上的栅格，这种栅格能够捕捉光标，使得光标只能落到其中的一个栅格点上。捕捉可分为【栅格捕捉】、【矩形捕捉】、【等轴测捕捉】和【PolarSnap】四种类型。默认设置为【矩形捕捉】，即捕捉点的阵列类似于栅格。在【矩形捕捉】模式下，用户可以指定捕捉模式在 X 轴方向和 Y 轴方向上的间距，也可改变捕捉模式与图形界限的相对位置。

（3）极轴追踪　极轴追踪是指在创建或修改对象时，按事先给定的角度增量和距离增量来追踪特征点，即捕捉相对于初始点且满足指定极轴距离和极轴角的目标点。

极轴追踪设置主要是设置追踪的距离增量和角度增量，以及与之相关联的捕捉模式。这些设置可以通过【草图设置】对话框的【捕捉和栅格】选项卡与【极轴追踪】选项卡来实现，如图 11-9 和图 11-10 所示。

（4）对象捕捉　在绘图过程中，当系统提示需要指定点的位置时，可以单击“对象捕捉”工具栏（图 11-11）中相应的特征点按钮，再把光标移动到要捕捉对象上的特征点附近，AutoCAD 会自动提示并捕捉到这些特征点。

（5）自动对象捕捉　在绘制图形过程中，使用对象捕捉的频率非常高，如果每次在捕捉时都要先选择捕捉模式，将使工作效率大大降低。出于此种考虑，AutoCAD 提供了自动对象捕捉模式。如果启用自动捕捉功能，当光标距指定的捕捉点较近时，系统会自动精确地捕捉这些特征点，并显示出相应的标记以及该捕捉的提示。在【草图设置】对话框的【对象捕捉】选项卡中选中【启用对象捕捉】复选框，即可启用自动捕捉功能，如图 11-12 所示。

（6）正交绘图　所谓正交绘图，就是在命令的执行过程中，光标只能沿 X 轴或 Y 轴移

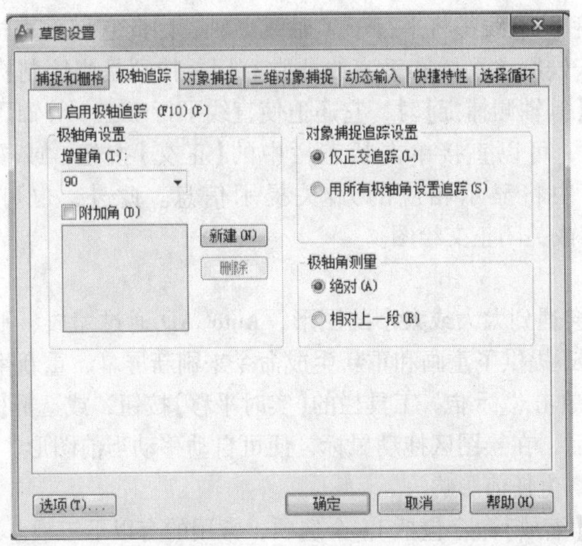

图 11-10 【极轴追踪】选项卡

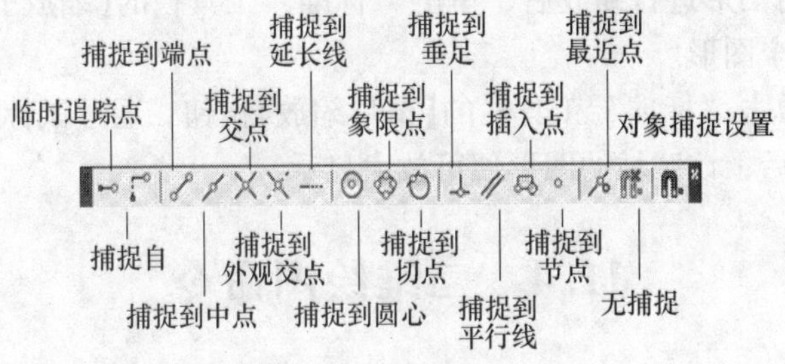

图 11-11 “对象捕捉”工具栏

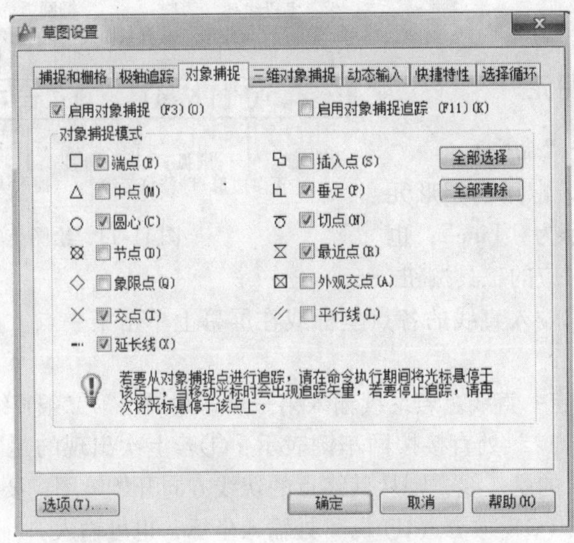

图 11-12 【对象捕捉】选项卡

动，所有绘制的线段和构造线都将平行于 X 轴或 Y 轴，因此它们垂直相交，即正交。在【正交】模式下绘图，对于绘制水平线和垂直线非常有用，特别是当绘制构造线时经常会用到。此外，当捕捉模式为【等轴测捕捉】时，它还迫使直线平行于三个等轴测中的一个。

要设置正交绘图，可以直接单击状态栏中的【正交】按钮，或按 < F8 > 键，此时的【AutoCAD文本窗口】中将显示相应的开/关提示信息。此外，也可以在命令行中输入“ORTHO”，执行开启或关闭正交绘图。

2. 图形显示工具

在绘图时，常常会遇到太大或太小的图形，AutoCAD 通过缩放、平移来重新显示图形。另外，AutoCAD 2012 还提供了重画和重新生成命令来刷新屏幕、重新生成图形。

(1) 图形平移　单击“标准”工具栏的【实时平移】按钮，或选择【视图】|【实时平移】选项，执行该项操作后，在绘图区拖动鼠标，便可自动移动当前图形。平移操作只是平移图形，不会对图形本身产生任何影响。

(2) 图形缩放　【缩放】命令包括 11 个选项，常用的有以下三项。

1) 实时。单击“标准”工具栏的【实时缩放】按钮，执行该项操作后，按住鼠标左键不放，向上移动则放大图形，向下移动则缩小图形。

2) 上一步。当对图形进行缩放后，单击“标准”工具栏的【缩放上一个】按钮，执行该项操作后，返回前一个图形。

3) 窗口缩放。单击“标准”工具栏的【窗口缩放】按钮，通过鼠标在绘图区拖动出一个矩形区域，释放鼠标后，该区域的图形便可放大显示。

11.4　二维绘图命令

二维图形绘制不仅包括点、直线、圆、多边形等基本二维图形，还包括多段线、样条曲线等高级图形对象。其工具栏如图 11-13 所示。

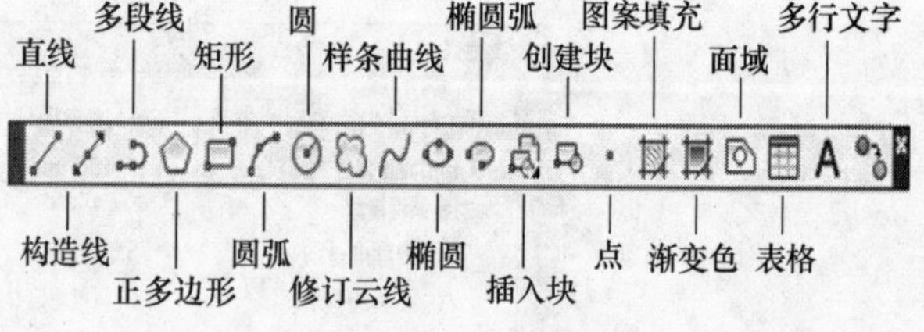

图 11-13　绘图工具栏

11.4.1　绘制简单图元

1. 绘制直线(“Line”命令)

直线是二维图中最常用的图形元素，其相应的绘制命令为“Line”，也可单击绘图工具栏中对应的工具按钮。执行直线命令时，要求输入直线的各点坐标或在屏幕上单击某一点。直线命令的操作要点如下：

1) 最初由两点决定一直线，若继续输入第三点，则画出第二条直线，以此类推。

2) 在“指定第一点:”处直接按回车键表示：①若上次出现的是直线，则从其终点开始绘图。②若上次作出的是弧线，则从其终点的切线方向开始绘图，要求输入长度。③可在“指定下一点或 [闭合 (C)/放弃 (U)]:”处输入坐标，也可输入：

U——回退一次，即消去最后画的一条线。

C——最后一线段回到起始点，即形成封闭图形，同时命令结束。

Enter——结束命令。

下面以绘制图 11-14 所示的五角星为例说明“直线”命令的操作过程。

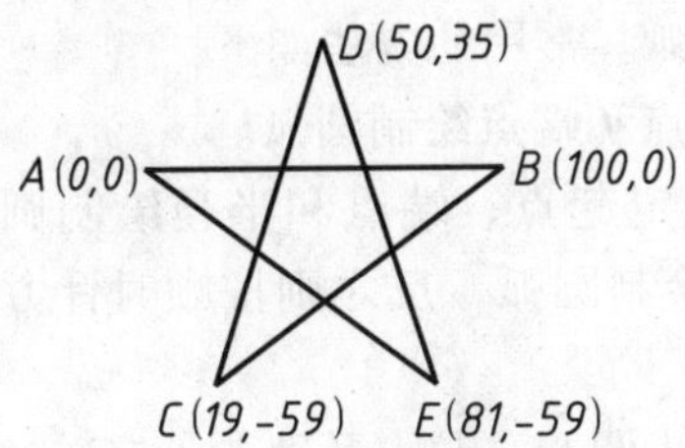

图 11-14　绘制五角星

命令:_line	//启动【直线】命令
指定第一点:0,0	//用绝对直角坐标给定点 A 的坐标
指定下一点或[放弃(U)]:100,0	//给定点 B 的坐标
指定下一点或[放弃(U)]:19,-59	//给定点 C 的坐标
指定下一点或[闭合(C)/放弃(U)]:50,35	//给定点 D 的坐标
指定下一点或[闭合(C)/放弃(U)]:81,-59	//给定点 E 的坐标
指定下一点或[闭合(C)/放弃(U)]:C	//封闭五角星,结束直线命令

2. 绘制圆(“Circle” 命令)

单击“绘图”工具栏上的【圆】按钮⊙，启动该命令，命令行提示中各选项的含义如下：

1）圆心、半径（R）：给定圆心和半径绘制圆。

2）圆心、直径（D）：给定圆心和直径绘制圆。

3）两点（2P）：给定直径的两端点绘制圆。

4）三点（3P）：给定圆上的三点绘制圆。

5）相切、相切、半径（T）：给定与圆相切的两个对象和圆的半径绘制圆。

6）相切、相切、相切（A）：与三物体相切决定一个圆。

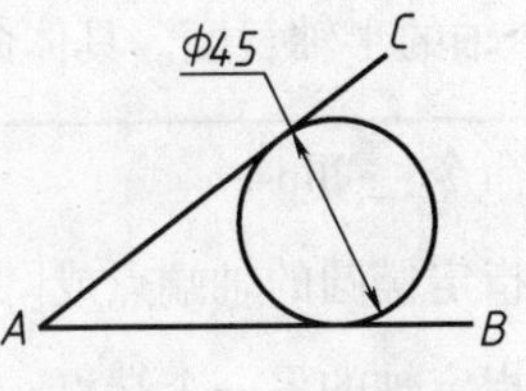

图 11-15　绘制圆

下面以绘制图 11-15 所示的圆为例说明【Circle】命令的操作过程。

命令:_circle	//启动【Circle】命令
指定圆的圆心或[三点(3P)/两点(2P)/相切、相切、半径(T)]:T	//选择【相切】、【相切】、【半径】选项
指定对象与圆的第一个切点:	//捕捉第一个切点
指定对象与圆的第二个切点:	//捕捉第二个切点
指定圆的半径<18.000>:25	//输入半径数值,按<Enter>键结束命令

3. 绘制圆弧（“Arc” 命令）

单击“绘图”工具栏上的【圆弧】按钮，启动该命令。AutoCAD可以以11种不同的方式绘制圆弧。常用的方法如下。

1）三点：给出起点、第二点和端点绘制圆弧。

2）起点、端点、半径：给定起点、端点和半径绘制圆弧。其中，半径为正值按逆时针方向绘制圆弧，反之则按顺时针方向绘制圆弧。

3）圆心、起点、端点：给出圆心、起点及端点，按逆时针方向绘制圆弧。

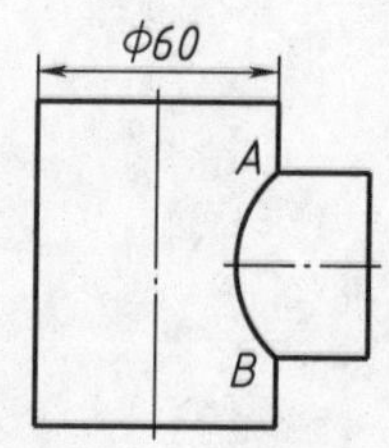

图 11-16　绘制圆弧

下面以绘制图11-16中的相贯线 *AB* 为例说明“Arc”命令的操作过程。

命令：_arc	//启动“Arc”命令
指定圆弧的起点或[圆心(C)]：	//捕捉点 *A* 作为圆弧的起点
指定圆弧的第二个点或[圆心(C)/端点(E)]：_e	//选择【端点】选项
指定圆弧的端点：	//捕捉点 *B* 作为圆弧的端点
指定圆弧的圆心或[角度(A)/方向(D)/半径(R)]：_r	//选择【半径】选项
指定圆弧的半径：30	//输入半径数值，按 < Enter > 键结束命令

4. 绘制椭圆（“Ellipse”命令）

单击“绘图”工具栏上的【椭圆】按钮，启动该命令。执行该命令时，要求指定椭圆的一个轴的两端点和另一个轴的半轴长度，或者指定椭圆的中心点和一个轴的端点以及另一个轴的半轴长度。具体命令提示如下。

命令：_ellipse	//启动“Ellipse”命令
指定椭圆的轴端点或[圆弧(A)/中心点(C)]：	//指定轴端点 1
指定轴的另一个端点：	//指定轴端点 2
指定另一条半轴长度或[旋转(R)]：	//指定轴端点 3

5. 画正多边形（“Polygon”命令）

单击“绘图”工具栏上的【正多边形】按钮，启动该命令，命令行提示中各选项的含义如下。

1）边（E）：通过指定第一条边的端点来定义正多边形。

2）内接于圆（I）：指定外接圆的半径，正多边形的所有顶点都在此圆周上。

3）外切于圆（C）：指定从正多边形中心点到各边中点的距离。

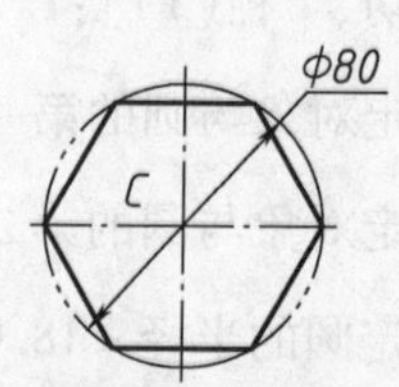

图 11-17　绘制圆弧

下面以绘制图11-17中的正六边形为例说明“Polygon”命令的

操作过程。

命令:_polygon	//启动“Polygon”命令
输入边的数目 <4>:6	//输入正多边形的边数
指定正多边形的中心点或[边(E)]:	//拾取一点作为中心点
输入选项[内接于圆(I)/外切于圆(C)] <I>:	//按 <Enter> 键,选择【内接于圆】方式
指定圆的半径:40	//输入外接圆半径,按 <Enter> 键结束命令

6. 画矩形（“Rectang”命令）

单击“绘图”工具栏上的【矩形】按钮，启动该命令。执行该命令时，要求输入矩形的两个对角点的坐标，或者在屏幕上拾取两点作为矩形的两个对角点。

该命令还有如下其他选项。

1）指定第一个角点或［倒角(C)/倒角(C)/标高(E)/圆角(F)/厚度(T)/宽度(W)/］：通过这些选项，可以绘制倒角矩形、圆角矩形、有厚度的矩形、有宽度的矩形等。

2）指定另一个角点或［面积(A)/尺寸(D)/旋转(R)］：“面积(A)”指通过指定矩形的面积和长度（宽度）来绘制矩形。“尺寸(D)”指通过矩形的长度、宽度和另一角点的方向绘制矩形。“旋转(R)”指通过旋转角度和拾取两个角点来绘制矩形。

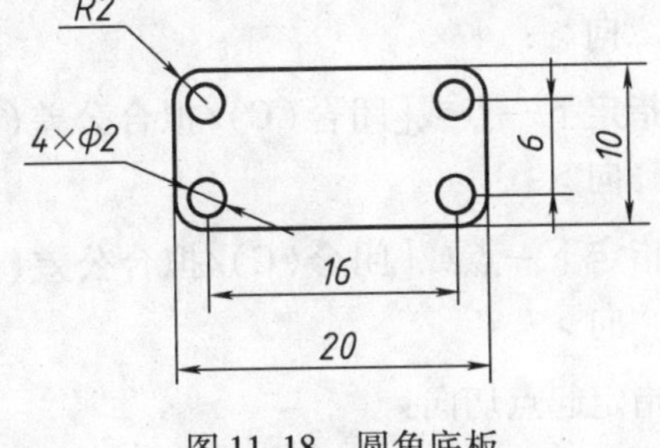

图 11-18　圆角底板

下面以使用矩形命令绘制图 11-18 所示的圆角底板为例来说明“Rectang”命令的操作过程。

命令:_rectang	//启动“rectang”命令
指定第一个角点或[倒角(C)/倒角(C)/标高(E)/圆角(F)/厚度(T)/宽度(W)/]:f	//输入 f,要画四个角为圆角的矩形
指定矩形的圆角半径 <0.0000>:2	//输入 2,指定圆角的半径
指定第一个角点或[倒角(C)/倒角(C)/标高(E)/圆角(F)/厚度(T)/宽度(W)/]:	//在屏幕上单击一点
指定另一个角点或[面积(A)/尺寸(D)/旋转(R)]:@20,10	//输入矩形的长和宽

11.4.2　绘制复杂图元

1. 绘制样条曲线（“Spline”命令）

单击“绘图”工具栏上的【样条曲线】按钮，启动该命令，按照提示输入若干个点，

AutoCAD 即可拟合出通过这些点的样条曲线。

下面以绘制图 11-19 中的波浪线为例来说明 “spline”命令操作过程。

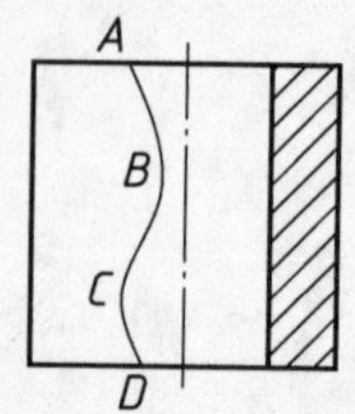

图 11-19　绘制样条曲线

命令:_spline	//启动“spline”命令
指定第一个点或[对象(O)]:	//用光标拾取点 A 作为样条曲线的起点
指定下一点:	//拾取点 B 作为样条曲线上的第二个点
指定下一点或[闭合(C)/拟合公差(F)] <起点切向>:	//拾取点 C 作为样条曲线的第三个点
指定下一点或[闭合(C)/拟合公差(F)] <起点切向>:	//拾取点 D 作为样条曲线的端点
指定下一点或[闭合(C)/拟合公差(F)] <起点切向>:	//按 <Enter> 键结束取点
指定起点切向:	//按 <Enter> 键选择默认起点切向
指定端点切向:	//按 <Enter> 键选择默认端点切向，结束

2. 图案填充、渐变色填充

“Bhatch”命令用于图案填充、绘制剖面线。执行命令后出现【图案填充和渐变色】对话框，如图 11-20 所示。

绘制剖面线的一般步骤如下。

1）确定剖面线的类型。单击【图案填充】选项卡中的【图案（P）】右边的按钮，出现一个【填充图案选项板】对话框，点取其中一种图样作为剖面线的图案。常用的金属剖面线类型为“ANSI31”。

2）在【比例】栏内改变图案的间隔（预定图案比例为 1）；在【角度】栏内改变图案的角度（预定的图案角度为 0°）。如对于反斜 45°的金属剖面线，其角度值应为 90°。

3）用【拾取点】按钮生成剖面边界。单击【边界】、【添加：拾取点（K）】按钮，指定剖面边界内的一点。如果 AutoCAD 发现边界不封闭或点不在边界内，则会弹出“边界定义错误”的信息。

4）单击鼠标右键，回到【图案填充和渐变色】对话框，单击【预览】按钮进行预览，如效果合适，则单击【确定】按钮，否则可修改相应选项。

【渐变色】选项卡：渐变色是从一种颜色到另一种颜色的平滑过渡，它能产生光的效果，可以为图形添加视觉效果。渐变色命令的使用和图案填充命令的使用相似，区别在于用渐变色代替剖面线。选择该选项卡后，会弹出图 11-21 所示的对话框。

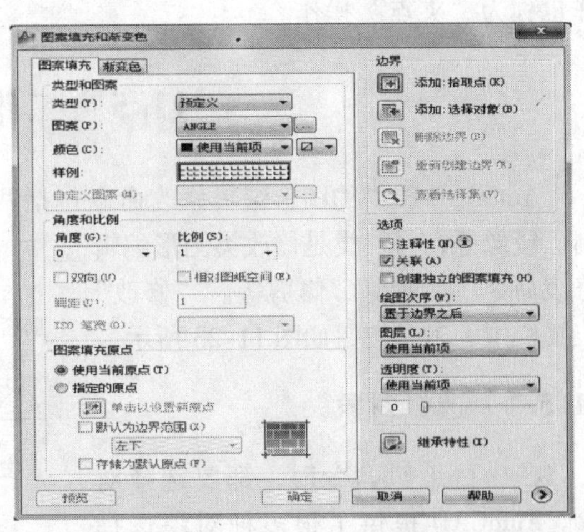

图 11-20　【图案填充和渐变色】对话框

11.4.3　书写文字（“Mtext”命令）

在 AutoCAD 中提供了三个命令用于文字的书写：Text、Dtext、Mtext。其中“Text”和“Dtext”命令用于单行文字的书写，“Mtext”命令用于多行文字的书写。

在使用“Mtext”命令进行文字书写前，要设置文字的样式，以便统一设置文字的格式，如字体、字高等。文字样式的设置方法见 11.3.2 节“设置文字样式”。

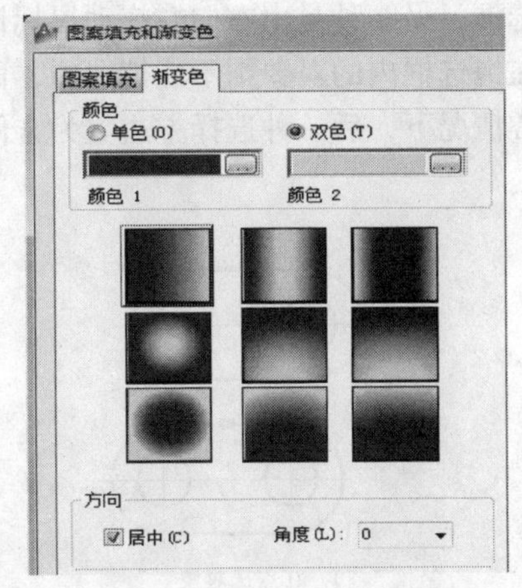

图 11-21　【渐变色】选项卡

在执行“Metxt”命令时，要求先给定一个窗口的两个对角点，给出第二个角点后，出现“文字格式”工具栏和文字输入窗口，如图 11-22 所示。在窗口中输入文字，通过“文字格式”工具栏可以设定文字的字体、字高、对齐方式、行间距等内容。通过工具栏上的【符号】按钮，可以输入直径（%%C）、度数（%%D）等符号。通过【堆叠】按钮，可以输入分数、尺寸公差等（详见 5.3 节的内容）。

在执行“Metext”命令过程中，窗口的大小可以随意给定。在文字输入之后，若窗口宽度较小，则文字会自动换行。为避免这种情况，在文字输入之后，可改变窗口宽度。操作方法为：单击已书写的文字，会出现一个虚框，在虚框的四个角上，有四个蓝点。单击其中一个蓝点，使其变为红点，移动鼠标，则会改变虚框的大小，从而改变文字的排列情况。文字的排列情况改变之后，要取消虚框及蓝点，就要按两次 <Esc> 键。此种操

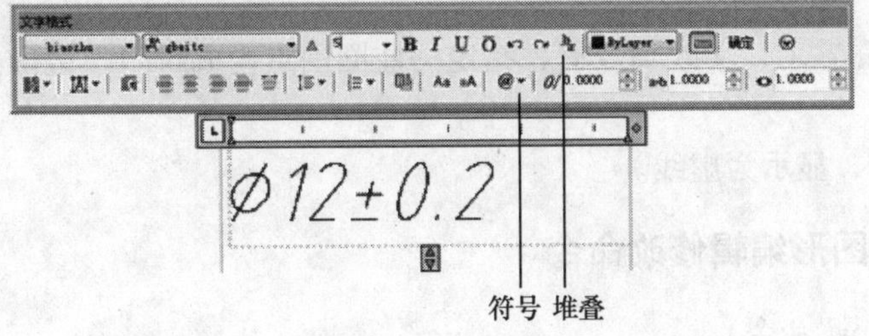

图 11-22　“文字格式”工具栏和文字输入窗口

作也称为“夹点”操作。

11.5 二维编辑命令

AutoCAD 提供的图形编辑修改命令包括两类：一类是构造类图形编辑修改命令，如复制、镜像等；另一类是修改类图形编辑修改命令，如删除、修剪等。“修改”工具栏中的工具按钮如图 11-23 所示。

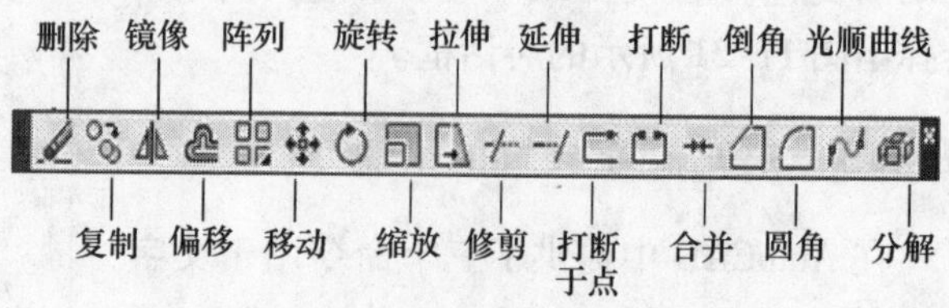

图 11-23 “修改”工具栏

11.5.1 选择对象

在执行编辑命令时，都要选择对象。AutoCAD 提供了很多种对象选择方法，常用的如下。

1）单选物体：单击对象。

2）多选物体：拖选对象。在拖选对象时有两种操作：一种是由左向右拖动鼠标设置拖选框，另一种是由右向左拖动鼠标设置拖选框。前者只能选取完全在拖选框内的对象，部分在拖选框内的对象则不能被选中，而后者只能选取只要有部分在框内的对象就能被选中。通常情况下，后一种选择方法更为方便。如图 11-24 所示。

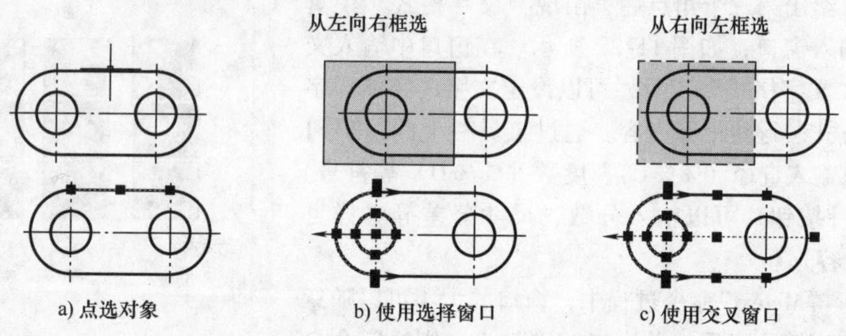

a) 点选对象　b) 使用选择窗口　c) 使用交叉窗口

图 11-24 图形的选择方式

3）去除多选的物体：在按住 <Shift> 键的同时，单击对象。

4）循环选择物体：在按住 <Ctrl> 键的同时，单击对象。

5）栏选物体：输入“F”命令后，指定一些栏选点构成栅栏线，与栅栏线相交的对象均被选中。

6）圈围对象：输入“WP”命令后，指定一些圈围点构成封闭多边形，完全在多边形内的对象均被选中。

选中对象以后，显示为虚线。

11.5.2 构造类图形编辑修改命令

1. 复制（“Copy”命令）

“Copy”命令用来复制对象，通过【模式(O)/多个（M)】选项可以进行多重复制。

执行该命令时，先选择对象，选好后，单击鼠标右键，再指定基点和第二点或位移量。在多重复制模式下，可以继续指定第二点或位移量，直到按 <Enter> 键或 <Esc> 键结束。

2. 镜像（“Mirror”命令）

“Mirror”命令用于以轴对称方式对指定对象作镜像，该轴称为镜像线。镜像时可删除源图形，也可以保留源图形（镜像复制）。单击“修改”工具栏上的【镜像】按钮，启动该命令。

下面以图 11-25 为例说明“Mirror”命令的操作过程。

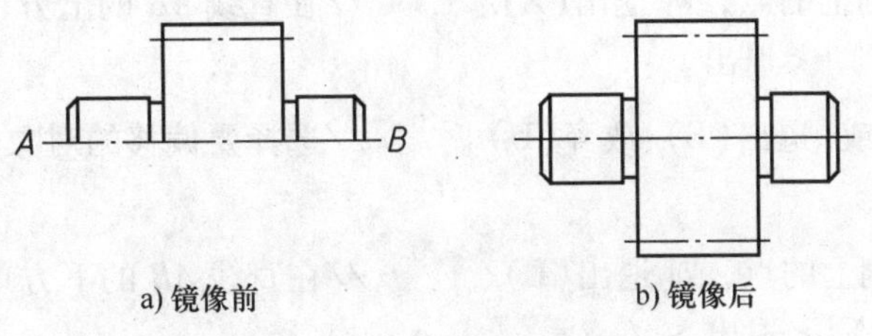

a) 镜像前　　b) 镜像后

图 11-25　镜像对象

命令:_mirror	//启动“Mirror”命令
选择对象:指定对角点:找到 16 个	//选择要镜像的对象
选择对象:	//按 <Enter> 键,结束选择
指定镜像线的第一点:	//拾取点 A
指定镜像线的第二点:	//拾取点 B
要删除源对象吗? [是(Y)/否(N)] <N>:	//按 <Enter> 键,选择不删除源对象,结束命令

3. 偏移（“Offset”命令）

使用“Offset”命令可以将已有对象进行平行（如线段）或同心（如圆）复制。如果偏移的对象是直线，偏移后的直线为平行等长的线段，如图 11-26a 所示；如果偏移的对象是圆或多边形，则偏移后的对象将被放大或缩小，如图 11-26b 所示。

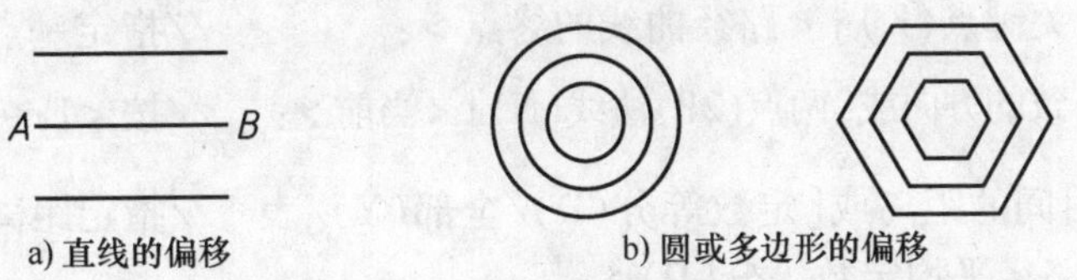

a) 直线的偏移　　b) 圆或多边形的偏移

图 11-26　偏移对象

单击“修改”工具栏中的【偏移】按钮，启动该命令。下面以图 11-26a 为例说明“Offset”命令的操作过程。

```
命令:_offset                                         //启动"Offest"命令
当前设置:删除源=否  图层=源
  OFFSETGAPTYPE=0
指定偏移距离或[通过(T)/删除(E)/图层(L)]              //输入偏移的距离
  <5.000>:18
选择要偏移的对象,或[退出(E)/放弃(U)]                 //选择要偏移的对象(直线AB)
  <退出>:
指定要偏移的那一侧上的点,或[退出(E)/                 //在直线AB的上方单击,选择向上偏移
  多个(M)/放弃(U)]<退出>:
选择要偏移的对象,或[退出(E)/放弃(U)]                 //选择要偏移的对象(直线AB)
  <退出>:
指定要偏移的那一侧上的点,或[退出(E)/                 //在直线AB的下方单击,选择向下偏移
  多个(M)/放弃(U)]<退出>:
选择要偏移的对象,或[退出(E)/放弃(U)]                 //按<Enter>键,结束命令
  <退出>:
```

4. 阵列（"Array"命令）

建立阵列是指多重复制选择的对象并把这些副本按矩形或环形排列。把副本按矩形排列称为建立矩形阵列，把副本按环形排列称为建立极阵列。建立极阵列时，应该控制复制对象的次数和对象是否被旋转；建立矩形阵列时，应该控制行和列的数量以及对象副本之间的距离。利用 AutoCAD 2012 提供的"Array"命令可以建立矩形阵列、环形阵列和路径阵列。

下面说明"Array"命令的操作过程。

```
命令:_array                                                   //启动"Array"命令
  选择对象:
  输入阵列类型[矩形(R)/路径(PA)极轴(PO)]<矩形>:
  类型=路径  关联=是
  选择路径曲线:                                               //使用一种对象选择方法
  输入沿路径的项数或[方向(O)表达式(E)]<方向>:                 //指定项目数或输入选项
  指定基点或[关键点(K)]<路径曲线的终点>:                      //指定基点或输入选项
  指定与路径一致的方向或[两点(2P)法线(N)]<当前>:              //按<Enter>键或选择选项
指定沿路径的项目间的距离或[定数等分(D)/全部(Y)/表            //指定距离或输入选项
  达式(E)]<沿路径平均定数等分(D)>:
按<Enter>键接受或[关联(AS)/基点(B)/项目(I)/行数              //按<Enter>键或选择选项
  (R)/层级(L)/对齐项目(A)/Z方向(Z)/退出(X)]<退
  出>:b
```

5. 倒角（“Chamfer”命令）

“Chamfer”命令用于对两条直线边作倒角，可用距离和角度两种方式控制倒角的大小。构成倒角的直角边有修剪和不修剪两种模式。单击“修改”工具栏上的【倒角】按钮，启动该命令。

下面以图 11-27 为例说明“Chamfer”命令的操作过程。

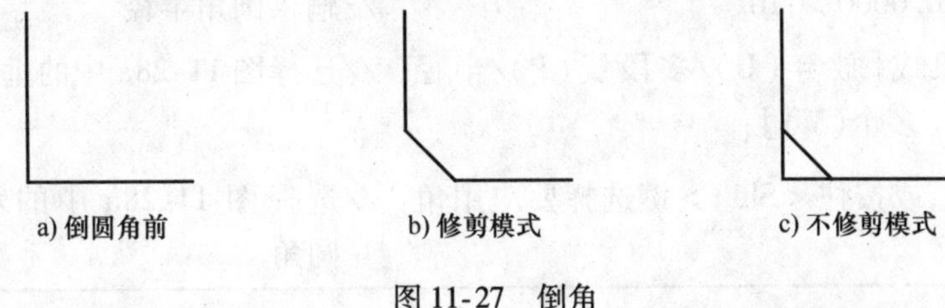

图 11-27　倒角

命令:_chamfer	//启动“Chamfer”命令
（“不修剪”模式）当前倒角距离 1 = 0.000，距离 2 = 0.000	//显示当前设置
选择第一条直线或[放弃(U)/多段线(P)/距离(D)/角度(A)/修剪(T)/方式(E)/多个(M)]:D	//选择设置倒角距离选项
指定第一个倒角距离 <0.000>:10	//输入第一个倒角距离
指定第二个倒角距离 <10.000>:10	//输入第二个倒角距离
选择第一条直线或[放弃(U)/多段线(P)/距离(D)/角度(A)/修剪(T)/方式(E)/多个(M)]:	//选择图 11-27a 中的垂直线
选择第二条直线，或按住 <Shift> 键选择要应用角点的直线:	//选择图 11-27a 中的水平线，完成倒角

6. 圆角（“Fillet”命令）

“Fillet”命令用于在直线、圆弧或者圆之间以指定半径作圆角。单击“修改”工具栏上的【圆角】按钮，启动该命令。

下面以图 11-28 为例说明“Fillet”命令的操作过程。

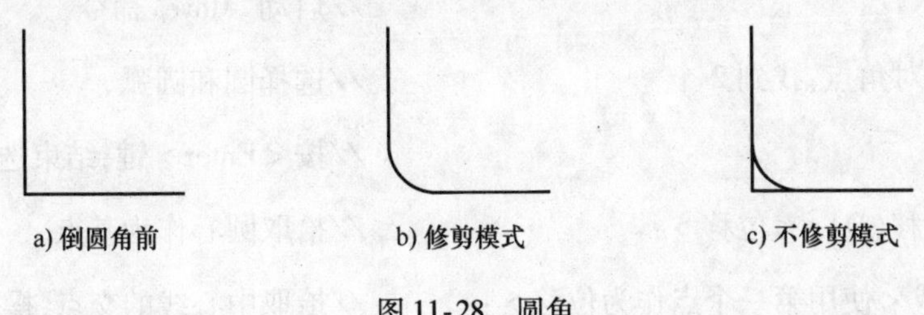

图 11-28　圆角

命令:_fillet	//启动“Fillet”命令
当前设置:模式 = 修剪,半径 = 0.0000	//显示当前设置
选择第一个对象或[放弃(U)/多段线(P)/半径(R)/修剪(T)/多个(M)]:R	//选择设置圆角半径选项
指定圆角半径 <0.0000>:10	//输入圆角半径
选择第一个对象或[放弃(U)/多段线(P)/半径(R)/修剪(T)/多个(M)]:	//选择图 11-28a 中的垂直线
选择第二个对象,或按住 <Shift> 键选择要应用角点的对象:	//选择图 11-28a 中的水平线,完成圆角

构成圆角的直角边有修剪和不修剪两种模式，默认状态为修剪模式，如图 11-28b 所示。修剪与不修剪模式的切换可以通过在命令执行过程中选择【修剪】选项来实现。不修剪模式下的作图结果如图 11-28c 所示。

11.5.3 修改类图形编辑修改命令

1. 删除（“Erase”命令）

“Erase”命令用于删除指定对象。单击“修改”工具栏中的【删除】按钮，启动该命令，选择需要删除的对象，再按【Enter】键，即可删除所有选择的对象。另外，按【Delete】键也可删除选择的对象。

2. 移动（“Move”命令）

“Move”命令用于将对象从当前位置平移到新位置。单击“修改”工具栏中的【移动】按钮，启动该命令。下面以移动图 11-29 中的圆和圆弧为例说明“Move”命令的操作过程。

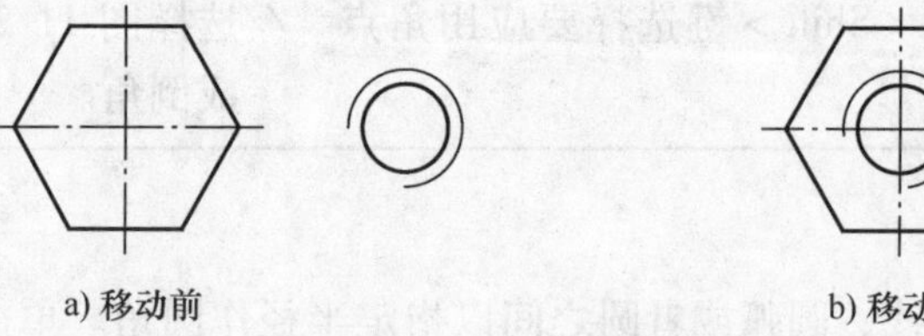

a) 移动前　　b) 移动后

图 11-29　移动对象

命令:_move	//启动“Move”命令
选择对象:指定对角点:找到 2 个	//选择圆和圆弧
选择对象:	//按 <Enter> 键,结束选择
指定基点或[位移(D)]<位移>:	//拾取圆心作为基点
指定第二个点或 <使用第一个点作为位移>:	//拾取中心线的交点,操作完成

3. 旋转(“Rotate”命令)

“Rotate”命令指将对象绕指定基点进行旋转，从而改变其方向（位置）。单击“修改”工具栏中的【旋转】按钮，启动该命令。下面以旋转图 11-30 中的正六边形为例说明“Rotate”命令的操作过程。

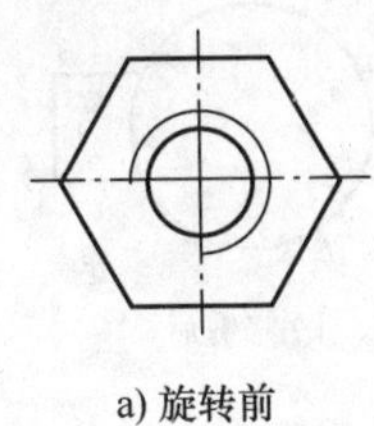

a) 旋转前

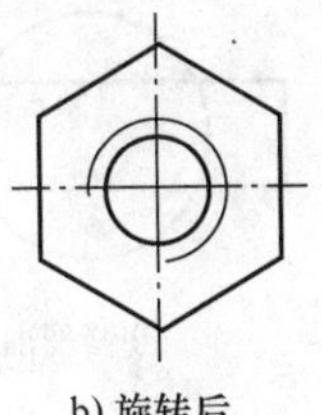

b) 旋转后

图 11-30　旋转对象

命令:_rotate	//启动“Rotate”命令
UCS 当前的正角方向:ANGDIR = 逆时针 ANGBASE = 0.00	//系统提示当前的 UCS 坐标
选择对象:找到 1 个	//选择正六边形
选择对象:找到 1 个,总计 2 个	//选择一条点画线
选择对象:找到 1 个,总计 3 个	//选择另一条点画线
选择对象:	//按 <Enter> 键,结束选择
指定基点:	//拾取圆心作为旋转的中心点
指定旋转角度,或[复制(C)/参照(R)] <90.00>:90	//输入旋转的角度(逆时针)结束命令

4. 缩放(“Scale”命令)

“Scale”命令用于将选定的对象按指定基点进行缩放。单击“修改”工具栏上的【缩放】按钮，启动该命令。下面以图 11-31 为例说明“Scale”命令的操作过程。

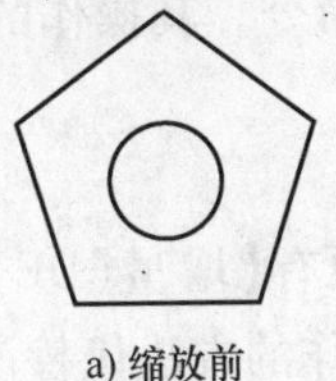

a) 缩放前

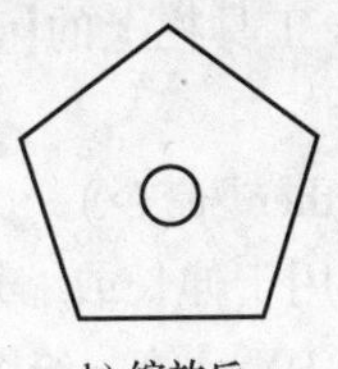

b) 缩放后

图 11-31　缩放对象

命令:_scale	//启动“Scale”命令
选择对象:指定对角点:找到 1 个	//选择小圆
选择对象:	//按 <Enter> 键,结束选择
指定基点:	//拾取小圆圆心
指定比例因子或[复制(C)/参照(R)] <1.000>:0.5	//输入比例因子,按 <Enter> 键,结束命令

5. 修剪(“Trim”命令)

“Trim”命令用于将指定对象上不需要的部分修剪掉。在指定修剪边后，可以连续选择被修剪对象进行修剪。单击“修改”工具栏上的【修剪】按钮，启动该命令。下面以图 11-32为例说明“Trim”命令的操作过程。

a) 修剪前　　b) 修剪后

图 11-32　修剪对象

命令:_trim	//启动“Trim”命令
当前设置:投影 = UCS,边 = 无选择剪切边…	//显示当前设置
选择对象或 <全部选择>:指定对角点:找到 1 个	//选择圆作为修剪边
选择对象:	//按 <Enter>键,结束选择
选择要修剪的对象,或按住 <Shift>键,选择要延伸的对象,或[栏选(F)/窗交(C)/投影(P)/边(E)/删除(R)/放弃(U)]:	//选择矩形上要修剪的部分
选择要修剪的对象,或按住 <Shift>键,选择要延伸的对象,或[栏选(F)/窗交(C)/投影(P)/边(E)/删除(R)/放弃(U)]:	//按 <Enter>键,结束命令

6. 延伸(“Extend”命令)

“Extend”命令用于将选定对象延伸到指定边界。在指定边界后，可以连续选择对象进行延伸。单击“修改”工具栏上的【延伸】按钮，启动该命令。其操作的基本方法同【修剪】命令。

7. 拉长（“Lengthen”命令）

“Lengthen”命令用于伸长或缩短图元的长度。其选项有【增量(DE)】、【百分数(P)】、【全部(T)】、【动态(DY)】等。绘图时一般用“夹点”操作的方法代替该命令来动态拉伸图元的长度。(“夹点”操作详见 11. 4. 3 节中的内容。)

8. 拉伸（“Stretch”命令）

“Stretch”命令能够对图形的一部分进行拉伸、移动或变形，其余部分不变。拉伸命令选择目标时只能够采用 C （Crossing 或 Cploygon） 模式，即“拖选”。目标在窗口内的图元只作移动，而不在窗口内的图元则发生变形，变形过程中窗口外的那个端点总保持固定。

9. 打断、打断于点（“Break”命令）

“Break”命令用来打断线、圆或圆弧。在 AutoCAD 中，打断于点是打断命令的特例。

打断命令操作的基本方法如下。

```
命令:_break
选择对象:(选择要打断的对象)
指定第二个打断点或[第一点(F)]:
```

10. 分解对象（“Explode”命令）

“Explode”命令可分解矩形、尺寸、块等组合对象，将它们分解为简单的直线、文字等元素。执行该命令，选择需要分解的对象后回车，即可分解图形并结束该命令。

11.6 尺寸标注

尺寸标注是零件制造、建筑施工和零、部件装配的重要依据。AutoCAD 提供了多种方式的尺寸标注方法，一般用于机械、建筑、土木和电力等不同行业。

AutoCAD 的尺寸标注样式采用半自动的方式，系统按图形的测量值和标注样式进行标注，也可根据需要进行尺寸编辑。

在 AutoCAD 中，尺寸标注的要素也要符合国家标准，它由尺寸界线、尺寸线、尺寸箭头和标注文字组成。尺寸标注和修改的工具按钮如图 11-33 所示。

尺寸标注的一般步骤是：

1）先建立文字样式：【格式】|【文字样式】|【新建】| 输入样式名“biaozhu”|【字体】选项组 | SHX 字体为【gbetic. shx】（英文、数字字体）；大字体为【gbcbig. shx】（汉字字体）；高度为 0。

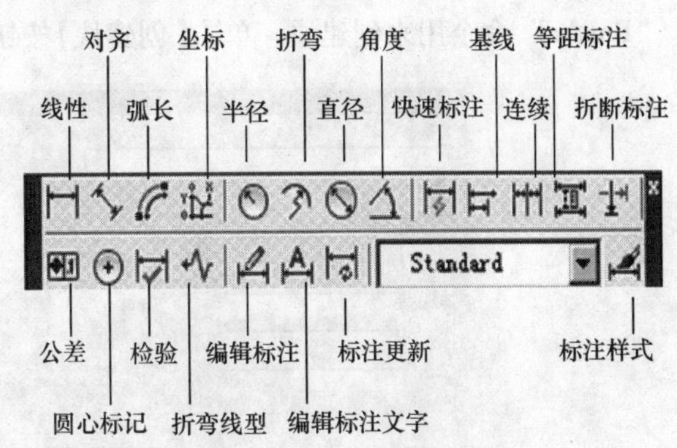

图 11-33 尺寸标注工具栏

2）修改标注样式：【标注样式】|【替代】|【线】选项卡 | 起点偏移量为 0 |【字体】选项组 | 文字样式为【biaozhu】，文字高度为 5（A0/A1 大小的图纸）或 3.5（A2 以下大小的图纸）| 选中【调整/手动放置文字】复选框 |【主单位】选项卡 | 小数分隔符为句点。

3）开始逐一标注，并随时修改标注样式和尺寸。尺寸标注样式和尺寸标注命令可参考 5.5 节中的内容。

11.7 绘制机械图

11.7.1 绘制零件图

绘制零件图时除了图形绘制和尺寸标注外，还有大量重复性的工作，如表面粗糙度的标注等，除了采用多重复制的方式，还可以利用块操作来完成。

1. 块的概念

块是由多个对象组成并赋予块名的一个实体，可以对它进行缩放、旋转、移动等操作，指定块的任何部分就选中了块。

块的主要作用如下。

1）多重复制单元，减少绘图的工作量。

2）建立图形库。绘图时，对于一些重复的图形，如表面粗糙度、标准件等，如果将其图形做成块，并建立图库，用单击图库命令按钮的方法来绘制图形，则可以提高绘图效率。

3）节省空间。块相对于复制命令，可以节省存储空间。块定义越复杂，插入的次数就越多，优越性就更加明显。

4）便于修改和重定义。块可以分解为独立的对象，便于修改。如果重新定义块，图形中所有引用块的地方都会自动更新。

5）属性。应用块的属性这一性质，可以很方便地输入类似表面粗糙度中1.6、3.2之类的数值。块的属性还可以提取，以供使用。

在0层中定义块后，在其他层中插入块，则该图元会具有当前层的颜色和线型。因此推荐在0层中定义块。

2. 创建块（“Bmake”命令）

“Bmake”命令用来创建块。单击【创建块】按钮，出现图11-34所示的对话框。

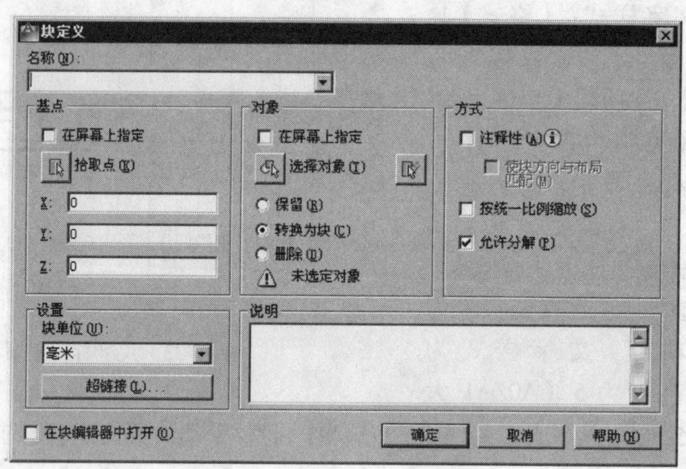

图11-34 【块定义】对话框

创建块的一般步骤是：

1）输入块名。在【名称】项输入块名，如表面粗糙度，可取块名为“ccd”。

2）指定块插入的基准点。单击【拾取点】按钮，在屏幕上选定块对象的插入点。

3）选择组成块的成员。单击【选择对象】按钮，并且可以指定在创建块之后，是否保留、删除所选的对象或将它们转换成一个块。

4）设置【方式】选项组。设置对象是否按统一比例进行缩放，是否允许分解块。

完成所有的设置后，单击【确定】按钮，将完成块定义的操作。如果给定的块名与已有的块名重名，则会显示警告对话框，可以换个块名进行定义。

3. 插入块（“Insert”命令）

“Insert”命令用来插入块。单击【插入块】按钮，出现如图 11-35 所示的对话框。

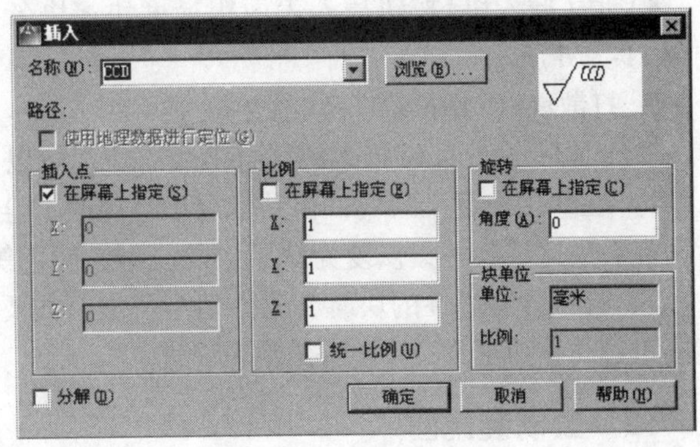

图 11-35 【插入】对话框

插入块的一般步骤如下。

1）输入要插入的块名。在【名称】项输入要插入的块名，也可单击【浏览】按钮用于选择其他路径下的块或文件。

2）设置块插入时的缩放比例、旋转角度、是否要分解块对象。

3）确定后，在图中指定插入点。

4. 块的属性（“Attdef”命令）

属性是块的一部分，在块插入的同时，可以输入不同的数值。定义块的属性的命令是“Attdef”，下拉菜单为【绘图】|【块】|【定义属性】。执行该命令后，出现【属性定义】对话框，如图 11-36 所示。

【属性】选项组的说明如下：

【标记】：输入属性标记，用来储存输入的属性数据，该项不能为空。

【提示】：插入属性块时提示用户输入相对应的属性值。

【默认】：输入属性的默认值。

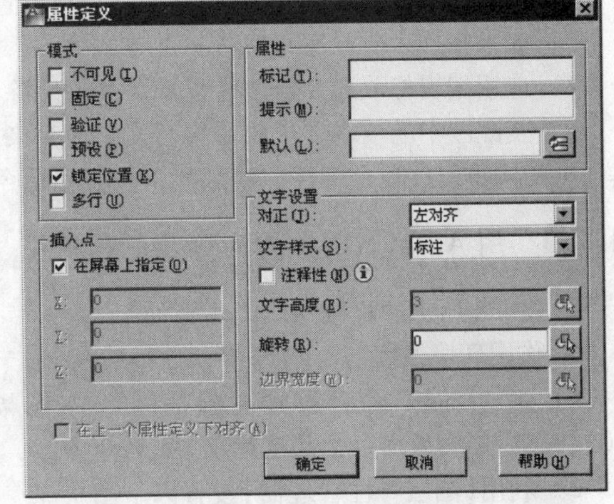

图 11-36 【属性定义】对话框

下面以图 11-37 为例说明创建并使用表面粗糙度图块。

1）用直线命令绘制图 11-37a 所示图形。

2）用“Attdef”命令定义属性：【标记】设为“CCD”，【提示】也设为“CCD”，【默认】设为“*Ra*1.6”，文字采用右对齐，并将插入点指定到恰当的位置，如图 11-37b 所示。

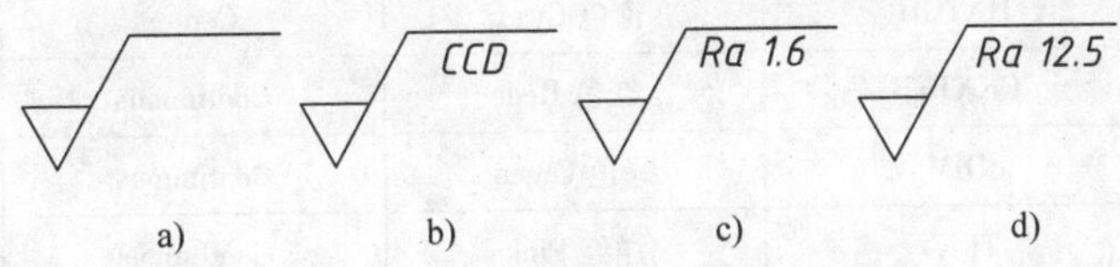

图 11-37 表面粗糙度标注

3）用【创建块】按钮定义块，块名为“CCD”，块插入的基准点为表面粗糙度等边三角形的最低点，块成员包括图 11-37b 中的所有成员。创建后变为图 11-37c。

4）用【插入块】按钮插入表面粗糙度块，块名为“CCD”，属性值为“*Ra*12.5”。结果如图 11-37d 所示。

5. 打散块（“Explode”命令）

“Explode”命令能够打散块。打散块时应注意以下两点。

1）在0层中定义的块，在其他层中插入时，会具有该层的线型、颜色等特性。打散块后，会丢失这些特性，恢复为0层中的线型、颜色等。

2）打散含有属性的块时，属性值会丢失。如要修改属性值，可以用“Attedit”命令，工具按钮为“修改Ⅱ”工具条的【编辑属性】。

11.7.2 绘制装配图

机械图样除了零件图外，还有装配图。装配图的内容包括尺寸、技术要求、零件序号、明细栏等。画装配图时，如果零件图已经存在，只需对零件图作少许变动，就可以将零件图作为图形块插入到装配图中，这样给绘图工作带来很多方便。

绘制装配图的一般步骤如下。

1）将零件图作成图形块。在作块前，需要删除零件图中部分在装配图中不需要的视图，删除所有尺寸以及技术要求等，修改在零件图和装配图中不一致的部分图线。

2）用插入文件块的方法逐个插入各个零件。应注意各零件之间的相对位置关系，必要时在插入后应用移动、镜像、旋转等命令进行位置和方向的调整。

3）如果在插入时没有直接按打散方式插入，可应用分解命令打散各零件块。

4）应用编辑修改命令修改装配图，如用删除、修剪等命令删去被其他零件遮住的线。

5）装配图中的技术要求要用多行文字命令来书写。零件序号标注采用“多重引线”工具条中的多重引线命令标注，明细栏采用表格命令填写内容。

11.7.3 用 AutoCAD 中的命令绘制机械图

图 11-38 所示的机械图作图步骤如下。

1. 作图环境设置

1）用“Limits”命令设置图限范围。A4 图幅，左下角为（0，0），右下角为（297，210），然后用缩放命令全部选择项显示全范围。

2）利用【图层特性管理器】设置以下图层。

设置对象	图层名	颜色	线型	线宽
粗实线	OBJECT	白色 White	Continuous	0.5mm
细实线	HATCH	青色 Cyan	Center	0.25mm
中心线	CENTER	红色 Red	Continuous	0.25mm
尺寸	DIM	绿色 Green	Continuous	0.25mm
文字	TEXT	洋红 Pink	Continuous	0.25mm

3）绘制图框和标题栏。

2. 书写标题栏文字

1）将 TEXT 层置为当前层。

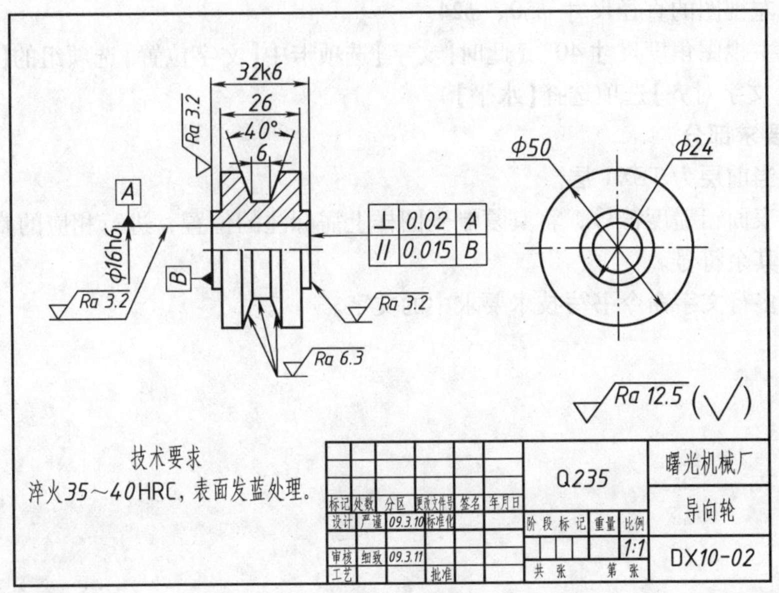

图 11-38 绘制二维机械图

2）建立文字样式：【格式】|【文字样式】|【新建】| 样式名为“wenzi” |【字体】选项组中 SHX 字体为【gbetic. shx】，高度为 5。

3）利用多行文字命令书写标题栏的文字。

3. 绘制主视图部分

1）将 CENTER 层置为当前层，用“Ltscale”命令设置适当的线型比例。

2）用直线命令绘制主视图和左视图的中心线。

3）将 OBJECT 层置为当前层。

4）用直线或偏移命令继续绘制主视图其他图线。

5）用修剪命令修剪相应的图形。

6）用图案填充命令绘制剖面线，将剖面线修改为细实线，完成主视图。

4. 绘制左视图部分

用圆命令画左视图的三个圆，输入直径时可以用自动追踪的功能和主视图相应图元对齐。主视图的其他结构也可用此方法，使其与左视图满足“高平齐”的要求。

5. 尺寸标注部分

1）建立文字样式：【格式】|【文字样式】|【新建】| 样式名为“biaozhu” |【字体】选项组中 SHX 字体为【gbetic. shx】，高度为 0。

2）修改标注样式：选择【标注样式】|【替代】|【线】选项卡，将起点偏移量设定为 0；选择【文字】选项卡，将文字样式设定为【biaozhu】，文字高度设定为 3.5；选择【调整】选项卡，选中【手动放置文字】复选框；选择【主单位】选项卡，将小数分隔符设定为句点。

3）设置当前层为 DIM 层。

4）标注主、左视图的线性尺寸，如 6、26、32、16、50、24 等。

5）利用“文字”工具条的编辑命令将尺寸 16、50、24 的尺寸数字前加“ϕ”，将尺寸 32 后面加“k6”，16 后面加“h6”。

6）标注左视图的直径尺寸 $\phi 50$、$\phi 24$。

7）标注主视图角度尺寸 40°（此时【文字】选项卡中【文字位置】选项组的【垂直】选项选择【居中】，【文字对齐】选项选择【水平】）。

6. 技术要求部分

1）设置当前层为 TEXT 层。

2）绘制表面粗糙度符号，将其复制到图样上需标注的位置，进行相应的旋转。

3）绘制其余符号。

4）利用多行文字命令书写技术要求中的文字。

附　录

一、螺纹

附表 1　普通螺纹的基本牙型和基本尺寸（摘自 GB/T 193—2003、GB/T 196—2003）

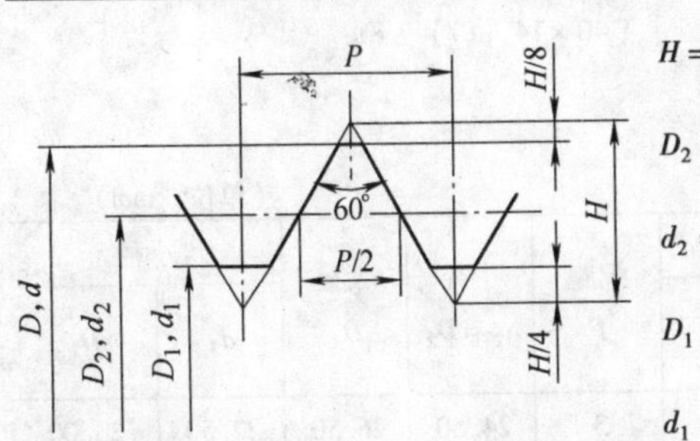

$$H=\frac{\sqrt{3}}{2}P$$

$$D_2=D-2\times\frac{3}{8}H=D-0.6495P$$

$$d_2=d-2\times\frac{3}{8}H=d-0.6495P$$

$$D_1=D-2\times\frac{5}{8}H=D-1.0825P$$

$$d_1=d-2\times\frac{5}{8}H=d-1.0825P$$

标记示例

公称直径为 24mm，螺距 3mm 的右旋粗牙普通螺纹标记：M24

公称直径为 24mm，螺距 2mm 的左旋细牙普通螺纹标记：M24×2-LH

（单位：mm）

公称直径 D、d		螺距 P		粗牙小径	公称直径 D、d		螺距 P		粗牙小径
第一系列	第二系列	粗牙	细　牙	D_1、d_1	第一系列	第二系列	粗牙	细　牙	D_1、d_1
3		0.5	0.35	2.459		22	2.5	2，1.5，1	19.294
	3.5	0.6		2.850	24		3	2，1.5，1	20.752
4		0.7	0.5	3.242		27	3	2，1.5，1	23.752
	4.5	0.75		3.688	30		3.5	(3)，2，1.5，1	26.211
5		0.8		4.134		33	3.5	(3)，2，1.5，1	29.211
6		1	0.75	4.917	36		4	3，2，1.5	31.670
8		1.25	1，0.75	6.647		39	4		34.670
10		1.5	1.25，1，0.75	8.376	42		4.5	4，3，2，1.5	37.129
12		1.75	1.25，1	10.106		45	4.5		40.129
	14	2	1.5，1.25①，1	11.835	48		5		42.87
16		2	1.5，1	13.835		52	5		46.587
	18	2.5	2，1.5，1	15.294	56		5.5	4，3，2，1.5	50.046
20		2.5		17.294					

注：1. 优先选用第一系列，括号内尺寸尽可能不用。第三系列未列入。

2. 中径 D_2、d_2 未列入。

① 仅用于发动机的火花塞。

附表2 梯形螺纹（摘自 GB/T 5796.2—2005、GB/T 5796.3—2005）

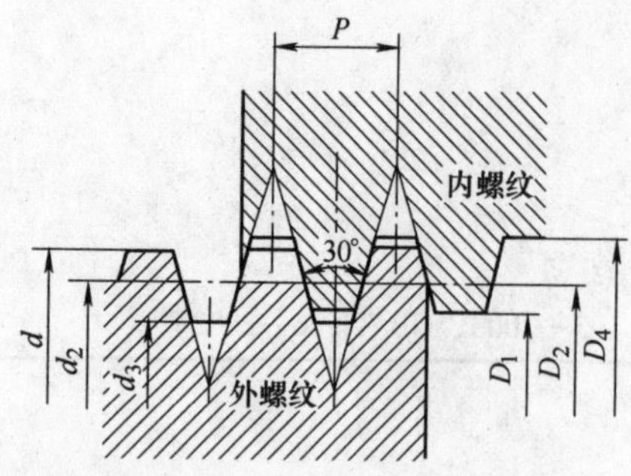

标记示例

1. 公称直径 $d=40$mm、螺距 $P=7$mm、中径公差带为 7H 的左旋梯形螺纹：

   Tr40×7 LH-7 H

2. 公称直径 $d=40$mm、导程 $Ph=14$mm、螺距 $P=7$mm、中径公差带为 7e 的右旋双线梯形螺纹：

   Tr40×14（P7）-7 e

（单位：mm）

公称直径 d		螺距	中径	大径	小径	
第一系列	第二系列	P	$d_2=D_2$	D_4	d_3	D_1
8		1.5	7.25	8.30	6.20	6.50
	9	1.5	8.25	9.30	7.20	7.50
		2	8.00	9.50	6.50	7.00
10		1.5	9.25	10.30	8.20	8.50
		2	9.00	10.50	7.50	8.00
	11	2	10.00	11.50	8.50	9.00
		3	9.50	11.50	7.50	8.00
12		2	11.00	12.50	9.50	10.00
		3	10.50	12.50	8.50	9.00
	14	2	13.00	14.50	11.50	12.00
		3	12.50	14.50	10.50	11.00
16		2	15.00	16.50	13.50	14.00
		4	14.00	16.50	11.50	12.00
	18	2	17.00	18.50	15.50	16.00
		4	16.00	18.50	13.50	14.00
20		2	19.00	20.50	17.50	18.00
		4	18.00	20.50	15.50	16.00
	22	3	20.50	22.50	18.50	19.00
		5	19.50	22.50	16.50	17.00
		8	18.00	23.00	13.00	14.00
24		3	22.50	24.50	20.50	21.00
		5	21.50	24.50	18.50	19.00
		8	20.00	25.00	15.00	16.00

公称直径 d		螺距	中径	大径	小径	
第一系列	第二系列	P	$d_2=D_2$	D_4	d_3	D_1
	26	3	24.50	26.50	22.50	23.00
		5	23.50	26.50	20.50	21.00
		8	22.00	27.00	17.00	18.00
28		3	26.50	28.50	24.50	25.00
		5	25.50	28.50	22.50	23.00
		8	24.00	29.00	19.00	20.00
	30	3	28.50	30.50	26.50	29.00
		6	27.00	31.00	23.00	24.00
		10	25.00	31.00	19.00	20.00
32		3	30.50	32.50	28.50	29.00
		6	29.00	33.00	25.00	26.00
		10	27.00	33.00	21.00	22.00
	34	3	32.50	34.50	30.50	31.00
		6	31.00	35.00	27.00	28.00
		10	29.00	35.00	23.00	24.00
36		3	34.50	36.50	32.50	33.00
		6	33.00	37.00	29.00	30.00
		10	31.00	37.00	25.00	26.00
	38	3	36.50	38.50	34.50	35.00
		7	34.50	39.00	30.00	31.00
		10	33.00	39.00	27.00	28.00
40		3	38.50	40.50	36.50	37.00
		7	36.50	41.00	32.00	33.00
		10	35.00	41.00	29.00	30.00

附表 3　55°密封管螺纹（摘自 GB/T 7306.1—2000）

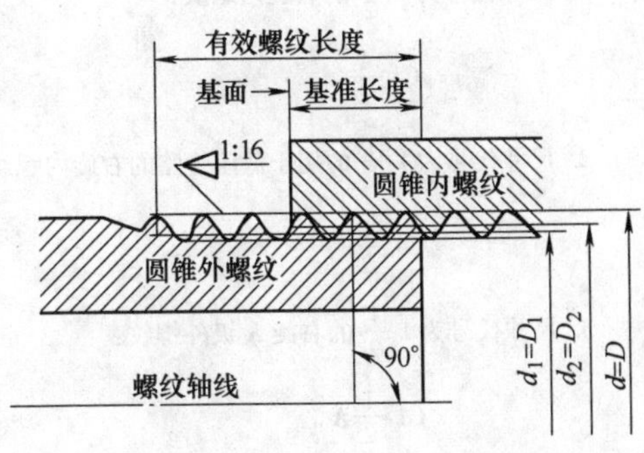

标记示例

1. 尺寸代号为 $1\frac{1}{2}$ 的右旋圆锥内螺纹：

$R_c 1\frac{1}{2}$

2. 尺寸代号为 $1\frac{1}{2}$ 的左旋圆锥外螺纹：

$R_1 \frac{1}{2}$ – LH

3. 尺寸代号为 $1\frac{1}{2}$ 的右旋圆柱内螺纹：

$R_p 1\frac{1}{2}$

（单位：mm）

尺寸代号	每 25.4mm 内所含的牙数 n	螺距 P	牙高 h	基本直径或基准平面内的基本直径			基准距离（基本）	外螺纹的有效螺纹不小于
				大径（基本直径）$d=D$	中径 $d_2=D_2$	小径 $d_1=D_1$		
1/16	28	0.907	0.581	7.723	7.142	6.561	4	6.5
1/8	28	0.907	0.581	9.728	9.147	8.566	4	6.5
1/4	19	1.337	0.856	13.157	12.301	11.445	6	9.7
3/8	19	1.337	0.856	16.662	15.806	14.950	6.4	10.1
1/2	14	1.814	1.162	20.955	19.793	18.631	8.2	13.2
3/4	14	1.814	1.162	26.441	25.279	24.117	9.5	14.5
1	11	2.309	1.479	33.249	31.770	30.291	10.4	16.8
1¼	11	2.309	1.479	41.910	40.431	38.952	12.7	19.1
1½	11	2.309	1.479	47.803	46.324	44.845	12.7	19.1
2	11	2.309	1.479	59.614	58.135	56.656	15.9	23.4
2½	11	2.309	1.479	75.184	73.705	72.226	17.5	26.7
3	11	2.309	1.479	87.884	86.405	84.926	20.6	29.8
4	11	2.309	1.479	113.030	111.551	110.072	25.4	35.8
5	11	2.309	1.479	138.430	136.951	135.472	28.6	40.1
6	11	2.309	1.479	163.830	162.351	162.351	28.6	40.1

注：第五列中所列的是圆柱螺纹的基本直径和圆锥螺纹在基本平面内的基本直径；第六、七列只适用于圆锥螺纹。

附表 4　55°非密封管螺纹（摘自 GB/T 7307—2001）

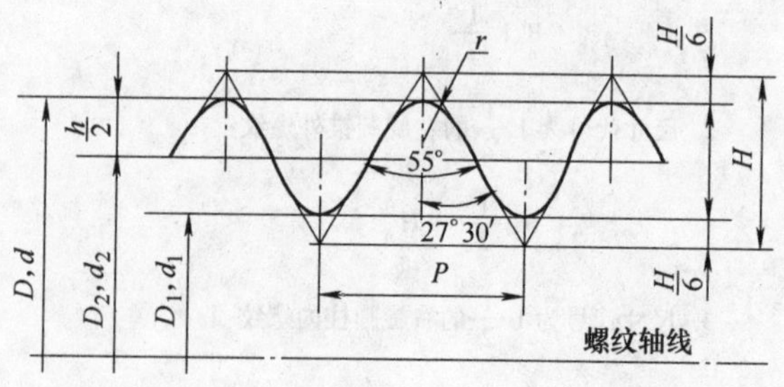

标记示例

1. 尺寸代号为 $1\frac{1}{2}$ 的右旋内螺纹：

　　G1 $\frac{1}{2}$

2. 尺寸代号为 $1\frac{1}{2}$ 的用于低压管路的右旋内螺纹：

　　G1 $\frac{1}{2}$

3. 尺寸代号为 $1\frac{1}{2}$ 的右旋 A 级外螺纹：

　　G1 $\frac{1}{2}$A

4. 尺寸代号为 $1\frac{1}{2}$ 的左旋 B 级外螺纹：

　　G1 $\frac{1}{2}$B－LH

（单位：mm）

尺寸代号	每 25.4mm 内的牙数 n	螺距 P	基本尺寸			尺寸代号	每 25.4mm 内的牙数 n	螺距 P	基本尺寸		
			大径 D, d	中径 D_2, d_2	小径 D_1, d_1				大径 D, d	中径 D_2, d_2	小径 D_1, d_1
1/8	28	0.907	9.728	9.147	8.566	$1\frac{1}{4}$	11	2.309	41.910	40.431	38.952
1/4	19	1.337	13.157	12.301	11.445	$1\frac{1}{2}$		2.309	47.303	46.324	44.845
3/8		1.337	16.662	15.806	14.950	$1\frac{3}{4}$		2.309	53.746	52.267	50.788
1/2	14	1.814	20.955	19.793	18.631	2		2.309	59.614	58.135	56.656
5/8		1.814	22.911	21.749	20.587	$2\frac{1}{4}$		2.309	65.710	64.231	62.752
3/4		1.814	26.441	25.279	24.117	$2\frac{1}{2}$		2.309	75.148	73.705	72.226
7/8		1.814	30.201	29.039	27.877	$2\frac{3}{4}$		2.309	81.534	80.055	78.576
1	11	2.309	33.249	31.770	30.291	3		2.309	87.884	86.405	84.926
$1\frac{1}{8}$		2.309	37.897	36.418	34.939	$3\frac{1}{2}$		2.309	100.330	98.851	97.372

二、螺栓

附表5 六角头螺栓—C级（摘自GB/T 5780—2000、GB/T 5782—2000）

六角头螺栓—C级（GB/T 5780—2000）

15°~30°

无特殊要求的末端

d e s l_g (b) k l

六角头螺栓—A和B级（GB/T 5782—2000）

15°~30°

末端倒角d≤M4可
辗制末端(GB/T2)

d_w d e c l_g (b) s k l

标记示例

螺纹规格d=M12、公称长度l=80mm、性能等级为8.8级，表面氧化，产品等级为A级的六角头螺栓简化标记：

螺栓　GB/T 5782　M12×80

（单位：mm）

螺纹规格 d			M3	M4	M5	M6	M8	M10	M12	M16	M20	M24	M30	M36	M42
b 参考	l≤125		12	14	16	18	22	26	30	38	46	54	66	—	—
	125<l≤200		18	20	22	24	28	32	36	44	52	60	72	84	96
	l>200		31	33	35	37	41	45	49	57	65	73	85	97	109
c			0.4	0.4	0.5	0.5	0.6	0.6	0.6	0.8	0.8	0.8	0.8	0.8	1
d_w	产品等级	A	4.57	5.88	6.88	8.88	11.63	14.63	16.63	22.49	28.19	33.61	—	—	—
		B	4.45	5.74	6.74	8.74	11.47	14.47	16.47	22	27.7	33.25	42.75	51.11	59.95
e	产品等级	A	6.01	7.66	8.79	11.05	14.38	17.77	20.03	26.75	33.53	39.98	—	—	—
		B、C	5.88	7.50	8.63	10.89	14.20	17.59	19.85	26.17	32.95	39.55	50.85	60.79	72.02
k	公称		2	2.8	3.5	4	5.3	6.4	7.5	10	12.5	15	18.7	22.5	26
r			0.1	0.2	0.2	0.25	0.4	0.4	0.6	0.6	0.8	0.8	1	1	1.2
s	公称		5.5	7	8	10	13	16	18	24	30	36	46	55	65
（商品规格范围）			20~30	25~40	25~50	30~60	40~80	45~100	50~120	65~160	80~200	90~240	110~300	140~360	160~400
l系列			12，16，20，25，30，35，40，45，50，55，60，65，70，80，90，100，110，120，130，140，150，160，180，200，220，240，260，280，300，320，340，360，380，400，420，440，460，480，500												

注：1. A级用于d≤24mm和l≤10d或≤150mm的螺栓；B级用于d>24mm和l>10d或>150mm的螺栓。

2. 螺纹规格d范围：GB/T 5780—2000为M5~M64；GB/T 5782—2000为M1.6~M64。

3. 公称长度l范围：GB/T 5780—2000为25~500；GB/T 5782—2000为12~500。

4. 材料为钢的螺栓性能等级有5.6、8.8、9.8、10.9级，其中8.8级为常用。

三、螺柱

附表6　双头螺柱（摘自GB/T 897—1988、GB/T 898—1988、GB/T 899—1988、GB/T 900—1988）

A型

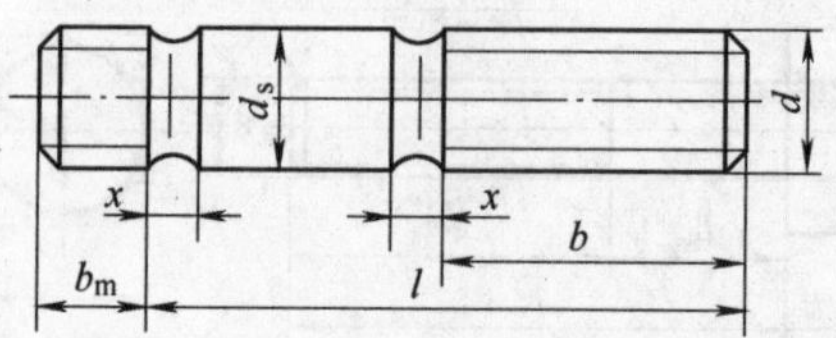

B型

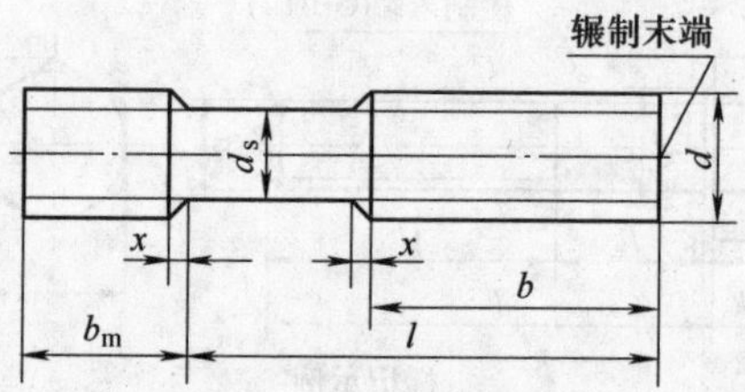

末端按GB 2规定；$d_s \approx$螺纹中径（仅适用于B型）；$x_{max} = 1.5P$（螺距）

标记示例

两端均为粗牙普通螺纹，$d = 10$mm，$l = 50$mm，性能等级为4.8级，不经表面处理，B型，$b_m = 1.25d$的双头螺柱：

螺柱　GB/T 898　M10×50

旋入机体一端为粗牙普通螺纹、旋螺母一端为螺距$P = 1$mm的细牙普通螺纹，$d = 10$mm，$l = 50$mm，性能等级为4.8级、不经表面处理，A型，$b_m = 1.25d$的双头螺柱：

螺柱　GB/T 898　AM10-M10×1×50

（单位：mm）

螺纹规格	b_m				L/b
	GB/T 897—1988 $b_m = 1d$	GB/T 898—1988 $b_m = 1.25d$	GB/T 899—1988 $b_m = 1.5d$	GB/T 900—1988 $b_m = 2d$	
M5	5	6	8	10	16～22/10，25～50/16
M6	6	8	10	12	20～22/10，25～30/14，32～75/18
M8	8	10	12	16	20～22/12，25～30/16，32～90/22
M10	10	12	15	20	25～28/14，30～38/16，40～120/26，130/32
M12	12	15	18	24	25～30/16，32～40/20，45～120/30，130～180/36

（续）

螺纹规格	b_m				L/b
	GB/T 897—1988 $b_m=1d$	GB/T 898—1988 $b_m=1.25d$	GB/T 899—1988 $b_m=1.5d$	GB/T 900—1988 $b_m=2d$	
（M14）	14	18	21	28	30 ~ 35/18，38 ~ 50/25，55 ~ 120/34，130 ~ 180/40
M16	16	20	24	32	30 ~ 35/20，40 ~ 55/30，60 ~ 120/38，130 ~ 200/44
（M18）	18	22	27	36	35 ~ 40/22，45 ~ 60/35，65 ~ 120/42，130 ~ 200/48
M20	20	25	30	40	35 ~ 40/25，45 ~ 65/35，70 ~ 120/46，130 ~ 200/52
（M22）	22	28	33	44	40 ~ 55/30，50 ~ 70/40，75 ~ 120/50，130 ~ 200/56
（M24）	24	30	36	48	45 ~ 50/30，55 ~ 75/45，80 ~ 120/54，130 ~ 200/60
（M27）	27	35	40	54	50 ~ 60/35，65 ~ 85/50，90 ~ 120/60，130 ~ 200/66
（M30）	30	38	45	60	60 ~ 65/40，70 ~ 90/50，95 ~ 120/66，130 ~ 200/72
（M33）	33	41	49	66	65 ~ 70/45，75 ~ 95/60，100 ~ 120/72，130 ~ 200/78
（M36）	36	45	54	72	65 ~ 75/45，80 ~ 110/60，130 ~ 200/84，210 ~ 300/97
（M39）	39	49	58	78	70 ~ 80/50，85 ~ 120/65，120/90，210 ~ 300/103
（M42）	42	52	64	84	70 ~ 80/50，85 ~ 120/70，130 ~ 200/96，210 ~ 300/109
（M48）	48	60	72	96	80 ~ 90/60，95 ~ 110/80，130 ~ 200/108，210 ~ 300/121
l 系列	16，（18），20，（22），25，（28），30，（32），35，（38），40，45，50，（55），60，（65），70，（75），80，（85），90，（95），100，110，120，130，140，150，160，170，180，190，200，210，220，230，240，250，260，270，280，290，300				

注：1. 尽可能不采用括号内的规格；

2. P——粗牙螺纹的螺距。

四、螺钉

附表7　开槽圆柱头螺钉（摘自GB/T 65—2000）、开槽盘头螺钉（摘自GB/T 67—2008）

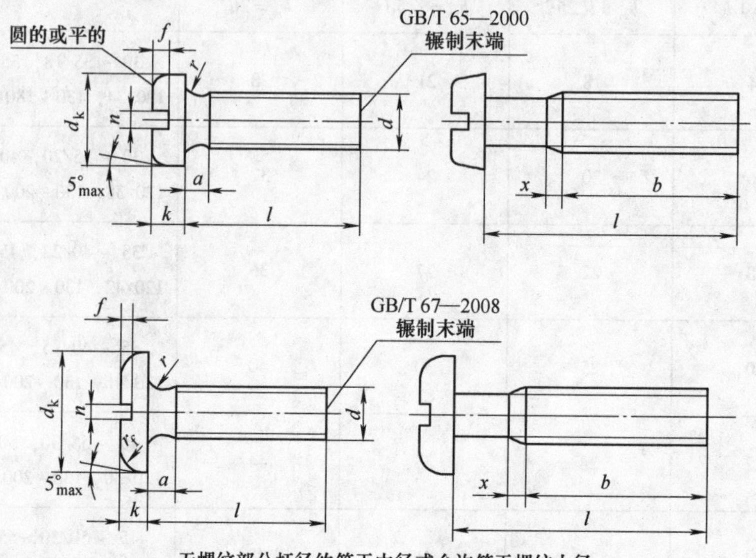

无螺纹部分杆径约等于中径或允许等于螺纹大径

标记示例

1. 螺纹规格 d = M5，公称长度 l = 20mm，性能等级为4.8级，不经表面处理的A级开槽圆柱头螺钉：

螺钉　GB/T 65　M5×20

2. 螺纹规格 d = M5，公称长度 l = 20mm，性能等级为4.8级，不经表面处理的A级开槽盘头螺钉：

螺钉　GB/T 67　M5×20

（单位：mm）

螺纹规格 d	P	b min	n 公称	r min	l 公称	GB/T 65—2000			GB/T 67—2008			
						d_k max	k max	t min	d_k max	k max	t min	r_f 参考
M3	0.5	25	0.8	0.1	4~30				5.6	1.8	0.7	0.9
M4	0.7	38	1.2	0.2	5~40	7	2.6	1.1	8	2.4	1	1.2
M5	0.8	38	1.2	0.2	6~50	8.5	3.3	1.3	9.5	3	1.2	1.5
M6	1	38	1.6	0.25	8~60	10	3.9	1.6	12	3.6	1.4	1.8
M8	1.25	38	2	0.4	10~80	13	5	2	16	4.8	1.9	2.4
M10	1.5	38	2.5	0.4	12~80	16	6	2.4	20	6	2.4	3

注：1. 长度 l 系列：4、5、6、8、10、12、（14）、16、20、25、30、35、40、45、50、（55）、60、（65）、70、（75）、80，有括号的尽可能不采用。

2. 公称长度 l≤40mm 的螺钉和 M3、l≤30mm 的螺钉、制出全螺纹（$b=l-a$）。

3. P——螺距。

附表 8　十字槽盘头螺钉（摘自 GB/T 818—2000）、十字槽沉头螺钉（摘自 GB/T 819.1—2000）

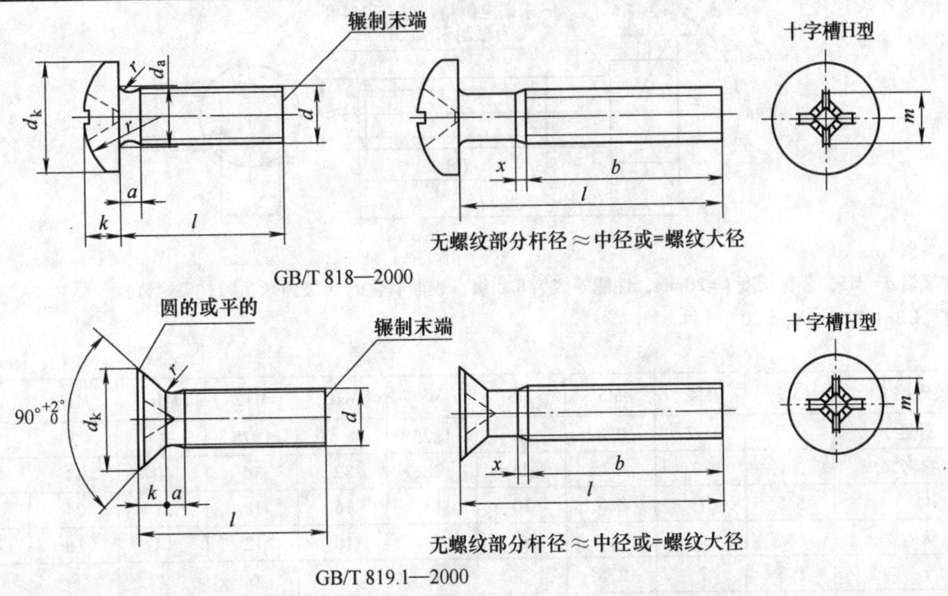

GB/T 818—2000

GB/T 819.1—2000

标记示例

螺纹规格 d = M5，公称长度 l = 20mm，性能等级为 4.8 级，H 型十字槽，不经表面处理的 A 级十字槽盘头螺钉：

螺钉　GB/T 818　M5 × 20

螺纹规格 d = M5，公称长度 l = 20mm，性能等级为 4.8 级，H 型十字槽，不经表面处理的 A 级十字槽沉头螺钉：

螺钉　GB/T 819.1　M5 × 20

（单位：mm）

螺纹规格 d		M1.6	M2	M2.5	M3	M4	M5	M6	M8	M10
P		0.35	0.4	0.45	0.5	0.7	0.8	1	1.25	1.5
a		0.7	0.8	0.9	1	1.4	1.6	2	2.5	3
b		25	25	25	25	38	38	38	38	38
x		0.9	1	1.1	1.25	1.75	2	2.5	3.2	3.8
十字槽 No.		0	0	1	1	2	2	3	4	4
l 系列		3，4，5，6，8，10，12，（14），16，20，25，30，35，40，45，50，（55），60								
GB/T 818—2000	d_k	3.2	4	5	5.6	8	9.3	12	16	20
	k	1.3	1.6	2.1	2.4	3.1	3.7	4.6	6	7.5
	r	0.1	0.1	0.1	0.1	0.2	0.2	0.25	0.4	0.4
	l 范围	3 ~ 16	3 ~ 20	3 ~ 25	4 ~ 30	5 ~ 40	6 ~ 45	8 ~ 60	10 ~ 60	12 ~ 60
	全螺纹长度	25	25	25	25	40	40	40	40	40
GB/T 819.1—2000	d_k	2.7 ~ 3.0	3.5 ~ 3.8	4.4 ~ 4.7	5.2 ~ 5.5	8 ~ 8.4	8.9 ~ 9.3	10.9 ~ 11.3	15.4 ~ 15.8	17.8 ~ 18.3
	k	1	1.2	1.5	1.65	2.7	2.7	3.3	4.65	5
	r	0.4	0.5	0.6	0.8	1	1.3	1.5	2	2.5
	l 范围	3 ~ 16	3 ~ 20	3 ~ 25	4 ~ 30	5 ~ 40	6 ~ 50	8 ~ 60	10 ~ 60	12 ~ 60
	全螺纹长度	30	30	30	30	45	45	45	45	45

注：材料为钢，螺纹公差 6g，性能等级 4.8 级，产品等级 A。

附表 9　内六角圆柱头螺钉（摘自 GB/T 70.1—2008）

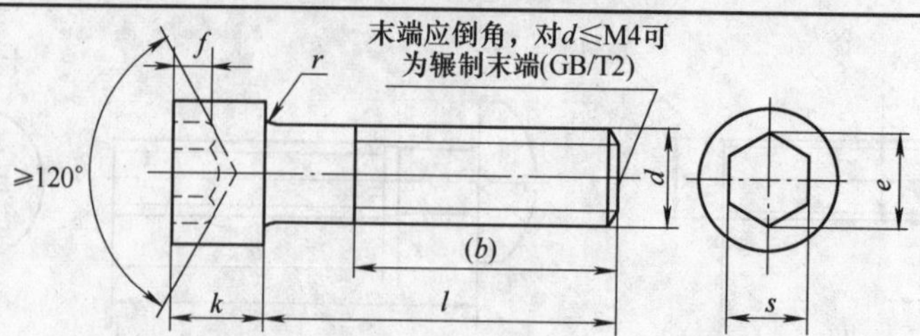

标记示例

螺纹规格 d = M5，公称长度 l = 20mm，性能等级为 8.8 级，表面氧化的 A 级内六角圆柱头螺钉：

螺钉　GB/T 70.1　M5 × 20

（单位：mm）

螺纹规格 d	M3	M4	M5	M6	M8	M10	M12	M14	M16	M20
P（螺距）	0.5	0.7	0.8	1	1.25	1.5	1.75	2	2	2.5
b 参考	18	20	22	24	28	32	36	40	44	52
d_k	5.5	7	8.5	10	13	16	18	21	24	30
k	3	4	5	6	8	10	12	14	16	20
t	1.3	2	2.5	3	4	5	6	7	8	10
s	2.5	3	4	5	6	8	10	12	14	17
e	2.87	3.44	4.58	5.72	6.86	9.15	11.43	13.72	16.00	19.44
r	0.1	0.2	0.2	0.25	0.4	0.4	0.6	0.6	0.6	0.8
公称长度 l	5 ~ 30	6 ~ 40	8 ~ 50	10 ~ 60	12 ~ 80	16 ~ 100	20 ~ 120	25 ~ 140	25 ~ 160	30 ~ 200
l≤表中数值时，制出全螺纹	20	25	25	30	35	40	45	55	55	65
l 系列	2.5，3，4，5，6，8，10，12，16，20，25，30，35，40，45，50，55，60，65，70，80，90，100，110，120，130，140，150，160，180，200，220，240，260，280，300									

注：螺纹规格 d = M1.6 ~ M64。

附表 10　开槽锥端紧定螺钉（GB 71—1985）、开槽平端紧定螺钉（GB 73—1985）、开槽长圆柱端紧定螺钉（GB 75—1985）

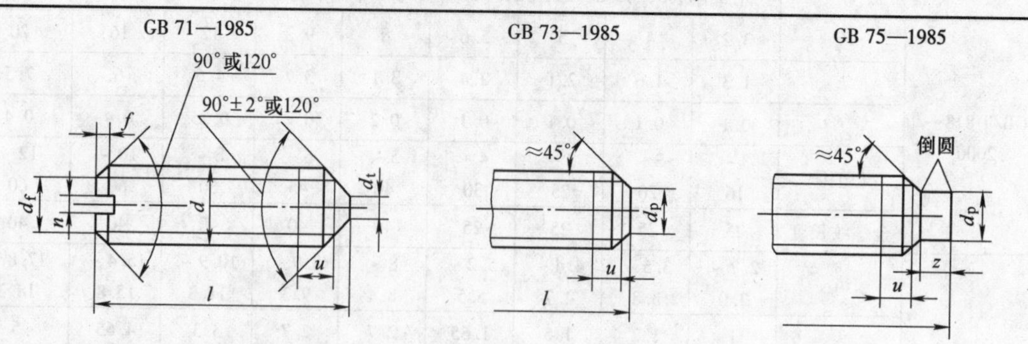

标记示例

螺纹规格 d = M5，公称长度 l = 12mm，性能等级为 14 H 级，表面氧化的开槽平端紧定螺钉：

螺钉　GB 73　M5 × 12

（单位：mm）

（续）

螺纹规格 d		M1.6	M2	M2.5	M3	M4	M5	M6	M8	M10	M12
P（螺距）		0.35	0.4	0.45	0.5	0.7	0.8	1	1.25	1.5	1.75
n		0.25	0.25	0.4	0.4	0.6	0.8	1	1.2	1.6	2
t		0.74	0.84	0.95	1.05	1.42	1.63	2	2.5	3	3.6
d_t		0.16	0.2	0.25	0.3	0.4	0.5	1.5	2	2.5	3
d_p		0.8	1	1.5	2	2.5	3.5	4	5.5	7	8.5
z		1.05	1.25	1.5	1.75	2.25	2.75	3.25	4.3	5.3	6.3
l	GB 71—1985	2~8	3~10	3~12	4~16	6~20	8~25	8~30	10~40	12~50	14~60
	GB 73—1985	2~8	2~10	2.5~12	3~16	4~20	5~25	5~30	8~40	10~50	12~60
	GB 75—1985	2.5~8	3~10	4~12	5~16	6~20	8~25	10~30	10~40	12~50	14~60
l 系列		2，2.5，3，4，5，6，8，10，12，(14)，16，20，25，30，35，40，45，50，(55)，60									

注：1. l 为公称长度。

2. 括号内的规格尽可能不采用。

五、螺母

附表 11　六角螺母—C 级（摘自 GB/T 41—2000）、1 型六角螺母—A 和 B 级（摘自 GB/T 6170—2000）

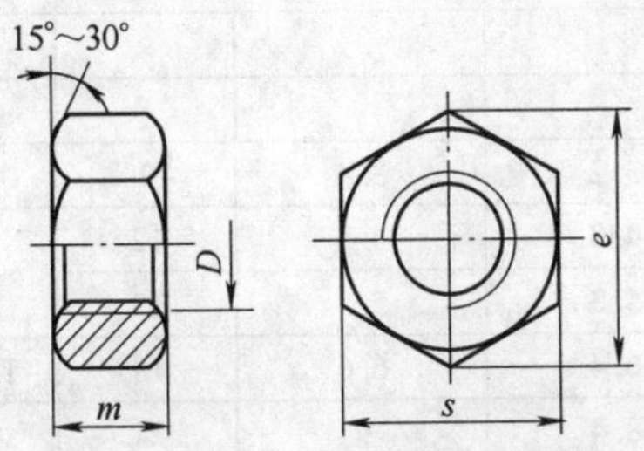

标记示例

螺纹规格 D = M12，性能等级为 5 级，不经表面处理，产品等级为 C 级的六角螺母：

螺母　GB/T 41　M12

螺纹规格 D = M12，性能等级为 8 级，不经表面处理，产品等级为 A 级的 1 型六角螺母：

螺母　GB/T 6170　M12

（单位：mm）

螺纹规格 D		M3	M4	M5	M6	M8	M10	M12	M16	M20	M24	M30	M36	M42
e	GB/T 41—2000	—	—	8.63	10.89	14.20	17.59	19.85	26.17	32.95	39.55	50.85	60.79	72.02
	GB/T 6170—2000	6.01	7.66	8.79	11.05	14.38	17.77	20.03	26.75	32.95	39.55	50.85	60.79	72.02
s	GB/T 41—2000	—	—	8	10	13	16	18	24	30	36	46	55	65
	GB/T 6170—2000	5.5	7	8	10	13	16	18	24	30	36	46	55	65
m	GB/T 41—2000	—	—	5.6	6.1	7.9	9.5	12.2	15.9	18.7	22.3	26.4	31.5	34.9
	GB/T 6170—2000	2.4	3.2	4.7	5.2	6.8	8.4	10.8	14.8	18	21.5	25.6	31	34

注：A 级用于 $D \leqslant 16$mm；B 级用于 $D > 16$mm。产品等级 A、B 由公差取值决定，A 级公差数值小。材料为钢的螺母：GB/T 6170—2000 的性能等级有 6、8、10 级，8 级为常用；GB/T 41—2000 的性能等级为 4 和 5 级。这两类螺母的螺纹规格为 M5 ~ M64。

六、垫圈

附表 12 小垫圈—A 级（摘自 GB/T 848—2002）、平垫圈—A 级（摘自 GB/T 97.1—2002）、平垫圈（倒角型）—A 级（摘自 GB/T 97.2—2002）、大垫圈—A 级和 C 级（摘自 GB/T 96—2002）

GB/T 97.2—2002　　GB/T 97.1—2002　GB/T 848—2002　　GB/T 96—2002

标记示例

标准系列，公称尺寸 d = 8mm，性能等级为 140HV 级，不经表面处理的平垫圈：

垫圈　GB/T 97.1　8-140 HV

（单位：mm）

公称规格（螺纹大径）d	小垫圈 A 级（GB/T 848—2002）			平垫圈 A 级（GB/T 97.1—2002）平垫圈 A 级倒角型（GB/T 97.2—2002）			大垫圈 A 级（GB/T 96.1—2002）和 C 级（GB/T 96.2—2002）			
	d_1 公称 min	d_2 公称 max	h 公称	d_1 公称 min	d_1 公称 max	h 公称	d_1 公称 min（GB/T 96.1）	d_1 公称 min（GB/T 96.2）	d_2 公称 max	h 公称
1.6	1.7	3.5	0.3	1.7	4	0.3				
2	2.2	4.5		2.2	5					
2.5	2.7	5		2.7	6	0.5				
3	3.2	6	0.5	3.2	7		3.2	3.4	9	0.8
4	4.3	8		4.3	9	0.8	4.3	4.5	12	1
5	5.3	9	1	5.3	10	1	5.3	5.5	15	
6	6.4	11		6.4	12	1.6	6.4	6.6	18	1.6
8	8.4	15	1.6	8.4	16		8.4	9	24	2
10	10.5	18		10.5	20	2	10.5	11	30	2.5
12	13	20	2	13	24	2.5	13	13.5	37	3
16	17	28	2.5	17	30	3	17	17.5	50	
20	21	34	3	21	37		21	22	60	4
24	25	39	4	25	44	4	25	26	72	5
30	31	50		31	56		33	33	92	6
36	37	60	5	37	66	5	39	39	110	8
42				45	78	8				
48				52	92					
56				62	105	10				
64				70	115					

注：1. GB/T 95—2002，GB/T 97.1—2002 的公称规格 d 的范围为 1.6～64mm；GB/T 96.1—2002，GB/T 96.2—2002 的公称规格 d 的范围为 3～36mm；GB/T 97.2—2002 的公称规格 d 的范围为 5～64mm；GB/T 848—2002 的公称规格 d 的范围为 1.6～36mm。

2. GB/T 848—2002 主要用于带圆柱头的螺钉，其他用于标准的六角螺栓、螺钉和螺母。

七、键

附表 13　普通型　平键（摘自 GB/T 1096—2003）

平键　键槽的剖面尺寸（摘自 GB/T 1095—2003）

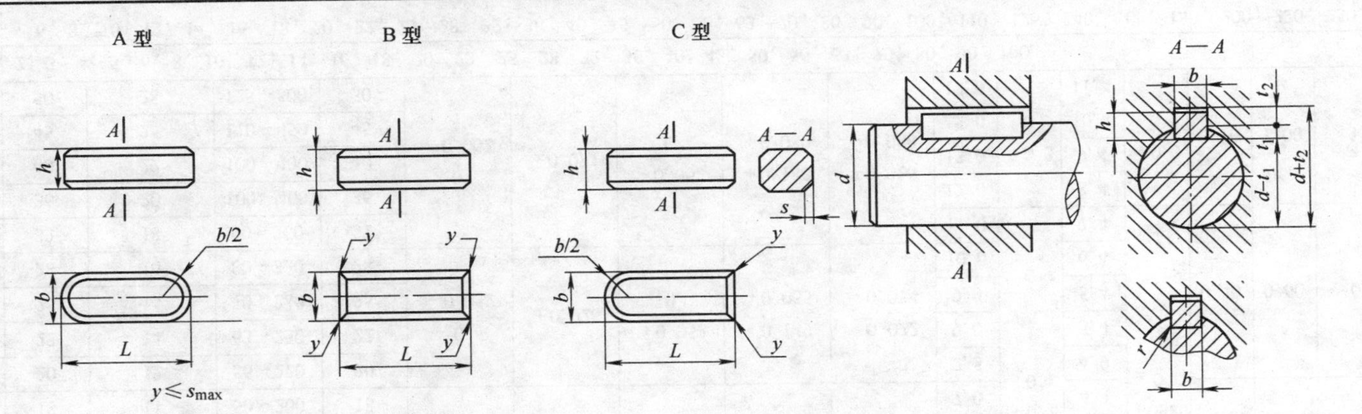

标记示例

GB/T 1096 键 16×10×100：b=16mm，h=10mm，l=100，圆头普通 A 型平键。

GB/T 1096 键 B 16×10×100：宽度 b=16mm，高度 h=10mm，长度 l=60，普通 B 型平键。

GB/T 1096 键 C 16×10×100：宽度 b=16mm，高度 h=10mm，长度 l=60，普通 C 型平键。

（单位：mm）

轴：公称直径 d	键 基本尺寸：宽度 b（h8）	键 基本尺寸：高度 h 矩形（h11）方形（h8）	键 基本尺寸：长度 L（h14）	键槽 槽宽 b：基本尺寸 b	键槽 槽宽 b 极限偏差 正常联结：轴 N9	正常联结：毂 JS9	较松联结：轴 H9	较松联结：毂 D10	紧密联结：轴和毂 P9	深度 轴 t_1：基本尺寸	轴 t_1：极限偏差	毂 t_2：基本尺寸	毂 t_2：极限偏差	半径 r：min	半径 r：max	倒角或倒圆 s
自 6~8	2	2	6~20	2	-0.004 -0.029	±0.0125	+0.025 0	+0.060 +0.020	-0.006 -0.031	1.2	+0.1 0	1	+0.10 0	0.08	0.16	0.16~0.25
>8~10	3	3	6~36	3						1.8		1.4				

（续）

轴	键			键槽												
	基本尺寸			槽宽 b						深度				半径 r		倒角或倒圆 s
				基本尺寸 b	极限偏差					轴 t_1		毂 t_2				
					正常联结		较松联结		紧密联结							
公称直径 d	宽度 b（h8）	高度 h 矩形（h11） 方形（h8）	长度 L（h14）		轴 N9	毂 JS9	轴 H9	毂 D10	轴和毂 P9	基本尺寸	极限偏差	基本尺寸	极限偏差	min	max	
>10~12	4	4	8~45	4	0 -0.030	±0.015	+0.030 0	+0.078 +0.030	-0.012 -0.042	2.5	+0.1 0	1.8	+0.10 0	0.08	0.16	0.16~0.25
>12~17	5	5	10~56	5						3.0		2.3		0.16	0.25	0.20~0.40
>17~22	6	6	14~70	6						3.5		2.8				
>22~30	8	7	18~90	8	0 -0.036	±0.018	+0.036 0	+0.098 +0.040	-0.015 -0.051	4.0	+0.2 0	3.3	+0.20 0			
>30~38	10	8	22~110	10						5.0		3.3		0.25	0.40	0.40~0.60
>38~44	12	8	28~140	12						5.0		3.3				
>44~50	14	9	36~160	14	0 -0.043	±0.0215	+0.043 0	+0.120 +0.050	-0.018 -0.061	5.5		3.8				
>50~58	16	10	45~180	16						6.0		4.3				
>58~65	18	11	50~200	18						7.0		4.4				
>65~75	20	12	56~220	20	0 -0.052	±0.026	+0.052 0	+0.149 +0.065	-0.022 -0.074	7.5		4.9		0.40	0.60	0.60~0.80
>75~85	22	14	63~250	22						9.0		5.4				
>85~95	25	14	70~280	25						9.0		5.4				
>95~110	28	16	80~320	28						10.0		6.4				
>110~130	32	18	90~360	32	0 -0.062	±0.031	+0.062 0	+0.180 +0.080	-0.026 -0.088	11.0		7.4				
>130~150	36	20	100~400	36						12.0	+0.3 0	8.4	+0.3 0	0.70	1.00	1.00~1.20
>150~170	40	22	100~400	40						13.0		9.4				
>170~200	45	25	110~450	45						15.0		10.4				
>200~230	50	28	125~500	50						17.0		11.4				
b、h 基本尺寸	2，3，4，5，6，8，10，12，14，16，18，20，22，25，28，32，36，40，45，50，56，63，70，80，90，100															
L 基本尺寸	6，8，10，12，14，16，18，20，22，25，28，32，36，40，45，50，56，63，70，80，90，100，110，125，140，160，180，200，220，250，280，320，360，400，450，500															

注：1. 因最新标准未提供选键的基本尺寸用的轴公称直径尺寸范围段，为此本附表保留了旧标准这部分内容以便于作为选键的参考。

2. 键宽度 b 的极限偏差（h8）和高度 h 的极限偏差矩形（h11）（除基本尺寸 2~6mm 范围内无极限偏差外）、方形（h8）（除基本尺寸 7~100mm 范围内无极限偏差外）其他范围的基本尺寸的极限偏差以及长度 L 的极限偏差（h14）均可从轴的基本偏差值表中查取。

3. 轴和轮毂上键槽宽 b 的（N9、H9、P9 和 JS9、D9）极限偏差均可从轴的基本偏差值表中查取。

附表 14　半圆键（摘自 GB/T 1098—2003、GB/T 1099.1—2003）

键和键槽的断面尺寸（GB/T 1098—2003）　　　键的型式和尺寸（GB/T 1099.1—2003）

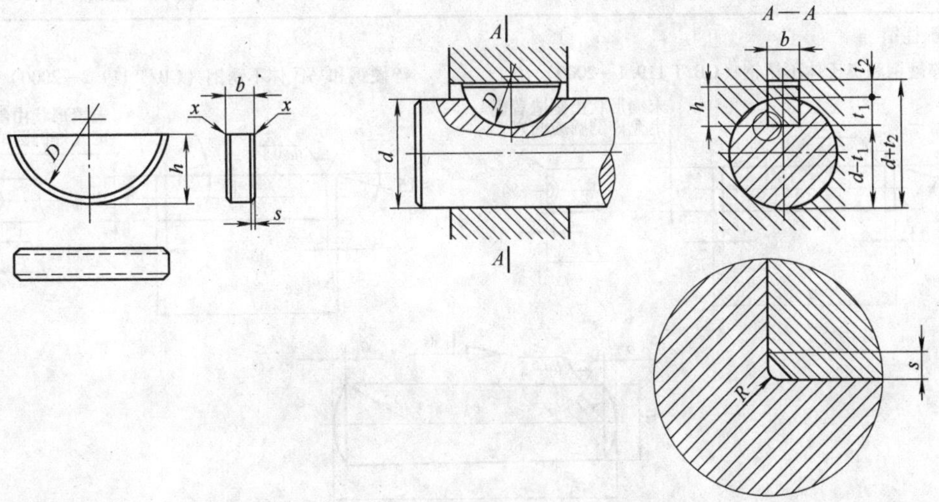

标记示例

GB/T 1099.1 键 6×10×25：宽度 $b=6\text{mm}$，高度 $h=10\text{mm}$，直径 $D=25\text{mm}$ 的普通型半圆键。

（单位：mm）

轴颈 d		键的公称尺寸				键槽深		
键传递扭矩用	键传动定位用	b	h	D	$L\approx$	轴 t_1	轮毂 t_2	s 小于
自 3~4	自 3~4	1.0	1.4	4	3.9	1.0	0.6	0.25
>4~5	>4~6	1.5	2.6	7	6.8	2.0	0.8	
>5~6	>6~8	2.0	2.6	7	6.8	1.8	1.0	
>6~7	>8~10		3.7	10	9.7	2.9		
>7~8	>10~12	2.5	3.7	10	9.7	2.7	1.2	
>8~10	>12~15	3.0	5.0	13	12.7	3.8	1.4	
>10~12	>15~18		6.5	16	15.7	5.3		
>12~14	>18~20	4.0	6.5	16	15.7	5.0	1.8	0.4
>14~16	>20~22		7.5	19	18.6	6.0		
>16~18	>22~25	5.0	6.5	16	15.7	4.5	2.3	
>18~20	>25~28		7.5	19	18.6	5.5		
>20~22	>28~32		9	22	21.6	7.0		
>22~25	>32~36	6	9	22	21.6	6.5	2.8	
>25~28	>36~40		10	25	24.5	7.5		
>28~32	40	8	11	28	27.4	8.0	3.3	0.6
>32~38	—	10	13	32	31.4	10.0		

注：1. 在工作图中轴槽深用 t_1 标注，轮毂槽深用 t_2 标注。

2. 轴颈 d 是 GB/T 1098—2003 中的数值，供选用键时参考，本标准取消了该项。

八、销

附表15　销（摘自 GB/T 119.1—2000、GB/T 119.2—2000、GB/T 117—2000）

1. 圆柱销

不淬硬钢和奥氏体不锈钢（GB/T 119.1—2000）　　淬硬钢和马氏体不锈钢（GB/T 119.2—2000）

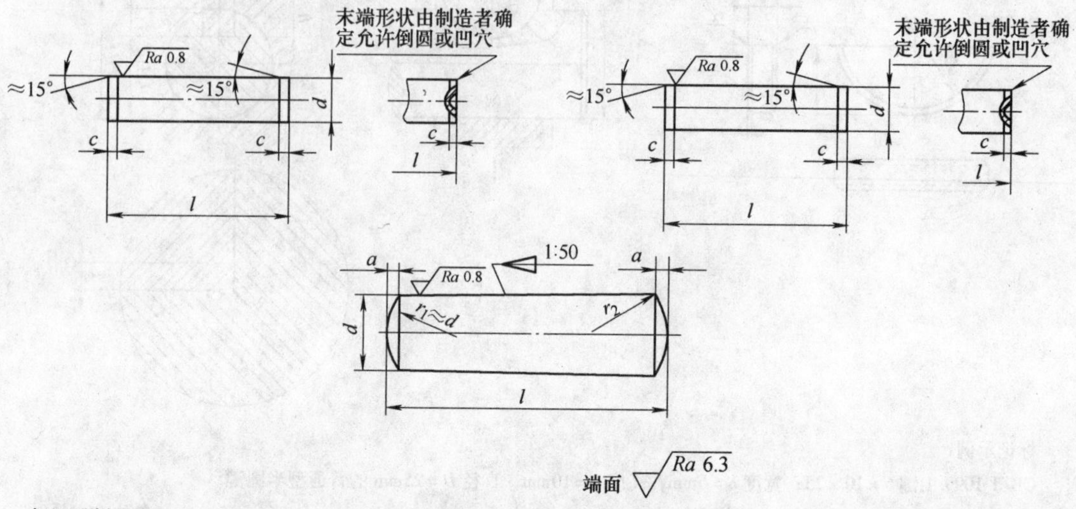

标记示例

1）销 GB/T 119.1　6 m6×30：公称直径 $d=6$mm，公差为 m6，公称长度 $l=30$mm，材料为钢，不经淬火，不经表面处理的圆柱销。

2）销 GB/T 119.2　6×30：公称直径 $d=6$mm、公差为 m6、公称长度 $l=30$mm、材料为钢、普通淬火（A 型）、表面氧化处理的圆柱销。

2. 圆锥销（GB/T 117—2000）

图示为 A 型圆锥销。

A 型（磨削）锥面表面粗糙度 $Ra\leqslant0.8\mu m$。

B 型（切削或冷镦）锥面表面粗糙度 $Ra\leqslant3.2\mu m$。

标记示例

销 GB/T 117 6×30：公称直径 $d=6$mm，公称长度 $l=30$mm，材料为 35 钢，热处理硬度 28～38HRC，表面氧化处理的 A 型圆锥销。

（单位：mm）

圆柱销	d		0.8	1	1.2	1.5	2	2.5	3	4	5	6	8	10	12	16	20
圆柱销	c≈		0.16	0.2	0.25	0.3	0.35	0.4	0.5	0.63	0.8	1.2	1.6	2	2.5	3	3.5
圆柱销	l	GB/T 119.1	2～8	4～10	4～12	4～16	6～20	6～24	8～30	8～40	10～50	12～60	14～80	18～95	22～140	26～180	35～
圆柱销	l	GB/T 119.2	—	3～10	—	4～16	5～20	6～24	8～30	10～40	12～50	14～60	18～80	22～100	26—	40—	50—
圆锥销	d		0.8	1	1.2	1.5	2	2.5	3	4	5	6	8	10	12	16	20
圆锥销	a≈		0.1	0.12	0.16	0.2	0.25	0.3	0.4	0.5	0.63	0.8	1	1.2	1.6	2	2.5
圆锥销	l（商品规格范）		5～12	6～16	6～20	8～24	10～35	10～35	12～45	14～55	18～60	22～90	22～120	26～160	32～180	40—	45—
l（公称）系列			2，3，4，5，6，8，10，12，14，16，18，20，22，24，26，28，30，32，35，40，45，50，55，60，65，70，75，80，85，90，95，100，120，140，160														

九、轴承

附表 16 滚动轴承 深沟球轴承 外形尺寸（摘自 GB/T 276—2013）

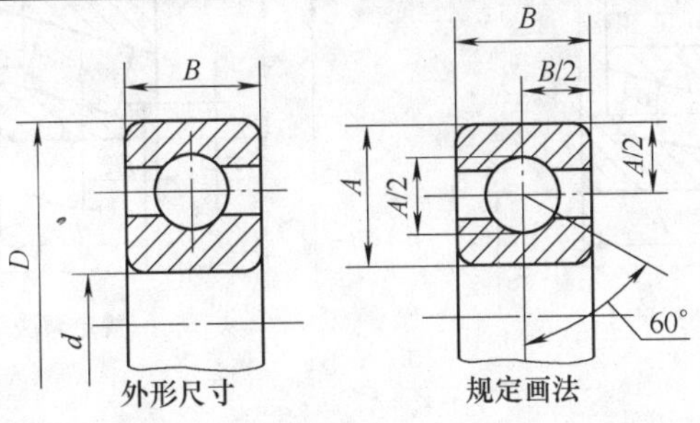

外形尺寸 规定画法

标记示例

滚动轴承 6012 GB/T 276—2013

轴承型号		外形尺寸/mm			轴承型号		外形尺寸/mm		
		d	D	B			d	D	B
(0) 1 尺寸系列	6004	20	42	12	(0) 3 尺寸系列	6304	20	52	15
	6005	25	47	12		6305	25	62	17
	6006	30	55	13		6306	30	72	19
	6007	35	62	14		6307	35	80	21
	6008	40	68	15		6308	40	90	23
	6009	45	75	16		6309	45	100	25
	6010	50	80	16		6310	50	110	27
	6011	55	90	18		6311	55	120	29
	6012	60	95	18		6312	60	130	31
	6013	65	100	18		6313	65	140	33
	6014	70	110	20		6314	70	150	35
	6015	75	115	20		6315	75	160	37
	6016	80	125	22		6316	80	170	39
	6017	85	130	22		6317	85	180	41
	6018	90	140	24		6318	90	190	43
	6019	95	145	24		6319	95	200	45
	6020	100	150	24		6320	100	215	47
(0) 2 尺寸系列	6204	20	47	14	(0) 4 尺寸系列	6404	20	72	19
	6205	25	52	15		6405	25	80	21
	6206	30	62	16		6406	30	90	23
	6207	35	72	17		6407	35	100	25
	6208	40	80	18		6408	40	110	27
	6209	45	85	19		6409	45	120	29
	6210	50	90	20		6410	50	130	31
	6211	55	100	21		6411	55	140	33
	6212	60	110	22		6412	60	150	35
	6213	65	120	23		6413	65	160	37
	6214	70	125	24		6414	70	180	42
	6215	75	130	25		6415	75	190	45
	6216	80	140	26		6416	80	200	48
	6217	85	150	28		6417	85	210	52
	6218	90	160	30		6418	90	225	54
	6219	95	170	32		6419	95	240	55
	6220	100	180	34		6420	100	250	58

附表 17　滚动轴承　圆锥滚子轴承　外形尺寸（摘自 GB/T 297—1994）

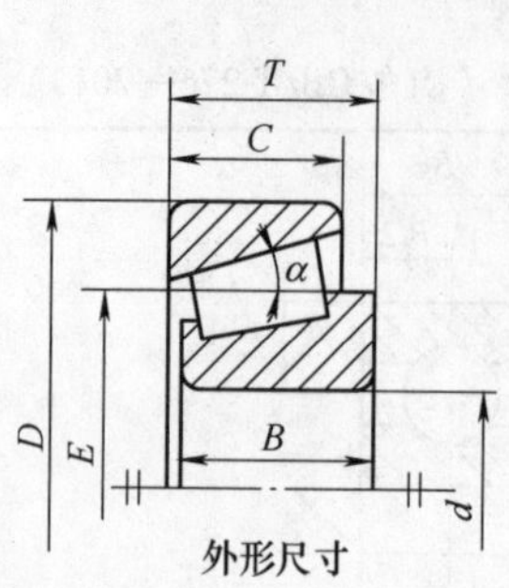

外形尺寸

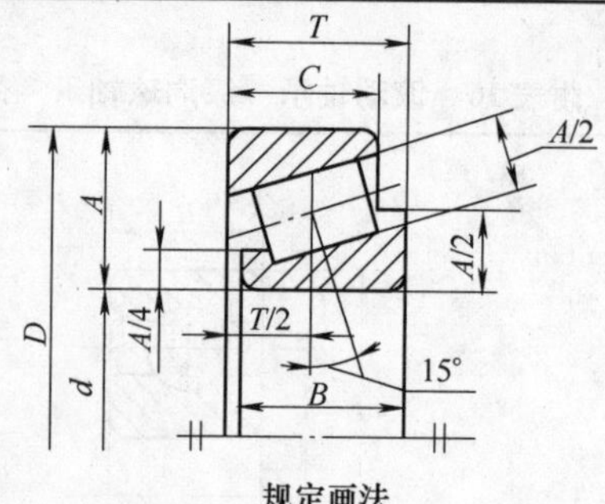

规定画法

标记示例

滚动轴承　30205　GB/T 297—1994

轴承类型		外形尺寸/mm					轴承类型		外形尺寸/mm				
		d	*D*	*T*	*B*	*C*			*d*	*D*	*T*	*B*	*C*
02尺寸系列	30204	20	47	15.25	14	12	22尺寸系列	32204	20	47	19.25	18	15
	30205	25	52	16.25	15	13		32205	25	52	19.25	18	16
	30206	30	62	17.25	16	14		32206	30	62	21.25	20	17
	30207	35	72	18.25	17	15		32207	35	72	24.25	23	19
	30208	40	80	19.75	18	16		32208	40	80	24.75	23	19
	30209	45	85	20.75	19	16		32209	45	85	24.75	23	19
	30210	50	90	21.75	20	17		32210	50	90	24.75	23	19
	30211	55	100	22.75	21	18		32211	55	100	26.75	25	21
	30212	60	110	23.75	22	19		32212	60	110	29.75	28	24
	30213	65	120	24.75	23	20		32213	65	120	32.75	31	27
	30214	70	125	26.25	24	21		32214	70	125	33.25	31	27
	30215	75	130	27.25	25	22		32215	75	130	33.25	31	27
	30216	80	140	28.25	26	22		32216	80	140	35.25	33	28
	30217	85	150	30.50	28	24		32217	85	150	38.50	36	30
	30218	90	160	32.50	30	26		32218	90	160	42.50	40	34
	30219	95	170	34.50	32	27		32219	95	170	45.50	43	37
	30220	100	180	37	34	29		32220	100	180	49	46	39
03尺寸系列	30304	20	52	16.25	15	13	23尺寸系列	32304	20	52	22.25	21	18
	30305	25	62	18.25	17	15		32305	25	62	25.25	24	20
	30306	30	72	20.75	19	16		32306	30	72	28.75	27	23
	30307	35	80	22.75	21	18		32307	35	80	32.75	31	25
	30308	40	90	25.25	23	20		32308	40	90	35.25	33	27
	30309	45	100	27.25	25	22		32309	45	100	38.25	36	30
	30310	50	110	29.25	27	23		32310	50	110	42.25	40	33
	30311	55	120	31.50	29	25		32311	55	120	45.50	43	35
	30312	60	130	33.50	31	26		32312	60	130	48.50	46	37
	30313	65	140	36	33	28		32313	65	140	51	48	39
	30314	70	150	38	35	30		32314	70	150	54	51	42
	30315	75	160	40	37	31		32315	75	160	58	55	45
	30316	80	170	42.50	39	33		32316	80	170	61.50	58	48
	30317	85	180	44.50	41	34		32317	85	180	63.50	60	49
	30318	90	190	46.50	43	36		32318	90	190	67.50	64	53
	30319	95	200	49.50	45	38		32319	95	200	71.50	67	55
	30320	100	215	51.50	47	39		32320	100	215	77.50	73	60

附表 18　推力球轴承（摘自 GB/T 28697—2012）

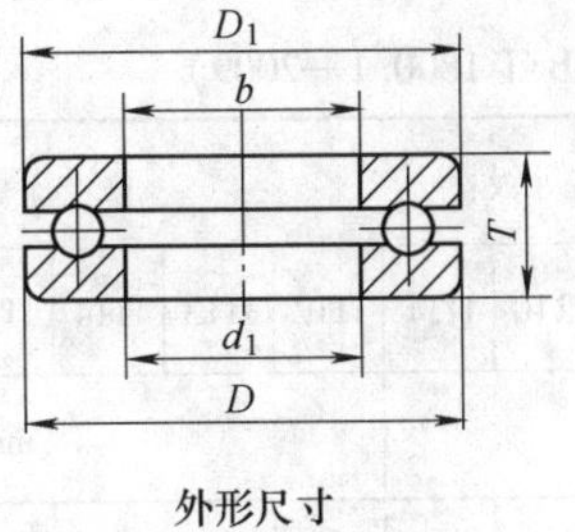

外形尺寸

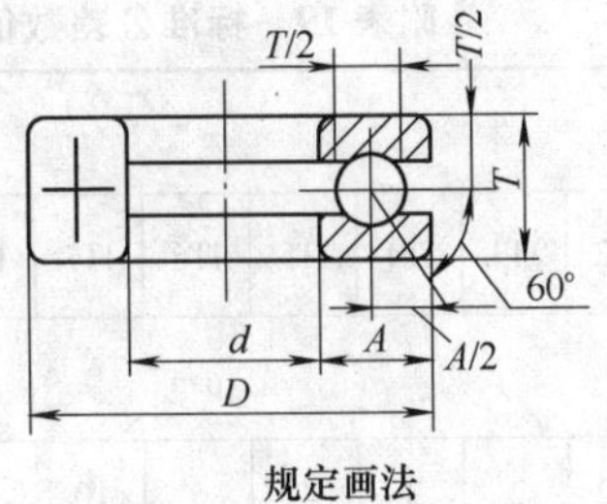

规定画法

标记示例

滚动轴承　51210　GB/T 28697—2012

轴承类型		外形尺寸/mm					轴承类型		外形尺寸/mm				
		d	D	T	d_1	D_1			d	D	T	d_1	D_1
11 尺寸系列（51000 型）	51104	20	35	10	21	35	13 尺寸系列（51000 型）	51304	20	47	18	22	47
	51105	25	42	11	26	42		51305	25	52	18	27	52
	51106	30	47	11	32	47		51306	30	60	21	32	60
	51107	35	52	12	37	52		51307	35	68	24	37	68
	51108	40	60	13	42	60		51308	40	78	26	42	78
	51109	45	65	14	47	65		51309	45	85	28	47	85
	51110	50	70	14	52	70		51310	50	95	31	52	95
	51111	55	78	16	57	78		51311	55	105	35	57	105
	51112	60	85	17	62	85		51312	60	110	35	62	110
	51113	65	90	18	67	90		51313	65	115	36	67	115
	51114	70	95	18	72	95		51314	70	125	40	72	125
	51115	75	100	19	77	100		51315	75	135	44	77	135
	51116	80	105	19	82	105		51316	80	140	44	82	140
	51117	85	110	19	87	110		51317	85	150	49	88	150
	51118	90	120	22	92	120		51318	90	155	50	93	155
	51120	100	135	25	102	135		51320	100	170	55	103	170
12 尺寸系列（51000 型）	51204	20	40	14	22	40	14 尺寸系列（51000 型）	51405	25	60	24	27	60
	51205	25	47	15	27	47		51406	30	70	28	32	70
	51206	30	52	16	32	52		51407	35	80	32	37	80
	51207	35	62	18	37	62		51408	40	90	36	42	90
	51208	40	68	19	42	68		51409	45	100	39	47	100
	51209	45	73	20	47	73		51410	50	110	43	52	110
	51210	50	78	22	52	78		51411	55	120	48	57	120
	51211	55	90	25	57	90		51412	60	130	51	62	130
	51212	60	95	26	62	95		51413	65	140	56	68	140
	51213	65	100	27	67	100		51414	70	150	60	73	150
	51214	70	105	27	72	105		51415	75	160	65	78	160
	51215	75	110	27	77	110		51416	80	170	68	83	170
	51216	80	115	28	82	115		51417	85	180	72	88	177
	51217	85	125	31	88	125		51418	90	190	77	93	187
	51218	90	135	35	93	135		51420	100	210	85	103	205
	51220	100	150	38	103	150		51422	110	230	95	113	225

注：表中轴承类型已按 GB/T 272—1993“滚动轴承代号方法” 编号。

十、公差

附表 19　标准公差数值（摘自 GB/T 1800.1—2009）

公称尺寸/mm		标准公差等级																	
		IT1	IT2	IT3	IT4	IT5	IT6	IT7	IT8	IT9	IT10	IT11	IT12	IT13	IT14	IT15	IT16	IT17	IT18
大于	至	μm											mm						
—	3	0.8	1.2	2	3	4	6	10	14	25	40	60	0.1	0.14	0.25	0.4	0.6	1	1.4
3	6	1	1.5	2.5	4	5	8	12	18	30	48	75	0.12	0.18	0.3	0.48	0.75	1.2	1.8
6	10	1	1.5	2.5	4	6	9	15	22	36	58	90	0.15	0.22	0.36	0.58	0.9	1.5	2.2
10	18	1.2	2	3	5	8	11	18	27	43	70	110	0.18	0.27	0.43	0.7	1.1	1.8	2.7
18	30	1.5	2.5	4	6	9	13	21	33	52	84	130	0.21	0.33	0.52	0.84	1.3	2.1	3.3
30	50	1.5	2.5	4	7	11	16	25	39	62	100	160	0.25	0.39	0.62	1	1.6	2.5	3.9
50	80	2	3	5	8	13	19	30	46	74	120	190	0.3	0.46	0.74	1.2	1.9	3	4.6
80	120	2.5	4	6	10	15	22	35	54	87	140	220	0.35	0.54	0.87	1.4	2.2	3.5	5.4
120	180	3.5	5	8	12	18	25	40	63	100	160	250	0.4	0.63	1	1.6	2.5	4	6.3
180	250	4.5	7	10	14	20	29	46	72	115	185	290	0.46	0.72	1.15	1.85	2.9	4.6	7.2
250	315	6	8	12	16	23	32	52	81	130	210	320	0.52	0.81	1.3	2.1	3.2	5.2	8.1
315	400	7	9	13	18	25	36	57	89	140	230	360	0.57	0.89	1.4	2.3	3.6	5.7	8.9
400	500	8	10	15	20	27	40	63	97	155	250	400	0.63	0.97	1.55	2.5	4	6.3	9.7
500	630	9	11	16	22	32	44	70	110	175	280	440	0.7	1.1	1.75	2.8	4.4	7	11
630	800	10	13	18	25	36	50	80	125	200	320	500	0.8	1.25	2	3.2	5	8	12.5
800	1000	11	15	21	28	40	56	90	140	230	360	560	0.9	1.4	2.3	3.6	5.6	9	14
1000	1250	13	18	24	33	47	66	105	165	260	420	660	1.05	1.65	2.6	4.2	6.6	10.5	16.5
1250	1600	15	21	29	39	55	78	125	195	310	500	780	1.25	1.95	3.1	5	7.8	12.5	19.5
1600	2000	18	25	35	46	65	92	150	230	370	600	920	1.5	2.3	3.7	6	9.2	15	23
2000	2500	22	30	41	55	78	110	175	280	440	700	1100	1.75	2.8	4.4	7	11	17.5	28
2500	3150	26	36	50	68	96	135	210	330	540	860	1350	2.1	3.3	5.4	8.6	13.5	21	33

注：1. 公称尺寸大于 500mm 的 IT1～IT5 的标准公差数值为试行的。

2. 公称尺寸小于或等于 1mm 时，无 IT14～IT18。

附表 20 轴的基本偏差数值（摘自 GB/T 1800. 1—2009） （单位：μm）

公称尺寸/mm		基本偏差数值（上极限偏差 es）											
		所有标准公差等级											
大于	至	a	b	c	cd	d	e	ef	f	fg	g	h	js
—	3	−270	−140	−60	−34	−20	−14	−10	−6	−4	−2	0	偏差 = $\pm\frac{IT_n}{2}$，式中 IT_n 是 IT 值数
3	6	−270	−140	−70	−46	−30	−20	−14	−10	−6	−4	0	
6	10	−280	−150	−80	−56	−40	−25	−18	−13	−8	−5	0	
10	14	−290	−150	−95		−50	−32		−16		−6	0	
14	18												
18	24	−300	−160	−110		−65	−40		−20		−7	0	
24	30												
30	40	−310	−170	−120		−80	−50		−25		−9	0	
40	50	−320	−180	−130									
50	65	−340	−190	−140		−100	−60		−30		−10	0	
65	80	−360	−200	−150									
80	100	−380	−220	−170		−120	−72		−36		−12	0	
100	120	−410	−240	−180									
120	140	−460	−260	−200		−145	−85		−43		−14	0	
140	160	−520	−280	−210									
160	180	−580	−310	−230									
180	200	−660	−340	−240		−170	−100		−50		−15	0	
200	225	−740	−380	−260									
225	250	−820	−420	−280									
250	280	−920	−480	−300		−190	−110		−56		−17	0	
280	315	−1050	−540	−330									
315	355	−1200	−600	−360		−210	−125		−62		−18	0	
355	400	−1350	−680	−400									
400	450	−1500	−760	−440		−230	−135		−68		−20	0	
450	500	−1650	−840	−480									
500	560					−260	−145		−76		−22	0	
560	630												
630	710					−290	−160		−80		−24	0	
710	800												
800	900					−320	−170		−86		−26	0	
900	1000												
1000	1120					−350	−195		−98		−28	0	
1120	1250												
1250	1400					−390	−220		−110		−30	0	
1400	1600												
1600	1800					−430	−240		−120		−32	0	
1800	2000												
2000	2240					−480	−260		−130		−34	0	
2240	2500												
2500	2800					−520	−290		−145		−38	0	
2800	3150												

（续）

公称尺寸/mm		基本偏差数值（下极限偏差 ei）																		
大于	至	IT5 和 IT6	IT7	IT8	IT4 ~ IT7	≤IT3 >IT7	所有标准公差等级													
		j			k		m	n	p	r	s	t	u	v	x	y	z	za	zb	zc
—	3	−2	−4	−6	0	0	+2	+4	+6	+10	+14		+18		+20		+26	+32	+40	+60
3	6	−2	−4		+1	0	+4	+8	+12	+15	+19		+23		+28		+35	+42	+50	+80
6	10	−2	−5		+1	0	+6	+10	+15	+19	+23		+28		+34		+42	+52	+67	+97
10	14	−3	−6		+1	0	+7	+12	+18	+23	+28		+33		+40		+50	+64	+90	+130
14	18													+39	+45		+60	+77	108	150
18	24	−4	−8		+2	0	+8	+15	+22	+28	+35		+41	+47	+54	+63	+73	+98	+136	+188
24	30											+41	+48	+55	+64	+75	+88	+118	+160	+218
30	40	−5	−10		+2	0	+9	+17	+26	+34	+43	+48	+60	+68	+80	+94	+112	+148	+200	+274
40	50											+54	+70	+81	+97	+114	+136	+180	+242	+325
50	65	−7	−12		+2	0	+11	+20	+32	+41	+53	+66	+87	+102	+122	+144	+172	+226	+300	+405
65	80									+43	+59	+75	+102	+120	+146	+174	+210	+274	+360	+480
80	100	−9	−15		+3	0	+13	+23	+37	+51	+71	+91	+124	+146	+178	+214	+258	+335	+445	+585
100	120									+54	+79	+104	+144	+172	+210	+254	+310	+400	+525	+690
120	140	−11	−18		+3	0	+15	+27	+43	+63	+92	+122	+170	+202	+248	+300	+365	+470	+620	+800
140	160									+65	+100	+134	+190	+228	+280	+340	+415	+535	+700	+900
160	180									+68	+108	+146	+210	+252	+310	+380	+465	+600	+780	+1000
180	200	−13	−21		+4	0	+17	+31	+50	+77	+122	+166	+236	+284	+350	+425	+520	+670	+880	+1150
200	225									+80	+130	+180	+258	+310	+385	+470	+575	+740	+960	+1250
225	250									+84	+140	+196	+284	+340	+425	+520	+640	+820	+1050	+1350
250	280	−16	−26		+4	0	+20	+34	+56	+94	+158	+218	+315	+385	+475	+580	+710	+920	+1200	+1550
280	315									+98	+170	+240	+350	+425	+525	+650	+790	+1000	+1300	+1700
315	355	−18	−28		+4	0	+21	+37	+62	+108	+190	+268	+390	+475	+590	+730	+900	+1150	+1500	+1900
355	400									+114	+208	+294	+435	+530	+660	+820	+1000	+1300	+1650	+2100
400	450	−20	−32		+5	0	+23	+40	+68	+126	+232	+330	+490	+595	+740	+920	+1100	+1450	+1850	+2400
450	500									+132	+252	+360	+540	+660	+820	+1000	+1250	+1600	+2100	+2600
500	560				0	0	+26	+44	+78	+150	+280	+400	+600							
560	630									+155	+310	+450	+660							
630	710				0	0	+30	+50	+88	+175	+340	+500	+740							
710	800									+185	+380	+560	+840							
800	900				0	0	+34	+56	+100	+210	+430	+620	+940							
900	1000									+220	+470	+680	+1050							
1000	1120				0	0	+40	+66	+120	+250	+520	+780	+1150							
1120	1250									+260	+580	+840	+1300							
1250	1400				0	0	+48	+78	+140	+300	+640	+960	+1450							
1400	1600									+330	+720	+1050	+1600							
1600	1800				0	0	+58	+92	+170	+370	+820	+1200	+1850							
1800	2000									+400	+920	+1350	+2000							
2000	2240				0	0	+68	+110	+195	+440	+1000	+1500	+2300							
2240	2500									+460	+1100	+1650	+2500							
2500	2800				0	0	+76	+135	+240	+550	+1250	+1900	+2900							
2800	3150									+580	+1400	+2100	+3200							

注：公称尺寸小于或等于1mm时，基本偏差 a 和 b 均不采用。公差带 js7 ~ js11，若 IT_n 值数是奇数，则取偏差 = $\pm\frac{IT_n - 1}{2}$。

附表 21　孔的基本偏差数值（摘自 GB/T 1800.1—2009）

（单位：μm）

公称尺寸/mm		基本偏差数值																					
		下极限偏差 EI												上极限偏差 ES									
		所有标准公差等级												IT6	IT7	IT8	≤IT8	>IT8	≤IT8	>IT8	≤IT8	>IT8	≤IT7
大于	至	A	B	C	CD	D	E	EF	F	FG	G	H	JS	J			K		M		N		P 至 ZC
—	3	+270	+140	+60	+34	+20	+14	+10	+6	+4	+2	0		+2	+4	+6	0	0	−2	−2	−4	−4	
3	6	+270	+140	+70	+46	+30	+20	+14	+10	+6	+4	0		+5	+6	+10	−1+Δ		−4+Δ	−4	−8+Δ	0	
6	10	+280	+150	+80	+56	+40	+25	+18	+13	+8	+5	0		+5	+8	+12	−1+Δ		−6+Δ	−6	−10+Δ	0	
10	14	+290	+150	+95		+50	+32		+16		+6	0		+6	+10	+15	−1+Δ		−7+Δ	−7	−12+Δ	0	
14	18																						
18	24	+300	+160	+110		+65	+40		+20		+7	0		+8	+12	+20	−2+Δ		−8+Δ	−8	−15+Δ	0	
24	30																						
30	40	+310	+170	+120		+80	+50		+25		+9	0		+10	+14	+24	−2+Δ		−9+Δ	−9	−17+Δ	0	
40	50	+320	+180	+130																			
50	65	+340	+190	+140		+100	+60		+30		+10	0		+13	+18	+28	−2+Δ		−11+Δ	−11	−20+Δ	0	
65	80	+360	+200	+150																			
80	100	+380	+220	+170		+120	+72		+36		+12	0		+16	+22	+34	−3+Δ		−13+Δ	−13	−23+Δ	0	
100	120	+410	+240	+180																			
120	140	+460	+260	+200		+145	+85		+43		+14	0		+18	+26	+41	−3+Δ		−15+Δ	−15	−27+Δ	0	
140	160	+520	+280	+210																			
160	180	+580	+310	+230																			
180	200	+660	+340	+240		+170	+100		+50		+15	0	偏差 = $\pm\frac{IT_n}{2}$，式中 IT_n 是 IT 值数	+22	+30	+47	−4+Δ		−17+Δ	−17	−31+Δ	0	在大于 IT7 的相应数值上增加一个 Δ 值
200	225	+740	+380	+260																			
225	250	+820	+420	+280																			
250	280	+920	+480	+300		+190	+110		+56		+17	0		+25	+36	+55	−4+Δ		−20+Δ	−20	−34+Δ	0	
280	315	+1050	+540	+330																			
315	355	+1200	+600	+360		+210	+125		+62		+18	0		+29	+39	+60	−4+Δ		−21+Δ	−21	−37+Δ	0	
355	400	+1350	+680	+400																			
400	450	+1500	+760	+440		+230	+135		+68		+20	0		+33	+43	+66	−5+Δ		−23+Δ	−23	−40+Δ	0	
450	500	+1650	+840	+480																			
500	560					+260	+145		+76		+22	0					0		−26		−44		
560	630																						
630	710					+290	+160		+80		+24	0					0		−30		−50		
710	800																						
800	900					+320	+170		+86		+26	0					0		−34		−56		
900	1000																						
1000	1120					+350	+195		+98		+28	0					0		−40		−66		
1120	1250																						
1250	1400					+390	+220		+110		+30	0					0		−48		−78		
1400	1600																						
1600	1800					+430	+240		+120		+32	0					0		−58		−92		
1800	2000																						
2000	2240					+480	+260		+130		+34	0					0		−68		−110		
2240	2500																						
2500	2800					+520	+290		+145		+38	0					0		−76		−135		
2800	3150																						

（续）

公称尺寸/mm		基本偏差数值 上极限偏差 ES 标准公差等级大于 IT7												Δ值 标准公差等级					
大于	至	P	R	S	T	U	V	X	Y	Z	ZA	ZB	ZC	IT3	IT4	IT5	IT6	IT7	IT8
—	3	−6	−10	−14		−18		−20		−26	−32	−40	−60	0	0	0	0	0	0
3	6	−12	−15	−19		−23		−28		−35	−42	−50	−80	1	1.5	1	3	4	6
6	10	−15	−19	−23		−28		−34		−42	−52	−67	−97	1	1.5	2	3	6	7
10	14	−18	−23	−28		−33		−40		−50	−64	−90	−130	1	2	3	3	7	9
14	18						−39	−45		−60	−77	−108	−150						
18	24	−22	−28	−35		−41	−47	−54	−63	−73	−98	−136	−188	1.5	2	3	4	8	12
24	30				−41	−48	−55	−64	−75	−88	−118	−160	−218						
30	40	−26	−34	−43	−48	−60	−68	−80	−94	−112	−148	−200	−274	1.5	3	4	5	9	14
40	50				−54	−70	−81	−97	−114	−136	−180	−242	−325						
50	65	−32	−41	−53	−66	−87	−102	−122	−144	−172	−226	−300	−405	2	3	5	6	11	16
65	80		−43	−59	−75	−102	−120	−146	−174	−210	−274	−360	−480						
80	100	−37	−51	−71	−91	−124	−146	−178	−214	−258	−335	−445	−585	2	4	5	7	13	19
100	120		−54	−79	−104	−144	−172	−210	−254	−310	−400	−525	−690						
120	140	−43	−63	−92	−122	−170	−202	−248	−300	−365	−470	−620	−800	3	4	6	7	15	23
140	160		−65	−100	−134	−190	−228	−280	−340	−415	−535	−700	−900						
160	180		−68	−108	−146	−210	−252	−310	−380	−465	−600	−780	−1000						
180	200	−50	−77	−122	−166	−236	−284	−350	−425	−520	−670	−880	−1150	3	4	6	9	17	26
200	225		−80	−130	−180	−258	−310	−385	−470	−575	−740	−960	−1250						
225	250		−84	−140	−196	−284	−340	−425	−520	−640	−820	−1050	−1350						
250	280	−56	−94	−158	−218	−315	−385	−475	−580	−710	−920	−1200	−1550	4	4	7	9	20	29
280	315		−98	−170	−240	−350	−425	−525	−650	−790	−1000	−1300	−1700						
315	355	−62	−108	−190	−268	−390	−475	−590	−730	−900	−1150	−1500	−1900	4	5	7	11	21	32
355	400		−114	−208	−294	−435	−530	−660	−820	−1000	−1300	−1650	−2100						
400	450	−68	−126	−232	−330	−490	−595	−740	−920	−1100	−1450	−1850	−2400	5	5	7	13	23	34
450	500		−132	−252	−360	−540	−660	−820	−1000	−1250	−1600	−2100	−2600						
500	560	−78	−150	−280	−400	−600													
560	630		−155	−310	−450	−660													
630	710	−88	−175	−340	−500	−740													
710	800		−185	−380	−560	−840													
800	900	−100	−210	−430	−620	−940													
900	1000		−220	−470	−680	−1050													
1000	1120	−120	−250	−520	−780	−1150													
1120	1250		−260	−580	−840	−1300													
1250	1400	−140	−300	−640	−960	−1450													
1400	1600		−330	−720	−1050	−1600													
1600	1800	−170	−370	−820	−1200	−1850													
1800	2000		−400	−920	−1350	−2000													
2000	2240	−195	−440	−1000	−1500	−2300													
2240	2500		−460	−1100	−1650	−2500													
2500	2800	−240	−550	−1250	−1900	−2900													
2800	3150		−580	−1400	−2100	−3200													

注：1. 公称尺寸小于或等于1mm时，基本偏差A和B及大于IT8的N均不采用。公差带JS7至JS11，若IT_n值数是奇数，则取偏差 $= \pm \frac{IT_{n-1}}{2}$。

2. 对小于或等于IT8的K、M、N和小于或等于IT7的P至ZC，所需Δ值从表内右侧选取。例如：18～30mm段的K7，Δ=8μm，所以ES=(−2+8)μm=+6μm；18～30mm段的S6，Δ=4μm，所以ES=(−35+4)μm=−31μm。特殊情况：250～315mm段的M6，ES=−9μm（代替−11μm）。

十一、材料

附表 22 铸铁的种类、牌号和应用

种 类	牌 号	应 用
灰铸铁 GB/T 9439—2010	HT100	机床中受轻负荷、磨损无关紧要的铸件，如托盘、盖、罩、手轮、把手、重锤等形状简单且性能要求不高的零件
	HT150	承受中等弯曲应力，摩擦面间压强高于500kPa的铸件，如多数机床的底座；有相对运动和磨损的零件，如溜板、工作台、汽车中的变速箱、排气管、进气管等
	HT200	承受较大弯曲应力，要求保持气密性的铸件，如机床立柱、刀架、齿轮箱体、多数机床床身滑板、箱体、液压缸、泵体、阀体、刹车毂、飞轮、气缸盖、带轮、轴承盖、叶轮等
	HT250	炼钢用轨道板、气缸套、齿轮、机床立柱、齿轮箱体、机床床身、磨床转体、液压缸泵体、阀体等
	HT300	承受高弯曲应力、拉应力，要求保持高度气密性的铸件，如重型机床床身、多轴机床主轴箱、卡盘齿轮、高压液压缸、泵体、阀体等
	HT350	轧钢滑板、辊子、炼焦柱塞、齿轮、支承轮座、挡轮座等
球墨铸体 GB/T 1348—2009	QT400-18 QT400-15	韧性好，低温性能较好，具有一定的耐蚀性。用于制作汽车拖拉机中的驱动桥壳体、离合器壳体、差速器壳体、减速器壳体，16～64个大气压阀门的阀体、阀盖等
	QT450-10 QT500-7	具有中等的强度和韧性，用于制作内燃机中液压泵齿轮、汽轮机的中温气缸隔板、水轮机阀门体、机车车辆轴瓦等
	QT600-3 QT700-2 QT800-2	具有较高的强度、耐磨性及一定的韧性。用于制作部分机床的主轴、内燃机、空压机、冷冻机、制氧机和泵的曲轴、缸体、缸套等
	QT900-2	具有高强度、耐磨性、较高的弯曲疲劳强度。用于制作内燃机中的凸轮轴，拖拉机的减速齿轮，汽车中的螺旋锥齿轮等
可锻铸铁 GB/T 9440—2010	KTH300-06 KTH350-10	黑心可锻铸铁比灰铸铁强度高，塑性和韧性更好，可承受冲击和扭转负荷，具有良好的耐蚀性，切削性能良好。用于制作薄壁铸件，多用于机床零件、运输机械零件、升降机械零件、管道配件、低压阀门等
	KTZ450-06 KTZ550-04 KTZ650-02 KTZ700-02	珠光体可锻铸铁的塑性、韧性比黑心可锻铸铁稍差，但其强度高，耐磨性好，低温性能优于球墨铸铁，加工性良好。可替代有色合金、低合金钢及低、中碳钢制作较高强度和耐磨性的零件
	KTB400-05 KTB450-07	白心可锻铸铁由于工艺复杂，生产周期长，性能较差，国内在机械工业中较少应用，一般仅限于薄壁件的制造

附表 23　碳素结构钢的种类、牌号和应用

种　类	牌　号	应　用
铸造碳钢 GB/T 11352—2009	ZG200-400	低碳铸钢，韧性及塑性均好，但强度和硬度较低，低温冲击韧性大，脆性转变温度低，磁导、电导性能良好，焊接性好，但铸造性差。主要用于受力不大，但要求材料具有韧性的零件，ZG200—400 用于机座、电磁吸盘、变速箱体等；ZG230—450 用于轴承盖、底板、阀体、机座、侧架、轧钢机架、铁道车辆摇枕、箱体、犁柱、砧座等
	ZG230-450	
	ZG270-500	中碳铸钢，有一定的韧性及塑性，强度和硬度较高，切削性良好，焊接性尚可，铸造性能比低碳铸钢好。ZG270—500 应用广泛，如飞轮、车辆车钩、水压机工作缸、机架、蒸汽锤气缸、轴承座、连杆、箱体、曲拐等；ZG310—570 用于重负荷零件，如联轴器、大齿轮、缸体、气缸、机架、制动轮、轴及辊子等
	ZG310-570	
	ZG340-640	高碳铸钢，具有高强度、高硬度及高耐磨性，塑性、韧性低，铸造性、焊接性均差，裂纹敏感性较大。用于起重运输机齿轮、联轴器、齿轮、车轮、棘轮、叉头等
碳素结构钢 GB/T 700—2006	Q195	有较高的延伸率，具有良好的焊接性能和韧性，常用于制造地脚螺栓、铆钉、犁板烟筒、炉撑、钢丝网屋面板、低碳钢丝、薄板、焊管、拉杆、短轴、心轴、凸轮（轻载）、吊钩、垫圈、支架及焊接件等
	Q215	
	Q235	有一定的延伸率和强度，韧性及铸造性均良好，且易于冲压及焊接。广泛用于制造一般机械零件，如连杆、拉杆、销轴、螺丝、钩子、套圈盖、螺母、螺栓、气缸、齿轮、支架、机架横撑、机架、焊接件，建筑结构桥梁等用的角钢、工字钢、槽钢、垫板、钢筋等
	Q275	有较高的强度，一定的焊接性，切削加工性及塑性均较好，可用于制造较高强度要求的零件，如齿轮心轴、转轴、销轴、链轮、键、螺母、螺栓、垫圈、刹车杆、鱼尾板，农机用型钢、异型钢、机架、耙齿等
优质碳素结构钢 GB/T 699—1999	10	采用镦锻、弯曲、冷冲、垫压、拉延及焊接等多种加工方法，制作各种韧性高、负荷小的零件，如卡头、钢管垫片、垫圈、摩擦片、汽车车身、防尘罩、容器、缓冲器皿、搪瓷制品，冷镦螺栓、螺母等
	15	用于受载不大，韧性要求较高的零件，如渗碳件、冲模锻件、紧固件等；不需热处理的低负载零件，焊接性能较好的中小结构件，如螺栓、螺钉、法兰盘、化工容器、蒸汽锅炉、小轴、挡铁、齿轮、滚子等
	20	制作负载不大，但韧性要求高的零件，如拉杆、杠杆、钩环、套筒、夹具及衬垫、手刹车、蹄片、杠杆轴、变速叉、被动齿轮、气门挺杆、凸轮轴、悬挂平衡器、内外衬套等
	25	用于制作焊接构件以及经锻造、热冲压和切削加工，且负荷较小的零件，如辊子、轴、垫圈、螺栓、螺母、螺钉以及汽车、拖拉机中的横梁车架、大梁、脚踏板等
	35	用于制造负载较大，但截面尺寸较小的各种机械零件，如轴销、轴、曲轴、横梁、连杆、杠杆、星轮、轮圈、垫圈、圆盘、钩环、螺栓、螺钉、螺母等
	40	用于制造机器中的运动件，心部强度要求不高、表面耐磨性好的淬火零件及截面尺寸较小、负载较大的调质零件，应力不大的大型正火件，如传动轴心轴、曲轴、曲柄销、辊子、拉杆、连杆、活塞杆、齿轮、圆盘、链轮等
	45	适用于制造较高强度的运动零件，如空压机、泵的活塞、蒸汽透平机的叶轮，重型及通用机械中的轧制轴、连杆、蜗杆、齿条、齿轮、销子等

（续）

种 类	牌 号	应 用
优质碳素结构钢 GB/T 699—1999	50	主要用于制造动负荷、冲击载荷不大以及要求耐磨性好的机械零件，如锻造齿轮、轴、摩擦盘、机床主轴、发动机、曲轴、轧辊、拉杆、弹簧垫圈、不重要的弹簧等
	55	主要用于制造耐磨、强度较高的机械零件以及弹性零件，如连杆、齿轮、机车轮箍、轮缘、轮圈、轧辊、扁弹簧等
	30Mn	一般用于制造低负荷的各种零件，如杠杆、拉杆、小轴、刹车踏板、螺栓、螺钉和螺母以及农机中的钩环链的链环、刀片、横向刹车机齿轮等
	50Mn	一般用于制造高耐磨性，高应力的零件，如直径小于80mm的心轴、齿轮轴、齿轮摩擦盘、板弹簧等，高频淬火后还可制造火车轴、蜗杆、连杆及汽车曲轴等
	65Mn	用于制造中等负载的板弹簧、螺旋弹簧、弹簧垫圈、弹簧卡环、弹簧发条、轻型汽车的离合器弹簧、制动弹簧、气门弹簧以及受摩擦、高弹性、高强度的机械零件，如收割机的铲、犁、切碎机切刀、翻土板、整地机械圆盘、机床主轴、机床丝杠、弹簧卡头、钢轫轨等

附表 24 合金结构钢的种类、牌号和应用

种 类	牌 号	应 用
低合金高强度结构钢 GB/T 1591—2008	Q345	具有良好的综合力学性能，塑性的焊接性良好，冲击韧性较好，一般在热轧或正火状态下使用。适于制作桥梁、船舶、车辆、管道、锅炉、各种容器、油罐、电站、厂房结构、低温压力容器等结构件
	Q390	具有良好的综合力学性能，焊接性及冲击韧性较好，一般在热轧状态下使用。适于制作锅炉汽包、中高压石油化工容器、桥梁、船舶、起重机、较高负荷的焊接件连接构件等
	Q420	具有良好的综合力学性能和优良的低温韧性，焊接性好，冷热加工性好，一般在热轧或正火状态下使用。适于制作高压容器、重型机械、桥梁、船舶、机车车辆、锅炉及其他大型焊接结构件
	Q460	经正火、正火加回火或淬火加回火处理后有很高的综合力学性能。主要用于各种大型工程结构及要求强度高，载荷大的轻型结构
	Q500 Q550 Q620 Q690	用于机械制造、钢结构、起重和运输设备，制作各种塑料模具、光亮模具、工程机械、耐磨零件、石油化工和电站的锅炉、反应器、热交换器、球罐、油罐、气罐、核反应堆压力容器、锅炉汽包、液化石油汽罐、水轮机涡流壳等
合金结构钢 GB/T 3077—1999	20Mn2	用于制造渗碳的小齿轮、小轴、力学性能要求不高的十字头销、活塞销、柴油机套筒、气门顶杆、变速齿轮操纵杆、钢套等
	20Cr	用于制造小截面、形状简单、较高转速、载荷较小、表面耐磨、心部强度较高的各种渗碳或氰化零件，如小齿轮、小轴、阀、活塞销、托盘、凸轮、蜗杆等
	20CrNi	用于制造重载大型重要的渗碳零件，如花键轴、轴、键、齿轮、活塞销，也可用于制造高冲击韧性的调质零件
	20CrMnTi	用于制造汽车拖拉机中的截面尺寸小于30mm的中载或重载、冲击、耐磨且高速的各种重要零件，如齿轮轴、齿圈、齿轮、十字轴、滑动轴承支承的主轴、蜗杆等

（续）

种　类	牌　号	应　用
合金结构钢 GB/T 3077—1999	38CrMoAl	用于制造高疲劳强度、高耐磨性、较高强度的小尺寸氮化零件，如气缸套、座套、底盖、活塞螺栓、检验规、精密磨床主轴、车床主轴、搪杆、精密丝杠和齿轮、蜗杆等
	40Cr	制造中速、中载的调质零件，如机床齿轮、轴、蜗杆、花键轴、顶针套；制造表面高硬度耐磨的调质表面淬火零件，如主轴、曲轴、心轴、套筒、销子、连杆以及淬火回火后重载零件等
	40CrNi	用于制造锻造和冷冲压且截面尺寸较大的重要调质件，如连杆、圆盘、曲轴、齿轮、轴、螺钉等
	40MnB	用于制造拖拉机、汽车及其他通用机器设备中的中、小型重要调质零件，如汽车半轴、转向轴、花键轴、蜗杆和机床主轴、齿轮轴等
	50Cr	用于制造重载、耐磨的零件，如热轧辊传动轴、齿轮、止推环、支承辊的心轴、柴油机连杆、挺杆、拖拉机离合器、螺栓以及中等弹性的弹簧等
不锈钢	20Cr13	制作能抗弱腐蚀性介质、能承受冲击载荷的零件，如汽轮机叶片、水压机阀、结构架、螺栓、螺母等
	1Cr18Ni9Ti	用于耐酸容器及设备衬里、输送管道等设备和零件，如抗磁仪表、医疗器械等
滚动轴承钢	GCr15	制造中、小型滚动轴承元件（壁厚小于20mm的套圈，直径小于50mm的钢球）及其他各种耐磨零件，如柴油机液压泵、油嘴偶件等
	GCr15SiMn	制造大型，重载滚动轴承元件，如壁厚大于30mm的套圈，直径50~100mm的钢球等

附表25　铸造铜合金钢、铸造铝合金钢、铸造轴承合金钢的种类、牌号和应用

合金种类		牌号（代号）	应　用
铸造铜合金 GB/T 1176—2013	锡青铜	ZCuSn5Pb5Zn5	在较高负荷、中等滑动速度下工作的耐磨、耐腐蚀零件，如轴瓦、衬套、缸套、活塞、离合器、泵件压盖以及蜗轮等
		ZCuSn10Pb1	用于高负荷（20MPa以下）和高滑动速度（8m/s）下工作的耐磨零件，如连杆、衬套、轴瓦、齿轮、蜗轮等
	铅青铜	ZCuPb10Sn10	表面压力高，又存在侧压力的滑动轴承，如轧辊、车辆用轴承、内燃机双金属轴瓦以及活塞销套、摩擦片等
		ZCuPb20Sn5	高滑动速度的轴承及破碎机、水泵、冷轧机轴承
	铝青铜	ZCuAl9Mn2	耐蚀、耐磨零件、形状简单的大型铸件，如衬套、齿轮、蜗轮
		ZCuAl10Fe3	要求强度高、耐磨、耐蚀的重型铸件，如轴套、螺母、蜗轮以及在250℃以下工作的管配件
	黄铜	ZCuZn38	一般结构件和耐蚀零件，如法兰、阀座、支架、手柄和螺母等
		ZCuZn25Al6-Fe3Mn3	适用高强度、耐磨零件，如桥梁支承板、螺母、螺杆、耐磨板、滑块和蜗轮
铸造铝合金 GB/T 1173—2013	铝硅合金	ZAlSi7Mg （ZL101）	适于铸造承受中等负荷、形状复杂的零件，也可用于要求高气密性，耐蚀性和焊接性能良好、工作温度不超过200℃的零件，如水泵、仪表、传动装置壳体、汽缸体、汽化器等
		ZAlSi5Cu1Mg （ZL105）	用于铸造形状复杂、高静载荷的零件以及要求焊接性能良好、气密性高或工作温度在225℃以下的零件，如发动机的汽缸体、汽缸头、汽缸盖和曲轴箱等

（续）

<table>
<tr><th colspan="2">合金各类</th><th>牌号（代号）</th><th>应　用</th></tr>
<tr><td rowspan="4">铸造铝合金
GB/T 1173—2013</td><td rowspan="2">铝铜合金</td><td>ZAlCu5Mn
（ZL201）</td><td>用于铸造工作温度为175～300℃或室温下受高负荷、形状简单的零件，如支臂、挂架梁</td></tr>
<tr><td>ZAlCu4
（ZL203）</td><td>用于铸造形状简单、承受中载、冲击负荷、工作温度不超过200℃，切削性能良好的小型零件，如曲轴箱、支架、飞轮盖等</td></tr>
<tr><td>铝镁合金</td><td>ZAlMg10
（ZL301）</td><td>铸造工作温度不大于200℃的海轮配件、机器壳和航空配件等</td></tr>
<tr><td>铝锌合金</td><td>ZAlZn11Si7
（ZL401）</td><td>铸造工作温度不大于200℃的汽车配件、医疗器械和仪器零件等</td></tr>
<tr><td rowspan="7">铸造轴承合金
GB/T 1174—1992</td><td rowspan="2">锡基</td><td>ZSnSb12
Pb10Cu4</td><td>工作温度不高的一般机器的主轴承衬</td></tr>
<tr><td>ZSnSb8Cu4</td><td>大型机器轴承及轴衬，高速重负荷汽车发动机薄壁双金属轴承</td></tr>
<tr><td rowspan="2">铅基</td><td>ZPbSb15Sn10</td><td>中等负荷的机器的轴承，还可作高温轴承之用</td></tr>
<tr><td>ZPbSb10Sn6</td><td>耐磨、耐蚀、重负荷的轴承</td></tr>
<tr><td rowspan="2">铜基</td><td>ZCuSn5Pb5Zn5</td><td></td></tr>
<tr><td>ZCuPb10Sn10</td><td></td></tr>
<tr><td>铝基</td><td>ZAlSn6Cu1Ni1</td><td></td></tr>
</table>

附表26　各种非金属材料的种类、名称、牌号（或代号）及应用

种　类	名牌、牌号或代号	应　用
工程塑料	尼龙（尼龙6、尼龙9、尼龙66、尼龙610、尼龙1010）	具有良好的机械强度和耐磨性，广泛用作机械、化工及电气零件，如轴承、齿轮、凸轮、滚子、辊轴、泵叶轮、风扇叶轮、蜗轮、螺钉、螺母、垫圈、高压密封圈、阀座、输油管、储油容器等
	Mc尼龙	强度特高，适于制造大型齿轮、蜗轮、轴套、大型阀门密封面、导向环、导轨、滚动轴承保持架、船尾轴承、汽车吊索绞盘蜗轮、柴油发动机燃料泵齿轮、矿山铲掘机轴承、水压机立柱导套、大型轧钢机辊道轴瓦等
	聚甲醛	具有良好的耐磨损性能和良好的干摩擦性能，用于制造轴承、齿轮、滚轮、辊子、阀门上的阀杆螺母、垫圈、法兰、垫片、泵叶轮、鼓风机叶片、弹簧、管道等
	聚碳酸酯	具有高的冲击韧性和优异的尺寸稳定性，用于制造齿轮、蜗轮、蜗杆、齿条、凸轮、心轴、轴承、滑轮、铰链、传动链、螺栓、螺母、垫圈、铆钉、泵叶轮、汽车化油器部件、节流阀、各种外壳等
	ABS	做一般结构或耐磨受力传动零件和耐磨蚀设备，用ABS制成的泡沫夹层板可做小轿车车身
	硬聚氯乙烯 PVC（GB 4454—1984）	制品有管、棒、板、焊条及管件、除做日常生活用品外，主要用作耐腐蚀的结构材料或设备衬里材料及电气绝缘材料
	聚丙烯	做一般结构零件、耐腐蚀的化工设备和受热的电气绝缘零件

（续）

种 类	名牌、牌号或代号	应 用
工业用硫化橡胶 GB/T 5574—2008	普通橡胶板 1074、1804、1608、1708	有一定的硬度和较好的耐磨性、弹性等物理机械性能，能在一定压力下，温度为 -30 ~ +60℃的空气中工作、制作密封垫圈、垫板和密封条等
	耐油橡胶板 3707、3807、3709、3809	有较高硬度和耐溶剂膨胀性能，可在温度为 -30 ~ +80℃的机油，变压器油、润滑油、汽油等介质中工作，适用于冲制各种形状的垫圈
工业用毛毡	工业用平面毛毡 FJ 314—1981	用作密封、防滑油、防震、缓冲衬垫等，按需要选用细毛、半粗毛、粗毛
	毡圈 FJ 145—1979、JB/ZQ 4606—1986	用于轴伸端处、轴与轴承盖之间的密封（密封处速度 $v<5m/s$ 的脂润滑及转速不高的稀油润滑）
石棉 GB/T 3985—2008 GB/T 539—2008	石棉橡胶板 XB200、XB350、XB450	三种牌号分别用于温度为 200℃、350℃、450℃，压力为 150MPa、400MPa、600MPa 以下的水、水蒸气等介质的设备、管道法兰连接处的密封衬垫材料
	耐油石棉橡胶板	可用于各种油类为介质的设备、管道法兰连接处的密封衬垫材料
工业有机玻璃 GB/T 7134—2008	工业有机玻璃	有板材、棒材和管材等型材，可用于要求有一定强度的透明结构材料，如各种油标的面罩板等

十二、热处理

附表 27　热处理名词解释

处理方法	解 释	应 用
退火	退火是将钢件（或钢坯）加热到适当温度，保温一段时间，然后再缓慢地冷下来（一般用炉冷）	用来消除铸锻件的内应力和组织不均匀及晶粒粗大等现象。消除冷轧坯件的冷硬现象和内应力，降低硬度以便切削
正火	正火是将坯件加热到相变点以上 30 ~50℃，保温一段时间，然后用空气冷却，冷却速度比退火快	用来处理低碳和中碳结构钢件及渗碳机件，使其组织细化增加强度与韧性。减少内应力，改善低碳钢的切削性能
淬火	淬火是将钢件加热到相变点以上某一温度，保温一段时间，然后在水、盐水或油中（个别材料在空气中）急冷下来，使其得到高硬度	用来提高钢的硬度和强度，但淬火时会引起内应力使钢变脆，所以淬火后必须回火
表面淬火 高频表面淬火	表面淬火是使零件表面获得高硬度和耐磨性，而心部则保持塑性和韧性 利用高频感应电流使钢件表面迅速加热，并立即喷水冷却，淬火表面具有高的机械性能，淬火时不易氧化及脱碳，变形小，淬火操作及淬火层易实现精确的电控制与自动化，生产率高	对于各种在动负荷及摩擦条件下工作的齿轮、凸轮轴、曲轴及销子等，都要经过这种处理 表面淬火必须采用含碳量大于 0.35% 的钢，因为含碳量低淬火后增加硬度不大，一般都是些淬透性较低的碳钢及合金钢（如 45，40Cr，40Mn2，9CrSi 等）
回火	回火是将淬硬的钢件加热到相变点以下的某一种温度后，保温一定时间，然后在空气中或油中冷却下来	用来消除淬火后的脆性和内应力，提高钢的冲击韧性

（续）

处理方法	解　释	应　用
调质	淬火后高温回火，称为调质	用来使钢获得高的韧性和足够的强度，很多重要零件是经过调质处理的
渗碳	渗碳是向钢表面层渗碳，一般渗碳温度900～930℃，使低碳钢或低碳合金钢的表面含碳量增高到0.8%～1.2%，经过适当热处理，表面层得到的高的硬度和耐磨性，提高疲劳强度	为了保证心部的高塑性和韧性，通常采用含碳量为0.08%～0.25%的低碳钢和低合金钢，如齿轮、凸轮及活塞销等
氮化	氮化是向钢表面层渗氮，目前常用气体氮化法，即利用氨气加热时分解的活性氮原子渗入钢中	氮化后不再进行热处理，用于某种含铬、钼或铝的特种钢，以提高硬度和耐磨性，提高疲劳强度及抗蚀能力
氰化	氰化是同时向钢表面渗碳及渗氮，常用液体碳化法处理，不仅比渗碳处理有较高硬度和耐磨性，而且兼有一定耐磨蚀和较高的抗疲劳能力。在工艺上比渗碳或氮化时间短	增加表面硬度、耐磨性、疲劳强度和耐蚀性。用于要求硬度高、耐磨的中、小型及薄片零件和刀具等
发黑、发蓝	使钢的表面形成氧化膜的方法叫“发黑、发蓝”	钢铁的氧化处理（发黑、发蓝）可用来提高其表面抗腐蚀能力和使外表美观但其抗腐蚀能力并不理想，一般只能用于空气干燥及密闭的场所

参考文献

[1] 毛昕. 画法几何及机械制图 [M]. 4 版. 北京：高等教育出版社，2010.

[2] 施岳定. 工程制图教程 [M]. 北京：高等教育出版社，2012.

[3] 蔡小华，钱瑜. 工程制图 [M]. 北京：中国铁道出版社，2010.

[4] 谭建荣，张树有，陆国栋，等. 图学基础教程. 2 版. 北京：高等教育出版社，2006.

[5] 胡国军. 机械制图 [M]. 杭州：浙江大学出版社，2010.

[6] 王成刚，张佑林，赵奇平. 工程图学简明教程 [M]. 2 版. 武汉：武汉理工大学出版社，2004.

[7] 刘虹，黄笑梅. 现代机械工程图学解题指导 [M]. 北京：机械工业出版社，2011.

[8] 汪建安. 机械制图 [M]. 合肥：安徽科学技术出版社，2007.

[9] 卜林森. 工程识图教程 [M]. 北京：科学出版社，2003.

[10] 刘炀. 现代机械工程图学 [M]. 北京：机械工业出版社，2011.

[11] 鲁屏宇. 工程图学 [M]. 2 版. 北京：机械工业出版社，2010.

[12] Cecil Jensen，Jay D. Helsel，Dennis R. Short. Fundamentals of Engineering Drawing [M]. 5th ed. New York：McGraw Hill，2002.

[13] William P. Spence. Drafing Technology and Practice [M]. 3th ed. New York：McGraw Hill，1991.

[14] Gary R. Bertoline，Eric N. Wiebe. Fundamentals of Graphics Communication [M]. 3th ed. New York：McGraw Hill，2002.

[15] Alva Mitchell，Henry Cecil Spencer. Modern Graphics Communication [M]. 3th ed. Pearson/Prentice Hall，2004.

[16] Thomas E. French，Garl L. Svensen. Mechanical Drawing：CAD-Communications [M]. New York：McGraw Hill，2002.